식품화학

머리말

현대인의 평균수명의 증가로 인하여 건강과 먹을거리에 대한 관심이 고조되고 있다. 또한 식품산업과 외식산업에 있어서도 고품질의 새로운 제품개발이 크게 요구되고 있어, 식품성분에 대한 정확한 지식과 이해가 절실히 필요한 시점이다. 따라서 식품의 일반성분과 특수성분의 구조와 성질, 그리고 식품의 가공 · 조리 · 저장 중의 변화를 다루는 식품화학은 식품관련 전공학과에서 핵심적인 교육과정이며 식품분야에서 주요 연구 분야라고 할 수 있다.

이 책은 대학교 및 대학의 식품영양학과, 식품공학과, 조리과학과, 외식조리(산업)학과, 가정교육과 등 식품관련 학과 학생들을 위한 식품화학 교재뿐만 아니라, 영양사, 영양교사, 식품(산업)기사, 식품위생사 등 관련 자격증 취득과 식품분야 연구에 종사하는 분들의 참고서적으로 사용될 수 있도록 집필되었다. 독자들이 읽기 쉽게 하기 위하여 전문용어의 표기는 한글 표현을 주로 사용하였으며, 외래어의 한글 표기는 미국식 영어 발음과 식품과학용어사전(2006년)에 준하여 작성하였다.

십여 년 동안 대학 강단에서 식품화학을 강의하거나 식품 분야 연구를 해온 저자들이 많은 심혈을 기울여 집필하였지만 미흡한 점이 있을 것으로 생각된다. 같은 학문 분야의 여러 선후배님들의 지속적인 편달과 관심을 기대하며, 앞으로 끊임없이 수정 보완할 것을 약속드린다. 이 책이 식품화학을 공부하는 분들은 물론 식품산업이나 외식산업 분야에 종사하는 분들에게도 도움이 된다면 저자로서 큰 보람이 될 것이다.

이 책이 출간되기까지 많은 격려와 도움을 주신 분들과 편집 및 교정에 수고해 주신 파워북출판사 유제구 사장, 김재원 실장을 비롯한 여러분께 깊은 감사의 마음을 전한다.

저자 일동

Chapter 7 효소

Chapter 8 식품의 색

Chapter 9 식품의 갈변

Chapter 10 식품의 맛

Chapter 11 식품의 냄새

Chapter 12 식품의 유독성분

Chapter 13 식품의 물성

서 론

1. 식품화학이란?

우리는 매일 매끼 식품을 섭취하지 않으면 생명을 영위할 수 없다. 식품으로부터 영양소를 공급받기 때문이다. 그러나 영양소 공급 차원을 넘어 인류가 불을 발견한 이래 식품을 가공·조리하여 사람의 기호를 만족시켜 왔으며, 또한 저장기술을 발달시켜 연중 계절에 관계없이 다양한 식품의 공급이 가능해졌을 뿐만 아니라, 오늘날에 이르러서는 지역을 초월하여 전 세계의 식품이 우리 식탁에 올려지게 되었다.

현대에서는 특히 여성들의 활발한 사회활동 참여 및 독신의 증가로 인해 더욱 편리성이 추구되었는데, 고도로 발달된 식품가공기술이 식생활의 편리성과 간편성을 가능하게 해주었다. 반면 환경오염과 식품첨가물의 오·남용은 식품의 안전성을 위협하기도 하고, 영양의 불균형과 면역력의 약화로 인한 각종 질병의 발생이 증가하고 있으며, 식품의 기능성에 대한 요구가 점차 증가하고 있다.

인류가 식용으로 하는 재료, 즉 식품의 대부분은 동물, 식물, 미생물과 같은 생물체들이다. 생물체는 여러 종류의 유기화합물로 이루어져 있는데 분자의 형태는 저분자에서 고분자까지 매우 다양하다. 식품을 구성하는 물질의 특성을 이해하기 위해서는 화학, 유기화학, 식품생화학, 식품화학 등의 지식이 필요하다.

식품과학 food science은 식품의 생산에서부터 소비자가 섭취하기까지 일련의 과정 중에 일어나는 분야를 다루는 학문이다. 그러므로 식품과학은 인접학문인 화학, 생화학, 미생물학, 물리학, 생리화학, 식물학, 동물학, 분자생물학, 공학 등의 학문과 연계하여 연구하고 발전하는 학문이라고 할 수 있다. 식품과학에 포함되는 분야로서는 식품화학, 식품재료학, 식품

분석, 조리과학, 식품가공학, 식품미생물학, 식품포장학, 식품위생학, 식품저장학, 기능성식품학 등이 있다.

식품화학 food chemistry은 식품과학의 범주에 속하는 핵심 학문분야이다. 특히, 식품재료가 식탁에 올려지기까지 여러 일련의 과정, 즉 도살 및 수확 후 저장, 조리, 가공, 유통 등의 과정 중에 일어나는 물리적, 화학적, 생화학적, 미생물학적 변화를 이해하고 연구하는 학문이라고 할 수 있다. 식품화학의 궁극적인 목적은 인류가 더욱 건강하고 풍요로운 식생활을 영위할 수 있도록 기여하는 것이라고 가히 말할 수 있다.

2. 식품의 분류

사람이 항시 섭취하고 있는 식품은 약 300여 종에 이르며, 구황식품을 포함하면 2,000여 종 이상이 된다. 이와 같이 다양한 식품을 몇 가지 관점에 따라 분류하면 다음과 같다.

1) 생산방식에 따른 분류 : 농산식품, 수산식품, 축산식품, 임산식품, 양조식품, 가공식품
2) 자원에 따른 분류 : 식물성 식품, 동물성 식품, 광물성 식품
3) 가공에 따른 분류 : 자연식품, 저장식품, 냉동식품, 통조림식품, 강화식품, 조미료, 향신료, 건강기능식품, 기호식품, 건조식품, 구황식품, 인스턴트식품, 레토르트 retort 식품, 우주식품
4) 식품의 일반성분에 따른 분류
   ① 탄수화물식품 : 곡류, 서류, 당류, 엿류
   ② 유지식품 : 식물성 유지, 동물성 유지, 가공 유지
   ③ 단백질식품 : 육류, 난류, 우유 및 유제품, 어패류, 두류
   ④ 비타민식품 : 채소류, 과실류, 간, 어패류
   ⑤ 무기질식품 : 뼈째 먹는 어류, 해조류, 식염, 우유

3. 식품의 성분과 기능

1) 식품의 성분

식품의 성분을 크게 일반성분과 특수성분으로 구분한다.

① 식품의 일반성분

식품의 일반성분은 수분과 고형물로 크게 나뉘며, 고형물은 유기물과 무기물로 나뉜다. 또 유기물은 단백질, 지질, 탄수화물(섬유소, 당류), 비타민으로 분류된다.

② 식품의 특수성분

식품의 특수성분으로는 효소, 색소, 맛성분, 냄새성분, 유독성분 등이 있다.

2) 식품의 기능

식품의 기능에는 1차 기능으로 영양기능, 2차 기능으로 감각기능, 또는 기호적 기능, 3차 기능으로 생체조절기능이 있다. 식품의 1차적 기능은 생명유지에 필요한 영양소의 공급이 주요 기능이라고 할 수 있다. 그러나 식품의 감각적 기능으로서 소비자의 기호를 만족시켜 주는 2차적인 기능도 매우 중요하다. 과거의 식품에 대한 연구는 주로 영양소의 규명, 분석 등의 분야가 주종을 이루었으나, 현대에 와서 농수축산업 기술의 발달로 인해 식품생산기술이 발달하여 인류의 식량자원이 풍부하게 공급된 이후에는 식품의 향미, 질감, 외관 등 기호적 요소가 중요시되었다. 한편 최근에는 식품의 건강기능성이 보다 강조되고 있는데, 이는 과거의 약식동원의 개념과 유사한 것으로서, 식품이 질병을 예방하고 더 나아가 치료해 주는 생체조절기능에 초점을 맞춘 3차적 기능에 대한 과학적인 연구가 활발히 이루어져 식품의 생리활성이 하나씩 밝혀지고 있다.

① 영양기능

식품의 영양기능은 식품이 가지고 있는 1차 기능으로 생명을 유지하게 하는 기능이다. 영양소의 과부족이 없는 균형 잡힌 영양섭취는 신체의 정상적인 발달을 돕고 스트레스에도 비교적 잘 견딜 수 있게 한다. 또한 유아기의 영양상태는 지능발달 및 신체성장에 큰 영향을 준다.

② 감각기능

식품의 감각기능은 식품의 2차적 기능으로 식품의 색, 맛, 향, 텍스처, 유화성, 기포성 등에 영향을 주는 기능이다. 소비자의 식품에 대한 선택여부는 그 식품에 대한 기호성에 의하여 크게 영향을 받는다. 영양적으로 매우 우수한 식품이라도 소비자의 기호를 만족시키지 못하면 식품으로서의 가치는 감소하게 된다.

③ 생체조절기능

식품의 생체조절기능은 식품의 3차적 기능으로 식품의 신체리듬조절, 질병에 대한 예방과 회복, 면역력 증강, 알러지 감소, 그리고 노화억제 등 사람의 건강과 장수에 직결되는 인체에 생리활성을 부여하는 기능이다. 기능성식품은 '사람의 건강에 유효하게 작용하도록 설계되어 건강의 유지, 증진, 질병의 방지 등을 목적으로 하는 식품' 으로 정의되고 있는데, 이와 비슷한 개념으로 디자이너식품 designer food이란 말도 사용되었고 그 후에 nutraceutical, medicinal food, pharma food 또는 medical food로도 알려져 있다. 이와 같은 생체조절기능을 가지고 있는 기능성식품은 식품과 의약품을 합친 특성을 가지는 식품으로 개발되어 '21세기의 식품' 이라고도 한다.

Chapter 1

수분

학습 목표

1. 식품 중 물분자의 구조와 특성을 설명할 수 있다.
2. 식품 중의 물의 존재상태를 이해할 수 있다.
3. 수분활성과 식품의 저장성과의 관계에 대하여 설명할 수 있다.

물은 지구상에서 단일물로는 가장 많이 존재할 뿐 아니라 식품의 중요한 구성 성분이다. 물은 고체, 액체, 기체의 세 가지 형태로 존재한다. 식품에서 물의 역할은 반응물, 반응매체, 다양한 물질의 용매, 식품성분의 형태유지 및 안정제로 작용한다. 또 물은 식품의 구조, 외관, 향미, 조직감에 영향을 줄 뿐 아니라 식품의 조리 가공, 저장 등에도 매우 중요한 영향을 준다. 특히 식품의 저장수명 shelf life은 식품 중의 수분함량보다는 수분활성에 의하여 가장 큰 영향을 받는다. 따라서, 이 장에서는 식품 중 물분자의 구조, 특성, 존재상태, 수분활성도와 식품의 저장성 등에 대하여 살펴본다.

1. 식품 중 수분의 함량

수분은 식품의 주요 구성성분으로 식품의 수분함량은 식품의 종류에 따라 표 1-1 과 같이 넓은 범위에 걸쳐 있다. 일반적으로 과일, 채소, 육류, 어패류 등은 많고 곡류, 분유, 마가린 등은 적다.

[표 1-1] 대표적인 식품의 수분함량

식품명	수분(%)	식품명	수분(%)
수박	95	밥	65
상추	95	치즈	37
배추	92	식빵	35
우유	87	잼	28
달걀	75	꿀	20
감자	78	버터, 마가린	16
닭고기	70	곡류	13~15
쇠고기	65	분유	4
두부	65	쇼트닝	0

2. 물분자의 구조와 특성

1) 물분자의 구조적 특성

물분자는 산소의 수화물로 하나의 산소원자와 두 개의 수소원자로 이루어져 있고 H_2O로 표시하며 분자량은 18이다. 물의 물리적 성질은 물분자와 비슷한 분자량을 지닌 CH_4, NH_3 등과 비교하였을 때 끓는점, 녹는점, 융해열, 기화열이 특이적으로 높다.

[표 1-2] 물분자와 유사한 분자량을 가진 화합물들의 물리적 성질

	분자식	분자량	녹는점(℃)	끓는점(℃)
물	H_2O	18	0	100
메탄	CH_4	16	-184	-161
암모니아	NH_3	17	-78	-33

2) 물분자의 구조

① 물분자는 사면체 구조이다 그림 1-1 . 물분자의 산소원자와 수소원자가 공유결합할 때, 산소원자가 지닌 바깥쪽 전자궤도에 있는 6개의 전자 중 2개의 전자는 수소원자의 전자와 각각 짝을 이루어 공유결합을 이루고, 결합에 참여하지 못한 비공유전자 2쌍과 함께 산소원자를 정점으로 한 정사면체의 구조를 이룬다. 산소와 수소의 O-H 결합에서 산소는 수소보다 전기음성도가 커서 공유결합된 전자 분포가 산소 쪽으로 치우쳐 있기 때문에 산소는 부분 음전하(δ^-)를 띠고 수소는 부분 양전하(δ^+)를 띤다. 이때 H-O-H 결합각은 비공유 전자쌍 간의 반발로 인해 정사면체의 결합각인 109.28° 보다 작은 104.5° 이다.

② 물분자는 극성 polar 분자이다. 산소원자와 수소원자 간에 형성된 O-H

그림 1-1 물분자의 구조

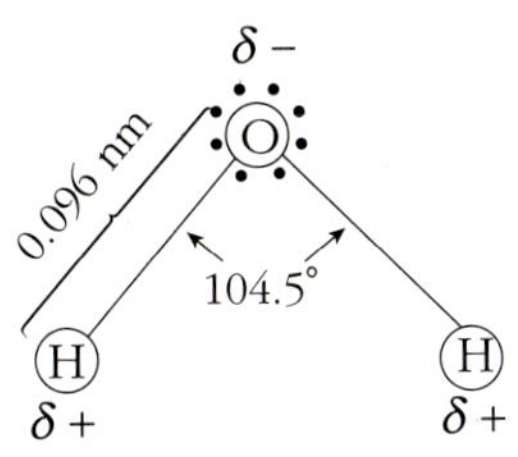

H₂O 분자의 결합각

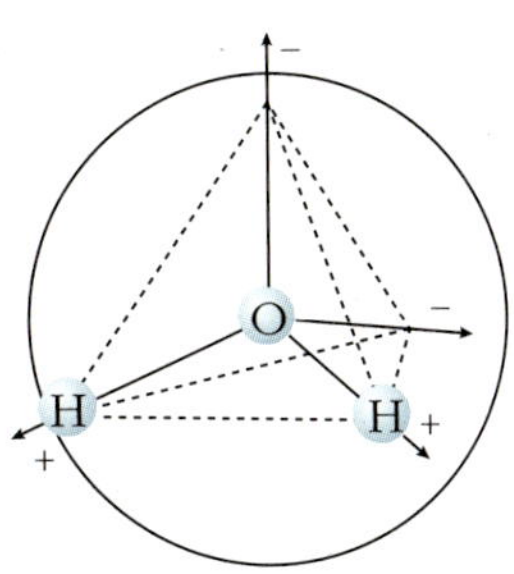

물분자의 사면체 구조

물분자의 구조

$1S^1$수소원자궤도함수 2개가 산소의 SP^3 궤도함수 4개 중에서 3번과 4번 위치에 접근하여 결합축에 대칭인 2개의 공유결합 covalent bond을 하고 나머지 2쌍의 전자는 공유결합하지 못한 비공유 전자쌍 lone pair으로 궤도 함수에 남아있게 된다. 비공유 전자쌍 간의 반발로 인해 H-O-H 결합각은 정사면체의 결합각인 109.28° 보다 작은 104.5° 가 된다.

O^8 : $1S^2$ $2S^2$ $2P^4$ (⇅ ⇅↑↑)　　　　H : $1S^1$

결합은 극성을 띠고 있을 뿐 아니라, H-O-H 분자 모양이 V자 형이기 때문에 전하가 비대칭적으로 분포되어 쌍극자모멘트 dipole moment가 크다.

③ 물분자는 이웃한 물분자와 3차원적인 수소결합을 통해 강하게 회합되어 있다 **그림 1-2**. 수소결합은 공유결합에 비하여 결합에너지가 10% 정

쌍극자모멘트 dipole moment

2개 이상의 원자가 공유결합으로 분자를 이룰 때 쌍극자모멘트를 가지려면 극성결합이어야 하고, 전하가 비대칭적으로 분산되어 있어야 한다. 이때 쌍극자 사이의 세기와 거리를 곱한 값으로 쌍극자모멘트를 나타내며, 쌍극자모멘트의 방향은 양(+)전하로부터 음(−)전하로 향하는 백터량으로 나타낸다. 이산화탄소(O=C=O, ↔•↔)는 전기음성도가 1.0으로 물의 1.4와 비슷하나 전하가 대칭적으로 분산되어 있어서 쌍극자모멘트는 0이며, 물($H{-}O{-}H$ 굽은 구조)의 쌍극자모멘트는 1.84로 크다.

전기음성도

전자를 끌어당기는 정도로, 원소의 주기율표에서 오른쪽으로 갈수록 커진다.

원소	C	N	O	F
전기음성도	2.55	3.04	3.44	3.98

그림 1-2 물분자 간의 3차원적인 수소결합

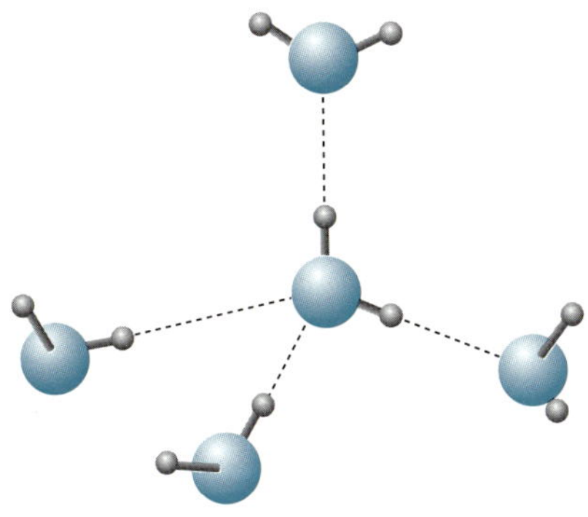

도로 약하다. 그러나 물 한 분자는 이웃한 네 분자의 물과 3차원적으로 수소결합을 통하여 회합되어 있어 물분자 간의 결합은 강하다 표 1-3.

[표 1-3] 물분자 및 물분자와 유사한 분자량의 수화물들의 수소결합 배열방식

	H_2O	NH_3	HF
수소결합 공여자리 수	2	3	1
수소결합 수용자리 수	2	1	3
배열방식	3차원적 결합	2차원적 결합	2차원적 결합

④ 온도에 따라 수소결합 배위수 coordination No.가 다르다 표 1-4. 4℃ 이하에서는 수소결합 배위수가 증가되어 비중이 증가하고, 4℃ 이상에서는 물분자 간 거리 증가가 더 크므로 비중이 감소한다. 빙결시에는 수소결합

[표 1-4] 온도에 따른 물분자와 물분자간의 수소결합 배위수

온도	배위수(coordination No.)	물분자간 거리(Å)
얼음 (0℃)	4	2.76
물 (1.5℃)	4.4	2.90
물 (83℃)	4.9	3.05

이 더욱 발달하여 액체에서보다 질서있게 배열되어 팽창되므로 비중은 감소한다.

3) 물의 물리적 특성

물은 극성분자로서 수소결합에 의해 여러 개의 물분자가 연합하고 있기 때문에 다음과 같은 특성을 가진다.

■ 비열
물 1g을 14.5℃에서 15.5℃로 올리는 데 필요한 열량이다.
물의 비열은 1cal/g으로 열량의 단위로 사용된다.
식품에서는 cal의 1,000배인 1kcal를 기본 열량 단위로 사용한다.

■ 융해열
0℃ 1g의 얼음을 같은 온도의 물로 전환시키는 데 소요되는 열량으로 80cal/g이다.

■ 기화열
100℃ 1g의 물을 같은 온도의 수증기로 전환시키는 데 소요되는 열량으로 540cal/g이다.

① 비열 specific heat이 크다 : 물의 비열이 크다는 것은 가열이나 냉각시 빨리 덥게 하거나 차게 하기가 어렵다는 의미이다. 살아있는 생물체의 경우 수분함량이 많아 외부의 큰 온도 변화에 의해 열을 많이 흡수하거나 방출해도 자체 온도 변화가 적어 생물체의 온도는 일정하게 유지된다.

② 융해열, 기화열이 높다 : 얼음이 물로 될 때 80cal/g의 열량을 필요로 하며, 물이 수증기로 될 때 540cal/g의 열량을 필요로 한다.

③ 끓는점과 녹는점이 높다 : 물분자 간의 3차원적 수소결합(OH…O)에 의해 분자운동이 저해받기 때문에 물을 끓이거나 얼음을 녹이려면 많은 열을 필요로 한다. 물의 비점은 1기압에서 100℃로 높아서 조리나 가공 시에 물을 주로 사용한다. 감압시에는 비점이 강하하므로 높은 온도에서 영양소가 파괴되거나 향기가 손실될 우려가 있는 과즙을 농축할 때는 감압 농축방법을 사용한다.

④ 용매로 작용한다 : 물은 다른 용매에 비하여 염류, 당류, 각종 산을 잘 녹이며, 특히 이온화합물인 염류를 쉽게 해리하여 이온화하는 능력이 매우 크다. 이같이 용매로서의 강점을 지닌 이유는 물이 3차원의 수소결합을 이루고, 또 유전상수가 크기 때문이다. 물분자의 한 부분은 음전하, 다른 두 부분은 양전하를 띤 극성분자로 유전상수 dielectric constant가 매우 높아 전하를 띤 물질이 있을 때 그림 1-3 에서와 같이 물분자가 전하를 둘러싸면서 다른 물질과의 상호작용을 방해하므로 물질이 물속에 균일하게 분

■ 유전상수
동일 전하끼리는 반발하고 반대 전하와는 서로 끌어 당기는 힘

그림 1-3 이온화된 용질과 물분자와의 상호 작용

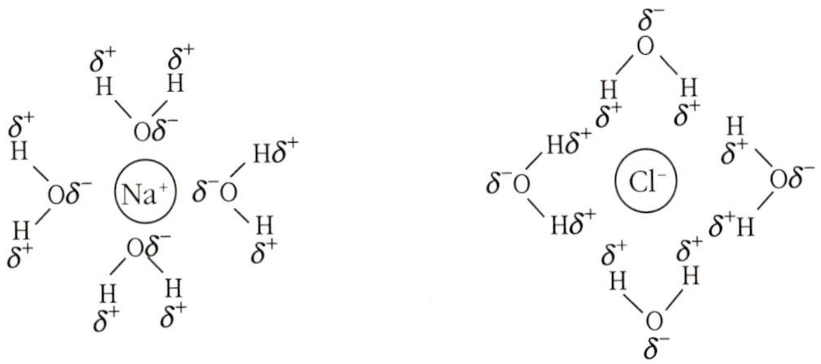

그림 1-4 물분자와 식품성분과의 상호작용

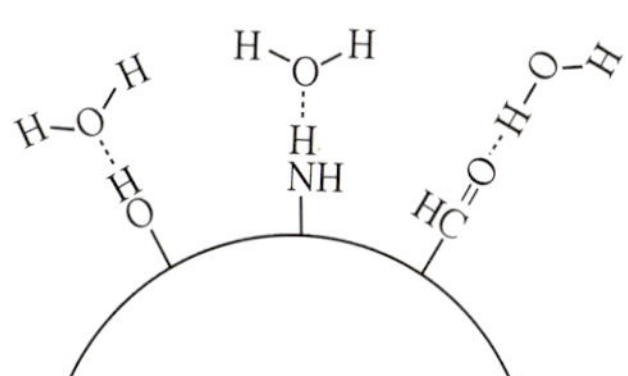

산되게 한다. 즉 물질을 녹이는 주 원인이 된다.

또 물분자는 식품의 성분 중 단백질이나 당류 중의 기능기인 –OH기, –NH기, $-NH_2$기 등 비대칭 전자를 가지고 있는 산소, 질소와 수소결합을 형성하여 수화 hydration 된다 그림 1-4 .

⑤ 비중은 4℃에서 가장 크다. 해수나 호수는 표면에서부터 얼기 시작하므로 수중생물들은 환경의 급변화로부터 보호를 받아 생존할 수 있다.

⑥ 점도가 높다. 물분자는 수소결합에 의해 서로 결합되어 있어 분자량이 비슷한 다른 분자에 비해 점도가 높다.

⑦ 표면장력 surface tension 이 크다 : 물은 분자 간의 수소결합이 크게 작용하므로 표면장력이 크다(73 dyne/cm, 20℃). 나뭇잎 끝에 매달린 물방울이 둥근모양을 띠는 것은 물의 표면장력이 크기 때문이다. 또한 물은 표면장력이 커서 더 많은 양의 물이 모세관을 타고 올라가기 때문에 세포와 세포 사이에 침투하여 물질의 운반과 제거에 관여할 수 있다.

■ **표면장력**

액체 내부에 있는 분자는 모든 방향에 있는 이웃 분자와 힘이 작용하지만, 표면에 있는 분자는 위쪽으로 작용하는 힘이 없기 때문에 아래쪽으로 끌리는 힘이 작용한다. 이 때문에 표면을 늘리려면 힘을 가해주어야 하는데 이 힘을 표면장력이라 한다. 표면장력은 분자 간의 작용하는 인력이 큰 물질일수록 크다.

육각수

1) 육각수의 정체

육각수는 물분자가 이웃한 물분자와 육각형의 고리구조를 이루고 있는 물이다. 미국 피츠버그 대학의 켄 조단 Ken Jordan 박사가 양자역학적으로 계산한 모델로는 다음의 그림과 같다. 액체 상태의 물분자는 단독으로 존재하지 않고 육각형 고리구조, 오각형 고리구조, 5개의 사슬구조 등 세 가지의 안정적인 결합 형태로 존재한다. 그러나 액체 상태의 물분자는 1천억 분의 1초 단위로 고리구조를 생성, 분리하는 과정을 반복하기 때문에 육각수란 현재 상태에서 육각형 고리구조가 많은 물이라는 뜻이며 전체 구조가 육각형으로 고정된 물을 뜻하는 것은 아니다.

흘러가는 물이 썩지 않는 이유, 사람 몸 속의 체액이 부패하지 않는 의문을 연구하는 과정에서 밝혀진 것이 바로 육각수의 존재다.

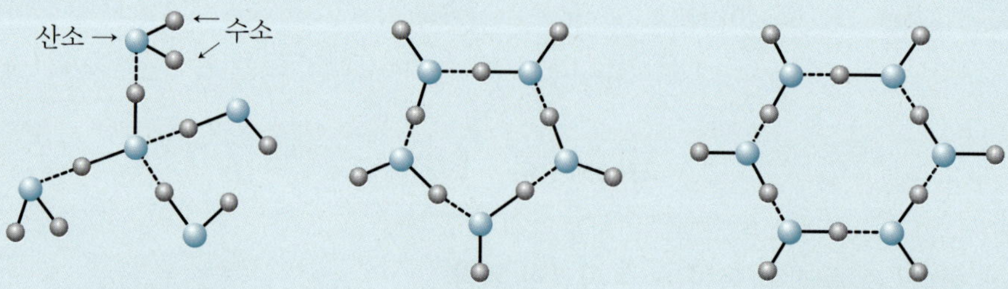

5개의 사슬 구조 5각형 고리 구조 6각형 고리 구조

(파란색:산소, 회색:수소)

2) 인체를 구성하는 물분자의 구조

사람의 몸 속의 물은 62%가 육각형 고리, 24%가 오각형 고리, 14%가 기타 구조의 물로 인체의 정상세포를 둘러싸고 있는 물은 대부분 육각수이다. 육각형 고리모양의 물은 열용량이 크므로 DNA, RNA 생체분자들과 잘 어울려 생명기능을 향상시키는 역할을 한다.

3) 기능

육각수는 일반물에 비해 생체 내에서 세포 내로의 통과, 영양소 운반, 신호전달, 노폐물 제거 등 다양한 생리적인 효과가 있다고 알려져 있다.

4) 실생활에서 육각수를 마실수 있는 효과적인 방법

육각형 고리구조의 물은 10℃에서는 3~4%, 0℃에서는 10%, −30℃ 및 −40℃에서는 거의 100% 함유한다. 즉 물이 차가울수록 육각수가 많다. 그래서 생수를 얼음으로 해서 물에 녹이면서 마시면 좋다.

3. 식품 중 물의 형태

식품 중의 물은 식품의 구성성분과 단단하게 결합되어 있는 결합수 bound water와 자유롭게 움직이는 자유수 free water가 있다. 이 두 가지 형태의 물은 표 1-5 와 같이 각기 다른 성질을 갖는다. 자유수는 대기압하에서 100℃ 이상 가열하거나 건조시키면 쉽게 제거되고 0℃에서 얼며, 용매로 작용할 수 있는 일반적인 물인 반면, 결합수는 자유수에 비해 밀도가 높고 증기압이 낮아서 가열, 건조 등에 의해 쉽게 제거되지 않는 물이다. 결합수는 탄수화물, 단백질 등과 같은 고분자화합물의 표면에 수소결합으로

[표 1-5] 자유수와 결합수의 성질

자유수	결합수
• 용매로 작용할 수 있는 물이다. • 미생물의 생육에 이용될 수 있는 물이다. • 화학반응에 관여하는 물이다. • 대기압하 0℃ 이하에서 쉽게 어는 물이다. • 대기압하 100℃ 이상으로 가열하거나 건조하면 쉽게 제거되는 물이다.	• 용매로 작용할 수 없는 물이다. • 미생물 생육에 이용될 수 없는 물이다. • 화학반응에 관여할 수 없는 물이다. • −18℃ 이하에서도 얼지 않는 물이다. • 100℃ 이상 가열하거나, 건조, 압착에 의해 제거되지 않는 물이다.

[표 1-6] 신선한 어류 중의 결합수의 함량

어류	결합수량(%)		어류	결합수량(%)	
	최소	최대		최소	최대
물오징어(한치)	47.7	81.1	고등어	–	55.7
도루묵	35.5	68.8	참가자미	–	54.0
정어리	–	64.8	임연수어	37.1	–
복어	–	64.6	광어	21.5	–
멸치	21.7	60.0	돌가자미	21.1	–
말린 오징어	17.5	55.7			

단단히 결합되어 있어 움직임이 자유롭지 못한 물로서 −40℃ 이하의 낮은 온도에서도 얼지 않는다. 편의상 −18℃ 이하에서 얼지 않고, 용매로서 작용하지 않는 물을 결합수라고 한다. 몇 가지 신선한 어류 중의 결합수 함량은 표 1-6 과 같다.

4. 수분활성도

식품에 함유된 물의 존재 상태는 가수분해반응, 미생물 생육, 효소반응 등에 영향을 주기 때문에 식품의 저장수명은 수분함량보다는 수분활성도(Aw)의 영향을 더 많이 받는다.

수분활성은 일정 온도에서 식품이 나타내는 수증기압(P)과 순수한 물의 수증기압(P_0)의 비로 나타내며, 용해된 용질의 종류와 양에 따라 다른 값을 나타낸다.

$$\mathrm{Aw} = \frac{\mathrm{P}}{\mathrm{P_0}}$$

또 식품의 수증기압(P)은 그 식품의 수분에 녹아 있는 용질의 종류와 양에 의하여 영향을 받는다. 물의 몰수를 M_w, 용질의 몰수를 M_s 라 하면 Aw는 다음과 같다.

$$\mathrm{Aw} = \frac{P}{P_0} = \frac{M_w}{M_w + M_s}$$

예를 들어, 물 30%, 설탕 20%가 함유된 식품의 수분활성도(Aw)를 위의 식으로 계산하면,

$$\mathrm{Aw} = \frac{\frac{30}{18}}{\frac{30}{18} + \frac{20}{342}} = \frac{1.667}{1.667 + 0.058} = 0.966$$

[표 1-7] 용질의 몰농도와 수분활성도의 관계

수분활성도(Aw)	NaCl의 농도	$CaCl_2$의 농도	Sucrose의 농도
0.995	0.150	0.101	0.272
0.990	0.300	0.251	0.534
0.980	0.607	0.418	1.03
0.960	1.20	0.770	1.92
0.940	1.77	1.08	2.72
0.920	2.31	1.34	3.48
0.900	2.83	1.58	4.11
0.850	4.03	2.12	5.98
0.800	5.15	2.58	-

0.966이 된다.

수분활성도를 낮추려면 용질의 몰농도가 높거나 몰수가 많아야 한다. 몰수는 농도(함량)/분자량이므로 용질의 농도가 높거나 분자량이 작은 것이 효과적이다. 또 용해되어 이온화되는 용질이 비이온화되는 용질에 비해 더욱 효과적으로 수분활성을 낮춘다. 용질의 몰농도와 수분활성과의 관계는 표 1-7 과 같다.

공기 중에 식품을 오랜 시간 방치하면 공기 중의 상대습도 relative humidity(RH) 여하에 따라 흡습 또는 건조가 진행되다가 공기 중의 수증기압과 식품 중의 수분의 분압이 평형에 이르면 중지한다. 이때의 상대습도를 평형상대습도 equilibrium relative humidity(ERH)라고 한다. 평형상대습도와 수분활성도와의 관계는 다음과 같다.

$$ERH = \frac{P}{P_0} \times 100 = Aw \times 100$$

식품 중에 존재하는 물에는 영양소 등이 용해되어 있어 순수한 물보다 수증기압이 낮으므로 식품의 수분활성은 1보다 작다. 수분함량이 많은 신선한 과일, 채소, 육류, 생선류 등의 수분활성은 0.98~0.99이고, 수분함량이 적은 곡류, 두류 등의 수분활성은 0.60~0.64이다 표 1-8 .

[표 1-8] 상용식품의 수분활성도와 수분함량

수분 활성도(Aw)	소금(%)	설탕(%)	식품(수분함량, %)
1.0	1	10	채소, 과실, 어패류(85~98)
	3	25	육류, 달걀(72~78), 밥(65)
			치즈(40)
	7	40	잼(28)
	10	50	식빵(35)
	13	54	햄, 소시지(56~65)
0.9	16		소금절인 생선(60)
	19		양갱
	22	66	
			살라미 소시지(30)
			코다리(55)
0.8			
			꿀(16), 마멀레이드(32)
			케이크(25)
0.7			
			젤리(18)
			캐러멜(8)
			밀가루(14), 쌀(14), 콩(10)
0.6			
			멸치(16)
			크래커(5)
0.5			건국수(12)
0.4			달걀가루(5)
			비스킷(4)
			초콜릿(1)
0.3			
			녹차(4), 탈지분유(4)
0.2			

출처 : 장현기, 민경찬, 이성동, 최부돌. 식품화학. 도서출판 진로, 2008

5. 등온탈흡습 곡선

1) 등온탈흡습 곡선의 의미

식품을 일정온도에서 다양한 상대습도로 조절된 밀폐용기에 넣고 방치하면 식품의 수분은 흡습 또는 방출되다가 평형에 도달한다. 이때의 식품 중의 수분함량을 평형수분함량(%)이라 하고, 평형수분함량과 상대습도와의 관계를 나타낸 곡선을 등온탈흡습 곡선 moisture sorption isotherm이라고 하며, 역 S자 형을 나타낸다 그림 1-5 . 식품이 수분을 흡습할 때 얻어지는 곡선은 등온흡습곡선 moisture absorption isotherm, 식품이 수분을 방출할 때 얻어지는 곡선은 등온탈습곡선 moisture desorption isotherm이라고 한다.

식품의 등온흡습곡선은 어떻게 그리는가?

포화 염용액은 일정한 수분활성도 Aw를 나타내는 것을 이용한다. 예를 들면, 소금의 수분활성도는 0.75, 황산암모늄은 0.81이다. 먼저 표준의 염류 용액을 4종류 이상 조제한다. 이들의 Aw는 각각 문헌에 기재되어 있다. 이 용액을 식품과 함께 밀폐용기에 넣어 일정 시간 방치하여 수분이 평형 상태가 되도록 한다. 식품 중의 수분함량 증감을 정확히 측량한다. 이 수분의 증감을 표준 용액의 Aw에 대해 그래프를 그려서 식품의 Aw를 그래프상으로부터 구한다. 수분활성도는 온도에 따라 다르기 때문에 일정한 온도에서 측정해야 한다.

수분활성도 측정에 사용되는 포화 염용액의 평형수분활성도(30℃)

염종류	Aw
$K(CH_3COO)$	0.22
$MgCl_2 \cdot 6H_2O$	0.33
K_2CO_3	0.43
$NaNO_2$	0.66
NaCl	0.75
KCl	0.85
$BaCl_2$	0.90
K_2SO_4	0.96

2) 이력현상

건조식품이 대기 중의 수분을 흡수할 때 얻어지는 등온흡습곡선과 수분을 방출할 때 얻어지는 등온탈습곡선은 완전히 일치하지 않는다. 즉 동일한 상대습도, 즉 동일한 수분활성에서의 수분함량은 탈습시가 흡습시보다 더 높은데 이와 같은 현상을 이력현상 hysteresis이라고 한다 그림 1-5.

그림 1-5 등온흡습곡선

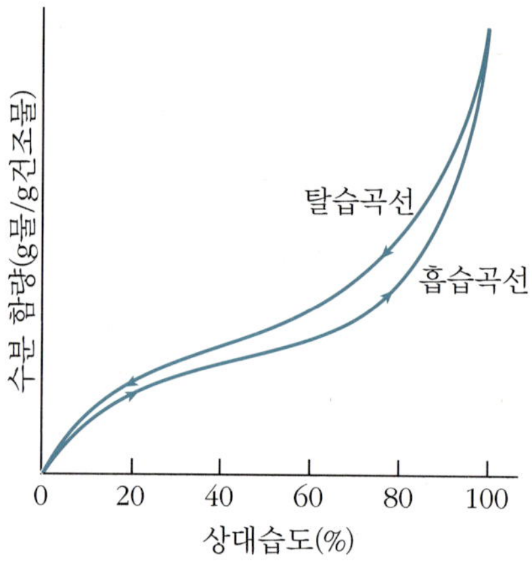

3) 온도의 영향

등온 흡습곡선의 위치는 온도에 따라 달라진다. 온도가 높을수록 일정한 상대습도에 대응하는 수분함량은 적어지고, 반대로 온도가 낮을수록 수분함량은 많아진다 그림 1-6.

그림 1-6 등온흡습곡선에 미치는 온도의 영향

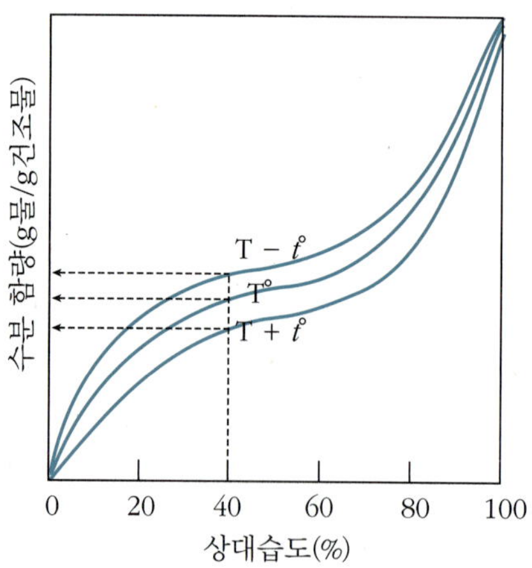

4) 등온흡습곡선의 구분

등온흡습곡선은 기울기가 다른 세 영역으로 나눌 수 있으며, 각 영역의 물은 현저하게 다른 특성을 나타낸다 그림 1-7.

그림 1-7 등온흡습곡선의 각 영역

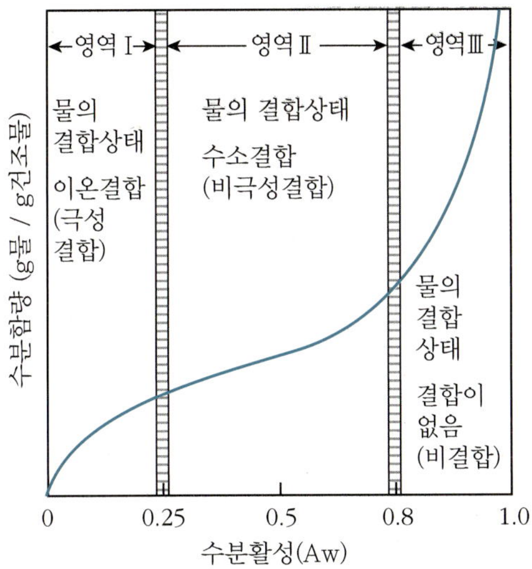

(1) I 영역

① 수분활성도가 낮다 : 0.25이하(0~0.25)

② 수분함량이 낮다 : 0.05~0.1 g물/g건조물

0.5~0.4% 수분함유 식품

③ 식품 중의 물분자는 결합수로 식품성분 중의 카복실기, 아미노기와 같은 이온과 강한 이온결합을 형성하고 있다.

④ I 영역과 II 영역의 경계부분은 단분자층 monomolecular layer 수분에 해당한다.

⑤ 온도를 낮추어도 얼지 않는다.

⑥ 용매로 작용할 수 없다.

⑦ II 영역에 해당하는 물보다 저장성이 낮다.

⑧ 해당식품 : 인스턴트커피분말, 분유, 곡류 등 대부분의 건조식품

(2) II 영역 Intermediate Moisture Food, IMF

① 수분활성도 : 0.25~0.8

② 수분함량 : 0.14~0.33 g물/g건조물(20~40% 식품)

③ I 과 II 영역의 물은 일반적으로 5% 이내를 차지한다.

④ 단분자층의 물에 흡착된 다분자층 multilayer의 물로 고형물의 친수성기 주위에 물–물 또는 물–용질 사이에 여러 층으로 회합되어 존재한다.

⑤ 이온화되지 않은 극성기와 수소결합, 비극성결합에 의해 I영역의 물에 비하여 느슨히 결합되어 있다.

⑥ III 영역의 물보다 이동성이 떨어진다.

⑦ 거의 용매로 작용할 수 없다.

⑧ −40℃에서도 얼지 않는다.

⑨ 고형물의 초기 팽윤을 일으킨다.

⑩ 해당식품 : 건조식품일 경우 II 영역 중 I 영역의 경계부분에 해당되는 단분자층 monolayer 수분에 해당되어 가장 안정성이 크다.

(3) III 영역

① 곡선의 기울기가 크고 수분활성이 크다 : Aw 0.8 이상

② 식품의 다공질구조, 특히 모세관에 응축된 수분으로 젤에서는 갇혀 움직임이 제한된 물로 다상수 bulk phase water 또는 모세관수 capillary water라 한다.

③ 식품 구성성분에 약하게 흡착되어 존재한다.

④ 용매로 작용하여 화학반응 촉진, 미생물생육에 이용된다.

⑤ 이동이 용이하다.

⑥ 동결될 수 있다.

⑦ 식품 중 수분의 95% 이상 차지한다.

⑧ 해당식품 : 채소, 과일, 육류 등 대부분의 신선한 식품

6. 수분활성과 식품의 저장성

식품의 수분활성은 효소작용, 화학반응, 미생물 생육에 영향을 미친다 그림 1-8 .

그림 1-8 식품의 수분활성과 저장성

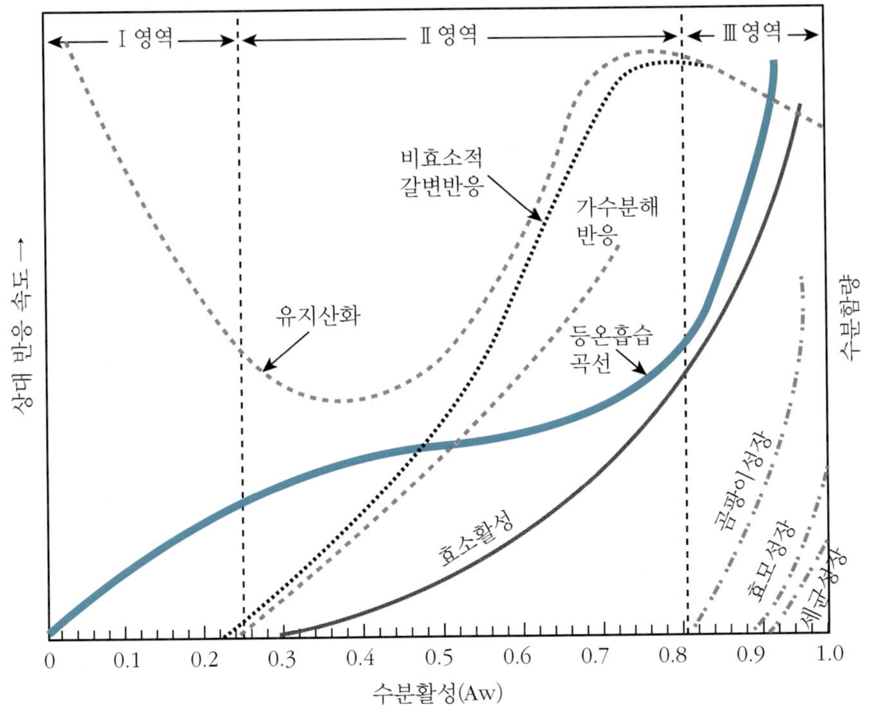

1) 미생물과 효소

대부분의 세균은 수분활성도 0.9 이하에서는 생육할 수 없다. 효모는 대부분이 0.88 이하에서 생육할 수 없다. 곰팡이는 건조된 표면에서도 잘 성장하지만 생육이 가능한 수분활성은 0.7~0.75이다. 그러나 내건성 곰팡이 xerophilic fungi는 0.65, 내삼투압성 곰팡이는 0.6에서도 생육이 가능하다. 대부분의 효소는 단분자층에서 활성을 나타내지 않으나 라이페이즈 lipase는 0.1~0.3에서도 활성을 나타낸다.

2) 유지산화

유지의 산화는 I영역(단분자층 수분활성 영역)에서는 수분활성도가 증가함에 따라 반응속도는 감소하여 0.2~0.3에서 가장 낮고, 다시 여기서부터 수분활성도가 커짐에 따라 반응속도가 증가한다. 따라서 I영역에서의 수분은 유지의 산화에 있어서 보호작용을 하게 되며 그 보호 기작은 다음과 같다.

① 식품표면에 존재하는 물분자가 유리 라디칼에 의해서 형성된 과산화물과 수소결합으로 복합체를 형성하여 과산화물의 분해를 억제한다.

② 식품 속의 물분자는 산화촉진제로 작용하는 미량금속을 수화시켜 금속수산화물 metal hydroxides의 형태로 만들기 때문에 금속의 촉매작용을 억제한다.

3) 비효소적 갈변반응 non-enzymatic browning reaction

수분활성도가 낮은 단분자층의 영역에서는 갈변반응이 일어나지 못하나 수분활성이 증가함에 따라 반응속도가 증가하여 0.6~0.7이 되면 최대에 도달하였다가 0.8 이상에서는 반응속도가 떨어진다. 수분활성도가 높을 때 반응속도가 떨어지는 이유는 희석효과dilution effect에 기인하며 수분활성도가 낮을 때 반응속도가 저하되는 것은 용매로서의 물이 존재하지 않으므로 반응물질의 이동이 불가능하기 때문이다.

7. 수분활성도와 식품의 포장

수분활성은 각종 식품의 저장성에 영향을 미치는 주요인이기 때문에 포장은 저장기간을 연장시켜 주는 최적조건을 유지하는 데 중요하다. 등온흡습곡선은 포장재료를 선정하는 데 중요한 역할을 한다.

흡습성이 있는 식품은 일반 저장조건에서 변질반응이 일어날 수 있다. 따라서 그러한 식품은 수분을 차단할 수 있는 유리병이나 폴리에틸렌 용기 등에 포장하는 것이 바람직하다. 그 예로 인스턴트 커피는 평형상대습도가 외부 기후조건의 습도보다 낮기 때문에 수분을 흡습하여 덩어리가 되어 유동성이 없어진다.

치즈나 빵의 경우는 평형 상대습도가 외부 기후조건의 습도보다 높다. 이때는 수분의 손실을 방지하기 위하여 방습포장재료를 사용한다.

8. 얼음과 냉동식품

냉동식품의 품질을 유지하기 위해서는 얼음의 성질을 알아야 된다.

- 얼음의 물리적 성질 : 밀도 0.91g/cm^3, 비열 약 0.5cal/g으로 물과는 다르다.

1) 얼음의 구조

얼음은 물분자 주변에 사면체 위치로 네 개의 물분자가 결합하여 육각형의 결정격자를 이루고 있다 그림 1-9. 물이 얼면 부피가 9%나 더 팽창하여 원거리 배열이 형성되어 비교적 큰 공간을 가지게 되므로 얼음은 물보다 밀도가 낮다.

그림 1-9 얼음결정의 육각형 격자모양

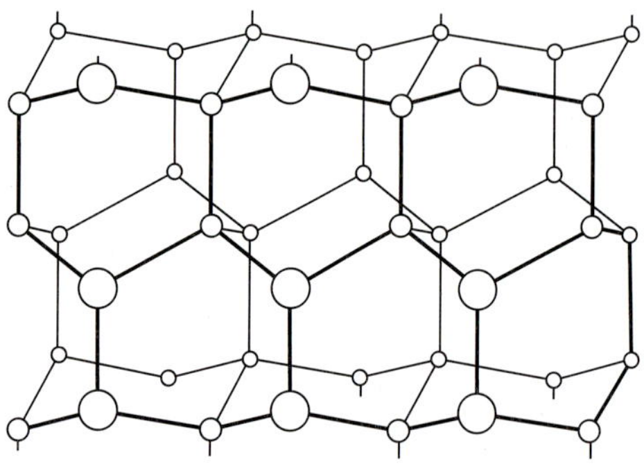

식품의 냉동시 품질에 미치는 영향 : 부피 증가로 세포에 기계적 손상을 가져와 식품의 질을 저하시킨다. 예를 들면 에멀션의 파괴, 단백질의 응집, 육류의 드립 손실, 조직감의 변화 등이다.

2) 냉동속도

얼음 결정의 크기와 수는 냉동속도에 영향을 크게 받으며, 핵형성 및 결정의 성장 속도에 의하여 좌우된다. 식품 중의 물이 어는 상태는 냉동속도에 따라 다르다.

3) 냉동속도가 식품의 품질에 미치는 영향

냉동속도에 따라 급속냉동 quick freezing과 완만냉동 slow freezing으로 크게 나누어진다. 급속냉동 식품은 미세한 얼음 입자가 세포 내에 균일하게 분산하여 식품의 품질은 거의 냉동하기 전과 비슷한 외형을 나타내어 품질이 우수한 반면, 완만냉동 식품은 얼음결정이 세포 외에 생겨 결정은 크고 수분 분포가 불균일하여 세포가 수축되어 해동 후의 식품 품질은 크게 저하된다. 그러나 식품 중에 생성된 얼음결정은 결코 안정된 것이 아니며 동결 저장 중에 있어서도 온도가 높으면 미세결정은 점점 커져 식품 품질에 있어서도 지장을 주게 된다.

최대빙결정대

식육의 동결시 급속동결장치(-30℃ 이하 온도 유지)를 이용하여 냉각하면, 우선 식육 표면의 온도저하가 일어나며, 점차적으로 중심부로 향해서 진행하고, 식육 내에 빙결정이 증가하여 단단해진다. 이 빙결정이 가장 많이 발생하는 온도 범위는 −1~3℃ 정도이며, 이것을 최대빙결정대라고 한다. 그리고 온도대를 통과하는 소요시간이 짧을수록 빙결정의 형태가 작으며, 수가 많고, 분포가 균일하다. 식육의 경우 빙결정을 작게 하기 위해 이 온도대를 빨리 통과하는 정도에 따라 육조직의 파괴가 적고, 해동했을 때 본래의 식품의 상태로 유지한다.

4) 냉동건조

냉동건조는 동결건조라고도 하며 얼음을 4.6mmHg 이하의 압력, 즉 감압하에서 0℃ 이하의 저온에서 액체 상태를 거치지 않고 직접 수증기로 승

그림 1-10 물의 고체, 액체, 기체 상평형

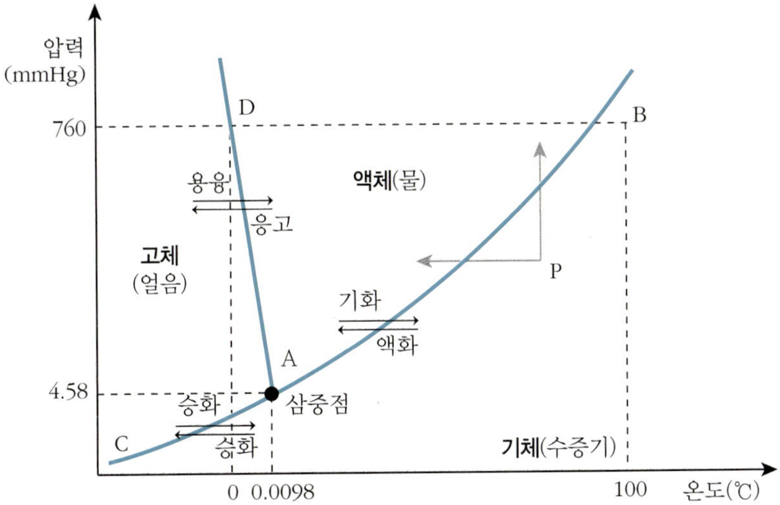

A : 삼중점 (고체,액체,기체가 공존하는 점, 0.01℃, 4.6 mmHg)
A − B : 증기압 곡선 (끓는점 : 760 mmHg, 100℃)
A − D : 용융 곡선(녹는점 : 760 mmHg, 100℃)
A − C : 승화 곡선 (삼중점 이하의 온도와 압력)

화시켜 물을 제거한다 그림 1-10 . 냉동건조는 낮은 온도에서 건조가 진행되기 때문에 품질의 저하가 거의 없고, 향기 성분을 보존할 수 있으며, 복원성이 좋다.

식품 속의 수분함량 측정방법

① 상압가열건조법 : 상온, 105~110℃에서 항량이 될 때까지 가열-냉각-칭량을 반복한다.

② 감압가열건조 : 감압, 60~100℃에서 항량이 될 때까지 가열-냉각-칭량을 반복한다.

③ 적외선건조법 : 간이법으로 적외선 건조기를 사용한다.

④ 증류법 : 휘발성 성분이 많은 식품의 수분은 벤젠, 톨루엔 등을 사용하는 증류법으로 측정한다.

⑤ 칼피셔법 : 소량의 시료나 액체시료에서는 메탄올로 추출하여 칼 피셔Karl Fisher시약(메탄올, 아황산, 요오드, 피리딘을 함유)을 가해서 다음 식의 반응을 유도하여 환원시킨 요오드량을 측정한다.

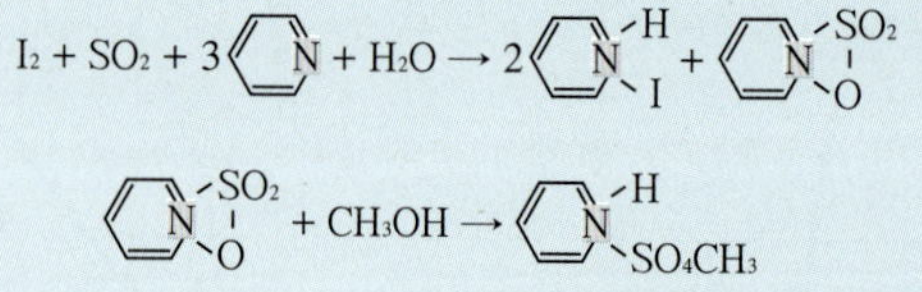

Chapter 2

탄수화물

학습 목표

1. 탄수화물의 종류와 특성을 설명할 수 있다.
2. 당의 명명법과 기본적인 구조를 이해할 수 있다.
3. 전분의 구조와 호화, 노화에 대하여 설명할 수 있다.

탄수화물은 자연 상태에서 가장 풍부한 유기물질로서 녹색식물의 광합성을 통해 합성된다. 녹색식물은 빛을 받아 이산화탄소로부터 포도당을 합성하고 포도당 분자들은 녹말이나 셀룰로오스로 중합되어 저장된다. 탄수화물은 동식물의 에너지 대사원으로 중요한 역할을 한다. 탄수화물은 식품에서 감미료, 안정제, 젤 형성제 등으로도 작용하며, 조리가공 중의 색과 냄새의 변화에도 관여한다.

주요 탄수화물로 전분, 각종 당류가 있으며, 셀룰로오스, 펙틴, 검류 등도 탄수화물에 속한다. 이 장에서는 탄수화물의 종류와 특성, 당의 구조와 명명법, 탄수화물의 화학반응 등에 대해서 살펴본다.

1. 탄수화물의 분류

탄수화물은 C, H, O로 이루어진 화합물로 일반식은 $C_m(H_2O)_n$으로 나타내지만 일반식으로 표현할 수 없는 것도 있다. 탄수화물은 분자 내에 1개 이상의 하이드록실 hydroxyl, (-OH)기를 가지고 있으며 알데하이드 aldehyde, (-CHO)기 또는 케톤 ketone, (-C=O)기를 가지고 있다.

탄수화물은 구성하고 있는 당의 수에 따라 단당류, 소당류, 다당류로 분류되는데, 한 개의 당으로 구성된 것을 단당류, 2~8개의 당으로 구성된 것을 소당류, 그 이상의 당으로 구성된 것을 다당류라고 한다.

- 단당류
  - 삼탄당: 글리세르알데하이드, 다이하이드록시아세톤
  - 사탄당: 에리트로오스, 트레오스
  - 오탄당: 자일로오스, 아라비노오스, 라이보오스, 데옥시라이보오스
  - 육탄당: 글루코오스, 프럭토오스, 갈락토오스, 만노오스
- 소당류
  - 이당류: 말토오스, 수크로오스, 락토오스, 젠티오바이오스, 셀로바이오스, 루티노오스, 트레할로오스, 멜리바이오스
  - 삼당류: 라피노오스, 멜레아토오스, 젠티아노오스
  - 사당류: 스타키오스
- 다당류
  - 단순다당류: 전분, 덱스트린, 셀룰로오스, 이눌린, 글라이코젠
  - 복합다당류: 펙틴, 헤마이셀룰로오스

2. 당의 구조 및 특성

1) 단당류의 구조와 명명법

단당류는 카보닐 carbonyl기의 종류와 탄소수에 따라 분류한다. 카보닐기가 알데하이드인 것을 알도오스 aldose, 케톤기인 것을 케토오스 ketose라고 하며, 알도오스에는 -ose를 케토오스에는 -ulose를 붙여서 명명한다. 따라서 탄소수가 3, 4, 5, 6개인 알도오스를 트라이오스 triose, 테트로오스 tetrose, 펜토오스 pentose, 헥소오스 hexose라고 하며, 탄소수가 3, 4, 5, 6개인 케토오스를 트라이울로오스 triulose, 테트룰로오스 tetrulose, 펜툴로오스 pentulose, 헥술로오스 hexulose라고 부른다.

■ **알도오스** aldose
단당류 중 알데하이드기를 가진 당

■ **케토오스** ketose
단당류 중 케톤기를 가진 당

가장 간단한 알도오스는 3개의 탄소원자에 하이드록실기 2개, 알데하이드기 1개를 가진 글리세르알데하이드 glyceraldehyde이며, 가장 간단한 케토오스는 3개의 탄소원자에 하이드록실기 2개, 케톤기 1개를 가진 다이하이드록시아세톤 dihydroxyacetone이다. 알도오스에서는 알데하이드 탄소부터 탄소번호를 붙이며, 케토오스에서는 카보닐기의 탄소가 2번째 탄소(C2)가 된다.

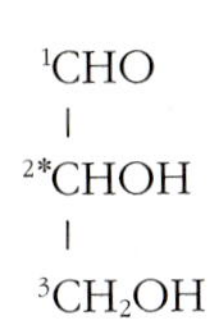

Glyceraldehyde

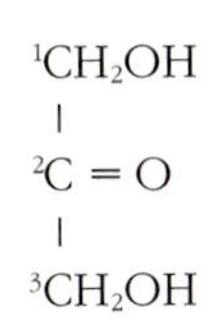

Dihydroxyacetone

글리세르알데하이드의 2번째 탄소는 부제탄소이다(*로 표시된 탄소). 부제탄소란 서로 다른 4개의 원자나 원자단이 결합되어 있는 탄소를 말한다. 부제탄소를 가진 글리세르알데하이드는 2개의 이성질체가 존재하며 이들은 서로 거울상의 관계를 가진다. 이와 같이 좌우의 손바닥처럼 서로 포갤 수 없는 거울상의 입체이성질체를 에난티오머 enantiomer라고 한다.

■ **부제탄소**
서로 다른 4개의 원자나 원자단이 결합되어 있는 탄소

■ **에난티오머** enantiomer
좌우의 손바닥처럼 서로 포갤 수 없는 거울상의 입체이성질체

■ **D형**
D-글리세르알데하이드를 기준으로 하여 여기에 탄소사슬이 증가한 당

■ **L형**
L-글리세르알데하이드를 기준으로 하여 여기에 탄소사슬이 증가한 당

분자 중에 부제탄소가 존재하면 구성 원자와 원자단들의 입체적 배치가 다른 입체 이성질체가 생기며, 부제탄소수가 n개 있으면 가능한 입체이성질체의 수는 2^n개가 된다.

당의 D형 또는 L형은 당의 입체배열을 가리키는 것으로 글리세르알데하이드의 부제탄소에 하이드록실기가 오른쪽에 있는 것을 D-글리세르알데하이드라 하고, 왼쪽에 있는 것을 L-글리세르알데하이드라고 한다. D-글리세르알데하이드를 기준으로 하여 여기에 탄소사슬이 증가한 당을 D형으로 하고 각각의 거울상 입체이성질체를 L형으로 표시한다. 케토오스에서는 에리쓰룰로오스 erythrulose를 기준으로 하여 케톤기로부터 가장 멀리 있는 부제탄소의 입체배치에 따라 D형과 L형으로 표시한다. 자연계에는 D형의 당이 많이 존재한다.

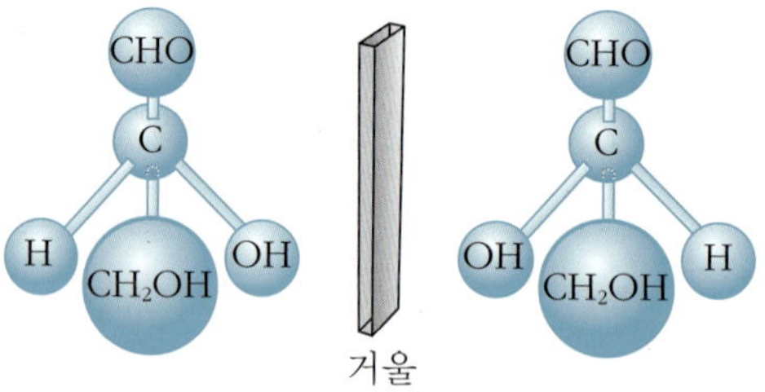

D-Glyceraldehyde L-Glyceraldehyde

글루코오스 glucose(포도당)의 에난티오머인 D-글루코오스와 L-글루코오스의 구조는 아래와 같다.

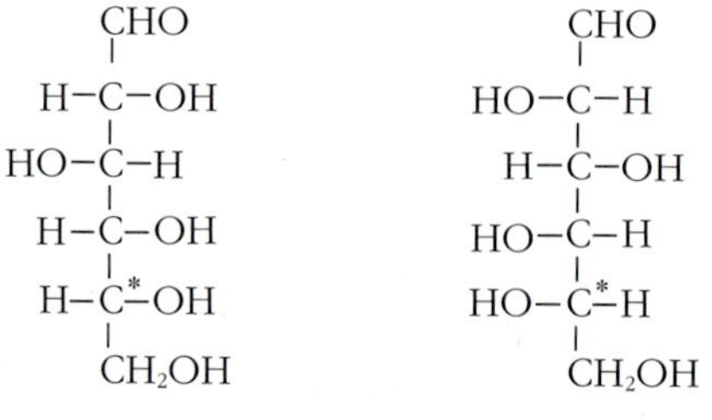

D-glucose L-glucose

D형 알도오스 계열의 당의 구조는 그림 2-1 과 같으며, 이렇게 표시한 당의 구조를 피셔 Fischer 구조식이라고 부른다.

글루코오스와 갈락토오스 galactose는 4번째 탄소에 결합되어 있는 수소와 하이드록실기가 서로 다르게 배치되어 있다. 이렇게 부제탄소에 의해 생기는 입체이성질체 중에서 한 개의 탄소원자에만 원자단이 다르게 배치되어 있는 2개의 당을 서로 에피머 epimer라고 한다.

부제탄소를 갖는 이성질체들은 물리적, 화학적 성질은 동일하나 이들의

그림 2-1 D형 알도오스 계열의 당의 피셔 구조식

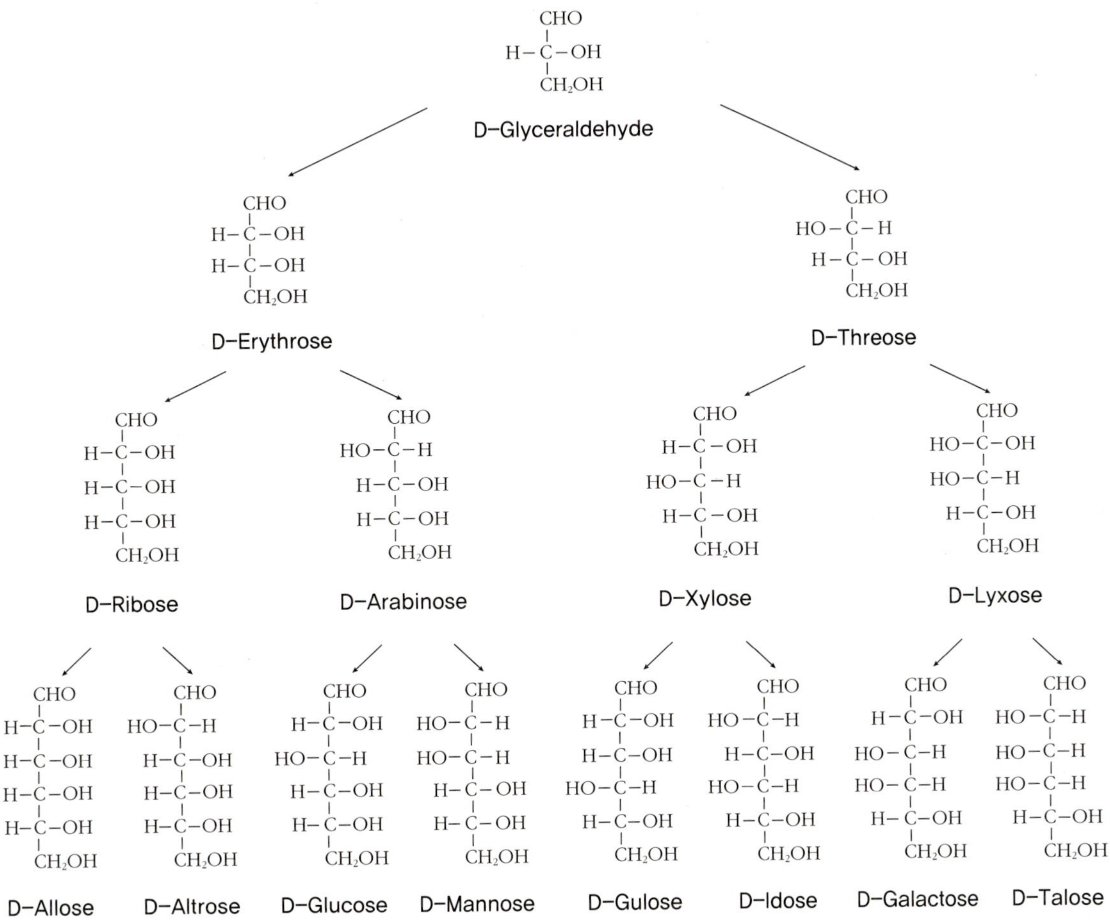

■ **광학이성질체** optical isomer
물리적, 화학적 성질은 동일하나 선광성이 다른 이성질체

■ **좌선성** levorotatory
부제탄소를 갖는 당용액이 편광면을 왼쪽으로 회전시키는 성질

■ **우선성** dextrorotatory
부제탄소를 갖는 당용액이 편광면을 오른쪽으로 회전시키는 성질

용액은 편광을 회전시키는 방향이 다르다. 따라서 이들을 광학이성질체 optical isomer라고 한다. 편광면을 오른쪽으로 회전시키는 것을 우선성 dextrorotatory이라 하며 (+)로 표시하고, 편광면을 왼쪽으로 회전시키는 것은 좌선성 levorotatory이라고 하고 (−)로 표시하며 당의 이름 앞에 붙인다. 예를 들면 우선성의 D−글루코오스는 D(+)−글루코오스로 표시한다. 편광면을 회전시키는 정도를 선광도 specific rotation라고 한다. 용액에 우선성과 좌선성의 이성질체가 동량 존재할 경우 광학적 활성이 서로 상쇄되어 없어지게 된다.

2) 당의 사슬구조 및 고리구조

사슬모양의 당에 있는 알데하이드기나 케톤기는 C4 또는 C5에 결합된 하이드록실기와 반응하여 헤미아세탈 hemiacetal을 형성하여 고리모양의 구조를 이룬다 그림 2-2 .

대부분 육탄당은 C5의 하이드록실기가, 오탄당은 C4의 하이드록실기가 관여하여 고리구조를 형성한다. 당의 고리구조에서 C1에 있는 하이드록실기를 글라이코사이드 glycoside성 하이드록실기 또는 헤미아세탈성 하이드록실기라고 한다.

그림 2-2 **헤미아세탈의 형성**

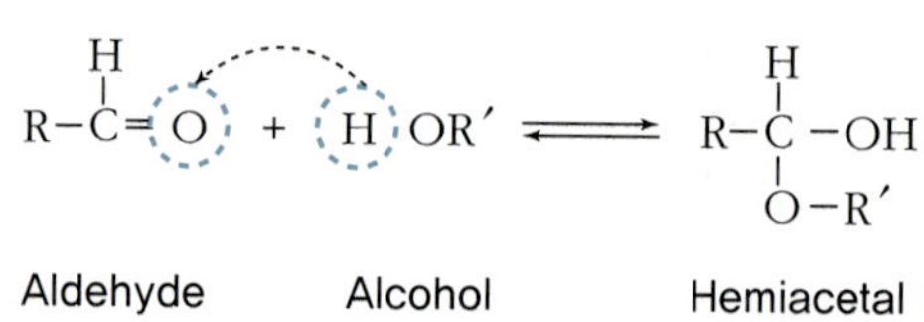

당의 공간적인 형태를 좀 더 잘 나타내기 위해서 하워드 Haworth 구조식이 도입되었으며, 당의 고리구조에는 5각형의 퓨라노오스 furanose와 6각형의 피라노오스 pyranose 형태가 있다.

■ 퓨라노오스 furanose
5각형의 당 구조

■ 피라노오스 pyranose
6각형의 당 구조

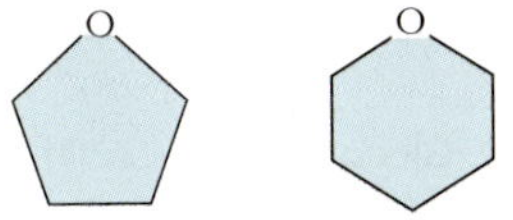

글루코오스의 고리구조에서는 부제탄소인 C1에 결합된 수소와 하이드록실기의 입체배치에 따라 이성질체가 생기는데, C1에 결합된 하이드록실기가 평면 아래로 있으면 α형, 평면 위로 있으면 β형이라고 한다.

α-D-글루코오스와 β-D-글루코오스의 두 이성질체를 아노머 anomer라고 부르며, 아노머는 고유광회전도와 같은 물리적 성질이 서로 다르다. 일반적으로 수용액에서는 α형과 β형이 평형을 이루고 있다 그림 2-3 .

프럭토오스 fructose (과당)의 경우에는 C5의 하이드록실기와 C2의 카보닐기 사이에 헤미아세탈 결합이 형성되어 5각형의 α-D-프럭토퓨라노오스 fructofuranose와 β-D-프럭토퓨라노오스 fructofuranose가 존재한다 그림 2-4 .

■ 아노머 anomer
당의 α형과 β형의 이성질체

■ α형
부제탄소인 C1에 결합된 하이드록실기가 평면 아래로 있는 형태

■ β형
부제탄소인 C1에 결합된 하이드록실기가 평면 위로 있는 형태

그림 2-3 글루코오스의 사슬구조와 고리구조

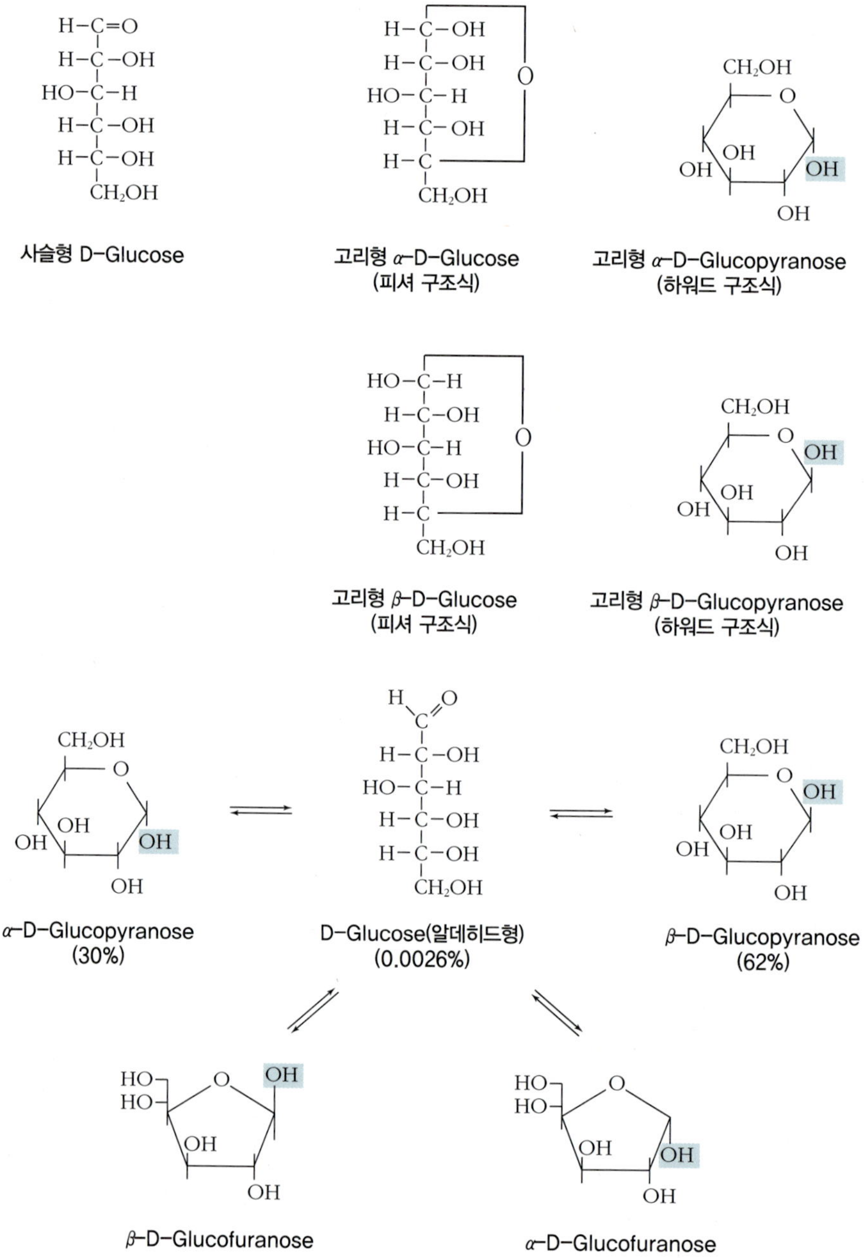

그림 2-4 프럭토오스의 사슬구조와 고리구조

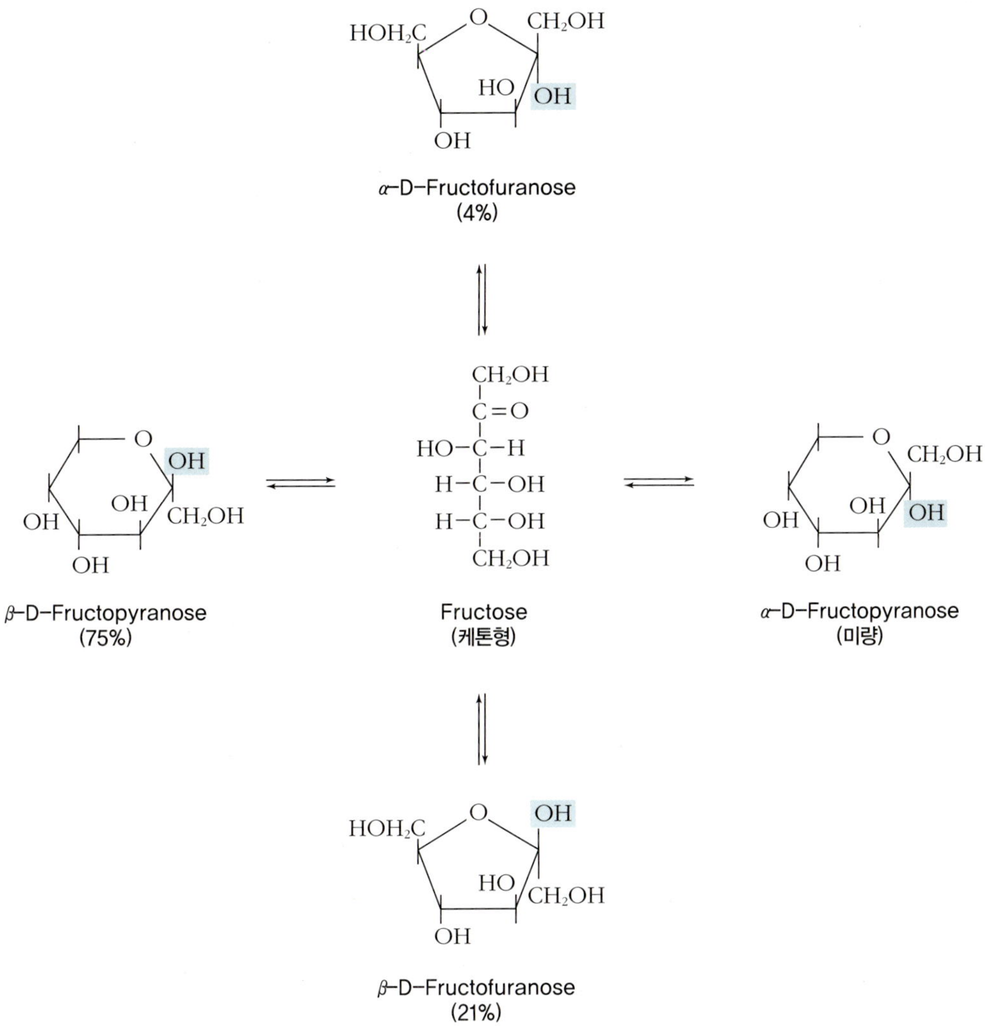

3) 변선광

α형이나 β형의 당은 결정형으로 존재하나 이들을 물에 녹이면 α형과 β형이 일정한 비율로 혼합된 수용액을 이룬다. 이 과정에서 당의 고유광회전도가 변한다. 예를 들면 α-D-글루코피라노오스 glucopyranose의 고유광회전도는 +112.2° 이며, β-D-글루코피라노오스의 고유광회전도는

+18.7°로 α-D-글루코피라노오스를 물에 녹인 직후 고유광회전도를 측정하면 +112.2°이지만 이를 방치하여 평형에 도달하면 α형과 β형이 37:63의 비율로 존재하여 고유광회전도가 +52.7°가 된다. 이렇게 광회전도가 변하는 현상을 변선광 mutarotation이라고 한다. 당용액에서 변선광이 일어나는 이유는 수용액에서 당의 고리구조가 사슬구조를 거쳐서 이성질체인 고리구조로 전환하기 때문이다.

■ **변선광** mutarotation
당의 광회전도가 변하는 현상

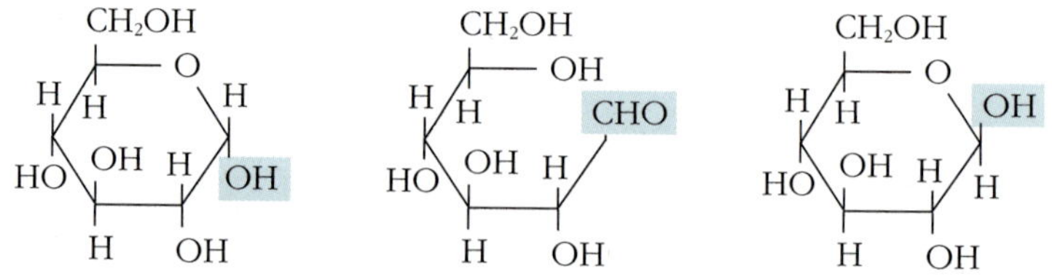

α-D-Glucopyranose $[\alpha]_D = +112.2°$ D-Glucose 알데히드형 β-D-Glucopyranose $[\alpha]_D = +18.7°$

프럭토오스의 경우 α-D-프럭토오스의 고유광회전도는 -64°이고, β-D-프럭토오스의 고유광회전도는 -134°인데 프럭토오스를 물에 녹여 평형상태에 도달했을 때 수용액의 고유광회전도는 -92°가 된다.

4) 환원당과 비환원당

당이 고리구조를 형성할 때 알데하이드기 또는 케톤기는 하이드록실기와 글라이코사이드성 하이드록실기를 형성하는데 이러한 하이드록실기는 환원성을 가지므로 글라이코사이드성 하이드록실기를 가진 당을 환원당 reducing sugar이라고 하며, 가지지 않은 당을 비환원당 nonreducing sugar이라고 한다.

■ **환원당**
글라이코사이드성 하이드록실기가 결합에 이용되지 않고 남아 있는 당. 단당류와 말토오스, 락토오스 등이 있음.

단당류 및 말토오스 maltose, 락토오스 lactose, 셀로바이오스 cellobiose, 젠티오바이오스 gentiobiose, 루티노오스 rutinose, 멜리바이오스 melibiose는 환원당이며, 수크로오스 sucrose, 트레할로오스 trehalose, 라피노오스 raffinose, 젠티아노오스 gentianose, 스타키오스 stachyose는 비환원당에 속한다. 환원당은 펠링 Felling용액, 버트란드 Bertrand법, 소모기 Somogyi법 등에서 구리이온을 환원시키는 성질을 갖는다.

3. 단당류

단당류는 물에 잘 녹는 결정형으로 탄소원자 수가 3개인 삼탄당, 4개인 사탄당, 5개인 오탄당, 6개인 육탄당으로 구분할 수 있다. 삼탄당과 사탄당은 유리상태로는 거의 존재하지 않으며, 오탄당과 육탄당이 식품에서 중요한 단당류이다.

1) 오탄당

오탄당 pentose은 주로 다당류나 핵산의 구성성분으로 존재하며 자연계에 유리상태로는 거의 존재하지 않는다. 펜토산 pentosan은 오탄당으로 구성된 다당류로 초식동물에게는 중요한 사료성분이나 인체 내에서는 소화효소가 없어서 영양성분으로서의 가치가 없다. 자일로오스 xylose, 아라비노오스 arabinose, 라이보오스 ribose 등이 오탄당에 속한다.

(1) 자일로오스

자일로오스는 자연계에서 유리상태로 거의 존재하지 않으며 식물세포벽의 구성성분이다. 자일로오스는 자일란 xylan의 구성단위이나 사람은 자일란을 소화할 수 없어 영양적 가치는 적다. 단맛이 강한 편으로 수크로오스의 60% 정도 되는 단맛을 가지고 있어 저칼로리 감미료로 이용된다.

(2) 아라비노오스

아라비노오스는 아라비아검 arabia gum의 성분인 아라반 araban의 구성성분이고 유리상태로는 거의 존재하지 않는다. 설탕보다 단맛이 적고 효모에 의해 발효되지 않는다.

(3) 라이보오스

라이보오스는 생체 세포에 존재하는 RNA, ATP, NAD, CoA, 비타민 B_2의 구성성분으로 매우 중요하며, 화합물의 구성단위로 결합할 때는 퓨라노오스 furanose형으로 존재한다.

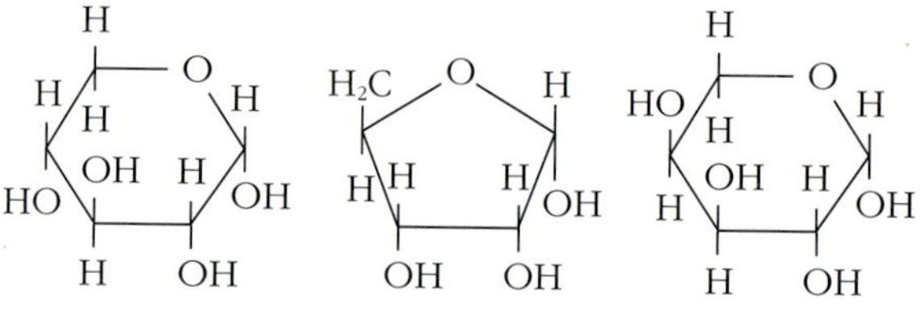

D-Xylose D-Ribose D-Arabinose

오탄당의 구조

2) 육탄당

육탄당 hexose은 탄소수 6개로 구성된 당으로 식품의 주요 구성당이다. 육탄당에는 글루코오스, 프럭토오스, 갈락토오스, 만노오스 mannose 등이 있고, 이들은 효모에 의해 발효되므로 자이모헥소오스 zymohexose라고도 부른다.

(1) 글루코오스

글루코오스(포도당)는 자연계에 널리 분포하는 당으로 유리형 또는 결합형으로 존재한다. 유리상태의 글루코오스는 과일에 많이 존재하며 특히 포도에 많이 함유되어 있어 포도당으로 불린다. 글루코오스는 말토오스 maltose, 락토오스 lactose, 전분 starch, 배당체 glycoside, 글라이코젠 glycogen을 구성하는 단당류이다. 포유동물의 혈액에도 약 0.1% 정도 존재하며, 동물 체내에서는 글라이코젠으로 저장되어 에너지원으로 사용된다. 글루코오스의 단맛은 수크로오스 sucrose의 단맛을 100으로 기준했을 때 50~70 정도이다. α형 포도당이 β형 포도당보다 더 안정적이고 단맛이 강하다. α형의 융점은 146℃이며, β형의 융점은 150℃이다.

(2) 프럭토오스

프럭토오스(과당)는 과일 중에 유리상태로 널리 존재하며 벌꿀에도 많이 함유되어 있다. 프럭토오스는 소당류와 다당류를 형성할 때는 퓨라노오스 형태로 존재하며, 유리상태일 때는 퓨라노오스와 피라노오스의 두 가지 형태로 존재한다. 돼지감자나 다알리아 뿌리에 들어 있는 다당류인 이눌린 inullin의 주된 구성성분이다. 프럭토오스는 α형과 β형의 두 가지의 이성질체가 존재하며, 용해도가 크고 과포화되기 쉬우며, 흡습성이 커서 결정화되기 어렵다. β형이 α형보다 3배 정도 감미도가 높다. 프럭토오스는 천연당류 중 가장 단맛이 강하여(수크로오스를 100으로 했을 때 120~170) 감미료로 사용된다.

(3) 갈락토오스

갈락토오스는 락토오스 lactose, 멜리바이오스 melibiose, 라피노오스 raffinose, 갈락탄 galactan, 헤마이셀룰로오스 hemicellulose의 구성성분이며, 체내에서 동물의 뇌, 신경조직 내의 지질인 세레브로사이드 cerebroside의 구성성분이다. 갈락토오스는 유리상태로 존재하지 않으며, α와 β형의 이성질체가 존재한다. 단맛은 수크로오스를 100으로 했을 때 30 정도이며, 융점은 167℃이다.

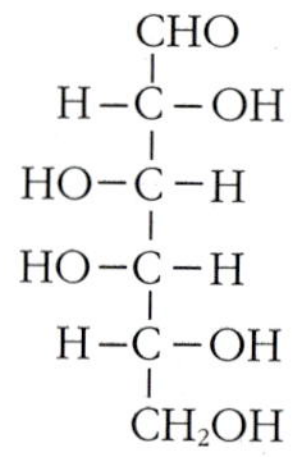

D-Galactose

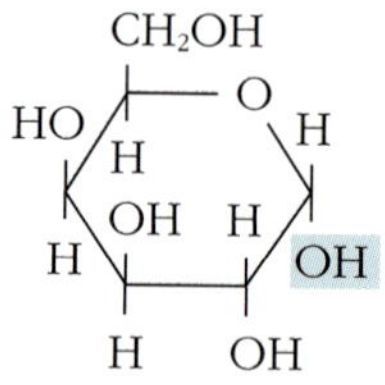

α-D-Galactose

(4) 만노오스

자연계에 존재하는 만노오스 mannose는 D 계열이며, 자연 상태에서 유리 상태로는 거의 존재하지 않는다. α, β형의 이성질체가 존재하며, β형은 약간의 단맛과 쓴 뒷맛을 가지고 있다. 곤약의 주성분인 만노오스의 구성당이며, 감자나 백합 뿌리 등에 만난 mannan, 갈락토만난 galactomannan의 형태로 존재한다.

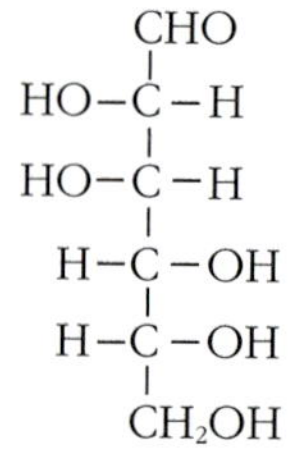

D-Mannose

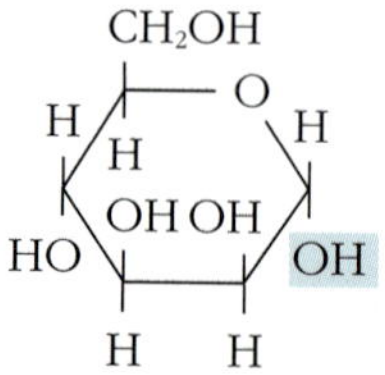

α-D-Mannose

4. 소당류

소당류 oligosaccharide는 2~8개의 단당류로 구성된 당류로서, 2개의 당으로 구성된 이당류와 3개 이상의 당으로 구성된 당으로 분류할 수 있다.

1) 이당류

단당류 2개가 글라이코사이드 결합을 한 것을 이당류 disaccharides라고 한다. 이당류에는 말토오스 maltose, 수크로오스 sucrose, 락토오스 lactose 등이 있으며, 말토오스와 락토오스는 글라이코사이드성 −OH가 유리상태로 있어 환원력을 가지고 있으므로 환원당이라고 하고 수크로오스는 환원력이 없으므로 비환원당이라고 한다.

(1) 수크로오스

수크로오스는 글루코오스 한 분자와 프럭토오스 한 분자가 α−1,2 결합한 당으로 자당, 서당, 설탕이라고도 하며 비환원당이다. 수크로오스는 사탕수수나 사탕무에 각각 13~17%, 10~16% 정도 들어 있으며, 여기서 즙을 얻어 농축하고 결정화, 정제하여 설탕을 만든다. 수크로오스는 자연식품 단맛의 주요성분이며 온도에 따른 단맛의 변화가 거의 없어 감미료의 표준물질로 사용하고 있다. 주요 당류의 감미도를 보면 프럭토오스 〉 수크로오스 〉 글루코오스 〉 말토오스 〉 락토오스의 순으로 단맛이 강하다.

산이나 효소(sucrase, invertase)로 수크로오스를 가수분해하면 수크로오스 한 분자로부터 글루코오스 한 분자와 프럭토오스 한 분자가 생성된다. 이 때 우선성인 수크로오스($[\alpha]^{20}_{D}$=+66.5°)는 가수분해되어 등량의 글루코오스($[\alpha]^{20}_{D}$=+52.2°)와 프럭토오스($[\alpha]^{20}_{D}$=−92°)를 생성하므로 가수분해 혼합물의 고유광회전도는 좌선성인 −19.9°가 된다. 이와 같이 수크로오스가 가수분해되면 고유광회전도가 우선성에서 좌선성으로 변하므로 수크로오스의 가수분해를 전화 inversion라고 하고, 글루코오스와 프럭토오스의 등량 혼합물을 전화당 invert sugar이라고 한다. 전화당은 벌꿀의 주요 당 성분인데, 이것은 벌의 타액에 있는 전화효소 invertase에 의하여 수크로오스가 전화되기 때문이다. 전화당은 수크로오스보다 단맛이 강하고 용해도가 높아 제과에 널리 이용된다.

■ 전화당

수크로오스가 가수분해되면 고유광회전도가 우선성에서 좌선성으로 변하므로 수크로오스의 가수분해를 전화(inversion)라고 하고, 글루코오스와 프럭토오스의 등량 혼합물을 전화당(invert sugar)이라고 함.

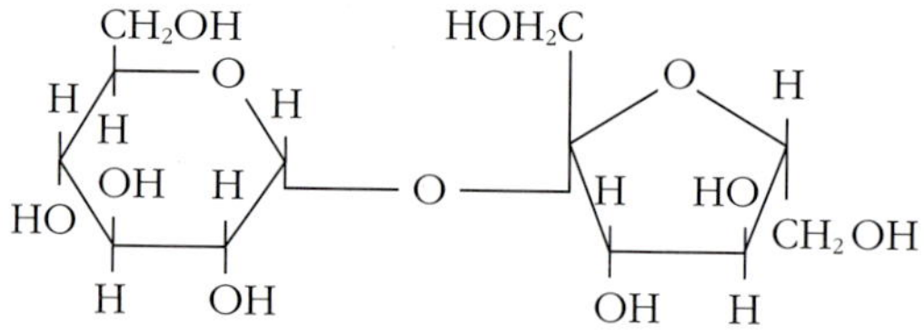

(2) 말토오스

말토오스 maltose(맥아당)는 글루코오스 두 분자가 α-1,4 글라이코사이드 결합을 한 이당류이다. 전분을 β-아밀레이즈 효소로 가수분해시키면 말토오스가 생성된다. 말토오스는 식물의 잎이나 싹에 많이 존재하며, 엿기름(맥아)에 많이 들어 있고 엿의 주성분으로 엿당이라고도 한다. 말토오스는 물에 잘 녹고, 환원당이며, 효모에 의해서 발효된다. 단맛은 수크로오스를 100으로 했을 때 50~60 정도이다.

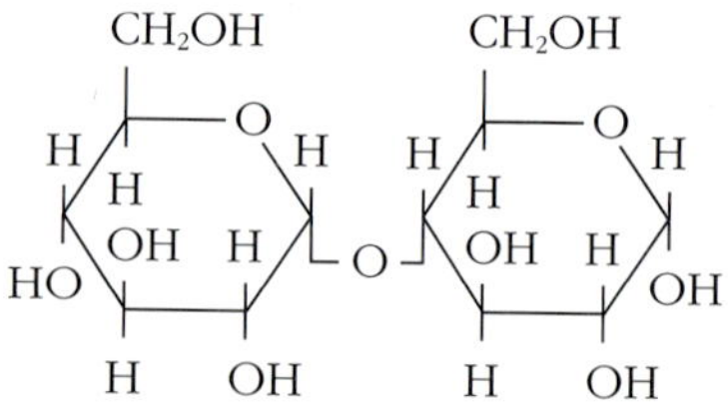

(3) 락토오스

락토오스 lactose(유당)는 한 분자의 갈락토오스와 한 분자의 글루코오스가 β-1,4 결합한 당으로 젖에 많이 함유되어 있다. 우유에는 약 4.5%, 모유에는 약 7% 들어 있으며, 포유동물의 성장과 뇌신경조직에 중요한 역할을 한다. α-락토오스와 β-락토오스의 이성질체가 있으며 일반적으로 α-락토오스의 일수화물로 얻어진다. 가수분해효소인 락테이즈에 의해 분해되며, 장내 유익한 젖산균의 번식을 도와 정장작용을 한다. 락토오스는 환원당이며, 단맛은 수크로오스를 100으로 했을 때 20~30 정도이다.

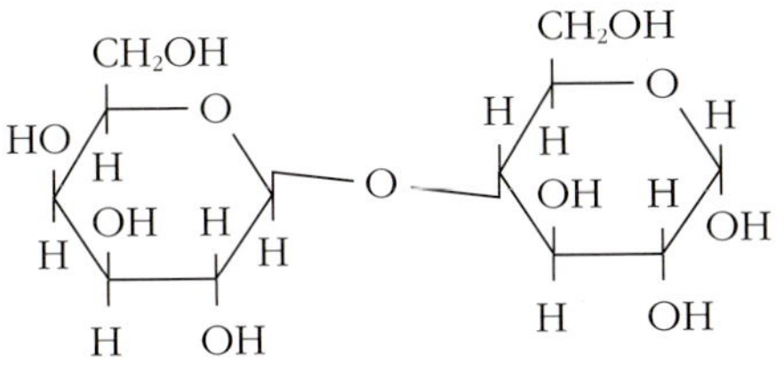

(4) 셀로바이오스

셀로바이오스 cellobiose는 두 분자의 β-D-글루코오스가 β-1,4 결합한 당으로 자연계에서 유리상태로 존재하지 않는다. 셀룰로오스 cellulose의 구성성분으로 이성질체는 없으며, 고유광회전도는 +14.2° 이고 단맛을 가지지 않는다.

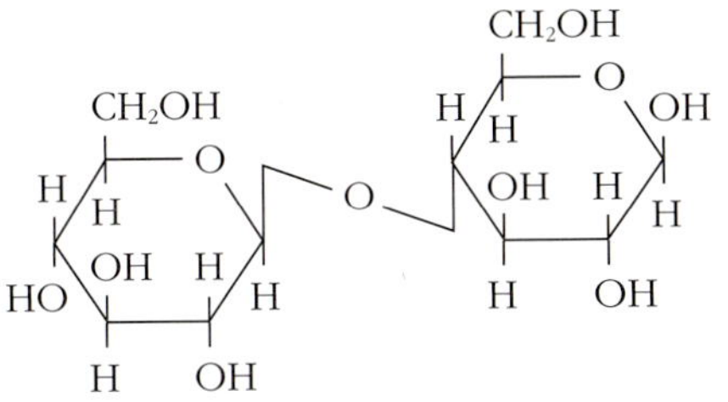

(5) 젠티오바이오스

젠티오바이오스 gentiobiose는 β-글루코오스의 C1과 글루코오스의 C6이 결합된 당으로 글루코오스가 α인 것을 α-젠티오바이오스, β인 것은 β-젠티오바이오스라고 한다. α-젠티오바이오스는 녹는점이 85℃이고, 고유광회전도는 $[\alpha]^{20}_{D}$=+21.4° 이며, β-젠티오바이오스는 녹는점이 190℃, 고유광회전도는 $[\alpha]^{20}_{D}$=+8.7° 이다. 젠티오바이오스는 삼당류인 젠티아노오스 gentianose 또는 배당체인 아미그달린 amygdalin의 구성단위이다. 전분의 가수분해과정에서 말토오스와 함께 소량이 형성되며, 환원당으로 단맛이 없고 쓴맛을 나타낸다.

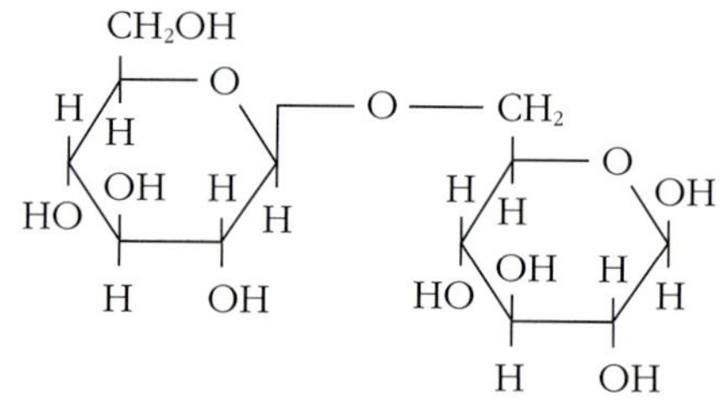

(6) 트레할로오스

트레할로오스 trehalose는 두 분자의 α-글루코오스가 α-1,1 결합한 당으로 환원성이 없으며 버섯, 효모, 다당류인 트레하만난 trehamannan 등에 존재하고, 효모에 의해 발효되지 않는다.

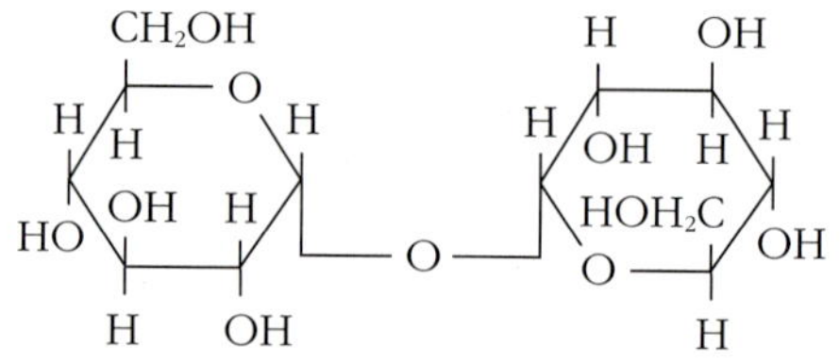

(7) 루티노오스

루티노오스 rutinose는 환원당으로 β-람노오스 rhamnose와 β-글루코오스가 β-1,6 결합한 당이다. 루틴 rutin, 헤스페리딘 hesperidin, 나린진 naringin 등의 구성성분으로 존재한다.

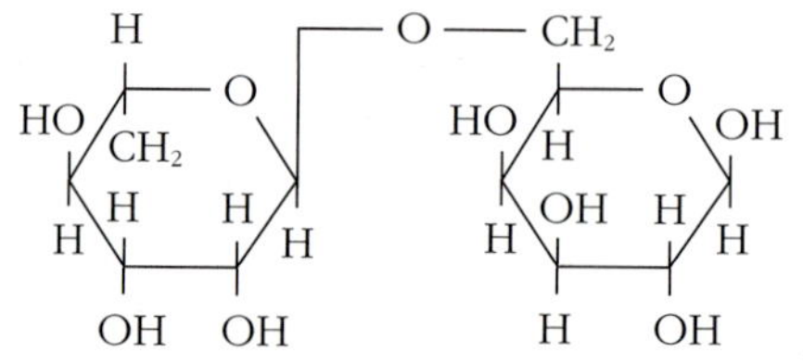

(8) 멜리바이오스

멜리바이오스 melibiose는 α-갈락토오스의 C1과 글루코오스의 C6이 축합하여 결합된 당이다. 결합되어 있는 포도당의 상태에 따라 α형과 β형이 존재한다. 환원당이며 삼당류인 라피노오스 raffinose의 구성단위이다.

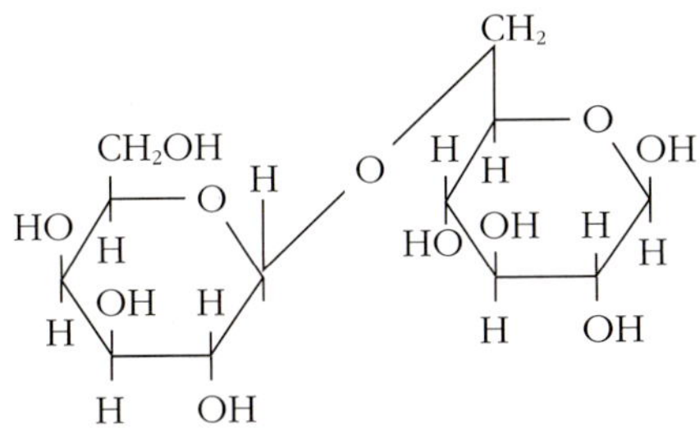

2) 기타 소당류

이당류 외에 자연계에 존재하는 소당류의 종류는 많지 않다. 라피노오스, 젠티아노오스 gentianose는 삼당류에 속하며 스타키오스 stachyose는 사당류에 속한다.

(1) 젠티아노오스

젠티아노오스는 젠티오바이오스 gentiobiose의 글루코오스 C1에 β-D-프럭토오스가 α,β-1,2 결합으로 축합된 삼당류이다. 젠티아노오스는 용담속에 속하는 식물의 뿌리에 존재하며, 단맛이 없는 비환원당이다. 전화효소나 산에 의해 가수분해되어 젠티오바이오스와 프럭토오스가 생성된다.

(2) 라피노오스

라피노오스는 갈락토오스, 글루코오스, 프럭토오스로 이루어진 삼당류로 효모에 의해 멜리바이오스와 프럭토오스로 분해된다. 비환원당으로 콩과식물에 많이 함유되어 있으며, 식물의 뿌리나 종자, 면실, 사탕무에도 존재한다. 라피노오스는 보통 수화물의 결정으로 얻어지며, 소화흡수가 잘 되지 않아 대장에서 발효되어 가스를 생성한다.

(3) 스타키오스

스타키오스는 라피노오스의 갈락토오스 C6에 또 하나의 갈락토오스가 α-1,6 결합한 사당류이다. 장내 세균은 스타키오스를 발효시켜 가스를 생성하며 비피더스균의 활성을 증가시켜 준다. 효모에 의해 부분적으로 가수분해되며, 비환원당이고 면실과 대두에 많이 들어 있다.

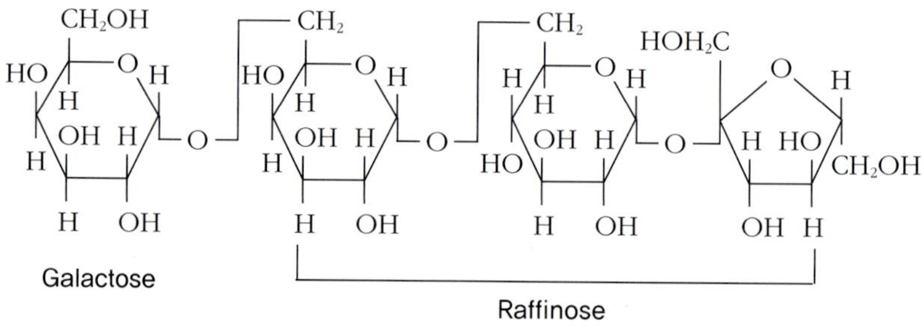

Stachyose

3) 당의 유도체

당은 산화, 환원반응하거나 아미노기와 결합, 비당류와 결합하여 다양한 유도체들이 생성된다.

(1) 당알코올

수소화붕소나트륨($NaBH_4$)이나 적당한 촉매하에서 당에 있는 알데하이드기(CHO)가 알코올기(OH)로 환원되면 당알코올 sugar alcohol이 생성된다. 당알코올에는 글루코오스가 환원된 솔비톨 sorbitol(또는 글루시톨 glucitol), 만노오스가 환원된 만니톨 mannitol, 갈락토오스가 환원된 둘시톨 dulcitol, 자일로오스가 환원된 자일리톨 xylitol, 라이보오스가 환원된 라이비톨 ribitol, 고리 구조의 당알코올인 이노시톨 inositol 등이 있다. 이당류인 말토오스가 환원되면 말티톨 maltitol이 생성된다.

솔비톨은 과일에 많이 존재하며, 만니톨은 갈조류에 함유되어 있다. 자일리톨은 충치예방에 효과적이어서 검, 사탕 등의 감미료로 이용된다. 이노시톨은 이성질체가 존재하며 메조 이노시톨 meso inositol은 동식물에 널리 존재한다. 당알코올은 설탕 대체 저열량 감미료로 많이 이용되고 있다.

■ 자일리톨
자일로오스로부터 생성된 당알코올로 단맛을 가지고 있으며 충치예방에 효과적이어서 검, 사탕 등의 감미료로 이용됨.

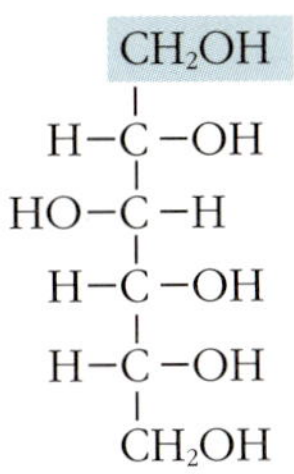

Sorbitol

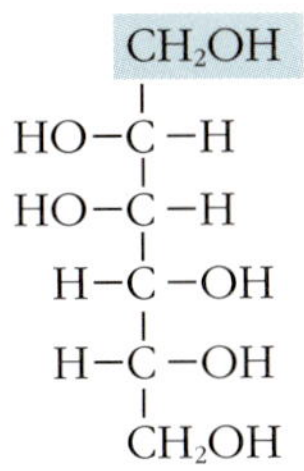

Mannitol

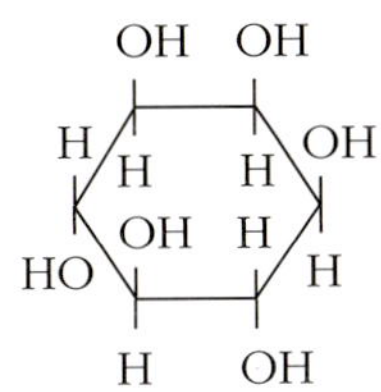

Inositol

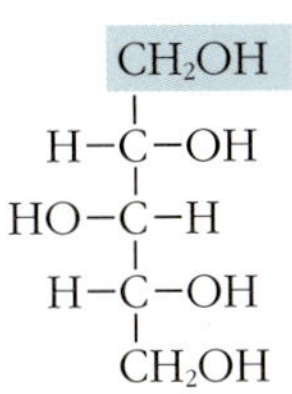

Xylitol

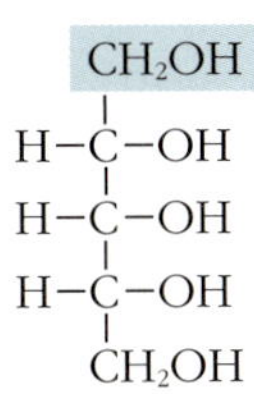

Ribitol

당알코올의 구조

(2) 데옥시당

데옥시당 deoxy sugar은 단당류의 하이드록실기(–OH)가 수소원자(H)로 치환된 당으로 산소 하나가 제거된 것이다. 2–데옥시라이보오스 deoxyribose는 라이보오스의 C2에서 산소가 제거된 당으로 핵산인 DNA의 구성성분이다. L–람노오스는 L–만노오스의 C6에서 산소가 제거된 당으로 메틸 펜토오스이다. L-람노오스는 식물체의 배당체로 존재한다. L-퓨코오스 fucose는 L-갈락토오스의 C6에서 산소가 제거된 당으로 해조류 다당류인 퓨칸 fucan의 구성성분으로 존재한다.

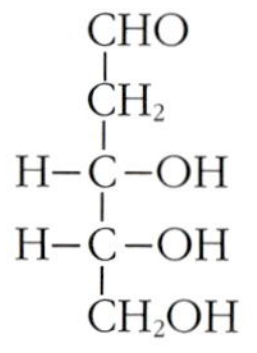

2-Deoxyribose

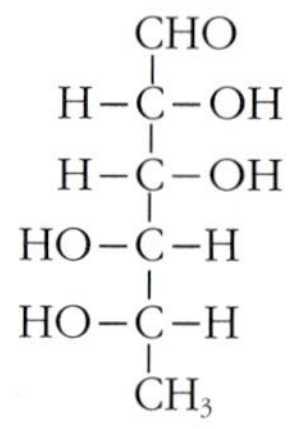

L-Rhamnose

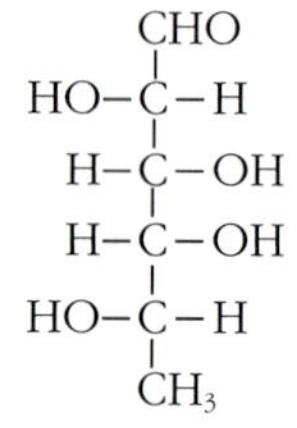

L-Fucose

데옥시당의 구조

(3) 아미노당

아미노당 amino sugar은 육탄당 C2의 하이드록실기(-OH)가 아미노기(-NH_2)로 치환된 화합물이다. D-글루코오스의 아미노당인 D-글루코사민 glucosamine은 게, 새우 등 갑각류 껍데기의 주성분인 키틴 chitin(또는 키토사민 chitosamine)과 뮤코다당류의 구성성분이다. 또한 D-갈락토오스의 아미노당인 D-갈락토사민 galactosamine(또는 콘드로사민 chondrosamine)은 연골이나 인대의 당단백질 중의 콘드로이틴황산염 chondroitin sulfate의 구성성분이다.

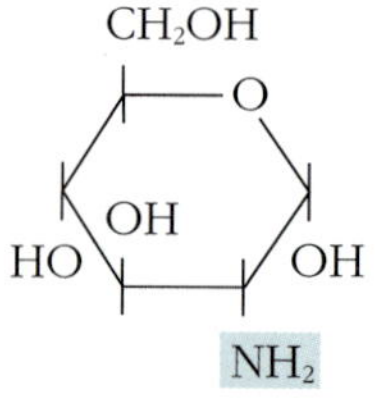

D-Glucosamine

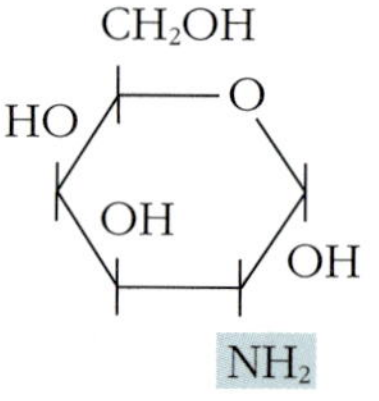

L-Galactosamine

아미노당의 구조

(4) 싸이오당

싸이오당 thio sugar은 단당류의 카보닐기가 –SH로 치환된 것으로, 싸이오글루코오스 thioglucose는 무, 마늘, 고추냉이의 매운맛 성분인 시니그린 sinigrin의 구성성분이다.

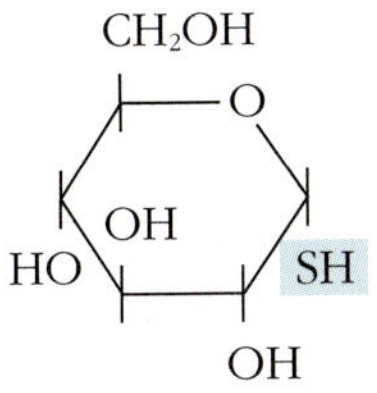

α–Thioglucose

(5) 배당체

배당체 glycoside는 당류의 환원성 하이드록실기(–OH)와 비당류 부분이 글라이코사이드성 결합을 한 것이다. 배당체의 비당류 부분을 아글리콘 aglycone이라고 하며, 결합된 아글리콘의 종류에 따라 여러 가지 배당체가 존재한다. 감자 싹에 있는 솔라닌 solanine, 밀감에 있는 나린진 naringine, 헤스페리딘 hesperidine, 가지와 포도의 안토시아닌 anthocyanin, 살구씨에 있는 아미그달린 amygdalin 등은 대표적인 배당체이다 표 2-1 .

[표 2-1] 식품에 존재하는 주요 배당체

배당체	결합당	아글리콘	함유식품
아미그달린	젠티오바이오스	벤즈알데하이드, 시안화수소	살구, 청매실
안토시아닌	글루코오스, 갈락토오스	안토시아니딘 anthocyanidin	가지, 포도, 검은콩
헤스페리딘	글루코오스, 람노오스	헤스페레틴 hesperetin	밀감
나린진	글루코오스, 람노오스	나린제닌 naringenin	밀감
루틴	글루코오스, 람노오스	퀘르세틴 quercetin	메밀
시니그린	글루코오스	아릴아이소싸이오시아네이트 allyisothiocyanate	고추냉이, 겨자
솔라닌	글루코오스, 갈락토오스, 람노오스	솔라니딘 solanidine	감자의 싹

5. 다당류

다당류 polysaccharide는 자연계에 존재하는 탄수화물의 대부분을 차지하고 있는 탄수화물로 수많은 단당류나 그 유도체가 글라이코사이드 결합한 분자량이 큰 탄수화물이다. 다당류는 동식물체에서 저장 에너지로 존재하며, 골격 및 세포벽 구성의 역할을 한다. 구성하고 있는 당이 한 종류인 다당류를 단순다당류라고 하며, 두 종류 이상인 다당류를 복합다당류라고 한다. 전분 starch, 글라이코젠 glycogen, 셀룰로오스 cellulose, 덱스트린 dextrin 등은 단순다당류이며, 펙틴 pectin, 헤마이셀룰로오스 hemicellulose 등은 복합다당류에 속한다. 다당류는 급원에 따라 동물성 다당류와 식물성 다당류로 분류할 수도 있다. 대부분의 다당류는 단맛이 없고 물에 녹지 않으며 비환원당이다.

1) 전분

전분은 글루코오스가 수백 내지 수천 개가 중합된 단순다당류로서 대표적인 식물성 저장 탄수화물이다. 전분은 녹색식물의 엽록소에서 광합성 작용에 의해 만들어지며, 종자나 뿌리 등에 저장되어 에너지원으로 사용된다. 쌀, 밀, 옥수수 등의 곡류와 감자, 고구마 등의 서류는 전분의 주요 급원이다.

(1) 전분 입자의 특성

전분은 녹말이라고도 하며 흰색의 입자로 맛과 냄새가 없고 물에 녹지 않고 침전하며 비중이 1.55~1.65로 물보다 크다. 전분을 물과 함께 가열하면 팽윤하고 호화되어 투명해지며 점착성을 갖게 된다. 전분의 모양과 크기는 급원식물의 종류에 따라 다르기 때문에 현미경 관찰로 전분의 출

그림 2-5 전분입자의 형태

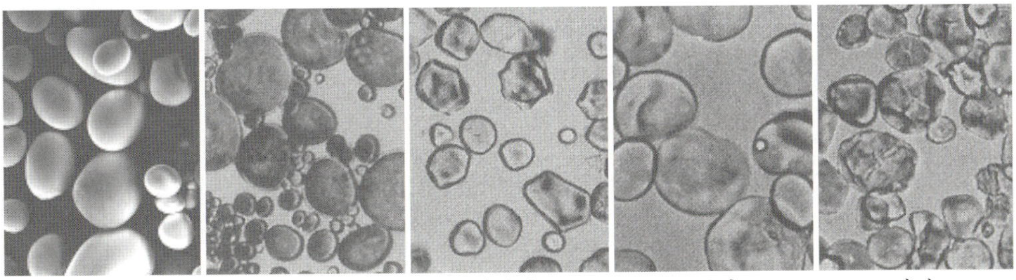

감자 밀 옥수수 보리 수수

처를 추정할 수 있다 그림 2-5 .

(2) 전분의 구조

전분은 아밀로오스 amylose와 아밀로펙틴 amylopectin으로 구성되어 있다. 아밀로오스와 아밀로펙틴은 그 구조가 다르며 물리적, 화학적 성질도 다르다. 아밀로오스는 글루코오스가 α-1,4 결합하여 사슬모양으로 중합되어 있으며, 아밀로펙틴은 글루코오스가 α-1,6 결합하여 생긴 가지 branch 가 달린 구조를 가지고 있다.

대부분의 전분에는 25% 정도의 아밀로오스가 함유되어 있으나 아밀로메이즈 amylomaize 같은 품종의 옥수수는 50~70%의 아밀로오스를 함유하고 있다. 찹쌀, 찰옥수수, 차조 등의 전분은 거의 아밀로펙틴만으로 구성되어 있다.

① 아밀로오스

아밀로오스는 200~4,000개 정도의 α-글루코오스가 α-1,4 결합만으로 연결된 직선상의 고분자 사슬중합체로서 고도의 결정성을 가지고 있다. 아밀로오스 중합도는 전분의 종류에 따라 다양하여 밀전분의 아밀로오스 중합도는 1,000~2,000 정도이고, 감자전분은 4,500 정도이다.

■ **중합도** degree of polymerization
중합체 중에 존재하는 단위체의 수

아밀로오스를 구성하고 있는 α-글루코오스는 6~8분자마다 한번씩 회

■ **포접화합물** clathrate compound
3차원 골격구조의 격자 내에 생긴 적당한 틈에 다른 분자가 끼어 들어가는 형태의 내포화합물

전하여 나선형 구조 helical form를 하고 있다. 아밀로오스 나선 내부에는 10 Å 정도의 공간이 있어 요오드 분자나 지방산 분자가 들어가 포접화합물 clathrate compound을 형성할 수 있다 그림 2-6 . 아밀로오스에 요오드 반응을 시키면 요오드 분자들이 내부 공간에 들어가 포접화합물을 형성함으로써 특유의 정색 반응을 나타낸다. 이를 요오드-전분 반응이라고 하며, 정색 반응에서 아밀로오스는 청남색을 나타내고 아밀로오스의 사슬 길이가 길어질수록 청색이 짙어진다 표 2-2 .

그림 2-6 아밀로오스의 구조

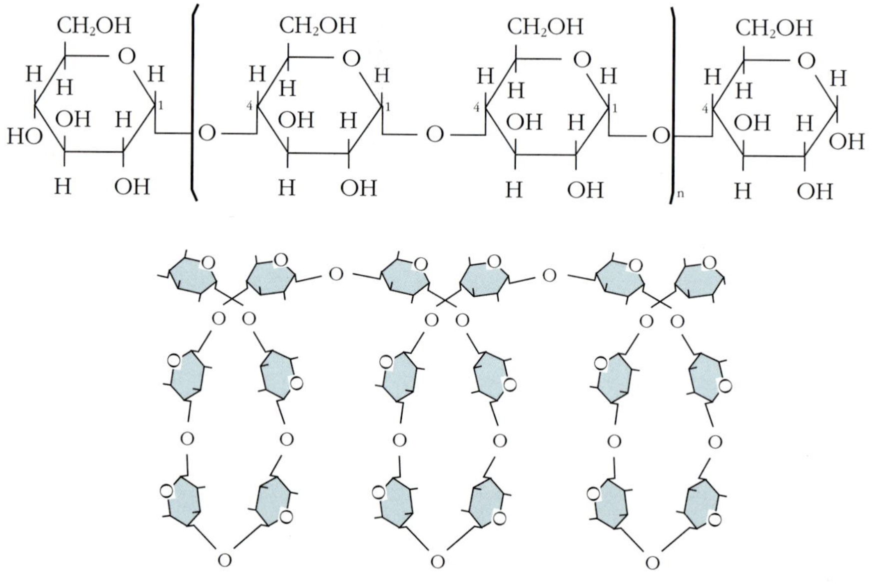

[표 2-2] 아밀로오스 사슬길이에 따른 요오드 정색반응

사슬길이(글루코오스 분자수)	나선구조의 회전수	요오드 반응 색깔
12	2	무색
12~15	2	갈색
20~30	3~5	적색
35~40	6~7	자색
<45	<9	청색

② 아밀로펙틴

아밀로펙틴은 α-글루코오스가 α-1,4 결합으로 연결된 아밀로오스 사슬 군데군데에 글루코오스가 α-1,6 결합을 하여 가지를 친 구조 branched structure를 가지고 있으며, 글루코오스 15~30개마다 가지를 가지고 있다. 아밀로펙틴의 중합도는 보통 1,000 이상으로 분자 전체로 보면 구상에 가까운 모양을 하고 있다. 아밀로펙틴은 나선형을 이루고 있지 않아 포접화합물을 형성하지 않으므로 요오드와 거의 반응하지 않고 아밀로오스와 달리 정색반응에서 자주색을 나타낸다.

아밀로펙틴 구조에 대한 모델로는 Haworth 모델(박층 구조), Staudinger 모델(빗살 구조), Meyer 모델(나무 구조) 등이 제시되었다. 최근에는 방상구조인 cluster 모델이 널리 받아들여지고 있는데 이 모델에서는 아밀로펙틴이 A 사슬, B 사슬, C 사슬로 구성되어 있다. A 사슬은 환원성 말단이 가지를 이루는 B 사슬에 α-1,6 결합으로 연결되어 있고, B 사슬에는 α-1,6 결합에 의해 하나 이상의 다른 사슬이 연결되어 있으며, C 사슬은 환원성 말단을 가지고 있다. 이 모델에서는 전분의 구조를 아밀로펙틴의 결정성 영

그림 2-7 아밀로펙틴의 분자구조 모델

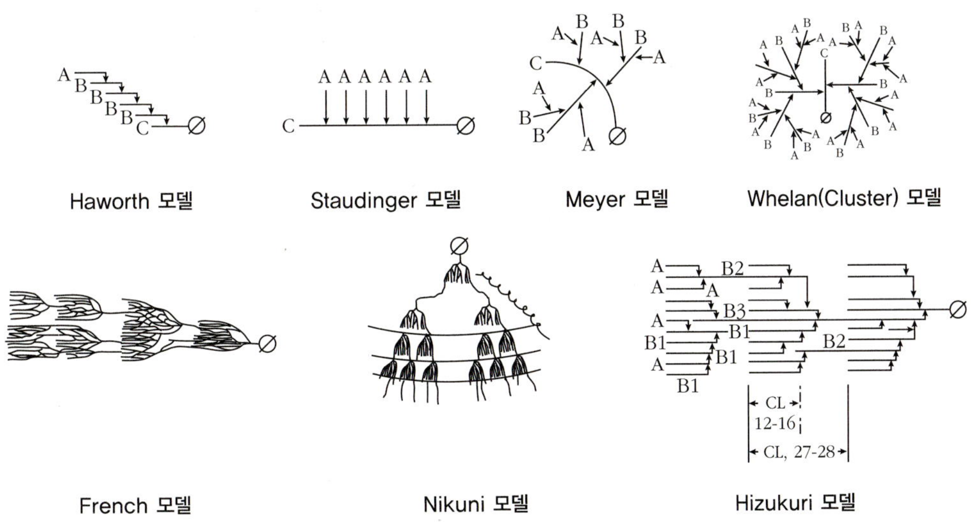

역 crystallic region과 비결정성 영역 amorphous region에 아밀로오스가 중간중간 섞여서 짜여 있는 형태로 설명하고 있다 그림 2-7.

(3) 전분의 결정성

생전분 입자는 분자 상호간 강한 결합에 의하여 부분적으로 규칙적인 배열을 하고 있어 마이셀 micelle을 형성하므로 X-선 조사시 뚜렷한 반점 spot이나 동심원 층 concentric ring이 나타난 회절도를 보인다 그림 2-9. 이것은 전분입자가 결정은 아니지만 내부에 마이셀을 형성하고 있는 아밀로오스나 아밀로펙틴이 부분적으로 규칙적인 배열을 하고 있어 결정성 영역 crystalline region을 형성하기 때문이다. 규칙적인 부분은 핵심부로부터 방사상으로 계속 배열되어 있다. 이때 각 층의 분자끼리, 또는 각 층끼리는 수소결합에 의해 서로 연결되어 있다. 전분 입자는 규칙적인 배열을 한 결정성 영역과 규칙성 없이 존재하는 무정형 영역이 교대로 구성되어 있다.

생전분은 전분의 종류에 따라 특징적인 X-선 회절도를 보이는데 쌀, 밀, 옥수수와 같은 곡류 전분은 A형, 감자나 밤 등의 전분은 B형, 고구마, 완두, 칡, 타피오카 등의 전분은 C형의 X-선 회절도를 나타낸다.

한편 전분의 호화가 일어나면 전분의 마이셀 구조가 파괴되어 규칙적으

그림 2-8 전분입자의 구조

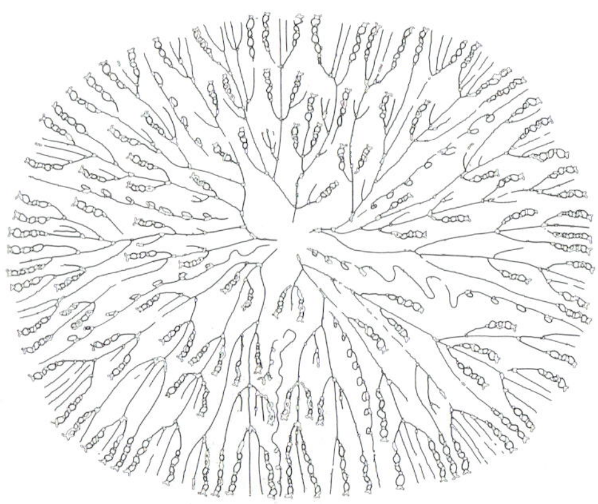

그림 2-9 전분의 X-선 회절도 모형

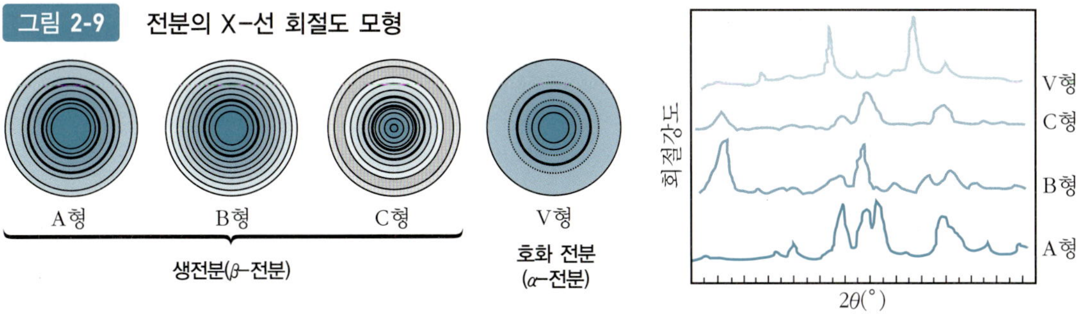

로 배열되어 있던 결정성 영역이 없어지고 배열이 불규칙하게 되어 X-선에 대하여 뚜렷한 회절을 나타내지 않고 전분의 종류에 관계없이 V형의 무정형 X-선 회절도를 나타낸다. 일반적으로 A, B, C형의 X-선 회절도를 나타내는 전분을 β-전분이라고 하고, V형을 나타내는 전분을 α-전분이라고 한다.

(4) 전분 분해효소

전분의 분해효소에는 α-아밀레이즈amylase, β-아밀레이즈, 글루코아밀레이즈glucoamylase, 아이소아밀레이즈isoamylase 등이 있으며 각 효소의 작용은 다음과 같다.

① α-아밀레이즈

α-아밀레이즈는 타액, 췌장액, 발아 종자, 미생물 등에 존재하며 칼슘이온을 가지고 있는 금속효소metal enzyme이다. α-아밀레이즈는 전분의 α-1,4 결합을 무작위로 가수분해한다(endo 효소). 이 효소는 전분을 가수분해하여 전분을 용액상태로 만들므로 액화효소liquefying amylase라고 한다. α-아밀레이즈는 α-1,6 결합을 분해하지 못하므로 아밀로펙틴에서 α-아밀레이즈가 작용하지 못하고 남은 부분을 α-한계 덱스트린 α-limit dextrin이라고 한다.

그림 2-10 α-아밀레이즈의 작용

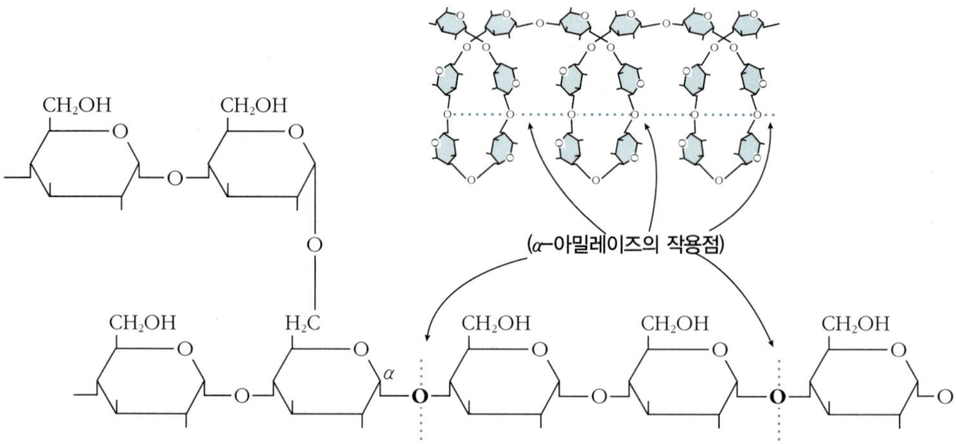

② β-아밀레이즈

β-아밀레이즈는 전분의 비환원성 말단으로부터 순차적으로 α-1,4 결합을 말토오스 단위로 가수분해하는 효소이다(exo 효소). 이 효소는 감자, 곡

그림 2-11 β-아밀레이즈의 작용과 β-한계 덱스트린

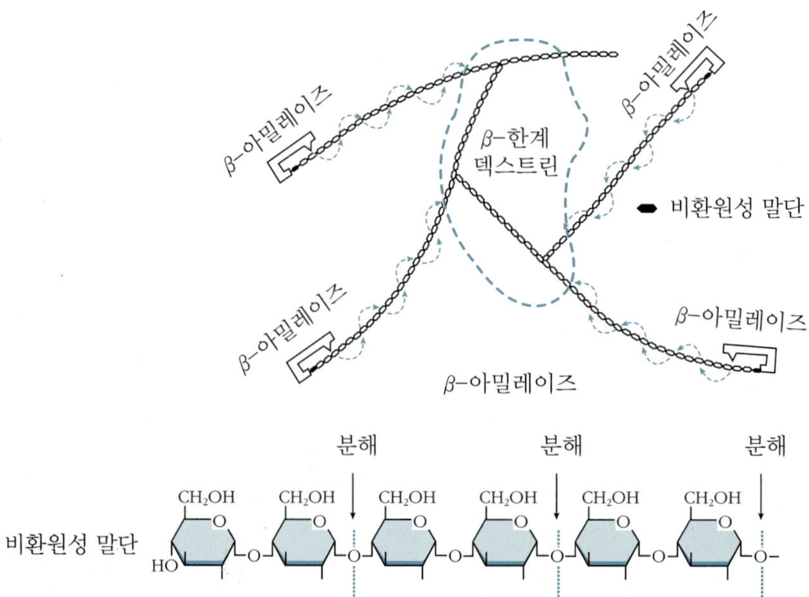

류, 두류, 엿기름, 타액 등에 존재한다. 아밀로펙틴에서 α-1,6 결합은 β-아밀레이즈가 작용하지 못하므로 가수분해 후 남은 부분을 β-한계 덱스트린 β-limit dextrin이라고 한다. β-아밀레이즈에 의한 전분의 분해율은 50~60% 정도이므로 β-한계 덱스트린은 α-한계 덱스트린보다 분자량이 대체로 크다. β-아밀레이즈는 전분을 가수분해하여 말토오스와 글루코오스의 함량을 증가시켜 단맛을 높이므로 당화효소 saccharifying enzyme라고 한다.

③ 글루코아밀레이즈

글루코아밀레이즈는 전분의 말단으로부터 α-1,4 결합, α-1,6 결합, α-1,3 결합을 글루코오스 단위로 가수분해한다. 글루코아밀레이즈를 말토오스 가수분해효소 maltase, 또는 γ-아밀레이즈라고도 한다. 이 효소는 동물의 간조직과 미생물에 존재한다. 글루코아밀레이즈는 α-1,4 결합만으로 구성된 아밀로오스를 모두 분해하며, 아밀로펙틴을 80~90% 분해한다. 이 효소는 고순도의 결정 글루코오스를 생산하는 데 이용된다.

④ 아이소아밀레이즈

아이소아밀레이즈는 아밀로펙틴의 α-1,6 결합에 작용하는 효소로서 가지를 없애준다. 이 효소는 중합도가 4~5 이상의 α-1,6 결합은 분해하지만 중합도가 3개인 경우에는 작용하지 않는다.

(5) 전분의 호화

전분입자는 분자 상호간의 강한 결합력에 의하여 규칙적으로 모인 마이셀 구조로 되어 있는데 이를 생전분(β-전분)이라 한다. β-전분은 소화효소의 작용을 받기 어려우며 물에도 녹지 않는다. 생전분에 물을 넣어 가열하면 60~80℃에서 전분 입자가 파괴되어 마이셀 구조가 흐트러지며 점도가 높고 끈적끈적한 용액을 형성하는데 이를 전분의 호화 gelatinization 또는 교

■ 호화 gelatinization
전분에 물을 넣고 가열하면 전분입자가 팽윤하고 입자의 일부가 가열수로 소실되는 현상

질화, α화라고 하며 호화된 전분을 α-전분이라 한다.

① 호화과정

전분의 호화는 수화, 팽윤, 교질용액의 형성 단계로 이루어진다 그림 2-12.

■ 수화 hydration 단계 : 전분에 물을 가하면 물분자들은 마이셀을 형성하고 있는 아밀로오스나 아밀로펙틴 분자들 사이에 침투하여 부피가 증가한다. 전분 현탁액의 온도가 높아짐에 따라 전분 입자들은 중량의 20~30%의 물을 흡수하는데 전분 입자들의 외관에 큰 변화는 없다. 이 과정은 가역적이어서 물을 흡수한 전분을 다시 건조시키면 원상태로 돌아온다.

■ 팽윤 swelling 단계 : 전분 현탁액의 온도가 상승하면 수분을 계속 흡수하고 전분이 급속하게 팽윤하여 분자들 사이의 간격은 계속 늘어나게 된다. 즉 온도가 계속 상승하여 전분이 호화온도에 도달하면 분자 간 수소결합이 끊어지고 전분 입자의 마이셀이 느슨해지는 등 전분구조의 붕괴가 일어나기 시작하며 수용성 성분들은 전분 입자에서 빠져나가게 된다. 이 과정은 비가역적으로 일어난다. 전분 입자의 붕괴 직전까지는 2,500%에 달하는 수분을 흡수하여 팽윤된다. 이러한 변화가 일어나는 온도를 호화온도라고 한다. 전분 입자가 동시에 호화되는 것이 아니기 때문에 호화온

[표 2-3] 전분의 호화온도

전분 종류	호화온도(℃)
밀	53~65
보리	56~62
감자	58~66
쌀	61~78
옥수수	62~70

도는 일반적으로 온도범위로 표시한다 표 2-3 .

■ 교질 colloid 용액의 형성 : 전분 입자들이 붕괴됨에 따라 아밀로오스와 아밀로펙틴 분자들로 된 교질 용액이 형성된다. 즉 전분 입자들이 소실되고 전분 현탁액은 투명한 교질용액으로 변해 광선의 투과율이 증가하고 점도가 급속히 증가하며 복굴절 birefringence이 상실된다. 교질용액의 점도는 호화되는 동안 증가하여 최대치에 도달했다가 다시 감소한다.

한편 전분의 교질용액은 농도가 높거나 온도가 냉각되면 무질서하게 있던 전분 입자들이 반고체의 젤을 형성한다. 젤은 압력에 의해 쉽게 끊어지며, 젤을 교반하면 졸 sol상태로 변화한다.

■ **복굴절** birefringence
어떤 종류의 물질에 입사한 빛이 방향이 다른 2개의 굴절광으로 갈라지는 현상

그림 2-12 **전분의 호화과정**

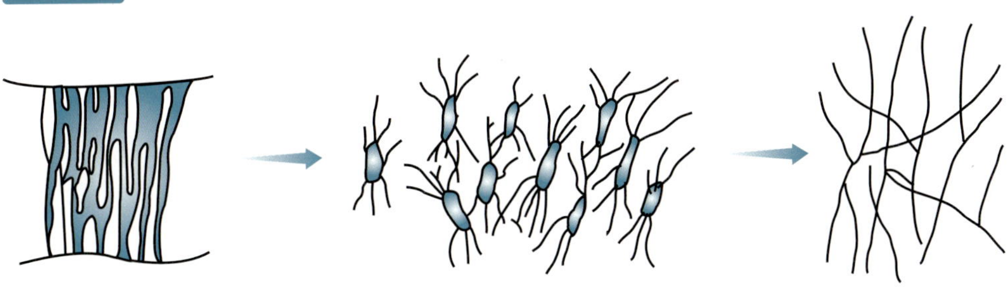

② 전분호화에 영향을 주는 요인

전분호화는 전분의 종류, 수분함량, pH, 염류, 온도 등에 의해 영향을 받는다.

■ 전분의 종류: 전분의 호화는 전분의 종류에 따라 다르게 나타난다. 이는 전분의 종류에 따라 전분 입자들의 크기, 형태, 전분의 내부구조, 아밀로오스와 아밀로펙틴의 함량 등이 다르며 이들은 호화에 큰 영향을 미친

다. 일반적으로 전분 입자가 작으면 호화온도가 높아져 쌀, 보리 등의 곡류 전분은 감자, 고구마와 같은 서류 전분보다 호화온도가 높다. 또한 아밀로펙틴의 함량이 많을수록 호화속도는 느리다.

- 수분함량: 전분 입자가 호화될 때 수분이 흡수되어 팽윤하므로 수분함량이 많을수록 호화가 잘 일어난다. 호화시 수분이 전분 입자 안으로 흡수되어 전분 입자가 팽윤되므로 전분의 수분함량이 많을수록 호화가 잘 일어난다.
- pH: 전분 분자들 사이의 수소결합은 산과 알칼리에 의해서 영향을 받는다. 알칼리성에서는 전분의 호화가 대체로 잘 일어난다. 매우 낮은 pH는 전분을 가수분해하고 전분 분자의 붕괴를 촉진하기 때문에 가열초기에는 쉽게 호화가 일어나나 전분의 파괴로 인해 점도가 감소된다.
- 온도: 호화 최저 온도 이상이 되어야 호화가 일어나며, 온도가 높으면 호화가 빨리 일어난다.
- 염류: 염류는 수소결합에 영향을 주기 때문에 전분의 호화에 영향을 미친다. 알칼리성 염류들은 전분 입자의 팽윤을 촉진시켜 전분의 호화온도를 낮추어 준다. 이러한 물질들을 팽윤제 swelling agents라고 하는데, NaOH, KOH, KCNS, KI, NH_4NO_3, $AgNO_3$ 등은 실온에서도 전분 현탁액을 호화시킬 수 있다. 반면에 황산염은 호화를 억제시킨다.
- 당류: 고농도의 당은 전분 호화에 필요한 물을 당의 수화에 이용하므로 전분의 호화를 억제시킨다.

(6) 전분의 노화

■ **노화** retrogradation
호화된 α-전분을 낮은 온도에 방치할 때 전분 입자들이 다시 모여 규칙성 있는 마이셀 구조를 형성하는 것

호화된 α-전분은 고온에서는 안정하나 이를 낮은 온도에 방치하면 불안정하여 전분 입자들이 다시 모여 규칙성 있는 마이셀 구조를 형성하게 되는데 이를 β-전분이라고 한다. β-전분은 안정하며 미세한 결정성의 구조를 갖는다. 이 과정을 노화 retrogradation 또는 β화라고 한다.

① 노화과정

노화가 진행되는 과정에서는 호화상태에서 불규칙적인 배열을 하고 있던 졸sol상태의 전분 입자들이 수소결합에 의해 부분적으로 규칙적인 분자배열을 한 마이셀 구조를 가지며 반 결정상태의 침전을 형성하는 젤gel상태로 다시 되돌아가게 된다. 노화가 일어날 때는 분자의 회합점에서 그물모양의 구조가 형성되고 이를 중심으로 수소결합이 증가하면서 회합점이 커진다. 회합부분이 커지면서 용해도는 감소하고 수화수는 손실되며 침전되는 경향을 갖는다. 이에 따라 젤은 불투명해지며 물을 밖으로 방출하는 이액현상syneresis이 나타난다 그림 2-13.

■ **이액현상**syneresis
젤이 형성될 때 내부에 있는 수분이 바깥으로 방출되는 현상

그림 2-13 전분의 노화 모델

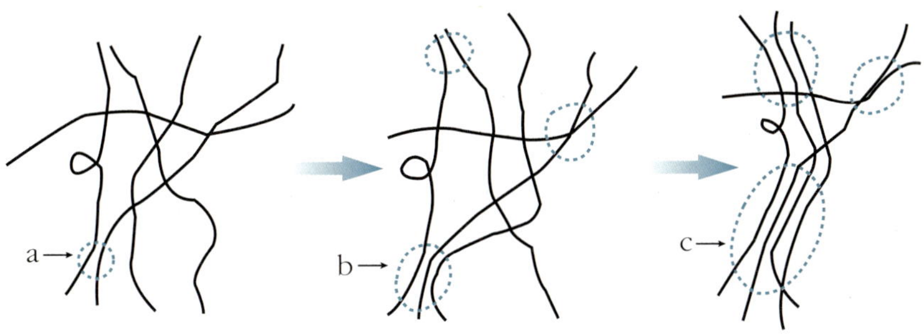

② 노화에 영향을 미치는 요인

전분의 종류, 수분함량, pH, 온도, 염류 등은 전분의 노화에 영향을 미치는 요인이다.

- 전분의 종류: 전분의 종류에 따라 전분 분자들의 구조가 다르므로 전분의 종류는 노화에 중요한 영향을 미친다. 전분 입자의 크기가 작은 쌀, 옥수수 등의 곡류 전분은 노화되기 쉬우며 감자, 고구마, 타피오카 등 전분 입자의 크기가 큰 근경류 전분은 노화되기 어렵다.

  또한 아밀로오스와 아밀로펙틴의 함량도 노화에 영향을 미치는 중요한 요인이다. 아밀로오스는 직선상의 분자로 입체장애가 없으므로 물에

분산되어 교질용액을 만들기 쉽고 이 용액은 불안정하므로 침전되어 부분적인 결정구조를 형성하기 쉬우므로 노화되기 쉽다. 이에 비하여 아밀로펙틴은 가지를 가지고 있는 구조를 가지고 있어 입체장애로 인해 교질용액을 만들기 어렵고, 일단 호화된 후에는 안정하여 침전을 형성하려는 경향이 적기 때문에 노화되기 어렵다. 따라서 찹쌀, 찰옥수수 등 아밀로펙틴만으로 구성된 전분은 노화가 잘 일어나지 않는다.

- 수분함량 : 수분함량이 30~60%일 때 전분의 노화가 일어나기 쉽고 수분이 10% 이하이거나 60% 이상이면 아밀로오스 분자들의 침전과 회합이 방해되므로 노화가 잘 일어나지 않는다. 쌀밥, 떡 등에서는 노화가 잘 일어나며, 비스킷, 국수 등 수분함량이 10% 이하인 식품에서는 노화가 잘 일어나지 않는다.
- pH: pH가 약산성일 때는 노화에 별 영향을 주지 않으며 산성에서는 노화가 촉진되나 강산성일 때는 노화가 지연된다. pH가 알칼리성일 때는 노화가 억제된다.
- 온도: 0~5℃의 냉장온도에서 노화가 가장 잘 일어나는데 이는 온도가 낮으면 α-전분의 교질구조가 불안정해지기 때문이다. 또한 온도가 60℃ 이상이 되어도 노화가 잘 일어나지 않는다. 냉동상태에서는 전분 분자들의 이동과 집합체 형성이 억제되어 노화가 잘 일어나지 않는다.
- 염류: 일반적으로 무기염류는 호화를 촉진시키고 노화를 억제하지만 황산마그네슘 같은 황산염은 노화를 촉진한다. CNS^-, PO_4^{3-}, CO_3^{2-}, I^-, NO_3^- 등의 음이온과 Ba^{2+}, Sr^{2+}, Ca^{2+}, K^+, Na^+ 등의 양이온은 호화를 촉진하고 노화를 억제한다.

③ 노화억제

α-전분은 시간이 경과함에 따라 β-전분으로 변하기 쉽다. α-전분은 물분자의 침입이 용이하고 소화효소가 작용할 수 있는 면이 넓어 소화되기 쉬우나 β-전분은 단단하여 소화율이 낮다. 따라서 α-전분의 노화를 억제

하기 위한 여러 가지 방법이 사용된다. α-전분을 80℃ 이상에서 급속히 열풍건조하면 노화를 억제할 수 있다. 라면, 비스킷, 건빵 등은 이러한 방법으로 노화가 억제된 식품이다. 또한 α-전분을 동결건조하여 수분함량을 10% 이하로 하면 노화를 억제할 수 있는데 냉동 건조미, 냉동 빵 등은 이러한 원리를 이용하여 제조한 식품이다. 또한 α-전분에 설탕을 첨가하면 설탕이 탈수제로 작용하여 노화가 방지된다. 이 외에 모노글리세라이드 monoglyceride, 다이글리세라이드 diglyceride, 자당지방산에스터 sucrose fatty acid ester와 같은 유화제를 사용하면 전분 교질용액의 안정도를 증가시켜 전분 분자의 침전이나 부분적인 결정 형성을 억제하여 노화를 방지한다. 유화제는 빵이나 과자의 노화를 억제하는 데 사용된다.

(7) 전분의 호정화

전분에 수분을 첨가하지 않고 150~190℃ 정도의 고온에서 가열하면 전분 분자의 열분해 pyrolysis의 일부로 부분적인 가수분해가 일어나 가용성 전분을 거쳐 가용성 덱스트린이 생성되는데 이와 같은 현상을 호정화 dextrinization라고 한다. 호정화에서는 물리적 상태의 변화만이 일어난 호화와는 달리 화학적 변화도 일어난다. 덱스트린은 자연전분보다 분자량이 작고, 호화전분보다 물에 잘 녹으며 효소작용을 받기 쉬워 쉽게 소화된다. 미숫가루 같이 전분 식품을 볶을 때, 빵을 구울 때, 뻥튀기와 같은 팽화 곡류 puffed cereals를 만들 때 전분의 호정화가 일어난다.

■ **호정화** dextrinization
전분에 수분을 첨가하지 않고 고온에서 가열하면 전분 분자의 열분해의 일부로 부분적인 가수분해가 일어나 가용성 전분을 거쳐 가용성 덱스트린이 생성되는 현상

2) 덱스트린

전분을 산이나 효소, 열로 가수분해할 때 글루코오스나 말토오스로 되기 전에 생성되는 전분의 중간 가수분해 산물을 덱스트린이라고 하며, 덱스트린은 일반적으로 물에 녹고 전분처럼 젤을 형성하지 않으며 단맛을 가지고 있다. 가수분해의 정도에 따라 분자량이나 중합도가 다르며, 덱스트

린을 가용성 전분 soluble starch, 아밀로덱스트린 amylodextrin, 에리쓰로덱스트린 erythrodextrin, 아크로덱스트린 achrodextrin, 말토덱스트린 maltodextrin 등으로 구분한다. 이들은 요오드 정색 반응, 알코올 용해도에 차이를 보인다.

① **가용성 전분**: 가용성 전분은 생전분을 묽은 염산으로 처리하여 침지시키고 실온에서 일주일 정도 방치한 후 용액이 산성을 띠지 않을 때까지 물로 수세하여 건조시켜서 얻는다. 가용성 전분은 전분의 가수분해물로 덱스트린이기는 하나 다른 덱스트린과 달리 전분의 유도체로 취급하고 있다. 가용성 전분은 냉수에는 잘 분산되지 않고 뜨거운 물에는 잘 분산되어 교질용액을 만든다. 펠링용액을 환원시키지 않으며, 요오드 정색반응에서 청색을 나타낸다.

② **아밀로덱스트린**: 아밀로덱스트린은 가용성 전분보다 가수분해가 더욱 진행된 것으로 가용성 전분과 비슷한 특성을 가지고 있다. 요오드 정색 반응에서 청색을 나타낸다.

③ **에리쓰로덱스트린**: 아밀로덱스트린보다 가수분해가 더욱 진행된 것으로 1~3%의 말토오스를 함유하고 있다. 냉수에 녹고 환원성을 가지고 있으며 요오드 정색반응에서 적색을 나타낸다.

④ **아크로덱스트린**: 에리쓰로덱스트린보다 가수분해가 더 진행된 것으로 환원성을 가지고 있다. 요오드 정색반응을 나타내지 않는다.

⑤ **말토덱스트린**: 아크로덱스트린보다 가수분해가 더욱 진행된 것으로 말토오스나 글루코오스로 가수분해되기 직전의 덱스트린이다. 말토덱스트린은 덱스트린 중합도가 가장 적고 환원성이 가장 크다. 요오드 정색반응을 나타내지 않는다.

3) 셀룰로오스

셀룰로오스는 식물 세포벽의 주성분을 이루는 고분자 다당류로 자연계에 널리 분포하고 있다. 셀룰로오스는 글루코오스가 β-1,4 결합에 의하여 직선의 사슬로 연결되어 있어 가수분해하면 글루코오스가 생성된다. 그러나 사람은 이 결합을 분해시키는 효소인 셀룰레이즈 cellulase를 가지고 있지 않기 때문에 에너지원으로 이용할 수는 없으나 대신 장을 자극하여 장운동을 활발하게 해주고 수분을 함유하여 변비를 예방하는 효과를 준다. 또한 노폐물을 흡착하고 배설을 촉진함으로써 정장작용을 하고 콜레스테롤을 저하시키는 효과를 준다.

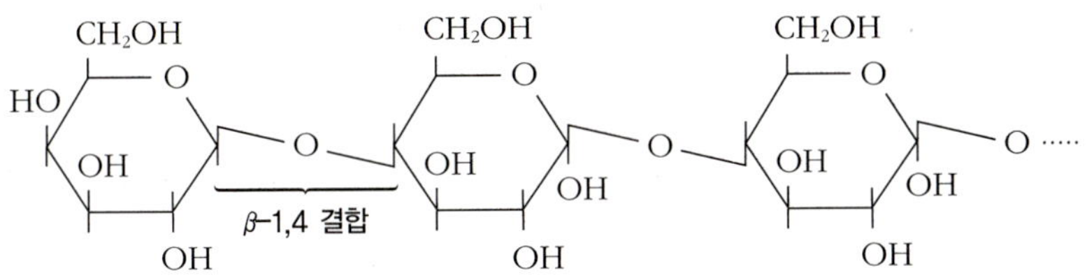

셀룰로오스 분자는 많은 -OH기를 가지고 있어 수소결합에 의해 규칙성을 가지고 단단하게 결합되어 있다. 셀룰로오스 분자들은 미세섬유를 형성하고 이들이 모여서 섬유소를 형성한다.

셀룰로오스는 소화가 되지 않기 때문에 다이어트 식품을 제조하는 데 사용된다. 초식동물은 장내세균이 효소를 분비하여 사료 중의 셀룰로오스를 분해시켜 흡수한다. 셀룰로오스는 염색성이 우수하여 식품의 착색에 이용되며, 보향성이 좋아 휘발성 성분을 흡착하는 데도 이용된다.

4) 이눌린

이눌린 inulin은 돼지감자, 우엉, 다알리아의 뿌리, 백합뿌리 등에 들어 있는 다당류로 β-프럭토퓨라노오스 fructofuranose가 β-1,2 결합으로 이루어진 중합체이다. 분자량은 약 5,000 정도이며, 요오드 반응을 하지 않는다. 이눌린은 묽은 산이나 이눌리네이즈 inulinase 효소에 의해 가수분해되나 사람에게는 이 효소가 분비되지 않는다.

5) 글라이코젠

글라이코젠은 동물의 저장 탄수화물로 간과 근육에 많이 함유되어 있다. 글라이코젠의 구성단위는 글루코오스로 α-글루코오스가 α-1,4 결합으로 이어져 있고 구조가 아밀로펙틴과 유사하나 아밀로펙틴보다 가지가 더 많고 사슬의 길이가 더 짧다.

글라이코젠은 무정형의 백색 분말로 맛과 냄새가 없으며, 요오드 반응시 아밀로펙틴처럼 적갈색을 나타내고 청색의 정색반응은 일으키지 않는다. 전분과 달리 호화나 노화현상이 일어나지 않으며 찬물에 녹아 교질용액을 형성한다.

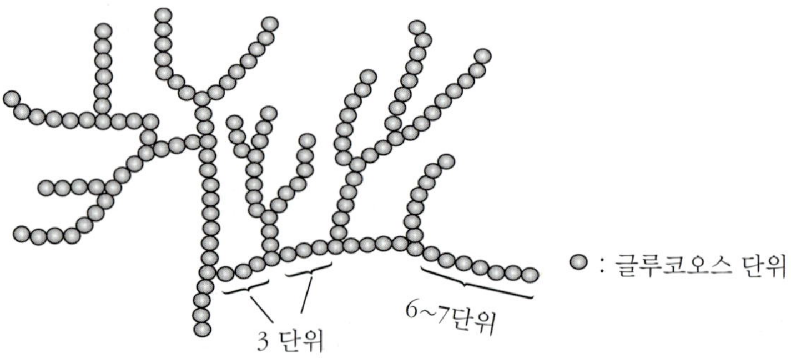

6) 펙틴 물질

펙틴 물질 pectin substance은 식물의 뿌리, 과일이나 해조류 등에 함유되어 있으며 식물조직의 세포벽이나 세포막 사이 물질을 결착시켜 주는 물질이다. 펙틴 물질은 프로토펙틴 protopectin, 펙트산 pectic acid, 펙틴산 pectinic acid, 펙틴 pectin으로 구분된다.

(1) 펙틴 물질의 구조

펙틴 물질의 기본구조는 α-D-갈락투론산 α-D-galacturonic acid이 α-1,4 결합으로 직선상으로 연결되어 있는 고분자 물질이며 α-나선상의 형태 α-helical form를 갖고 있다. 각 카복실기는 유리산, 나트륨 또는 칼슘의 염, 메틸에스터 methylester 등의 형태를 갖고 있다.

(2) 펙틴 물질의 종류

① **프로토펙틴** protopectin: 프로토펙틴은 펙틴의 모체가 되는 물질로 덜 익은 과일과 채소에 들어 있다. Ca과 Mg 등의 이온과 결합하거나 셀룰로오스, 헤마이셀룰로오스 등과 결합하여 3차원의 망상구조를 형성할 수 있다. 과일과 채소가 숙성함에 따라 불용성인 프로토펙틴은 프로토펙티네이즈 protopectinase 효소작용에 의하여 수용성 펙틴으로 가수분해된다.

② **펙틴** pectin: 펙틴은 단일 물질이 아니며, 분자 내의 카복실기의 일부가 메틸에스터나 산의 형태, 또는 나트륨염, 칼륨염, 암모늄염의 형태로 되어 있는 수용성 펙틴산을 말한다. 펙틴은 메틸에스터의 백분율, 즉 에스터화

그림 2-14 프로토펙틴의 구조

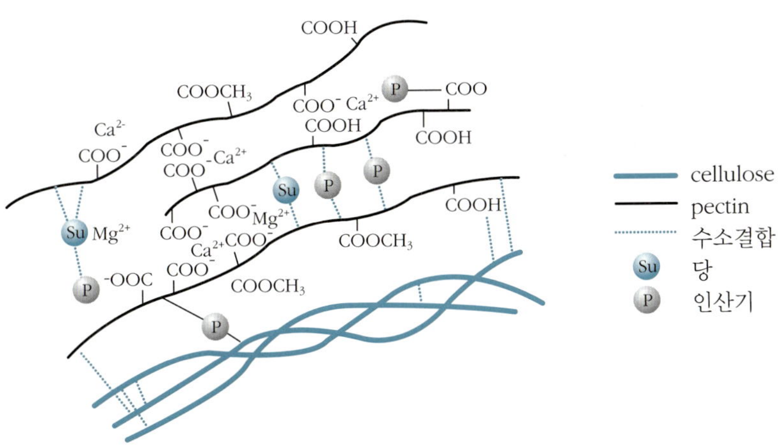

도 degree of esterification:DE에 따라 DE가 50% 이상인 고메톡실 high methoxyl: HM 펙틴과 DE가 50% 이하인 저메톡실 low methoxyl: LM 펙틴으로 분류한다. DE는 펙틴의 용해도, 젤 형성 능력과 젤의 특성에 큰 영향을 미친다. 펙틴은 사과, 감귤류에 특히 많이 들어 있다.

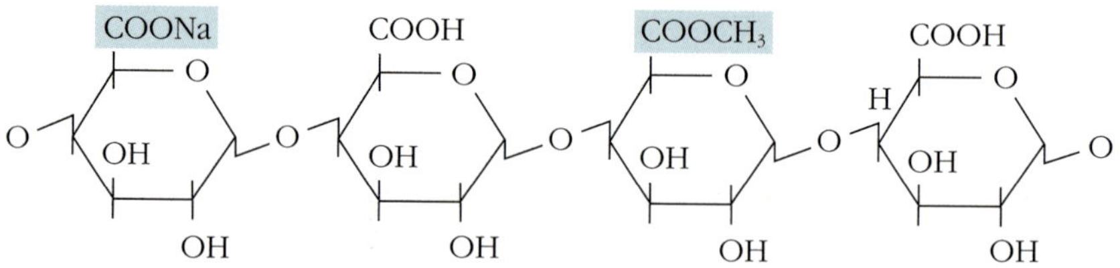

펙틴의 기본구조

③ **펙틴산** pectinic acid: 펙틴산은 펙트산 분자의 카복실기의 일부가 메틸에스터($-COOCH_3$)화 되어 있는 형태로 물과 콜로이드를 형성한다.

④ **펙트산** pectic acid: 펙트산은 α-D-갈락투론산 100~800개 정도가 α-1,4 결합에 의하여 결합된 중합체이다. 숙성한 과일에 존재하며, 람노오스가 풍부하며 소량의 아라비난 arabinan과 갈락탄 galactan이 존재한다. 유리 카복실기를 가지고 있어 칼슘이나 마그네슘과 결합물을 형성하고, 칼슘과 결합한 경우에 불용성 칼슘 펙테이트 calcium pectate를 형성한다.

(3) 펙틴 분해 효소

펙틴을 분해하는 효소에는 폴리갈락투로네이즈 polygalacturonase, 펙틴 에스터레이즈 pectin esterase, 펙틴 라이에이즈 pectin lyase 등이 있으며 이들의 작용은 그림 2-15와 같다. 한편 폴리갈락투로네이즈는 폴리메틸갈락투론산에 작용하는 폴리메틸갈락투로네이즈와 분자에 에스터 결합이 없는 폴리갈락투론산에 작용하는 폴리갈락투로네이즈로 구분되며, 각각의 효소는 다시 무작위로 작용하는 엔도 endo효소와 말단에서부터 작용하는 엑소 exo

그림 2-15 펙틴 분해 효소의 작용

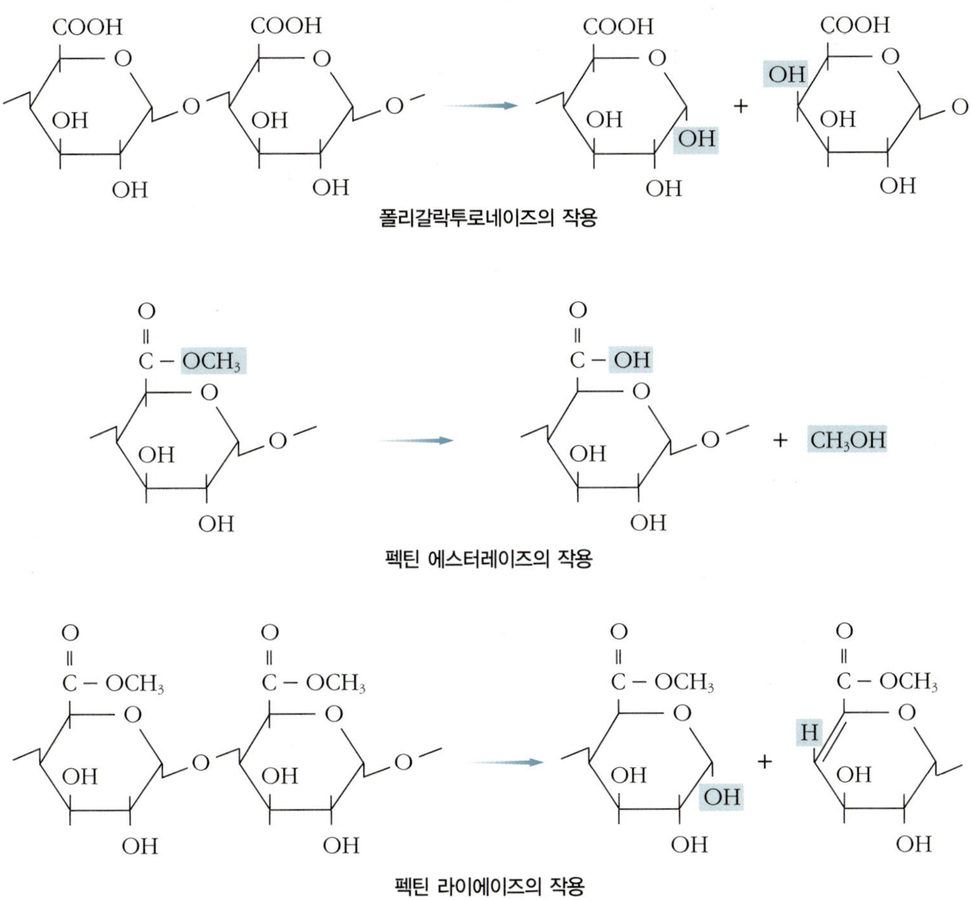

효소로 분류된다.

(4) 펙틴의 젤 형성능

펙틴분자의 카복실기가 모두 메틸에스터화되어 있다면 전체 펙틴분자에 대한 메톡실기의 중량비는 약 16.32%이다. 만약에 펙틴분자에 메톡실기가 전혀 없다면 메톡실기의 함량은 0%이다. 이론적으로 계산하면 메톡실기의 최대 함량은 16.32%가 되지만 실제 자연에 존재하는 펙틴에서 메톡실기의 최대 함량은 14% 정도이다. 따라서 14%를 기준으로 그 중간값인 7% 이상의 메톡실기를 함유한 펙틴을 고메톡실펙틴 high methoxyl pectin이라고 하고, 7% 이하의 메톡실기를 함유한 펙틴을 저메톡실펙틴 low methoxyl pectin이라고 한다.

$$\text{메톡실기 함량(\%)} = \frac{\text{펙틴 분자 속의 메톡실기의 수} \times CH_3O \text{ 분자량}}{\text{펙틴 분자 속의 갈락투론산의 수} \times C_7H_{10}O_6 \text{ 분자량}} \times 100$$

■ 칼로리가 적은 잼, 젤리 만드는 법

잼이나 젤리를 만들 때 당이 들어가야 하지만 저메톡실 펙틴을 이용하면 당 대신에 다가이온을 첨가하여 젤을 형성시킬 수 있으므로 칼로리가 적은 잼이나 젤리를 만들 수 있음.

저메톡실펙틴의 경우 젤을 형성하기 위해서는 낮은 pH 및 칼슘 등 다가 이온이 필요하다. 저메톡실펙틴은 메톡실기가 결합되지 않은 유리 카복실기가 많아 이들이 양이온과 결합함으로써 펙틴분자와 양이온 간의 3차원적 망상구조가 형성된다. 젤 형성시 다리결합을 형성해 주는 양이온의 농도가 높을수록 젤 강도가 증가한다. 저메톡실펙틴은 젤 형성시 당이 필요하지 않으므로 저당도의 잼이나 젤리를 만드는 데 유용하다.

고메톡실펙틴은 적당량의 유기산과 당이 존재할 때에는 젤을 형성할 수 있다. 고메톡실펙틴은 pH 2.0~3.6에서 당 함량이 50% 이상이 되면 젤을 잘 형성한다. 펙틴 용액은 산성에서 분자 내의 유리 카복실기가 해리되어 음전하를 갖게 되기 때문에 쉽게 수화된다. 여기에 더 많은 산을 가하게 되면 H^+ 이온이 많아져 카복실기의 해리는 감소되고 전기적으로 중화가

그림 2-16 펙틴의 젤 형성

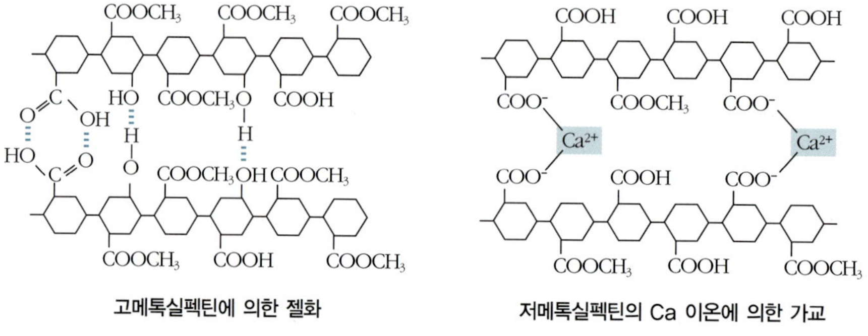

일어난다. 따라서 분자 간의 반발력이 감소하고 펙틴 분자들 간에 회합이 일어나 3차원적인 망상구조를 형성하게 된다. 이때 일부 물분자는 망상구조 안에 갇혀 있게 된다. 당류는 펙틴분자를 수화하고 있던 물분자를 빼앗아 자신이 수화됨으로써 탈수를 촉진한다. 고메톡실펙틴의 경우는 젤 형성시 메톡실기 함량이 증가함에 따라 당의 함량도 높아져야 한다.

7) 헤마이셀룰로오스

헤마이셀룰로오스는 식물 세포벽의 구성성분으로 세포벽의 20~30%를 차지한다. 헤마이셀룰로오스는 화학구조상 셀룰로오스와는 관련이 없으며 구성단위가 일정하지 않은 복합다당류이다. 또한 셀룰로오스는 결정성인데 비해 헤마이셀룰로오스는 비결정성이다. 헤마이셀룰로오스는 β-D-자일로피라노오스 xylopyranose가 결합된 물질로 L-아라비노오스, D-갈락토오스, D-글루코오스들로 구성된 짧은 곁가지를 가지고 있다.

8) 글루코만난

글루코만난 glucomannan은 곤약감자의 근경에 함유되어 있는 다당류로서 만난 mannan, 곤약만난 konjak mannan이라고도 한다. 글루코만난은 만노오스와 글루코오스가 약 2:1~3:2 정도로 결합되어 있으며 주사슬은 β-1,4 결합으로 연결되어 있으나 곁가지는 β-1,3 결합으로 되어 있다.

9) 키틴

키틴 chitin은 동물성 다당류로 새우, 게 등의 갑각류의 껍데기에 존재한다. 아미노당인 2-N-아세틸 글루코사민 acetyl glucosamine이 β-1,4 결합되어 있는 것으로 산이나 알칼리로 가수분해하면 글루코사민 glucosamine과

■ 키토산의 이용

게, 새우 껍데기의 키틴으로부터 탈아세틸화된 물질인 키토산은 항암, 항균 등의 생리활성이 있는 것으로 알려져 기능성 식품 소재로 이용됨.

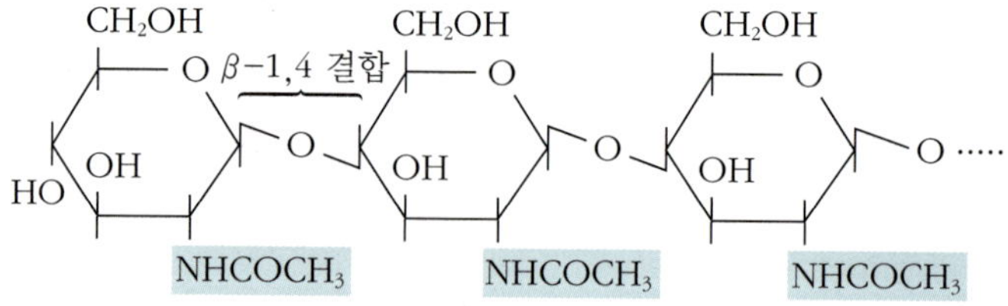

아세트산이 생성된다. 키틴에서 아세틸기가 제거된 것이 키토산이다.

10) 검류

검류에는 아라비아검 arabia gum, 구아검 guar gum, 알진산 alginic acid, 한천 agar, 카라기난 carrageenan, 메뚜기콩검 locust bean gum 등이 있다.

(1) 아라비아검

아라비아검은 아프리카, 오스트레일리아, 중앙아메리카의 열대 및 아열대에 분포하는 아카시아 나무의 수액으로부터 얻을 수 있으며 유화능과 젤 형성 능력이 우수한 성질을 가지고 있다. 아라비아검의 분자구조는 β-D-갈락토오스가 β-1,3 결합으로 연결된 주사슬에 L-람노오스, L-아라비노오스, D-글루쿠론산 glucuronic acid이 β-1,6 결합으로 연결되어 있다. 주로 칼슘, 마그네슘, 칼륨과 염을 형성하며 다른 친수성 콜로이드보다 용해도가 높아 최대 55%까지 용해된다. 아라비아검은 제과, 제빵의 안정제, 점착제 등으로 사용된다.

(2) 구아검

구아검은 인도나 파키스탄 등에서 재배되는 구아 guar식물의 종자에서 얻을 수 있는 검으로 D-만노오스의 β-1,4 결합의 사슬에 2개의 만노오스마다 D-갈락토오스가 α-1,6 결합에 의하여 가지를 친 갈락토만난 galactomannan의 구조를 가지고 있다. 천연 검 중에서 가장 점도가 크며 냉수에서 팽윤한다. 가열조리에서도 점성을 잃지 않는다. 구아검은 아이스크림, 빵, 드레싱, 치즈에 사용된다.

(3) 메뚜기콩검

메뚜기콩검은 미국과 지중해지역에서 널리 재배되어 얻어지는 검이다. 메뚜기콩검의 구조는 D-만노오스가 β-1,4 결합으로 연결된 사슬 중합체에 D-갈락토오스가 α-1,6 결합으로 4~5개의 만노오스 단위마다 연결되어 있다. 친수성이 커서 샐러드 드레싱, 치즈, 아이스크림 등에 사용된다.

(4) 알진산

알진산은 미역, 다시마 같은 갈조류의 세포막 성분으로 당 유도체인 만뉴론산 manuronic acid과 글루론산 guluronic acid으로 구성되어 있다. 알진산의 염형태를 알진 algin이라고 한다. 알진산은 냉수에는 녹지 않으나 뜨거운물에는 약간 녹는다. 또한 칼슘, 마그네슘과 같은 다가이온이 존재하면 젤을 형성한다. 치즈, 아이스크림, 샐러드 드레싱 등의 안정제로 사용된다.

(5) 한천

한천은 홍조류인 우뭇가사리에서 추출된 다당류로 갈락토오스를 주체로 하여 일부에 소량의 황산기를 함유한 복합다당류 갈락탄 galactan이다. 한천은 아가로오스 agarose와 아가로펙틴 agaropectin의 두 성분으로 되어 있다. 아가로오스는 β-D-갈락토오스와 α-L-3,6-안하이드로갈락토오스 anhydrogalactose가 β-1,4 결합에 의해 형성된 이당류인 아가로비오스 agarobiose가 α-1,3 결합을 통하여 연결된 중합체이다. 아가로펙틴은 아가로비오스 10~50개마다 갈락토오스의 황산 에스터 그룹을 가지고 있다. 한천은 홍조류를 건조한 후 뜨거운 물에 녹여 동결건조시켜 제조한다. 한천은 젤 형성능력이 강하고 고온에서도 잘 견디므로 제과의 안정제, 젤리의 원료, 미생물의 배지 등에 이용된다.

(6) 카라기난

카라기난은 홍조류 세포벽에 들어 있는 다당류로 황산기가 당류에 결합되어 있는 갈락탄 galactan의 혼합물이다. κ-, ι-, λ-카라기난이 있는데 κ-, ι-카라기난은 젤 형성능력이 있고, λ-카라기난은 젤 형성능력이 없다. 단백질과 반응하면 점도가 증가하고 젤을 잘 형성하며, 나트륨에 비해 칼륨과 더 단단한 젤을 형성한다. 카라기난은 유탁액이나 현탁액을 안정화시키는 성질을 가지고 있어 잼, 젤리, 아이스크림, 기름의 유화 등의 안정제로 사용된다.

11) 변성전분

■ 변성전분
전분을 물리화학적 방법으로 처리하여 전분의 성질을 변화시킨 전분

전분을 물리화학적 방법으로 처리하여 전분의 성질을 변화시킨 전분을 변성전분 modified starch이라고 한다. 변성전분에는 산처리전분, 산화전분, 가교결합전분 등이 있다.

전분을 산으로 가수분해하면 끓는 물에 잘 녹는 전분이 만들어지는데 이를 신-보일링 전분 thin-boiling starch이라고 한다. 이 전분은 α-1,6 결합이 끊어져 많은 가지가 제거된 아밀로펙틴을 가지고 있어 용액의 점도가 낮고 유동성이 큰 졸을 형성하며 노화가 잘 일어나지 않는다. 냉각시에는 단단한 젤을 형성하여 이들은 증점제로 이용된다.

전분에 에틸렌옥사이드 ethylene oxide나 프로필렌옥사이드 propylene oxide를 처리하면 하이드록시에틸 hydroxyethyl 또는 하이드록시프로필 hydroxypropyl 전분과 같은 전분 이터 ether가 얻어진다. 이 전분은 용해도가 높고 호화온도가 낮으며 투명도가 높다.

전분에 에피클로로하이드린 epichlorohydrin이나 아디프산 adipic acid 등을 처리하면 가교결합이 형성된 전분이 얻어진다. 가교결합 전분은 전단력이 높고 안정성이 좋다. 전분의 하이드록시기의 일부가 아세틸화 또는 프로피오닐화 되어 있는 가교결합 전분은 냉동-해동 안정성 freeze-thaw stability

이 우수하여 냉동 후 해동시켜도 안정한 젤 구조를 형성한다. 가교결합 전분은 샐러드 드레싱에 증점제나 안정제로 사용된다.

인산화 전분은 트라이폴리인산나트륨 sodium tripolyphosphates; STPP으로 에스터화한 전분으로 전분용액의 안정성을 증가시키고, 젤 형성시 내부의 수분이 방출되는 이액현상 syneresis이 거의 일어나지 않는다.

12) 변성 셀룰로오스

셀룰로오스를 화학적으로 변형시켜 셀룰로오스의 성질을 변화시킨 것은 변성 셀룰로오스라고 하며 메틸셀룰로오스 methyl cellulose; MC, 카복실메틸셀룰로오스 carboxylmethyl cellulose; CMC 하이드록시프로필셀룰로오스 hydroxypropyl cellulose 등이 있다.

Chapter 3

지 질

학습 목표

1. 지질의 분류와 구조 및 특성을 이해할 수 있다.
2. 지방산의 종류와 구조 및 특성을 이해할 수 있다.
3. 유지의 물리화학적 성질을 이해할 수 있다.
4. 유지의 산패와 이에 영향을 미치는 인자에 대해 이해할 수 있다.
5. 유지의 산패측정 방법과 항산화제에 대해 이해할 수 있다.

지질 lipids은 물에 녹지 않고, 에테르, 헥산, 클로로포름, 아세톤, 벤젠 등과 같은 유기용매에 녹는 생체성분으로, 주로 탄소, 수소, 산소로 이루어져 있고 식품에 널리 분포되어 있다. 지질은 또한 탄수화물, 단백질과 함께 에너지의 중요한 급원인 동시에 필수지방산의 급원이며, 지용성 비타민 A, D, E, K의 용매로서 그 이용률을 높여준다.

지질은 유지라고도 불리는데, 상온에서 액체상태인 것을 유 oil, 고체상태인 것을 지 fat라고 한다. 일반적으로 포화지방산을 많이 함유하고 있는 것은 고체이고, 불포화지방산을 많이 함유하고 있는 것은 액체이다.

이 장에서는 지질과 지방산의 종류와 구조 및 특성, 유지의 물리화학적 성질과 산패 등에 대하여 살펴본다.

1. 지방산

지방산 fatty acid은 자연에 존재하는 동식물 지질의 중요한 구성성분이다. 식품에 함유되어 있는 지방산은 대부분 4~30개 짝수의 탄소가 직쇄상으로 연결되고 그 말단에 카복실 carboxyl기(-COOH) 1개를 가지고 있으며, 약식으로 RCOOH로 표기된다.

지방산의 탄소수에 따라 저급지방산(C_{10} 이하)과 중급지방산(C_{12}, C_{14}) 고급지방산(C_{16} 이상)으로 분류되며, 지방산의 분자 내 이중결합의 유무에 따라 이중결합이 없는 포화지방산 saturated fatty acid과 이중결합이 있는 불포화지방산 unsaturated fatty acid으로 분류된다. 그리고 영양학적으로는 필수지방산과 비필수지방산으로 분류된다.

1) 포화지방산

포화지방산은 탄소수가 4개인 부티르산 butyric acid(C_4)에서 30개인 멜리스산 melissic acid(C_{30})까지 알려져 있으나 표 3-1, 천연유지에 가장 많이 함유되어 있는 것은 팔미트산(C_{16})과 스테아르산(C_{18})이다. 포화지방산은 주로 버터, 소고기 지방, 돼지고기 지방 등 동물성 식품의 유지에 비교적 많이 함유되어 있으며, 또한 코코넛 및 팜 palm 열매 등 식물성 식품의 고급 유지에도 함유되어 있다. 팜핵유와 버터에는 저급지방산이 많고 탄소수 26개 이상의 고급지방산은 주로 왁스에 많다. 탄소수가 증가함에 따라 녹는점이 높아진다.

[표 3-1] 주요 포화지방산

지방산의 종류	탄소수:이중결합수	분자식	소재	녹는점(℃)
부티르산 butyric	$C_{4:0}$	$CH_3(CH_2)_2COOH$	버터, 코코넛유	−7.9
카프로산 caproic	$C_{6:0}$	$CH_3(CH_2)_4COOH$	버터, 코코넛유	−3.4
카프릴산 caprylic	$C_{8:0}$	$CH_3(CH_2)_6COOH$	버터, 코코넛유	16.7
카프르산 capric	$C_{10:0}$	$CH_3(CH_2)_8COOH$	버터, 코코넛유	31.6
라우르산 lauric	$C_{12:0}$	$CH_3(CH_2)_{10}COOH$	코코넛유, 팜핵유	44.2
미리스트산 myristic	$C_{14:0}$	$CH_3(CH_2)_{12}COOH$	코코넛유, 팜핵유 동식물유지	53.9
팔미트산 palmitic	$C_{16:0}$	$CH_3(CH_2)_{14}COOH$	동식물유지 특히 팜유	63.1
스테아르산 stearic	$C_{18:0}$	$CH_3(CH_2)_{16}COOH$	천연유지 특히 소고기지방	69.6
아라키드산 arachidic	$C_{20:0}$	$CH_3(CH_2)_{18}COOH$	동식물유지, 땅콩유	76.1
베헨산 behenic	$C_{22:0}$	$CH_3(CH_2)_{20}COOH$	땅콩유, 경화어유	80.5
리그노세르산 lignoceric	$C_{24:0}$	$CH_3(CH_2)_{22}COOH$	땅콩유, 뇌당지질	84.7
세로트산 cerotic	$C_{26:0}$	$CH_3(CH_2)_{24}COOH$	밀랍	87.7
몬탄산 montanic	$C_{28:0}$	$CH_3(CH_2)_{26}COOH$	밀랍	90.9
멜리스산 melissic	$C_{30:0}$	$CH_3(CH_2)_{28}COOH$	밀랍	93.6

2) 불포화지방산

불포화지방산은 일반적으로 상온에서 액체이고, 콩기름, 미강유, 옥수수유, 채종유 등의 식물성 기름에 많이 함유되어 있으며, 유지의 산패와도 밀접한 관계가 있다.

이중결합 2개 이상을 갖는 불포화지방산을 고도불포화지방산 poly unsaturated fatty acid, PUFA이라고 한다. 어유와 고래기름에는 에이코사펜타엔산eicosapentaenoic acid, EPA($C_{20:5}$)과 도코사헥사엔산 docosahexaenoic acid, DHA($C_{22:6}$) 등의 고도불포화지방산이 많이 함유되어 있다. 식용유지 중에 식물성 유지는 주로 올레산, 리놀레산, 리놀렌산으로 구성되어 있고, 약간의 팔미트산과 스테아르산으로 구성되어 있다. 동물성 유지는 주로 팔미트산, 스테아르산, 리놀레산으로 구성되어 있다 표 3-2 .

이중결합을 갖는 불포화지방산은 시스 cis 형과 트랜스 trans 형이 있는데, 천연의 불포화지방산은 대부분 불안정한 시스형이어서 안정한 트랜스형으로 이성질화되기 쉽다. 마가린, 쇼트닝과 같이 천연 유지를 수소첨가하여 만든 제품은 그 제조과정 중에 시스형 불포화지방산의 일부가 트랜스형으로 전환되어 트랜스지방산을 함유하게 된다. 불포화지방산은 이중결합이 많을수록 산화되기 쉽고 불안정하며 녹는점이 낮은데, 이중결합수가 같더라도 시스형은 트랜스형보다 녹는점이 더 낮다.

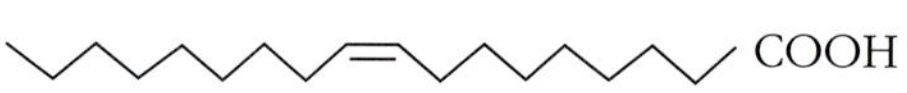

시스(cis) 지방산

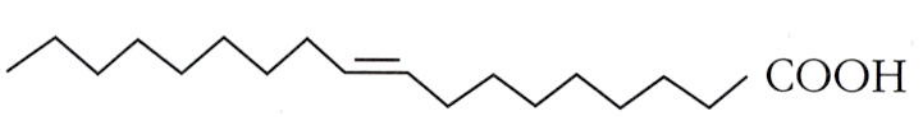

트랜스(trans) 지방산

트랜스지방산

트랜스지방산은 자연 상태에도 소량 존재하지만, 대부분 식물성 기름이 수소화 공정을 거치거나 고온에서 가열될 때 생성된다. 트랜스지방산은 HDL-콜레스테롤의 함량을 저하시키는 반면 LDL-콜레스테롤의 함량을 증가시킴으로써 심혈관계질환 발병률을 증가시킨다고 알려져 있으며, 인체에서 당뇨, 면역력 저하와 암 등을 유발한다. 세계보건기구에 따르면 하루 섭취열량 중 트랜스지방산에서 기인되는 열량이 1%를 넘지 않도록 권고하고 있다. 우리나라의 경우 2007년 12월부터 빵, 과자, 음료 등에 당류와 트랜스지방산 및 콜레스테롤 함유량 표시를 의무화하기로 되어 있다.

[표 3-2] 주요 불포화지방산

지방산의 종류	탄소수:이중결합수 (이중결합의 위치)	분자식	소재	녹는점 (℃)
미리스톨레산 myristoleic	$C_{14:1}$ (Δ9)	$CH_3(CH_2)_3CH$ $=CH(CH_2)_7COOH$	어유 고래기름	−4.0
팔미톨레산 palmitoleic	$C_{16:1}$ (Δ9)	$CH_3(CH_2)_5CH$ $=CH(CH_2)_7COOH$	정어리유 청어유	0.5
올레산 oleic	$C_{18:1}$ (Δ9)	$CH_3(CH_2)_7CH$ $=CH(CH_2)_7COOH$	동식물 유지	13.0
리놀레산 linoleic	$C_{18:2}$ (Δ9,12)	$CH_3(CH_2)_4(CH=CHCH_2)_2$ $(CH_2)_6COOH$	식물유 반건성유	−5.0
리놀렌산 linolenic	$C_{18:3}$ (Δ9,12,15)	$CH_3CH_2(CH=CHCH_2)_3$ $(CH_2)_6COOH$	식물유 건성유	−11.0
아라키돈산 arachidonic	$C_{20:4}$ (Δ5,8,11,14)	$CH_3(CH_2)_4(CH=CHCH_2)_4$ $(CH_2)_2COOH$	간유 난황유	−49.5
에이코사펜타엔산 eicosapentaenoic	$C_{20:5}$ (Δ5,8,11,14,17)	$CH_3CH_2(CH=CHCH_2)_5$ $(CH_2)_2COOH$	어유	−54.0
에루스산 erucic	$C_{22:1}$ (Δ13)	$CH_3(CH_2)_7CH=$ $CH(CH_2)_{11}COOH$	유채유 (40−57%)	34.7
도코사헥사엔산 docosahexaenoic	$C_{22:6}$ (Δ4,7,10,13,16,19)	$CH_3CH_2(CH=CHCH_2)_6$ $(CH_2)COOH$	어유	−44

3) 필수지방산

필수지방산 essential fatty acid은 생체막의 중요한 구성성분인 불포화지방산 중 체내에서 합성될 수 없거나, 합성된다고 하여도 그 양이 적어 인체의 정상적인 성장 및 활동과 신체기능 유지를 위해 불충분하여 식품으로부터 반드시 섭취해야 하는 지방산이다. 불포화지방산 중 리놀레산, 리놀렌산 및 아라키돈산이 이에 속한다.

4) 대표적인 홀수 지방산

대부분 짝수의 탄소수를 지닌 지방산들이 많이 존재하나 최근에는 홀수인 지방산이 발견되고 있는데, 대표적인 홀수 지방산으로는 돌고래의 지방에서 얻을 수 있는 아이소발레르산 isovaleric acid과 결핵균에서 얻을 수 있는 투베르큐로스테아르산 tuberculostearic acid이 있다.

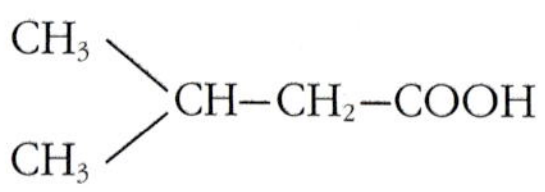

Isovaleric acid

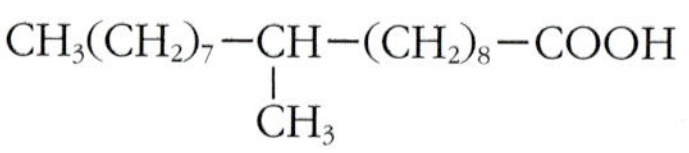

Tuberculostearic acid

2. 지질의 분류

지질은 그 구조와 성질에 따라 분류되는 것이 일반적이다. 지질은 주로 그 구조에 따라 분류되어 단순지질, 복합지질, 유도지질로 분류된다 표 3-3 . 한편 지질은 알칼리에 의해 가수분해되는 지질과 알칼리에 의해 가수분해되지 않는 지질로 나눌 수 있다. 알칼리에 의해 가수분해되는 지질, 즉 비누화되는 지질을 비누화물 saponifiable matters이라 하는데, 트라이아실글리세롤 triacylglycerol, 왁스류, 인지질, 당지질, 콜레스테롤 에스터 cholesterol ester 등이 이에 속한다. 반면 알칼리에 의해 가수분해되지 않는 지질, 즉 비누화되지 않는 성분을 비비누화물 unsaponifiable matters이라 하는데, 이는 스테롤 sterol, 고급 알코올, 탄화수소, 일부 지용성 색소 및 비타민 등이다.

[표 3-3] 지질의 분류와 특징

분 류	종 류	특 징
단순지질	트라이아실글리세롤	지방산과 글리세롤의 에스터 결합
	왁스(납)	고급지방산과 고급 1가 알코올의 에스터 결합
	콜레스테롤 에스터	지방산과 콜레스테롤의 에스터 결합
복합지질	인지질	지방산, 알코올류, 인산, 질소화합물 결합
	당지질	지방산, 스핑고신 sphingosine, 당류 결합
	황지질	유황을 함유한 지질
	단백지질	단백질과 결합한 지질
유도지질	지방산	직쇄의 카복실산 carboxylic acid
	고급알코올류	왁스류의 고급 1가 알코올, 스테롤류
	탄화수소	지방족 탄화수소, 카로티노이드, 스쿠알렌
	지용성비타민류	비타민 A, D, E, K

1) 단순지질

단순지질 simple lipid은 지방산과 알코올로 이루어진 에스터 ester이다. 식품이나 체내 지질의 95%는 트라이아실글리세롤의 형태로 존재한다.

(1) 트라이아실글리세롤

트라이아실글리세롤 triacylglycerol은 생체 내의 저장지방 또는 에너지원으로 이용되며, 글리세롤 glycerol 1분자에 지방산 3분자가 에스터 결합을 한 것으로서, 트라이글리세라이드 triglyceride 또는 중성지방 neutral fats이라고도 한다.

글리세롤에 결합된 지방산의 수에 따라 지방산 1분자가 결합된 모노아실글리세롤 monoacylglycerol(모노글리세라이드 monoglyceride), 2분자가 결합된 다이아실글리세롤 diacylglycerol(다이글리세라이드 diglyceride), 3분자가 결합된 트라이아실글리세롤(트라이글리세라이드 triglyceride)로 나뉜다. 대부분의 지질은 트

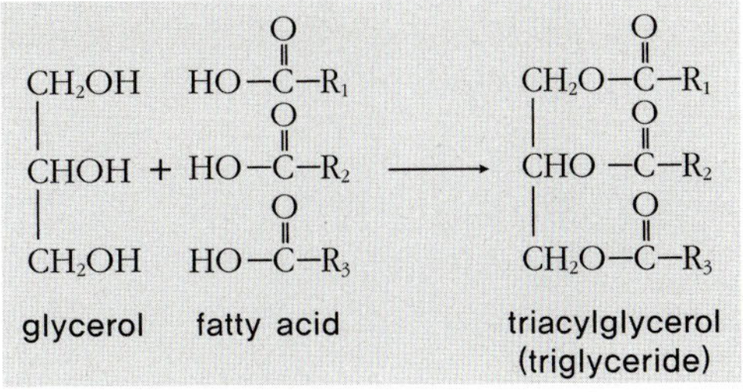

라이아실글리세롤의 형태로 존재하며, 동식물 지질의 대부분을 차지한다.

글리세롤은 3가의 알코올이므로 한 분자의 글리세롤에 3분자의 지방산이 결합할 수 있는데, 세 개가 동일 지방산일 때 단순 트라이아실글리세롤 simple triglycerol, 두 개 이상의 다른 지방산이 결합된 것을 혼합 트라이아실글리세롤 mixed triacylglycerol이라고 한다. 대표적인 단순 트라이아실글리세롤은 트라이스테아린 tristearin과 트라이올레인 triolein이다.

유지를 가수분해하면 각종 지방산이 생성되는데, 유지 전체 지방산 함량의 10% 이상을 차지하는 구성 지방산을 주요 지방산이라고 한다. 즉 대부분의 식물성 유지의 주요지방산은 올레산 oleic acid, 리놀레산 linoleic acid, 스테아르산 stearic acid이며, 동물성 유지의 주요지방산은 팔미트산 palmitic acid, 올레산, 스테아르산 등이다 표 3-4.

[표 3-4] 식용 식물성 및 동물성 유지의 지방산 조성

■ **각종 식물성 유지의 지방산 조성** (단위 : %)

지방산의 종류	탄소수: 이중결합수	대두유	옥수수유	참기름	해바라기씨기름	땅콩유	유채유	팜유
미리스트산 myristic	$C_{14:0}$	0.4	0.1		0.5	0.4		1.1
팔미트산 palmitic	$C_{16:0}$	7~14	8~19	9.9	3~10	6.0~16	3.0	45.1
팔미트올레산 palmitoleic	$C_{16:1}$	0.5	0.5	0.3	1.0	1.0		0.1
스테아르산 stearic	$C_{18:0}$	1.4~5.5	0.5~4.0	5.2	1.0~10	1.3~6.5	0.8	4.7
올레산 oleic	$C_{18:1}$	19~30	19~50	41.2	14~65	35~72	13.1	38.8
리놀레산 linoleic	$C_{18:2}$	44~62	34~62	43.2	20~75	13~45	14.1	9.4
리놀렌산 linolenic	$C_{18:3}$	4.0~11	2.0	0.2	0.7	1.0	9.7	0.3
에이코사논산 eicosanoic	$C_{20:0}$	1.0	1.0		1.5	1.0~3.0		
에이코사엔산 eicosaenoic	$C_{20:1}$	1.0	0.5		0.5	0.5~2.1	7.4	0.2
도코사노산 docosanoic	$C_{22:0}$		0.5		1.0	1.0~5.0		
에루스산 erucic	$C_{22:1}$				0.5	2.0	50.7	
테트라코사노산 tetracosanoic	$C_{24:0}$		0.5		0.5	0.5~3.0		
테트라코사엔산 tetracosaenoic	$C_{24:1}$				0.5			
U/S 비율[1)]		5.6	6.4	5.9	9.0	3.3	24.0	1.0

1) 포화지방산 함량에 대한 불포화지방산 함량의 비율

■ 각종 동물성 유지의 지방산 조성 (단위 : %)

지방산의 종류	탄소수: 이중결합수	닭고기지방	버터	돼지고기지방	소고기지방
부티르산 butyric	$C_{4:0}$		3.1		
카프로산 caproic	$C_{6:0}$		2.2		
카프릴산 caprylic	$C_{8:0}$		1.2		
카프르산 capric	$C_{10:0}$		2.2		
라우르산 lauric	$C_{12:0}$	0.2	3.8		
미리스트산 myristic	$C_{14:0}$	1.3	8.5	1.0	3.0
미리스톨레산 myristoleic	$C_{14:1}$	0.2			3.0
팔미트산 palmitic	$C_{16:0}$	23.2	24.3	28.0	29.0
팔미톨레산 palmitoleic	$C_{16:1}$	6.5	2.6	4.0	10.8
스테아르산 stearic	$C_{18:0}$	6.4	11.9	13.0	20.0
올레산 oleic	$C_{18:1}$	41.6	31.3	46.0	42.0
리놀레산 linoleic	$C_{18:2}$	18.9	2.4	6.0	2.0
리놀렌산 linolenic	$C_{18:3}$	1.3	1.1	0.8	0.5
U/S 비율[1)]			0.3	1.6	0.9

1) 포화지방산 함량에 대한 불포화지방산 함량의 비율

(2) 왁스류

왁스 wax는 고급지방산과 고급 1가 또는 2가 알코올의 에스터이다. 영양소로서의 기능은 없으나 자연계에 광범위하게 분포되어 있으며 동식물체의 내부를 보호한다. 동물성 왁스인 밀랍은 멜리실 팔미테이트 melissyl palmitate가 주성분인데, 주로 벌집의 소재로 존재하며, 녹는점은 60~65℃이다. 경랍은 고래의 머리기름에 존재하며 주성분은 세틸 팔미테이트 cetyl palmitate인데, 녹는점은 40~45℃이다. 식물의 잎과 줄기, 과실 표면에 존재하는 식물성 왁스로는 식물체의 외면을 곤충이나 미생물의 침입으로부터 보호하고 수분의 증발을 방지하는 역할을 하며, 카나우바 왁스 carnauba wax, 칸데릴라 왁스 candelilla wax 등이 있다. 왁스의 용도는 종이, 가죽 등의 광택제, 비누, 화장품 등의 유화제 등 공업용으로 사용된다.

$$ROH + R'COOH \longrightarrow RCOOR' + H_2O$$

고급 1가 알코올   고급지방산   왁스

$$C_{15}H_{31}\overset{\overset{O}{\|}}{C}-O-C_{30}H_{61}$$

Melissyl palmitate

밀랍

$$C_{15}H_{31}\overset{\overset{O}{\|}}{C}-O-C_{16}H_{33}$$

Cetyl palmitate

경랍

2) 복합지질

복합지질 compound lipid은 지방산과 글리세롤의 에스터에 다른 성분이 결합된 지질로서 인지질 phospholipid, 당지질 glycolipid, 지단백질 lipoprotein 등이 있으며, 뇌, 심장, 신경조직, 난황, 대두, 혈액 등에 많이 분포되어 있다.

(1) 인지질

인지질 phospholipid은 지질에 인산이 결합한 것으로서 글리세롤 glycerol과 스핑고신 sphingosin의 기본골격에 따라 각각 글리세로인지질 glycerophospholipid과 스핑고인지질 sphingophospholipid로 나눌 수 있는데, 주로 글리세로인지질이다. 인지질은 분자 내 친수성 원자단과 소수성 원자단이 함께 결합되어 있어 유화제로 작용하여 생리적으로나 식품공업 분야에서 중요한 역할을 한다.

글리세로인지질은 글리세롤, 지방산, 인산, 질소화합물이 결합된 것으로 생체막의 주요 구성성분이며 레시틴, 세팔린이 이에 속한다.

스핑고인지질은 글리세로인지질의 글리세롤 대신 불포화 긴사슬을 가진 아미노알코올인 스핑고신을 가지는 것으로서, 대표적인 것이 스핑고마이엘린 sphingomyelin이다.

① 레시틴

레시틴 lecithin은 글리세롤 한 분자에 지방산 두 분자와 인산에 콜린이 결합된 화합물로서 글리세롤 : 지방산 : 인산 : 유기염기 = 1 : 2 : 1 : 1로 구성되어 있다. 레시틴은 분자 내에 콜린을 함유하고 있으며 세포막의 구성 성분으로 뇌와 신경, 동물조직, 간, 난황 그리고 식물에는 대두유와 같은 종자유 등에 많이 들어있다. 레시틴은 분자 중에 친수성인 인산기와 콜린, 그리고 소수성인 지방산의 탄화수소 사슬을 가지고 있기 때문에 계면활성 물질로서 강한 유화작용을 가지고 있어 마가린, 초콜릿, 아이스크림 등에서 유화제로 사용되고 있다.

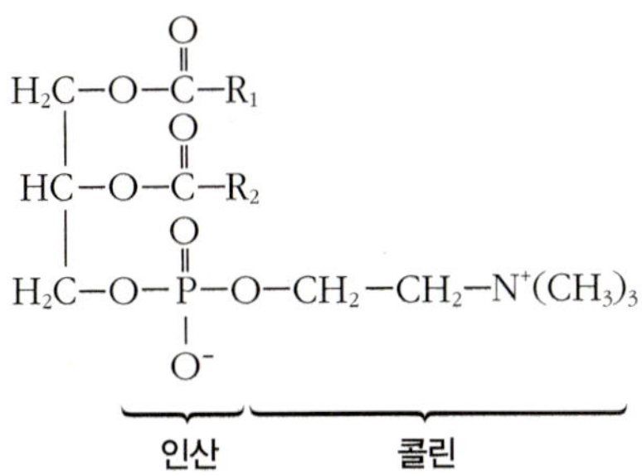

Lecithin(phosphatidyl choline, PC)

② 세팔린

세팔린 cephalin은 레시틴의 구조와 유사한데, 레시틴의 콜린 부분에 에탄올아민 ethanolamine이 결합하거나 아미노산인 세린 serine이 결합한 인지질이며, 구조적인 특성에 따라 포스파티딜 에탄올아민 phosphatidyl ethanolamine

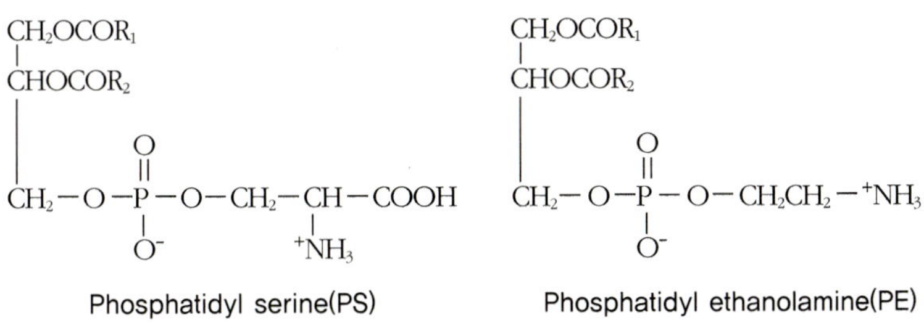

Cephalin

또는 포스파티딜세린 phosphatidyl serine이라고도 한다. 레시틴과 함께 세포막을 구성하는 지질이며, 난황과 동물조직(뇌, 신경, 콩팥)에 다량 존재한다. 세팔린은 대두유를 정제할 때에도 부산물로 얻어지며 레시틴과 유사한 극성지질로 유화력이 있으나 레시틴보다는 약하다.

③ 스핑고마이엘린

인지질의 형태를 가진 스핑고지질은 생체 세포막의 중요한 구성성분으로 가장 대표적인 것이 스핑고마이엘린이다. 이것은 스핑고신, 지방산, 인산 및 콜린이 결합된 것으로 가수분해하면 스핑고신 : 지방산 : 인산 : 콜린 = 1 : 1 : 1 : 1로 구성되어 있다. 식물계에는 존재하지 않고 동물의 뇌, 중추신경계에 주로 존재하며 유화력은 있으나 식품가공에는 이용되지 않는다.

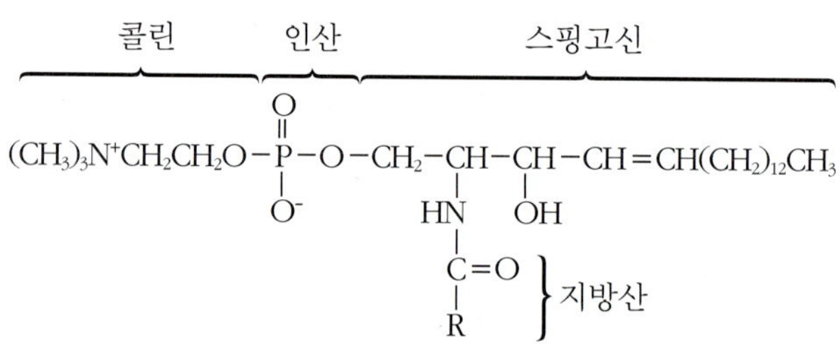

Sphingomyelin

(2) 당지질

당지질 glycosphingolipid은 당(주로 galactose), 고급지방산, 스핑고신이 들어 있으며 뇌를 비롯한 신경조직에 많이 분포하고 있고 식물계에는 존재하지 않는다. 대표적인 당지질에는 세레브로사이드 cerebroside와 갱글리오사이드 ganglioside 등이 있다.

① 세레브로사이드

세레브로사이드는 당을 주성분으로 하는 당지질로서 동물의 뇌, 특히 신경조직에 많이 존재한다. 세레브로사이드는 스핑고신, 지방산, 육탄당 hexose 등으로 구성되며, 그 구성당은 주로 갈락토오스 D-galactose이며 때로는 글루코오스(포도당) D-glucose인 경우도 있다.

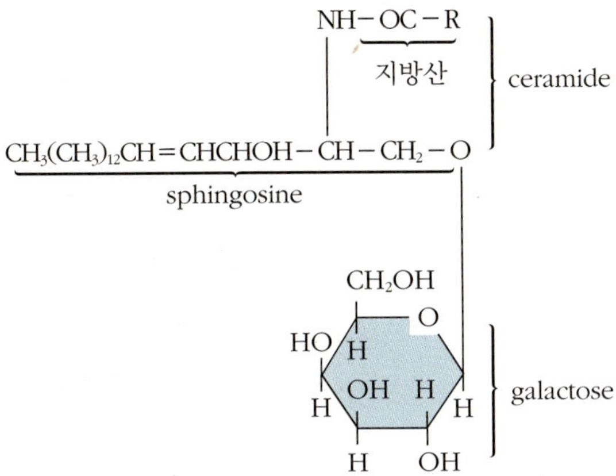

Cerebroside

② 갱글리오사이드

갱글리오사이드는 신경조직의 신경절 세포 ganglion cell에 주로 존재하는 당지질로 C_{22} 또는 C_{24}의 지방산, 스핑고신, 아미노당을 포함하는 올리고당과 당에 결합된 시알산 sialic acid으로 구성되어 있는 복잡한 화합물이다.

(3) 지단백질

지단백질 lipoprotein은 단백질, 트라이아실글리세롤, 인지질 그리고 콜레스테롤과 그 에스터 화합물로 구성되어 있으며, 분자 내에 소수성 부분과 친수성 부분이 공존하는 유화력이 있는 지질로서 미토콘드리아, 소포체, 세포막 등의 구성성분이다. 혈액 속에서 지질은 단백질과 결합하여 지단백질의 소립자를 만들어 가용화된다.

지단백질은 비중이나 전기영동도에 따라 다음과 같이 분류된다. 카일로마이크론 chylomicron, 초저밀도지단백 very low density lipoprotein, VLDL, 저밀도지단백 low density lipoprotein, LDL, 고밀도지단백 high density lipoprotein, HDL 등으로 분류되며 인지질, 트라이아실글리세롤, 콜레스테롤 등과 결합하여 이들을 운반한다 표 3-5 . 저밀도지단백과 고밀도지단백은 주로 콜레스테롤의 운반과 대사에 관여하며, 동맥경화증의 주요원인은 과량의 혈장 저밀도지단백에 기인한다.

[표 3-5] 지단백질의 조성

지단백질	분자량	함량(%)			
		단백질	인지질	콜레스테롤	트라이아실글리세롤
카일로마이크론	10^9~10^{10}	2	7.5	10	80
초저밀도지단백	$5\sim10\times10^6$	8	19	18	55
저밀도지단백	2×10^6	21	28	27	10
고밀도지단백	$1\sim4\times10^5$	58	25	12	6

3) 유도지질

유도지질 derived lipid은 단순지질과 복합지질이 가수분해된 것으로 물에는 녹지 않고 유기용매에 녹는 화합물이다. 유리지방산, 고급알코올, 스테롤, 탄화수소, 스핑고신, 비타민 A, D, E, K 등이 유도지질에 속하며, 이들은 대부분 비비누화물에 속한다.

(1) 스테롤류

스테롤 sterols은 스테로이드핵을 갖는 환상구조의 고급 알코올류의 화합물로 트라이아실글리세롤과는 달리 비누화되지 않는 것이 특징이다. 식물종자의 지질에 약 5% 정도의 비비누화물이 함유되어 있는데, 그 대부분이 스테롤이다. 스테롤은 동물성 스테롤과 식물성 스테롤로 분류된다. 동물성 스테롤 중에서 가장 대표적인 것은 콜레스테롤 cholesterol이며, 그 외에는 코포스테롤 coposterol, 라노스테롤 lanosterol 등이 있다. 식물성 스테롤에는 시토스테롤 sitosterol, 스티그마스테롤 stigmasterol, 에르고스테롤 ergosterol 등이 있으며, 이들 성질은 콜레스테롤과 유사하다.

① 콜레스테롤

동물성 스테롤인 콜레스테롤은 동물성 지질의 0.1~0.4%를 차지하며, 난황, 간장, 버터, 어란, 성게, 새우, 오징어 등에 많고 체내에도 널리 함유되어 있다 표 3-6 . 콜레스테롤은 세포의 원형질의 구성성분, 지단백질의 구성성분으로 존재하며, 담즙산 및 스테로이드계 호르몬 합성에 이용된다. 동물 체내에서 콜레스테롤은 지방대사, 해독, 조절 등의 중요한 생리작용을 한다.

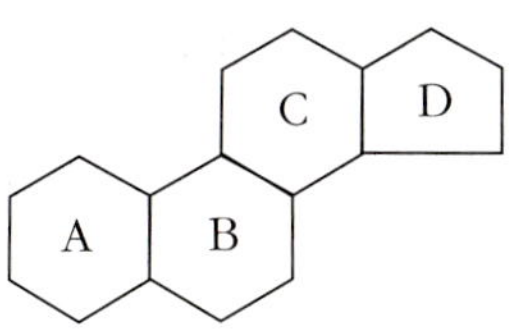

Steroid

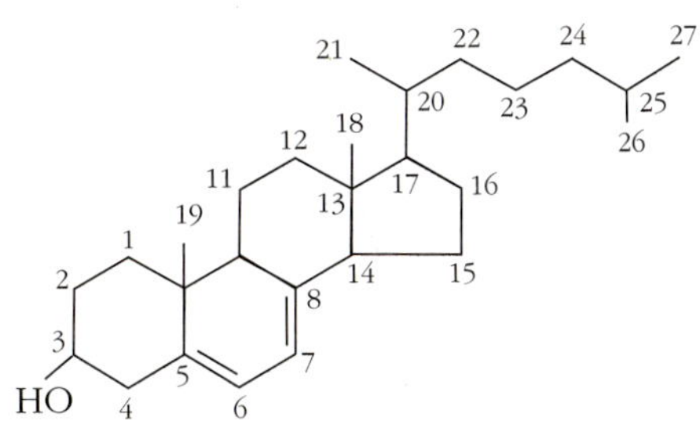

Cholesterol

[표 3-6] 유지식품 중의 콜레스테롤 함량

유지의 종류	콜레스테롤(%)	유지의 종류	콜레스테롤(%)
돼지고기지방	0.12	오징어	0.3
소고기지방	0.08	달걀노른자	1.5
유지방	0.3	채종유	0.4
정어리기름	0.2~0.6	코코넛유	0.08
새우	0.2	코코아버터	0.2

② 에르고스테롤

식물성 스테롤인 에르고스테롤은 효모, 푸른곰팡이, 균류, 표고버섯 등에 존재하며, 자외선 조사에 의해 탄소의 결합이 끊어지면서 비타민 D_2로 전환된다. 따라서 자외선 조사에 의해 비타민 D_3가 되는 7-디하이드로콜레스테롤 7-dehydrocholesterol과 함께 프로비타민 D로 불리기도 한다.

(2) 탄화수소류

유지 중에 존재하는 탄화수소류에는 스쿠알렌 squalene, 지용성 비타민 A, D, E, K 및 지용성 색소(클로로필, 카로틴)가 있다. 스쿠알렌은 상어의 간유에서 분리된 아이소프렌 isoprene 단위가 연결된 C_{30}의 고도 불포화 탄화수소로 스테로이드 화합물의 전구물질이다. 스쿠알렌은 항산화 효소를 증가시키고 과산화물을 감소시키는 등의 항산화작용의 기능성이 인정되었다.

3. 유지의 물리화학적 성질

1) 물리적 성질

(1) 비중

유지의 비중은 물보다 가벼우며, 식품 중 유지의 비중은 15℃에서 0.91~0.99의 범위에 있는데 0.92~0.94가 많은 편이다 표 3-7. 유지의 비중은 불포화도가 높을수록 증가하고 지방산의 분자량이 클수록 감소하며, 산화중합 될수록 증가하고 유리지방산이 많을수록 감소한다. 고체상의 유지와 액체상의 유지의 비중 차이가 크기 때문에 고체성분과 액체성분의 비율을 결정하는 데 사용된다.

[표 3-7] 유지의 비중

유지의 종류	비중(15℃)	유지의 종류	비중(15℃)
불건성유	0.913~0.925	식물성 유지	0.915~0.975
반건성유	0.921~0.936	동물성 유지	0.915~0.964
건성유	0.923~0.943	해산동물 유지	0.915~0.938

(2) 점도

점도는 유지를 구성하는 지방산의 종류에 따라 차이가 있어 구성지방산의 탄소수가 증가할수록 분자 간 친화력 때문에 점도는 커지며, 불포화도가 증가할수록 점도는 감소하는 경향이 있다. 즉 유지의 점도는 포화지방산이 많을수록, 고급지방산으로 된 트리아실글리세롤일수록 지방산의 분자 간 친화력으로 인해 점도가 증가하는 경향을 나타내며 유지를 고온에서 가열하면 산화중합되어 점도가 증가하므로 튀김기름의 품질변화의 척도가 된다.

(3) 녹는점

유지는 구성지방산의 종류에 따라 녹는점 melting point이 달라진다. 저급지방산과 불포화지방산 함량이 많은 유지일수록 녹는점이 낮다. 불포화지방산은 이중결합이 있는 곳에서 한 번씩 꺾이므로 다른 분자와 좀더 밀착하여 차곡차곡 쌓을 수 없기 때문에 녹는점이 낮다. 즉 불포화지방산을 많이 함유하고 있는 식물성 유지는 녹는점이 낮아서 상온에서 액체이고, 포화지방산의 함량이 많은 동물성 유지는 상온에서 고체이며 식물성 유지보다 녹는점이 높다 표 3-8.

그림 3-1 온도증가에 따른 유지의 부피팽창곡선

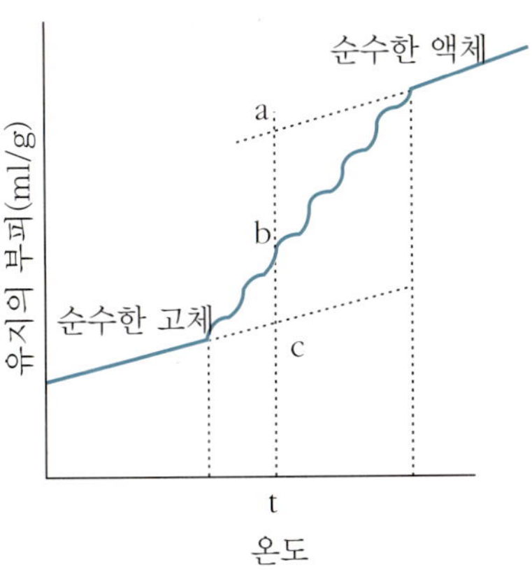

반고체유지 또는 지방의 각 온도에서 고체성분의 비율을 그 온도에서의

[표 3-8] 유지의 녹는점과 고체지방지수

유지의 종류		녹는점(℃)	고체지방지수(SFI)	
			10℃	37.8℃
코코아버터		29	62	0
코코넛유		26	55	0
팜유		39	34	4
소고기지방		48	39	18
돼지고기지방		43	25	2
버터		36	32	0
마가린	스틱형	–	28	0
	튜브형	–	13	0
	제과형	–	27	8

SFI : solid fat index

고체지방지수 solid fat index, SFI라고 한다 그림 3-1.

(4) 동질이상

유지는 녹기 시작하는 온도와 완전히 녹는 온도 차이가 상당히 커서 10℃ 정도 차이가 난다. 이와 같은 현상은 천연 유지의 경우 대부분 5가지 이상의 지방산으로 구성된 다양한 트리아실글리세롤 triacylglycerol의 혼합물이고, 또한 같은 지방산으로 구성된 단순지질의 경우에도 동질이상polymorphism을 나타내어 결정구조가 달라짐에 따라 녹는점이 변하기 때문이다 표 3 -9.

동질이상이란 단일화합물이 2개 이상의 결정형을 갖는 현상을 말하며, 유지제품의 이용면에서 중요하다. 같은 지질이라도 α형 결정은 그 크기가 작고 부스러지기 쉽고 약 5μm의 투명한 판상p latelet이며, β형은 결정이 크고 거칠며 직경이 25~50μm이다. β'형은 길이 1μm 이내의 가는 바늘형이고 결정구조가 미세하여 부드러운 질감을 준다.

코코아버터는 동질이상 현상을 뚜렷하게 갖는다. 코코아버터를 급속하게 냉각하면 무정형의 매우 불안정한 γ형이 되었다가 곧 α형 결정으로 전환되고, α형 결정상태의 코코아버터를 가온하면 약 1시간 이내에 β'형으

[표 3-9] 단순지질의 무정형과 결정형의 녹는점 (단위:℃)

단순지질	γ형(무정형)	α형	β'형	β형
트리카프린 tricaprin	−15.0	18.0	−	31.5
트리라우린 trilaurin	15.0	35.0	−	46.4
트리미리스틴 trimyristin	33.0	46.5	54.5	57.0
트리팔미틴 tripalmitin	45.0	56.0	63.5	65.5
트리스테아린 tristearin	54.5	65.0	62.5	72.0
트리올레인 triolein	−32.0	−12.0	−	4.9
트리엘라이딘 trielaidin	15.5	37.0	−	4.9
트리에루신 trierucin	6.0	17.0	25.0	30.0
트리리놀레인 trilinolein	−43 −47	−27 −29	−	−10.5

로 이동한다. β'형을 실온에 오래 방치하면 서서히 가장 안정한 β형으로 전환된다. 쇼트닝은 가소성 plasticity이 좋은 β'형으로 고체화시켜야 하므로 비교적 불안정한 β'형 결정을 유지시키려면 저온에 보관하여야 한다. 안정성은 대체로 α형, β'형, β형의 순으로 높아진다고 알려져 있다. 유지 중에서 안정한 β형의 결정을 나타내는 유지는 대두유, 코코넛유, 버터, 라드 등이다. 동질이상 현상은 유지의 순도, 온도, 냉각속도, 결정의 첨가여부, 용매의 형태 등에 따라 달라진다.

(5) 응고점

응고점 solidifying temperature은 액체유지를 냉각하여 굳게 하는 온도이다. 단순 트라이아실글리세롤의 응고점은 녹는점과 일치하지만, 혼합 트라이아실글리세롤의 응고점은 녹는점과 다르다. 예를 들어, 팜유는 녹는점이 30~40℃인데, 응고점은 27~50℃이다.

(6) 발연점, 인화점, 연소점

유지를 가열하여 유지표면에 엷은 푸른 연기가 발생할 때의 온도를 발연점 smoke point이라 하는데 이는 유지가 고온에서 분해되어 생성된 글리세롤

발연점	• 유지를 가열할 때 유지의 표면에서 엷은 푸른연기가 생성되는 온도 • 좋지 않은 풍미를 생성하므로 발연점이 높은 유지를 사용하는 것이 바람직 함 • 유지의 정제, 순도, 유지의 내력, 유지 중의 유리지방산의 함량에 따라 많은 영향을 받음
인화점	• 불꽃에 의하여 불이 붙는 가장 낮은 온도 • 착화원의 존재하에 타기 시작하는 온도 • 점화원에 의하여 인화되는 최저온도 • 폭발범위의 하한값에 도달되는 온도
연소점	• 점화원을 제거하여 지속적으로 발화되는 온도 • 한번 발화된 후 연소를 지속시킬 수 있는 충분한 증기를 발생시킬 수 있는 최소온도 • 인화점보다 약 5 ~ 10℃ 높음 • 연소가 지속적으로 확산될 수 있는 최저온도

[표 3-10] **유지의 발연점 · 인화점 · 연소점**

유지의 종류	발연점(℃)	인화점(℃)	연소점(℃)
피마자기름(정제)	200	298	335
옥수수기름(조제)	178	294	346
옥수수기름(정제)	227	326	359
대두유(조제)	210	317	354
대두유(정제)	256	326	356
아마인기름(조제)	163	287	353
아마인기름(정제)	227	309	360
올리브기름(조제)	199	321	361

이 계속 탈수되면서 생긴 아크롤레인 acrolein 때문이다. 인화점 flash point은 발생한 연기가 공기와 섞여서 순간적으로 발화하는 온도를 말하며, 발연점이 높은 유지들은 인화점도 높다. 연소점 fire point은 인화점 이상의 온도에서 유지에 불이 붙어 연소가 지속되는 온도를 말하며, 유지의 발연점이 높을수록 대개 인화점과 연소점도 높다. 연소점은 일반적으로 약 330~360℃의 범위로 인화점보다 20~60℃ 높다 표 3-10.

유지의 발연점, 인화점, 연소점은 유지의 정제정도, 순도, 유지의 내력,

유지 중의 유리지방산의 함량, 노출된 유지의 표면적, 유지 중 외부에서 들어오는 미세 물질의 양 등 여러 요인에 의해 영향을 받는다. 유지의 발연점은 오랜 시간 가열할수록, 유리지방산의 함량이 많을수록, 표면적이 클수록, 불순물이 많을수록 낮아진다.

(7) 굴절률

유지의 굴절률 refractive index은 1.45~1.47이며, 분자량이나 불포화도가 증가할수록 증가한다. 즉 지방산의 탄화수소 길이가 증가하거나 이중결합 수가 많아지면 굴절률이 증가한다. 굴절률은 불포화도가 큰 유지인 어유 등을 수소첨가할 때 불포화도의 감소를 알아내는 데 이용된다. 산가가 높을수록, 또한 비누화가가 높고 요오드가가 낮을수록 유지의 굴절률이 감소한다.

(8) 가소성

가소성 plasticity이란 고체에 가해지는 외부의 압력이 어느 한도를 넘었을 때 일어난 변형이 압력이 제거된 후에도 본래의 형태로 회복되지 않는 성질인데, 버터, 마가린, 쇼트닝 등은 가소성을 지닌 대표적인 유지이다.

만일, 완전 고체상태인 유지의 온도를 높여주면 트라이아실글리세롤 분자들의 일부는 액체화되어 연화되며, 유체의 성질을 갖게 되어 흐르게 된다. 반대로 유지는 어떤 온도에서는 유동성을 완전히 잃어 딱딱하고 부스러지기 쉬운 상태가 되며, 가소성을 잃게 된다.

(9) 유화성

분자 중에 친수성기 hydrophilic group와 소수성기 hydrophobic group를 가지고 있는 물질은 지방을 유화시키는 성질이 있어 유화제 emulsifier라 하는데, 대표적인 유화제로는 레시틴, 스테롤, 모노아실글리세롤, 다이아실글리세롤, 단백질 등으로 식품산업에서 광범위하게 이용된다.

지질의 유화에는 두 가지 형태가 있다. 즉 물 속에 기름의 입자가 분산되어 있는 형태를 수중유적형 oil in water, O/W이라 하며 우유, 아이스크림, 마요네즈 등이 있다. 기름 속에 물이 분산되어 있는 형태를 유중수적형 water in oil, W/O이라 하며 버터, 마가린 등이 이에 속한다.

유화제 분자 내의 친수기와 소수기의 균형은 HLB값(친수성-소수성 균형값 hydrophile-lipophilic balance)으로 표시되는데, 대부분 지질의 HLB값은 다음과 같이 계산한다.

$$\text{HLB값} = 20 \times \frac{Mh}{M}$$

Mh : 유화제 분자의 친수성 부분의 분자량
M : 유화제 분자의 전체 분자량

HLB값은 유화액을 만들기 위한 유화제를 선택할 때 가장 좋은 방법으로, 일반적으로 0~20까지의 값을 가지는데 8~18인 유화제는 수중유적형의 유화액에, 4~6인 유화제는 유중수적형의 유화액에 사용하기 적합하다.

2) 화학적 성질

(1) 비누화가

유지는 산, 알칼리, 라이페이즈 lipase, 과열수증기에 의해 분해되는데, 특히 알칼리에 의해 가수분해되는 반응을 비누화 saponification 또는 검화라고 한다. 즉 유지에 수산화칼륨(KOH), 수산화나트륨(NaOH) 등의 알칼리 용액을 가하여 가열하면 가수분해가 일어나 글리세롤과 비누, 즉 지방산칼륨염 또는 지방산나트륨염이 생성된다. 비누화가는 유지 1g을 비누화하는 데 소요되는 수산화칼륨의 mg 수를 의미한다. 비누화가는 구성 지방산의 평균 탄소수나 분자량의 범위를 알 수 있게 한다. 보통 유지의 비누화

$$\begin{array}{l} CH_2OOC\cdot R_1 \\ | \\ CHOOC\cdot R_2 + 3KOH \\ | \\ CH_2OOC\cdot R_3 \end{array} \xrightarrow[\text{가열}]{-3H_2O} \begin{array}{lll} CH_2OH & + & R_1COOK \\ | & & \\ CHOH & + & R_2COOK \\ | & & \\ CH_2OH & + & R_3COOK \end{array}$$

triglyceride　　　　glycerol 지방산칼륨염(비누)

[표 3-11] 각종 유지의 비누화가

유지의 종류	비누화가	유지의 종류	비누화가
소고기지방	196~200	아마인유	188~195
버터	210~230	올리브유	185~196
피마자유	175~183	팜유	200~205
닭고기지방	193~205	땅콩유	186~194
코코넛유	253~262	유채기름	168~179
옥수수기름	187~193	참기름	188~193
면실유	194~196	대두유	189~194
돼지고기지방	195~203	해바라기씨기름	188~193

가는 180~200 정도인데, 분자량이 작은 저급 지방산의 함량이 많을수록 비누화가는 커지며, 고급 지방산이 많이 함유된 유지일수록 적어진다. 저급 지방산으로 구성된 버터의 비누화가는 210~230, 코코넛유는 253~262 정도로 크다 표 3-11.

(2) 산가

신선한 유지는 유리지방산의 함량이 매우 낮으나 유지를 가열 또는 저장하면 가수분해되어 유리지방산이 생성된다. 산가 acid value는 유지 1g 중에 함유된 유리지방산을 중화하는 데 필요한 수산화칼륨의 mg 수로 유지의 산패정도를 알아내는 방법으로 이용된다.

$$RCOOH + KOH \longrightarrow R{-}COO^-K^+ + H_2O$$

[표 3-12] 각종 유지의 산가

유지의 종류	산가	유지의 종류	산가
소고기지방	0.25	아마인유	1.0~3.5
버터	0.5~3.5	올리브유	0.3~1.0
피마자유	0.1~0.3	팜유	10.0
닭고기지방	1.2	땅콩유	0.8
코코넛유	10.0	유채기름	0.36~1.0
옥수수기름	1.3~2.0	참기름	9.8
면실유	0.6~0.9	대두유	0.3~1.8
돼지고기지방	1.6	해바라기씨기름	1.9

대체로 식용유지의 산가는 1.0 이하를 보이나, 1.0 이상이면 변질되었거나 정제 정도가 낮은 것을 의미하여 식용으로 부적당하다. 즉 산가가 높으면 변질된 유지로 판단하는데, 유지의 정제가 불충분했을 때, 튀김과 같이 가열산화될 때, 오래 저장되었을 때 크게 증가한다. 참기름의 산가는 9.8, 팜유는 10.0으로 높은 산가를 보인다 표 3-12 . 산가 30 이상은 식용에 적합하지 않다.

(3) 요오드가

유지의 불포화지방산의 이중결합에는 수소(H_2)나 요오드(I_2)가 쉽게 첨가된다. 유지 100g에 부가되는 요오드의 g 수를 요오드가 iodine value라고 한다. 따라서 요오드가는 지방산의 불포화도를 측정하는 방법이며, 이중결합의 수가 많은 지방산은 요오드가가 높다. 불포화지방산을 많이 함유한 식물성 유지는 요오드가가 높으며, 요오드가가 높은 유지는 일반적으로 산화가 잘 일어난다.

$$-C=C- \; + \; 2I \longrightarrow -\underset{\displaystyle I}{\underset{|}{C}} - \underset{\displaystyle I}{\underset{|}{C}}-$$

유지를 요오드가에 따라 건성유, 반건성유 및 불건성유로 분류하는데, 요오드가가 100 이하인 유지를 불건성유, 100~130의 유지를 반건성유, 130 이상인 유지를 건성유라고 한다 표 3-13 . 건성유는 고도 불포화지방산을 많이 함유하고 있어 공기 중에서 유지의 표면이 굳어지는 건조현상을 보이는데, 이는 글리세라이드 glyceride 끼리 산화 중합하여 이터 ether 불용성인 고분자의 리녹신 linoxyn 이 생성되기 때문이다.

유지 중의 불포화지방산의 이중결합에 니켈 및 납 등의 촉매를 사용하여 수소(H_2)를 첨가하는 반응을 유지의 경화 hardening 또는 수소화 hydrogenation 라 하고, 수소첨가에 의해 불포화지방산이 녹는점이 높은 포화지방산으로 되며, 액체기름이 고체지방으로 변한다. 이와 같이 생성된 유지를 경화유라고 하며, 마가린, 쇼트닝과 비누 제조에 이용된다.

불포화도가 높을수록 수소첨가 반응이 잘 일어나는데, 천연에 존재하는 시스 cis 형의 불포화지방산이 트랜스 trans 형으로 전환되어 트랜스지방산이 생성된다.

[표 3-13] 각종 유지의 요오드가

유지의 종류	요오드가	유지의 종류	요오드가
소고기지방	36~42	아마인유	175~202
버터	26~38	올리브유	79~88
피마자유	84	팜유	49~59
닭고기지방	66~72	땅콩유	88~98
코코넛유	6~10	유채유	94~105
옥수수기름	111~128	참기름	103~117
면실유	103~111	대두유	122~134
돼지고기지방	63~79	해바라기씨기름	129~136

(4) 아세틸가

아세틸가 acetyl value는 유지 중에 존재하는 수산기(−OH)를 가진 지방산의 함량을 나타내는 값이다. 유지에 무수초산을 첨가하면 유지에 존재하는 수산기와 반응하여 아세틸화하는데, 이 아세틸화된 유지 1 g을 다시 가수분해하여 생성된 아세트산을 중화하는 데 소요되는 수산화칼륨의 mg 수로 아세틸가를 표시한다. 피마자유는 리시놀레산 ricinoleic acid을 많이 함유하고 있어 아세틸가가 146~150으로 매우 높고, 다른 유지는 그 값이 낮다.

(5) 과산화물가

유지가 자동산화나 가열산화에 의하여 산패되면 이중결합에 인접한 탄소에 분자상의 산소가 결합된 과산화물이 형성된다. 과산화물가 peroxide value는 유지의 초기단계 산패도를 나타내는 값이며, 유지의 산화에 의해 생성된 과산화물에 요오드화칼륨(KI)을 가하여 반응시켜 유리된 요오드를 0.01N 티오황산나트륨 sodium thiosulfate($Na_2S_2O_3$) 용액으로 적정하여 측정한다. 과산화물가가 10 이하이면 신선한 기름으로 간주한다.

(6) 폴렌스케가

유지를 알칼리성 용액에서 비누화하여 황산으로 처리한 다음, 수증기 증류를 하면 물에 녹는 휘발성 지방산과 물에 녹지 않는 휘발성 지방산으로 나뉜다.

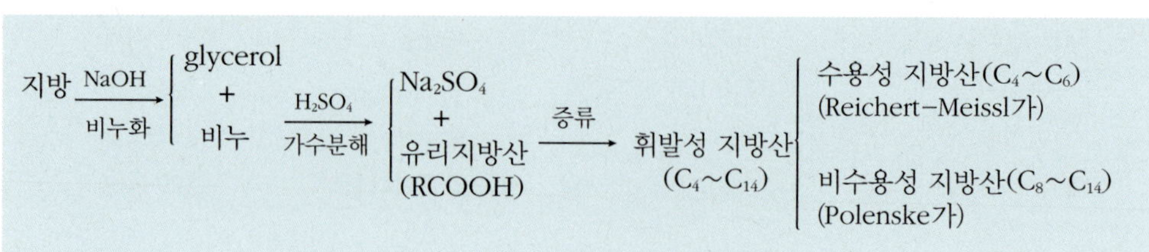

휘발성이나 물에 녹지 않는 지방산들의 함량을 표시하는 척도인 폴렌스케가 Polenske value는, 유지 5g을 비누화한 후 얻어진 휘발성의 불용성 지방

산을 중화하는 데 필요한 0.1N 수산화칼륨의 mL 수로 표시한다. 일반유지의 폴렌스케가는 1.0 이하이며 버터 1.5~3.5, 팜핵유는 16.8~18.2로서, 팜핵유는 버터보다 수용성인 휘발성 지방산은 적고 비수용성인 휘발성 지방산이 많으므로 버터 중의 팜핵유 검지에 이용된다.

(7) 라이헤르트-마이슬가

라이헤르트-마이슬가 Reichert-Meissl value는 유지에 함유되어 있는 수용성 휘발성 지방산의 함량을 나타내는 값으로 유지 5g을 비누화한 후 산성에서 수증기 증류해서 얻은 수용성 휘발성 지방산을 중화하는 데 필요한 0.1N 수산화칼륨의 mL 수로 표시한다. 라이헤르트-마이슬가는 유지 속에 함유된 부티르산과 카프로산의 함량 측정에 이용된다. 버터는 26~32, 마가린은 0.55~5.5로 버터와 마가린의 구별에 이용된다.

(8) 헤너가

헤너가 Herner value는 유지 속의 물에 녹지 않는 지방산의 함량을 전체 유지의 양에 대한 퍼센트(%)로 표시하는 수치로 불용성 지방산과 비비누화물의 함량을 나타내는 척도이다. 일반적으로 유지의 헤너가는 95 내외이며 코코넛유와 같이 저급지방산이 함유된 것은 80~90이고, 소고기지방은 96~97, 돼지고기지방은 97 정도로 높은 값을 나타낸다.

4. 유지의 산패

유지 식품은 저장 중 또는 조리 가공 중의 가열에 의하여 물리적 · 화학적 · 미생물학적인 여러 작용을 받아 불쾌한 맛과 냄새를 형성하고 변질되어 품질이 저하되는 경우가 많다. 유지의 변질 중 가장 대표적인 예가 산패 rancidity로서 유지나 지질을 다량 함유한 식품이 저장 중에 산소를 흡수하여 산화되거나 효소에 의하여 가수분해가 일어나는 것을 말한다. 산패된 지질은 맛, 색, 냄새 등이 변화되고 점도가 증가하기도 하며 독성물질이 생성되기도 한다.

1) 가수분해에 의한 산패

가수분해에 의한 산패는 유지가 물과 접촉하는 동안 그 구성성분인 트리아실글리세롤이 산, 알칼리, 효소 등에 의하여 글리세롤과 유리지방산으로 가수분해되거나, 동식물 조직 또는 미생물에 존재하는 가수분해효소에 의해 가수분해되어 산패되는 경우이다.

가수분해에 의한 산패는 수분함량이 많고 저급지방산 함량이 많은 우유, 유제품, 팜핵유 등에서 문제가 되며, 특히 우유 중의 지질은 물과 접촉하는 면이 많으므로 가수분해에 의한 유지의 산패가 잘 일어나는 식품이다.

지질이 물과 접촉하는 동안 구성성분인 트라이아실글리세롤이 화학적으로 가수분해되거나 효소에 의하여 가수분해되어 부티르산, 카프로산, 카프릴산 등의 저급지방산이 생성되므로 육류제품 및 냉동식품 등의 저장 시 제품의 질에 영향을 미친다. 특히 어유의 경우, 어류가 살고 있는 온도보다 약간 높은 온도에서는 어류의 체내조직에 존재하는 라이페이즈의 활성이 매우 강하기 때문에 조제어유 crude fish oil나 어류조직에 있어서의 지질의 가수분해에 의한 산패가 현저하게 일어난다. 미강유 rice bran oil, 올리브유, 팜유 등과 같은 식물성 유지는 착유할 때 식물체 조직의 파괴에 의해서 라이페이즈가 함께 추출되어 가수분해 산패가 일어나기 쉽다.

2) 산화에 의한 산패

유지의 산화는 상온에서 공기 중의 산소를 자연발생적으로 흡수하여 일어나는 자동산화 autoxidation, 효소에 의한 산화, 그리고 높은 온도로 가열된 유지에서 일어나는 가열산화 thermal oxidation의 세 종류로 크게 나눌 수 있다. 유지의 산화에 의하여 중량이 증가하고, 알데하이드 aldehyde나 케톤이 형성되며, 중합에 의해 비중이 증가하는데 거의 대부분의 산패가 자동산화에 의한 산패이다.

(1) 자동산화에 의한 산패

유지 중의 불포화지방산이 산화에 의하여 불쾌한 냄새와 맛을 형성하는데, 이는 유지가 산소를 자연발생적으로 흡수하고, 흡수된 산소는 유지를 산화시켜 과산화물을 형성하는 자동산화에 의한 산패가 일어나기 때문이다.

① 자동산화의 유도기

일반적으로 유지가 산소를 흡수하는 속도는 처음 어느 일정 기간은 거의 일정하나, 어느 기간을 지난 후에는 매우 급격하게 증가한다. 이때 산소의 흡수 속도가 매우 적은 어느 일정한 기간을 그 유지의 유도기간 induction

그림 3-2 유지의 자동산화과정 중의 주요 반응속도 곡선

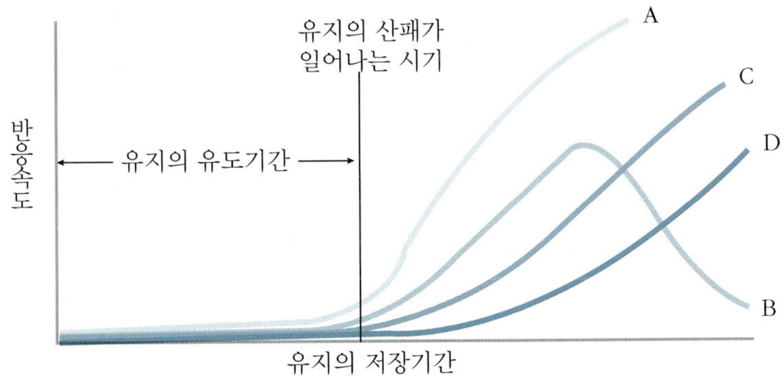

A: 산소 흡수량(O_2 uptake)을 나타내는 곡선
B: 자동산화과정의 제1차 산화생성물인 과산화물 hydroperoxide의 함량을 나타내는 곡선
C: 최종 산화 생성물인 카보닐 carbonyl 화합물들의 생성량을 나타내는 곡선
D: 유지의 산화에 따른 점도의 증가를 나타내는 곡선

period이라고 하며, 이러한 유도기간이 지나면 유지의 산소 흡수속도가 급증하여 산화생성물의 양이 급격히 증가하며 결국 유지의 여러 물리화학적 변화가 초래되어 산패가 일어나게 된다 그림 3-2. 일반적으로 유지의 산소 흡수속도는 유지의 불포화도에 가장 큰 영향을 받으며, 유도기간에 영향을 주는 요인으로는 유지의 저장온도 및 불포화도, 항산화제, 산화촉진제의 존재여부 등이 있다

② 자동산화 메커니즘

유지의 자동산화는 초기단계의 유리라디칼 free radical생성반응으로 시작하여 전파단계 및 종결단계의 3단계로 나누어지며 자동산화로 인해 유지에는 물리적, 화학적 변화가 나타나 맛이 변하고 풍미가 저하되는 등 품질이 떨어지게 된다. 자동산화과정은 처음에 유리라디칼이 형성되는 초기반응을 거쳐 전파연쇄반응, 과산화물의 분해단계를 거쳐 종결반응으로 진행된다.

a. 초기반응단계

자동산화의 초기반응 initiation reaction에서는 유지분자들이 가열, 기계적인 조작, 빛, 금속이온 등에 의해 활성화되어 분자 내에 공유결합을 이루고 있는 수소가 떨어져 나가면서 유지의 유리라디칼(R·)을 형성한다.

$$\underset{\text{유지}}{R:H} \xrightarrow[\text{가열, 빛, 금속}]{\text{energy}} \underset{\text{유지의 유리라디칼}}{R\cdot} + H\cdot$$

유지 분자 또는 불순물로 존재하는 다른 물질들(금속이온, 과산화효소 peroxidase, 미량의 H_2O_2)이 가열이나 빛 등에 의해 활성화되어 유리라디칼을 형성한다.

b. 전파연쇄반응단계

이중결합을 가진 유지분자는 형성된 유리라디칼과의 상호반응으로 알릴 라디칼 allyl radical을 형성하고, 이것은 공기 중의 산소와 결합하여 퍼옥시 라디칼 peroxy radical을 형성한다. 이때 형성된 퍼옥시라디칼은 이중결합을 가진 다른 유지분자와 상호반응으로 비교적 안정된 중간 산화생성물인 과산화물을 생성한 후 연쇄반응을 계속한다.

자동산화과정에서 과산화물이 생성되기 위해서는 유지 분자로부터 수소 원자가 이탈되어 유리라디칼이 형성되어야 하는데, 일반적으로 단일 알릴 allyl기보다는 1,4-펜타다이엔 pentadiene의 메틸렌 methylene기로부터 더 쉽게 수소원자가 이탈하여 과산화물의 생성이 잘 일어난다.

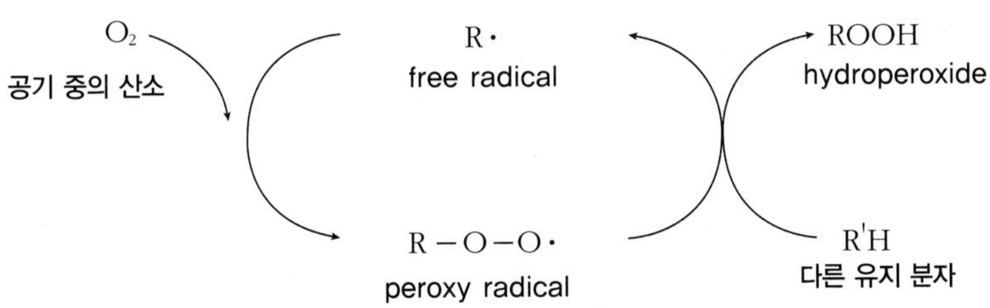

과산화물의 형성과정

■ 모노엔산 monoenoic acid의 자동산화

올레산으로부터 과산화물이 생성되는 메커니즘은 그림 3-3 과 같다. 올레산의 탄소 8과 11번째로부터 수소 원자가 떨어지고, 이러한 것들이 각각 공명체를 형성하여 안정화를 이루고, 이로부터 네 가지의 유리라디칼이 생성된다. 따라서 네 종류의 과산화물이 형성되나 이중결합의 구조가 시스형에서 트랜스형으로 이성질화되므로 총 8종류의 과산화물 이성질체가 생성된다.

그림 3-3 올레산의 자동산화

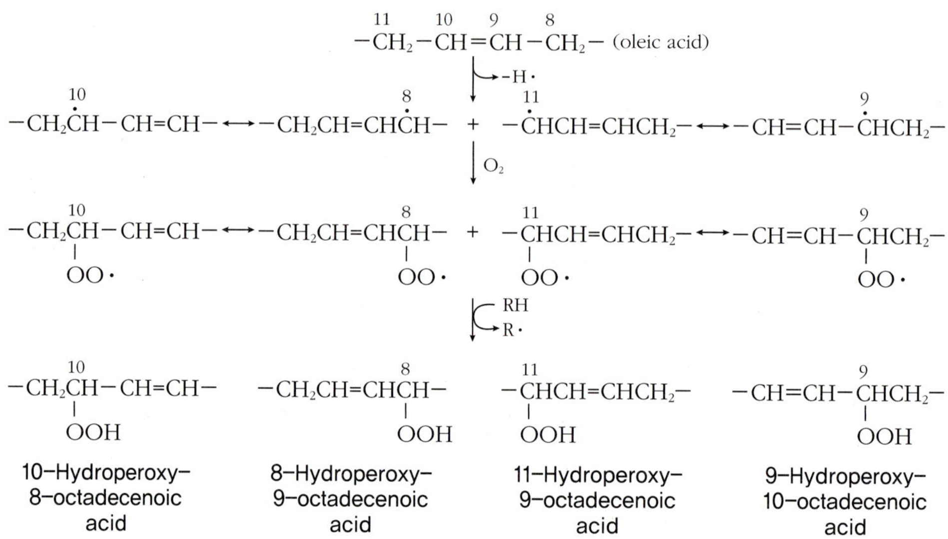

■ 폴리엔산 polyenoic acid의 자동산화

리놀레산 linoleic acid으로부터 과산화물이 생성되는 메커니즘은 그림 3-4와 같다. 리놀레산은 올레산보다 약 10배 이상 빨리 산화되는데, 이는 이중결합 사이에 위치한 11번째 탄소의 메틸렌기가 반응성이 크기 때문이

그림 3-4 리놀레산의 자동산화

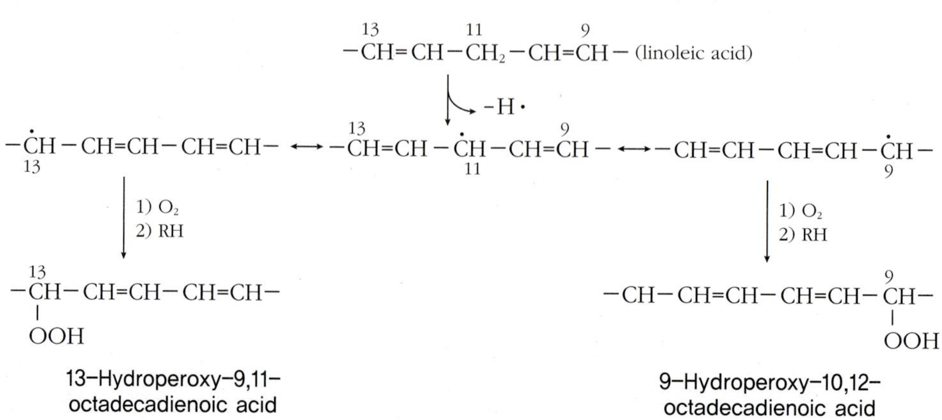

다. 이렇게 생성되는 과산화물은 올레산과 같이 총 8개의 과산화물 이성질체가 형성된다. 특히 리놀레산 중의 이중결합은 비공액형 이중결합을 나타내나, 산화 후 최종생성물인 과산화물의 이중결합은 공액형 이중결합으로 전환된다. 따라서 유지가 산화됨에 따라 공액이중결합의 함량이 증가한다.

c. 종결반응단계

전파연쇄반응 중 일부의 활성이 큰 라디칼들은 서로 중합하여 중합체 polymer를 생성하며, 또한 중간 산화생성물인 과산화물은 분해된 후 여러 반응을 거쳐 알코올류, 카보닐 화합물(알데하이드류 및 케톤류), 산류 acids, 산화물 등을 생성한다. 즉 전파단계에서 생성된 각종 라디칼과 중간 산화물들이 서로 결합하여 이합체 dimer, 삼합체 trimer 등의 중합체를 생성하며, 이들 고분자물질의 형성으로 색이 검게 변하고 점성이 증가하게 된다. 이 중합체는 라디칼이 아니므로 반응성이 상실되어 연쇄반응이 종결된다. 자동산화의 후반기에 들어서면 축적된 과산화물의 함량과 요오드가가 감소하는 반면, 이취 off-flavor, 점도, 산가 등이 증가한다.

$$R\cdot + R\cdot \xrightarrow{\text{중합}} RR(\text{polymer})$$

$$R\cdot + ROO\cdot \rightarrow ROOR$$

$$ROO\cdot + ROO\cdot \rightarrow ROOR + O_2$$

과산화물의 분해

과산화물은 불안정하므로 자동산화의 후반기에는 다음과 같이 분해되어 연쇄적으로 유리라디칼을 생성하며 산화를 더욱 촉진한다.

$$\underset{\text{Hydroperoxide}}{ROOH} \xrightarrow{\text{분해}} RO\cdot + \cdot OH$$

전파연쇄반응은 지방산 대부분의 이중결합이 거의 없어질 때까지 반복적으로 계속된다. 자동산화 전반기에는 과산화물이 축적되나, 생성된 과산화물은 분해되어 탄소수가 적은 각종 휘발성 화합물들을 형성하여 바람직하지 못한 냄새를 생성한다. 따라서 자동산화 후반기에는 과산화물이 감소되고 휘발성 카보닐 화합물들이 증가한다 그림 3-5.

자동산화의 최종생성물인 카보닐 화합물은 비교적 휘발성이 큰 물질로 유지에 좋지 않은 냄새와 맛을 부여하여 산패의 직접적인 원인이 된다. 또한 중합은 유지의 점도를 급격히 증가시키고 체내흡수를 어렵게 하므로 영양가 감소가 일어나며 비타민 A나 카로틴 carotene류의 파괴, 필수지방산 함량의 감소가 일어난다. 결과적으로 유지의 자동산화가 진행됨에 따라 유독성 카보닐 화합물이 생성되어 생체에 유해한 작용을 한다.

그림 3-5 자동산화 후반기에 일어나는 유지 과산화물의 변화

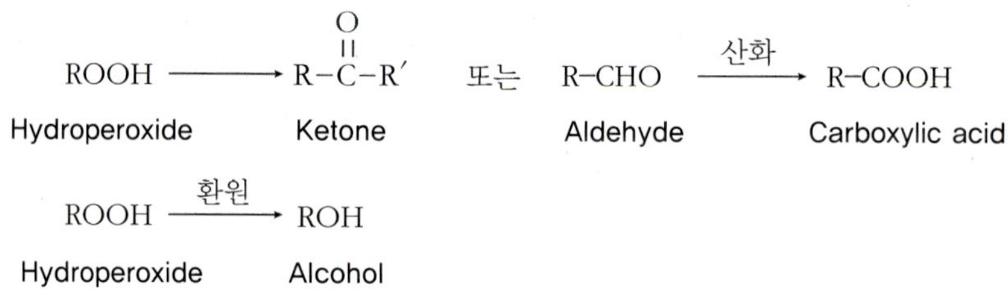

③ 유지의 자동산화에 영향을 미치는 인자

a. 지방산의 종류

유지의 자동산화 속도는 그 유지를 구성하는 지방산의 불포화도, 즉 이중결합의 수에 크게 영향을 받는다. 이중결합을 가지는 불포화지방산은 포화지방산보다 훨씬 산화되기 쉬우며 이중결합의 수가 많아질수록 산화속도도 증가한다 그림 3-14. 또한 시스형 지방산은 트랜스형 지방산보다 쉽게 산화된다.

[표 3-14] 각종 지방산의 산화속도

지방산의 종류	이중 결합의 수	산화속도비
스테아르산 stearic acid	0	1
올레산 oleic acid	1	3
리놀레산 linoleic acid	2	11
리놀렌산 linolenic acid	3	179

b. 광선

유지의 산화는 빛, 특히 자외선의 조사에 의해 촉진된다. 유지에 자외선을 조사하면 지방산에 직접 흡수되어 유리라디칼의 생성을 촉진시켜 유도기를 단축하고 과산화물의 분해를 촉진하여 유지의 산화가 빨라진다. 따라서 각종 광선의 산화촉진 작용을 효과적으로 차단하는 방법으로는 식용유지나 지질식품의 포장, 또한 반투명성 재질의 용기의 사용이 바람직하다.

c. 금속

코발트, 구리, 철, 니켈, 주석, 망간 등과 같은 금속 또는 금속이온들은 자동산화 중 생성된 과산화물의 분해를 촉진시키고 유리라디칼의 형성을 촉진하여 자동산화과정 중 연쇄반응을 촉진한다. 또한 금속 또는 금속이온은 산소의 흡수속도, 과산화물의 형성속도, 카보닐 화합물의 생성속도를 증가시킴으로써 유지 산패의 발생시간, 즉 유도기간을 빠르게 한다.

각종 금속의 산화촉진작용의 크기는 다음과 같다.

Cu 〉 Fe 〉 Ni 〉 Sn 〉 Zn 〉 Al 〉 Mn

d. 온도

온도의 상승은 과산화물의 분해가 촉진되면서 산화속도 또한 상승시킨다. 유지식품을 0℃ 이하에서 저장했을 경우에는 동결에 의하여 얼음 결정이 석출되고 금속 촉매의 농도가 증가되어 자동산화가 촉진된다. 온도가 높을수록 산화반응 속도가 증가하는데, 10℃ 증가함에 따라 산패속도가

2~3배 증가한다.

e. 수분

수분은 금속의 촉매작용에 대해 영향을 미친다. 금속은 주로 물층 및 유지층과의 계면에서 촉매작용을 한다. 일반적으로 산화속도는 수분활성도가 증가할수록 증가하는 것이 원칙이나 수분함량이 아주 적은 건조식품에서의 자동산화는 매우 빨리 일어난다.

f. 산소의 농도

산소가 충분하면 산화속도는 산소농도와 무관하다. 그러나 산소농도가 아주 낮으면 산화속도는 산소의 농도에 비례한다. 즉 산소분압이 150 mmHg 이하로 농도가 낮을 때에는 산화속도는 산소의 분압에 비례하나, 그 이상인 경우에는 산소분압에 무관하다. 산소농도가 속도에 미치는 영향은 온도, 표면적과 같은 다른 요인에 의해 영향을 받는다.

g. 생화학적 물질

헤모글로빈, 마이오글로빈, 사이토크롬 등의 헤마틴 hematin 화합물들은 유지의 산화를 촉진시키는데, 특히 육류를 냉동 저장하는 동안에 지질의 산패를 촉진시키는 요인들이다. 라이폭시데이즈 lipoxidase는 불포화지방산의 자동산화를 촉매한다.

(2) 효소에 의한 산패

지방산의 산화를 촉진시키는 효소로는 콩류, 곡류 등의 식물에 광범위하게 분포되어 있는 라이폭시제네이즈 lipoxygenase와 라이포하이드로퍼옥시데이즈 lipohydroperoxidase의 두 종류가 있다. 라이폭시제네이즈는 불포화지방산이 산화되어 과산화물이 되는 반응을 촉매하며, 라이포하이드로퍼옥시데이즈는 과산화물 등의 분해를 촉매하는 효소이다. 그중 라이폭시제네이즈는 반드시 cis, cis 1,4-펜타다이엔 pentadiene 결합(-CH=CH-CH_2-CH=CH-)을 지닌 지방산에만 작용하므로 리놀레산, 리놀렌산, 아라키돈산은 파괴하나, 올레산은 파괴하지 않는다. 이 효소에 의해 생성된 라디칼은 비타민 및 단백질 성분을 파괴하는 한편, 식품에 이취를 생성하여 품질을 저하시키므로 산화방지제를 가하거나 가열 처리를 하여 이 효소를 불활성화시켜야 한다.

(3) 가열에 의한 산패

조리나 가공 중에 유지를 고온처리하는 경우가 많다. 튀김식품의 조리 중에 유지는 140~200℃의 높은 온도에서 가열되는데, 유지의 가열산화는 산소 존재하에 유지를 고온으로 가열할 때 일어나는 산화과정이다. 가열산화에서는 가열반응과 산화반응이 동시에 일어나기 때문에 매우 빠르게 진행되며, 자동산화 외에도 많은 반응과 복잡한 변화가 일어난다. 즉 고온으로 가열하는 시간이 길수록 산가, 과산화물가, 점도 및 굴절률이 높아지는 반면, 요오드가가 낮아지고 중합이 일어나며 불포화도는 감소된다.

① 가열중합

유지를 가열하면 이중결합의 부분에서 중합반응이 일어나게 되며, 이중결합이 많아 불포화도가 높은 기름이나 여러 번 사용한 튀김용 기름일수록 이러한 중합반응이 일어나기 쉽다. 유지의 가열에 의해 중합이 일어나면 비중과 점성이 커지면서 색은 흑색으로 변하고 향미와 소화율이 나빠진다.

② 가열분해

수분의 존재 없이 가열하면 트라이아실글리세롤은 다이아실글리세롤, 모노아실글리세롤, 글리세롤의 순서로 단계적으로 분해되며, 유리지방산을 생성한다. 이때 트라이아실글리세롤의 에스터결합의 분해는 탄소수가 적은 저급지방산 또는 불포화도가 높은 유지일수록 잘 일어난다. 유지를 가열하면 150℃에서 연기를 발생하며 분해되기 시작하여 유리지방산과 글리세롤로 분해되고, 유리지방산으로부터 알데하이드, 케톤, 저급지방산 등의 휘발성 화합물이 생성된다. 유지를 고온으로 가열할 때 생기는 자극성 냄새는 이 분해산물에 기인한다. 튀김과정 중 불포화지방산은 포화지방산보다 빨리 산화되며, 과산화물의 분해와 그 산화물의 분해가 빠르게 진행된다. 한편 유지의 가열에 의해 형성된 유리지방산은 튀김유의 발연점을 급격히 저하시킴으로써 튀김식품의 품질저하를 가져오게 된다. 이러한 품질저하의 원인은 아크롤레인 생성량의 증가에 따른 아크롤레인 흡수량의 증가와 흡유량의 증가 때문이다.

(4) 변향에 의한 산패

변향 flavor reversion은 콩기름이나 리놀레산 및 리놀렌산을 함유한 유지에서 일어나는 독특한 현상으로, 대두유 제조시에 탈취 등의 정제과정으로 풀냄새나 콩 비린내를 제거하였음에도 불구하고, 저장 후 얼마 지나면 다시 정제하기 전의 냄새가 난다. 이와 같은 냄새는 산패가 일어나기 전에도 나타나므로 산패와는 구별되며 정제 전의 냄새로 복귀한다는 의미로 변향이라고 한다. 변향은 보통의 산화적 산패를 일으키는 데 필요한 산소량의 1/50 이하에서도 일어날 수 있다는 점에서 자동산화에 의한 산패와 구별된다. 또한 유지의 변향은 자동산화에 의한 산패와 그 향미가 뚜렷이 구별되며, 자동산화에 의한 산패가 일어나기 훨씬 전에 일어난다는 점에서도 일반적인 산패와 구별되고 있다.

유지 식품은 포장 재료나 주위의 냄새를 흡수하기 쉬워서 조리된 후에도 외부에서 흡수한 냄새를 그대로 가질 때도 있는데, 이와 같은 경우에도 넓은 의미로 산패라고 말할 수 있다. 변향과 산패는 엄밀히 구별하기 어려운 것이며, 변향은 산화분해에 의하여 주로 n-펜타날 pentanal, n-헥사날 hexanal과 같은 저급 알데하이드가 생성되는 것이고, 이들이 더 산화되어 저분자량의 알데하이드나 유기산으로 되는 단계를 산패라 할 수 있다. 콩기름이나 리놀렌산를 함유하는 유지를 산화시켰을 때 알데하이드와 케톤이 검출되었는데, 이들은 풋내와 비린내의 원인이 되는 성분인 동시에 리놀렌산에서 생성되는 것으로 알려져 있다. 따라서 변향의 주원인이 되는 출발물질은 리놀렌산으로 알려져 있다. 이러한 이유로 변향도 자동산화에 의한 산패처럼 라이폭시제네이즈에 의해 생성되는 이취로 오해되는 경우가 있으나, 변향이 자동산화보다 우선하여 발생한다는 것과 라이폭시제네이즈의 영향을 받지 않는다는 점에서 뚜렷이 구별된다. 변향이 일어나는 메커니즘은 그림 3-6 과 같다.

그림 3-6 리놀레산으로부터 2-n-펜틸퓨란pentylfuran의 형성 메커니즘

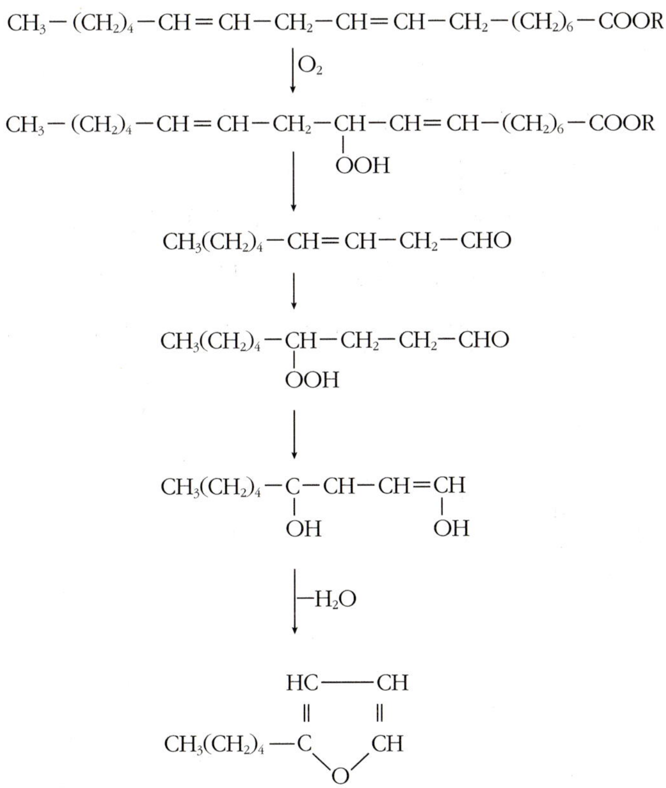

(5) 항산화제

항산화제 antioxidants는 유지 식품의 산화를 방지하여 그 산화속도를 감소시키며 산패가 발생되기 시작하는 시간, 즉 유도기간을 연장하는 물질을 말하며, 그 유래에 따라 천연항산화제와 합성항산화제로 나눌 수 있다.

식물성기름이 동물성지방에 비해 불포화도가 높으나 산화안정성이 더 좋은 것은 천연항산화제의 존재 때문이다. 한편 정제하지 않은 식물성기름 crude oil의 산화안정성이 정제된 기름 refined oil보다 더 좋은 것은 정제하지 않은 기름에 존재한 천연항산화제가 정제과정에서 제거되기 때문이다. 항산화제는 주로 식품에 이용되기 때문에 유지식품에 대한 용해와 혼합이 용이해야 하고 무색 · 무취여야 하며, 체내 축적 없이 배설되어야 하며, 식품성분과 반응하지 않아야 한다.

① 항산화제의 작용 메커니즘

항산화제(AH)는 유지 산패 초기반응단계의 유지 라디칼(R ·) 또는 전파단계의 퍼옥시라디칼(ROO ·)에 수소유리기(H ·)를 제공함으로써 라디칼의 농도를 감소시키는 동시에 산소와 반응하지 못하게 하고 과산화물의 생성속도를 억제하여 연쇄반응의 진행을 차단한다. 항산화제로부터 생성된 라디칼 A · 는 상승제(BH)로부터 H · 를 받아 다시 항산화제의 기능이 재생된다.

$$RH \rightarrow R\cdot + H\cdot$$

$$R\cdot + AH \rightarrow RH + A\cdot$$

$$ROO\cdot + AH \rightarrow ROOH + A\cdot$$

상승제(BH)가 존재할 경우 :

$$A\cdot + BH \rightarrow AH + B\cdot$$

상승제가 존재하지 않는 경우 항산화제는 활성이 낮은 라디칼인 A · 이 된 후 ROO · 또는 A · 과 반응하여 이합체를 형성하여 안정한 화합물로 되며 그 작용 메커니즘은 그림 3-7 과 같다.

상승제가 존재하지 않을 경우 :

A · + ROO · → ROOA(안정)

A · + A · → A–A(안정)

그림 3-7 항산화제의 작용 메커니즘

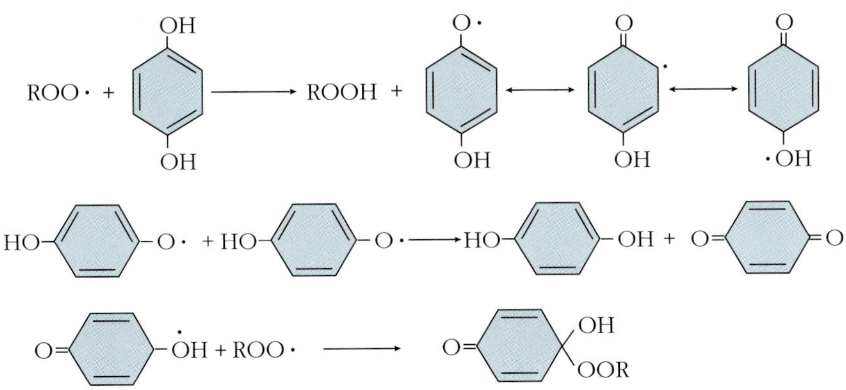

② 항산화제의 종류

식품 중의 항산화제는 천연항산화제와 합성항산화제로 분류한다.

a. 천연항산화제

- 세사몰 sesamol : 참기름 sesame oil에 존재하는 항산화제로 산화안정성이 우수한데, 실제 참기름 자체에는 세사몰이 미량 존재하나 식품가공 중 열분해에 의하여 참기름의 구성성분인 세사몰린 sesamolin이 세사몰로 변형되어 높은 항산화성을 나타낸다.

- 고시폴 gossypol : 면실유에서 존재하는 독성성분으로서 독성이 강하므로 정제시 제거해야 한다. 일반적으로 제1철이온과 칼슘을 이용하여 고시폴을 제거하는데, 이는 제1철이온과 쉽게 결합하여 불용성 복합체를 생성하고 이 복합체가 칼슘 존재시 쉽게 침전되는 성질을 이용한 것이다.
- 레시틴 lecithin : 각종 인지질의 혼합물로서 난황, 콩기름, 간, 뇌, 대두 등에 많다. 특히 콩기름 속의 인지질 중에 약 20%가 들어있고, 난황유 중에는 약 30%가 들어있다. 또한 레시틴은 다른 항산화제에 비해 항산화력이 약하고 유화력이 강하여 식품공업에서는 항산화제보다 유화제로서 더 널리 쓰인다.
- 토코페롤 tocopherol류 : 대부분의 식물성 기름, 돼지고기지방과 같은 동물지방, 어유 등에 널리 존재하며 심혈관계질환 및 다양한 피부질환의 치료 등 영양적으로 중요한 역할을 하기 때문에 천연항산화제 중에서도 중요시 되고 있다. 토코페롤은 대표적으로 α, β, γ, δ 등으로 나누어지는데, 이들의 항산화력은 $\delta > \gamma > \beta > \alpha$ 순이기는 하나 α-토코페롤이 가장 비타민 E 활성이 우수하므로 일일권장량에도 이 형태가 추천되고 있다.
- 식물성 식품 중의 항산화성분 : 식물성 식품 중 콩 및 콩제품에는 높은 항산화성을 지닌 다양한 페놀 phenol계 성분이 존재하는데, 그중 제니스테인 genistein, 다이제인 daidzein, 글라이시테인 glycitein이 대표적으로 알려져 있다. 이러한 성분을 지닌 식품으로는 우리나라의 청국장, 일본의 낫토, 인도네시아의 템페가 대표적인 식품이다. 또한 최근 콩에 관한 연구보고 중 일반콩보다 유색콩이 폴리페놀 polyphenol계 성분뿐만 아니라 플라본 flavone과 플라보노이드 flavonoid 색소화합물을 함께 지니고 있어 항산화성이 더욱 높은 것으로 보고되고 있다.
- 일부 향신료와 향신유 : 식품공정 중 향미 증진을 위해 첨가되는 여러 가지 향신료와 향신유 중 일부는 항산화성을 나타내는데, 이들 중 로즈마리, 실비아, 세이지 등이 대표적이다.
- 탄닌 tannin : 포도의 씨, 껍질, 그리고 줄기 또는 오크 통의 재료가 되는

오크 나무에 포함되어 있는 폴리페놀 성분 중의 하나로 항산화성을 지닌다. 대표적인 식품으로는 와인과 커피가 있는데, 특히 와인의 저장 및 숙성과 직접적인 관계가 있다. 일반적으로 탄닌의 함량이 많을수록 와인이 쉽게 변질되지 않으며 와인의 풍미를 증진시켜 준다.

b. 합성항산화제

주로 페놀계, 아민계, 유황계가 많으며, 식용유지에 사용하는 것은 대부분 페놀계 항산화제이다. 사용량을 규제하고 있으며, 비정상적인 맛, 냄새, 색을 주면 안 되며 극소량으로 효과적인 것이 좋은 합성항산화제이다. 합성항산화제의 기본구조는 그림 3-8 과 같다.

- PG propyl gallate : BHA, BHT와 함께 사용되는 경우가 많으며, 단점은 기름보다 물에 잘 녹고, 수분 존재하에 철 이온이 존재하면 청색 또는 녹

그림 3-8 합성항산화제의 종류와 구조

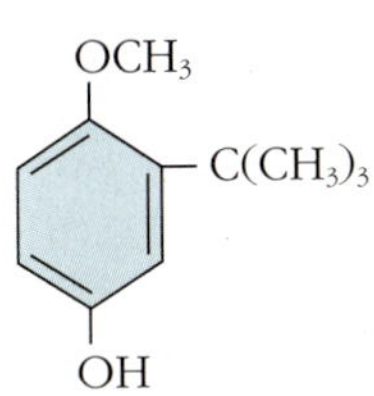

BHA(butylated hydroxyanisole)

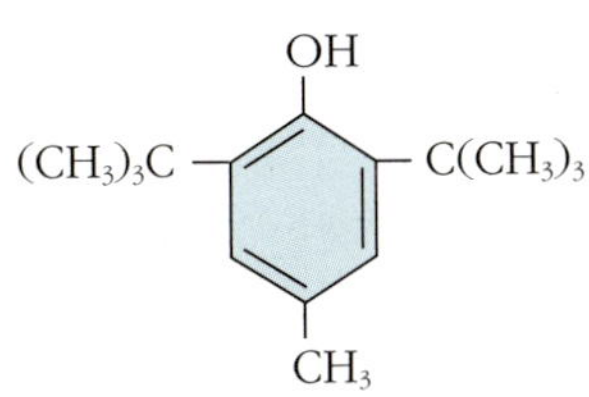

BHT(butylated hydroxytoluene)

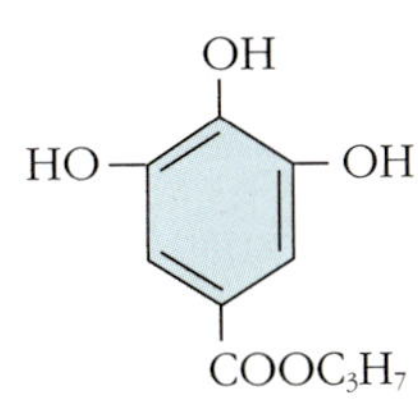

PG(proply gallate)

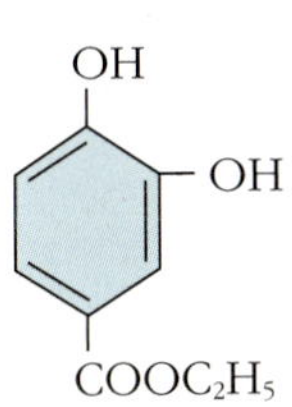

EP(ethyl protocatechuate)

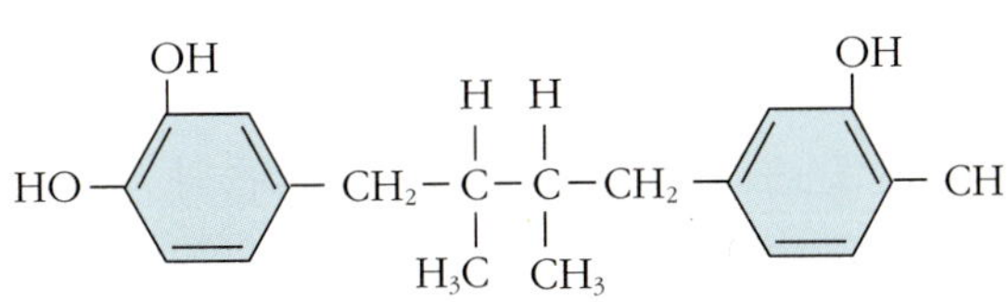

NDGA(nordihydro-guaiaretic acid)

색으로 착색된다.

■ BHA butylated hydroxy anisole : 강력한 항산화제이며, 주로 2-BHA, 3-BHA가 사용된다. 구리, 철 등의 이온이 존재하면 항산화력이 약해지므로 PG와 산성 상승제(구연산, 비타민 C 등)와 병용하면 좋다. 대체로 0.1% 정도 첨가한다. BHA는 껌, 식용유지, 유지제품 등에 사용된다.

■ BHT butylated hydroxy toluene : BHA보다 저렴하므로 널리 사용된다. BHA와 같이 불용성이고 유지에 잘 녹으며 첨가된 제품에 냄새나 맛을 부여하지 않고 휘발성이 강하다. BHT는 식용유지, 쇼트닝, 어류 염장품, 버터 등에 사용된다.

■ TBHQ tertiary butyl hydroquinon : 백색의 결정상 고체이며 유지에는 잘 녹으나 물에는 소량 용해된다. BHA와 BHT보다 항산화성이 높고, 유지에 색이나 냄새를 주지 않으며 감자칩 제조시 TBHQ를 사용하면 제품의 유지 산화안정성이 높아진다.

■ EP ethly protocatechuate : 페놀계 항산화제이고 일반 유지 및 버터 등에 사용되고 있으며, 사용 허용량은 0.05% 정도이다.

c. 상승제

상승제 synergist는 단독으로 사용할 때는 항산화효과가 없거나 매우 미약한 물질이나 다른 항산화제와 함께 사용하면 항산화제의 항산화효과를 증강시키는 물질이다. 상승제에 속하는 것으로는 아스코르브산 ascorbic acid, 구연산 citric acid, 주석산 tartaric acid, 인산 phosphoric acid, 피트산 phytic acid 등과 같은 산성 상승제 acid synergist가 있으며, 상승제는 식품 중의 금속 이온과 킬레이트 chelate결합을 함으로써 금속의 촉매 작용을 차단시켜 줌으로써 그 효력을 나타낸다. 다음 그림 3-9는 과산화물가가 90인 기름에 천연 항산화제인 토코페롤과 상승제인 인산을 함께 첨가하였을 때의 효과를 잘 보여주고 있다.

그림 3-9 기름에 첨가된 토코페롤과 인산의 작용

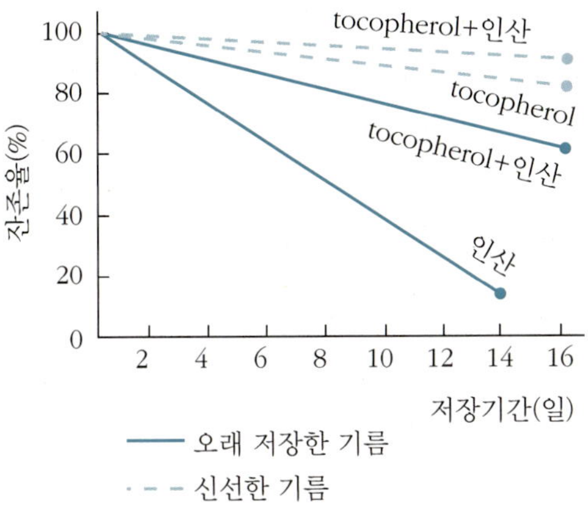

(6) 유지의 산패도 측정 방법

유지의 산패 정도의 측정은 산화 중 여러 가지 물리적, 화학적 반응이 관여하여 매우 복잡하다. 이러한 반응들은 단계별로 진행되는 듯하나 실제로는 동시에 또는 경쟁적으로 일어나므로 한 가지 방법으로는 모든 산화를 측정할 수 없다. 산패 측정은 1차적으로 유지에 흡수된 산소나 산화물의 양을 측정하여 판단할 수 있고 2차적으로 과산화물의 분해산물을 측정하여 판정할 수 있다.

① 과산화물가

과산화물은 유지의 산화반응 초기 생성되는 주요 화합물이며 유지가 산화됨에 따라 점차 높아져 최고점에 도달한 후 과산화물의 분해에 의해 감소한다. 따라서 과산화물가는 지방산화 초기에 유용한 지표로 사용된다. 일반적으로 동물성 유지는 20~40meq/kg으로, 식물성 유지는 60~100 meq/kg에 도달하는 시간을 유도기간으로 규정하고 있다.

② TBA가

TBA가 thiobarbituric acid value는 지방산패를 평가하는 데 가장 널리 사용하는 방법 중의 하나이다. TBA 두 분자가 불포화지방의 산화생성물인 말론알데히드 malonaldehyde 한 분자와 축합하여 붉은 색소(530nm)를 생성하는 데 근거를 두고 있다.

TBA가는 당류 등 알데하이드기를 가지고 있는 물질에 의해서도 붉은색을 나타내는 경우가 빈번하여 과산화물가보다 재현성이 낮은 경우가 많으나 산화가 진행됨에 따라 과산화물가와는 달리 TBA가는 계속 증가한다.

③ 카보닐 화합물의 측정

유지나 지질식품이 산패하면 과산화물을 거쳐 많은 종류의 카보닐 화합물을 생성한다. 특히 카보닐 화합물은 유지의 산화과정에서 최종단계에서 생성되므로 이 양을 측정함으로써 산패의 정도를 알아내는 방법이다. 카보닐 화합물 값은 과산화물처럼 산화과정이 지속되는 동안 최고값에 도달하였다가 다시 감소되는 일이 없이 계속 증가한다.

④ 랜시매트법

랜시매트법 Rancimat method은 랜시매트라는 기계에 유지를 담은 시료병을 넣고 유지의 유도기간을 측정한다. 유지를 100℃로 유지하고 공기를 주입시키면서 생성된 산화생성물의 전기전도도로 측정하여 유지의 산패유도기간을 측정한다.

⑤ 활성산소법

활성산소법 active oxygen method, AOM법은 유지산패의 신속측정법으로 유지를 97℃의 물중탕에서 2.33ml/sec 속도로 일정하게 공기를 주입하면서 유지가 일정한 과산화물가에 도달할 때까지 걸리는 시간으로 유지의 산화안정성을 평가한다.

⑥ 샬오븐시험법

샬오븐시험 Schaal oven test은 시료를 65℃에 저장하면서 산패가 검출될 때까지 정기적으로 관능검사나 과산화물가를 측정하여 유도기간을 측정하는 방법이다.

5. 유지의 가공

1) 정제

원료에서 채취한 원유 crude oil는 유리지방산, 인지질, 탄수화물, 섬유질, 물, 색소, 유지 산화분해물 등 불순물이 함유되어 있어, 이취를 내거나 좋지 않은 색을 띠고 저장성을 저하시킨다.

- 탈검 degumming : 유지와 비중이 다른 수분, 레시틴 등의 인지질, 탄수화물, 단백질 등의 검질을 분리시킨 후 제거하는 공정을 탈검 degumming이라 한다. 2~3%의 물이나 묽은 인산용액을 약 50℃에서 트라이아실글리세롤과 혼합하여 교반하면 인지질은 물과의 친화성 때문에 수화되어 원심분리하여 제거한 후 유지에 75~80℃ 온수를 1~2% 첨가하여 믹서로 수화시키면 검질이 응고되어 제거될 수 있다.
- 탈산 deacidification : 원유에 함유된 유리지방산을 제거하기 위하여 산가보다 약간 많은 양의 수산화나트륨 용액을 첨가하여 유리지방산을 중화시키고 나트륨염(비누)을 만들어 원심분리하고 더운물로 세척하여 제거하는 과정을 탈산 deacidification이라 하며, 이 과정 중에 유리지방산뿐만 아니라 인지질이나 색소도 제거된다.
- 탈색 bleaching : 원유에 함유된 지용성 색소성분인 카로티노이드 carotenoid와 클로로필 chlorophyll, 고시폴 gossypol은 유지를 착색하는데, 이

들은 중화과정 중에 제거되기도 하나 무색에 가까운 유지를 제조하기 위해서는 탈색 bleaching공정이 필요하다. 유지에 활성백토나 활성탄 등의 흡착제를 착색 정도에 따라 0.5~3% 정도 첨가한 다음 80℃에서 30~60분간 교반하여 색소성분을 흡착시킨 후 여과기 등을 사용하여 흡착제를 유지로부터 분리한다. 이와 같은 탈색과정 중에 인지질이나 비누성분, 산화 생성물도 흡착되어 제거된다. 탈색과정 중 산화를 조심해야 한다.

■ 동유처리 winterization : 유지를 차게 하여 녹는점이 높은 아실글리세롤 또는 왁스를 결정으로 석출시켜 제거하는 공정을 동유처리 winterization 또는 탈랍 dewaxing이라 한다. 샐러드유와 같이 냉장고에 보관하는 유지의 정제에 필수적인 공정이다. 원유를 탈취 전에 0~6℃에서 18시간 정도 방치하여 생성된 고체지방을 원심분리하여 제거한다.

■ 탈취 deodorization : 유지의 산화 생성물인 알데하이드나 케톤, 그리고 저급지방산, 저급알코올 등은 유지에 좋지 않은 냄새를 주는데, 이들 화합물은 진공 수증기 증류법에 의한 탈취 deodorization로 제거한다. 탈취 과정에서는 유지를 3~6mmHg의 낮은 감압 하에서 200~250℃의 과열 수증기를 불어넣어서 냄새성분을 휘발 · 증류시킨다.

2) 경화

경화는 불포화지방산의 이중결합에 수소를 첨가하여 녹는점이 높은 포화지방산을 만드는 공정으로서 유지 식품산업에서 매우 중요하다. 수소를 첨가하여 경화된 경화유 hydrogenated oil는 지질의 상태를 액체에서 고체 상태로 만들어 쇼트닝이나 마가린 제조에 이용하며, 유지의 산화안정성을 증가시킨다.

경화과정 중에 불포화지방산이 포화지방산으로 변화하는 것 이외에 이중결합의 위치가 변화하거나 자연상태의 *cis*형에서 보다 안정한 *trans*형으로 이성질화하여 포화지방산보다 건강에 더 해로울 수 있다.

일반적으로 온도와 촉매농도가 높아지면 트랜스지방산 함량이 증가하고, 수소압력과 교반속도가 높아지면 트랜스지방산 함량이 낮아진다. 촉매로 니켈 Ni이 가장 많이 이용되며 이 외에 구리 Cu, 구리와 크롬 Cr의 혼합물, 백금 Pt이 이용된다. 유지 중의 수분, 인지질, 황화합물, 이산화탄소, 무기산 등과 같은 불순물이 존재하면 촉매의 수명을 단축시킨다.

3) 에스터교환

천연유지에서 어떤 지방산의 특이한 분포는 산업적 이용에 제한을 받기 때문에 이 지질의 이용도를 높이기 위한 수단 중의 하나가 에스터교환반응 interesterification이다. 이 반응으로 지방산이 트라이아실글리세롤 분자 중에 거의 무작위로 분포함에 따라 유지의 물리적 성질이 변하게 된다. 유지의 녹는점 변화, 산화안정성 향상, 물성 개선 등의 목적으로 널리 이용되고 있다.

에스터교환반응은 트라이아실글리세롤 분자와 알코올과의 반응 alcoholysis, 트라이아실글리세롤 분자와 지방산과의 반응 acidolysis, 트라이아실글리세롤 분자 간의 에스터교환반응이 있으며, 이 에스터교환반응은 트라이아실글리세롤 분자 내에서 지방산의 자리옮김 intramolecular ester interchange과 트라이아실글리세롤 분자 간의 지방산 자리옮김반응으로 나눌 수 있다. 산업적인 유지가공 특히 라드 lard의 물성 개선에는 소디움메톡사이드 sodium methoxide($NaOCH_3$) 촉매 하에 트라이아실글리세롤 분자 간의 에스터교환반응이 많이 이용된다.

에스터교환은 쇼트닝 제조시 많이 이용한다. 라드는 트라이아실글리세롤의 2번 위치에 팔미트산이 있으면서 포화지방산을 2개 가지고 있으므로 점조도 consistency나 제빵적성 등의 특성은 좋지 않으나, 에스터교환반응으로 가소성 범위 등이 개선되어 좋은 쇼트닝을 만드는 데 이용된다. 팔미트산이 특히 많은 팜유에서 지향성 에스터교환반응으로 구름점 cloud point이 비교적 낮은 샐러드유를 얻을 수 있다.

Chapter 4

단백질

학습 목표

1. 아미노산의 종류, 화학구조, 물리화학적 특성 및 펩타이드결합을 이해할 수 있다.
2. 단백질의 종류, 입체구조, 물리화학적 특성 및 변성을 이해할 수 있다.
3. 식품가공 중의 단백질의 변화와 식품단백질을 이해할 수 있다.

단백질 protein은 탄수화물, 지질과 더불어 3대 영양소이며 주요 식품 성분으로, 그 어원은 그리스어의 프로테오스(proteios, 제1이라는 뜻)에서 유래되어 생명을 유지하는 데 가장 중요하다는 의미이다. 단백질은 탄소(50~55%), 수소(6.9~7.3%), 산소(19~24%) 외에 질소(15~19%)를 함유한 고분자 화합물로 생물체를 구성하며, 효소, 호르몬, 항체의 주요성분이고 저장단백질과 보호단백질 및 생물체를 구성하는 소재로서 중요할 뿐만 아니라 효소, 호르몬, 항체 등 세포나 생물체의 생명현상을 유지하는 데도 매우 중요한 역할을 한다.

단백질은 약 20여 개의 서로 다른 아미노산이 펩타이드 결합을 통하여 중합된 고분자화합물로 아미노산의 종류, 수 및 배열순서에 따라 수많은 종류의 단백질이 생성된다. 인체 내에서 단백질은 근육을 형성하며 식품 중에 존재하는 단백질 또한 화학적인 측면과 실용적인 측면에서 모두 중요하다.

이 장에서는 단백질을 구성하는 아미노산의 종류와 특성 및 단백질의 구조와 종류, 성질, 변성에 대해 살펴보고, 나아가 식품가공 중의 단백질 변화 및 식품단백질 등에 대하여 알아본다.

식품 성분 중 질소를 함유하는 화합물은 단백질 외에도 유리 아미노산, 아마이드, 핵산의 염기류 및 크레아틴 등의 비단백태 질소를 함유하고 있으므로 식품 중의 질소량에 질소계수를 곱하여 산출한 단백질을 조단백질 crude protein이라고 한다.

주요 식품 구성 화합물인 탄수화물, 지질과 달리 단백질은 약 16%의 질소를 함유하고 있으므로 식품에 함유된 질소량을 측정하여 질소계수인 6.25(100÷16)를 곱하면 조단백질함량을 계산할 수 있다.

주요 식품 중의 단백질 함량은 다음 표 4-1 과 같다.

[표 4-1] 주요 식품의 단백질 함량

식품	단백질 함량(%)
감자	2.0
우유	3.6
쌀	6.7
빵	8.7
옥수수	10.0
돼지고기	10.2
달걀	12.9
밀	13.3
소고기	16.5
대구	17.6
닭고기	23.4
대두	34.1

1. 아미노산

1) 아미노산의 구조

아미노산amino acid은 한 분자 내에 아미노기amino group, -NH_2와 카복실기carboxyl group, -COOH를 가지는 단백질의 기본 단위화합물이다. 아미노산의 가장 중요한 작용기인 아미노기와 카복실기는 하나의 탄소원자에 결합되어 있으며 아미노기가 결합하는 탄소의 위치에 따라 α-, β-, γ-아미노산으로 분류하며 천연 단백질은 대부분 α-아미노산으로 구성되어 있다.

■ **아미노산**amino acid
생물의 몸을 구성하는 단백질의 기본 구성단위로 아미노기와 카복실기를 포함한 모든 분자를 지칭

아미노산은 곁사슬이 수소(-H)인 글라이신을 제외하고는 아미노기와 카

그림 4-1 아미노산의 일반구조와 입체이성질체

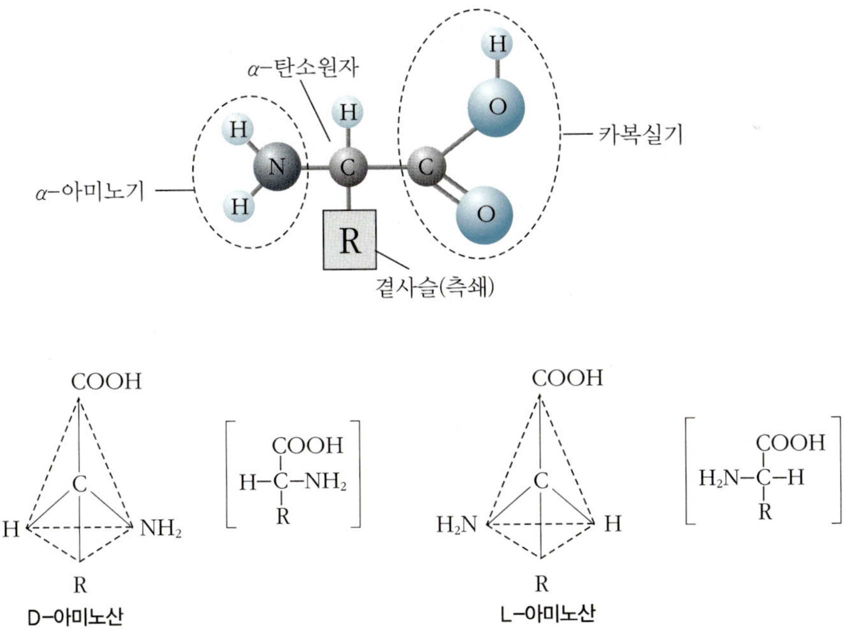

복실기가 결합한 탄소원자가 부제탄소이기 때문에 L-형과 D-형의 두 입체이성체가 존재한다. 그림 4-1 에서와 같이 입체적인 사면체의 상단에 카복실기를 배치하고 하단에 곁사슬(-R)을 배치한 구조에서 아미노기($-NH_2$)가 오른쪽에 있는 것을 D-형, 왼쪽에 있는 것을 L-형이라고 한다. 식품의 단백질을 구성하는 아미노산은 거의 모두가 α-L-아미노산이므로 일반적으로 L-, D-의 기호를 붙이지 않는 경우가 많다.

2) 아미노산의 종류와 분류

단백질을 구성하는 아미노산은 약 20종으로 그 구조는 매우 다양하다. 크게 곁사슬(-R)의 화학구조에 따라 탄화수소기를 가진 지방족 아미노산과 벤젠고리를 가진 방향족 아미노산 등으로 구분하고, 등전점과 관련있는 카복실기와 아미노기의 수에 따라 중성, 산성 및 염기성 아미노산으로도 분류한다 표 4-2 . 중성아미노산은 분자 내 아미노기와 카복실기의 수가 같고 산성아미노산은 카복실기의 수가 아미노기의 수보다 많으며 염기성아미노산은 아미노기의 수가 카복실기의 수보다 많다.

또한 분자 내에 함유된 원자단에 따라 유황원자를 가지는 함황 아미노산, 수산기(-OH)를 가지는 하이드록시 아미노산, 이미노기(=NH)를 가지는 이미노산 imino acid 등으로 분류하기도 한다.

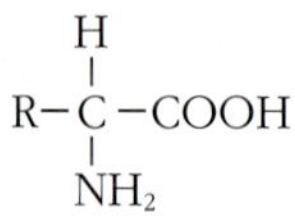

중성아미노산

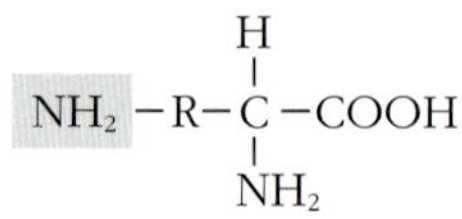

염기성아미노산

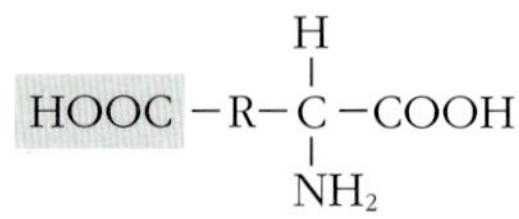

산성아미노산

단백질을 구성하는 약 20개의 아미노산 중 발린, 루신, 아이소루신, 쓰레오닌, 라이신, 메싸이오닌, 페닐알라닌 및 트립토판의 8개 아미노산은 성인의 경우 인체의 단백질 형성에 필요하나 체내에서 다른 아미노산으로부터 합성되지 않아 반드시 식품으로부터 섭취해야 하므로 필수아미노산 essential amino acid이라 한다. 이 외에 히스티딘은 성장발육기의 어린이와 회복기 환자에게 추가적으로 필요한 필수아미노산이다.

[표 4-2] 단백질을 구성하는 아미노산의 종류와 구조

분류		명칭	약자	구조식	등전점	기타
지방족 아미노산	중성 아미노산	글라이신 glycine	Gly, G	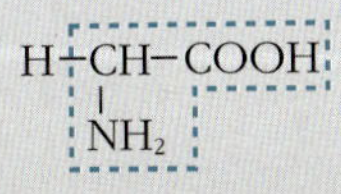	5.97	단맛
		알라닌 alanine	Ala, A	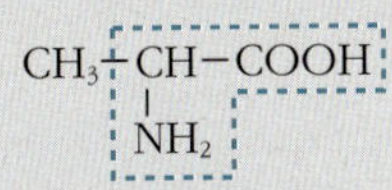	6.00	비극성
		발린 valine	Val, V	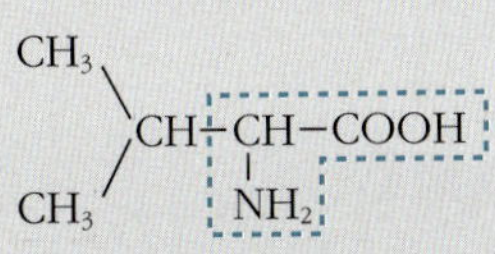	5.96	필수아미노산 비극성
		루신 leucine	Leu, L	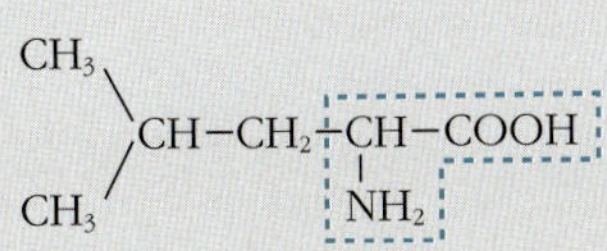	5.98	필수아미노산 비극성
		아이소루신 isoleucine	Ile, I	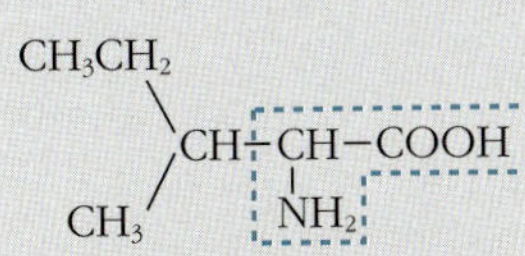	5.94	필수아미노산
		세린 serine	Ser, S	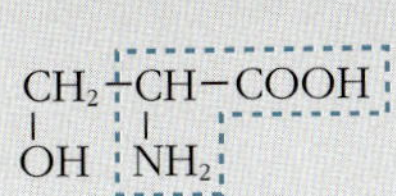	5.70	알코올성 수산기 함유

분류		명칭	약자	구조식	등전점	기타
지방족 아미노산	중성 아미노산	쓰레오닌 threonine	Thr, T	$CH_3-CH(OH)-CH(NH_2)-COOH$	5.64	필수아미노산
	산성 아미노산	아스파르트산 aspartic acid	Asp, D	$HOOC-CH_2-CH(NH_2)-COOH$	2.77	아스파라거스에서 발견
		글루탐산 glutamic acid	Glu, E	$HOOC-CH_2-CH_2-CH(NH_2)-COOH$	3.22	감칠맛
		아스파라진 asparagine	Asn, N	$NH_2-C(=O)-CH_2-CH(NH_2)-COOH$	5.41	β-아미드
		글루타민 glutamine	Gln, Q	$NH_2-C(=O)-CH_2-CH_2-CH(NH_2)-COOH$	5.65	γ-아미드
	염기성 아미노산	라이신 lysine	Lys, K	$CH_2(NH_2)-CH_2-CH_2-CH_2-CH(NH_2)-COOH$	9.74	필수아미노산
		아지닌 arginine	Arg, R	$NH_2-C(=NH)-NH-CH_2-CH_2-CH_2-CH(NH_2)-COOH$	10.76	강염기성
	함황 아미노산	시스테인 cysteine	Cys, C	$HS-CH_2-CH(NH_2)-COOH$	5.07	-SH기 함유

분류		명칭	약자	구조식	등전점	기타
지방족 아미노산	함황 아미노산	메싸이오닌 methionine	Met, M	$CH_3-S-CH_2-CH_2-CH(NH_2)-COOH$	5.74	C–S–C결합 필수아미노산
방향족 아미노산		타이로신 tyrosine	Tyr, Y	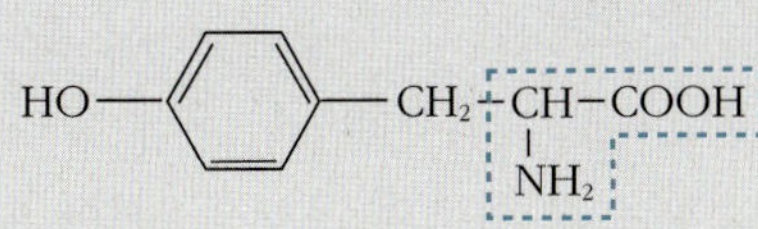	5.66	페놀기 함유
방향족 아미노산		페닐알라닌 phenylalanine	Phe, F	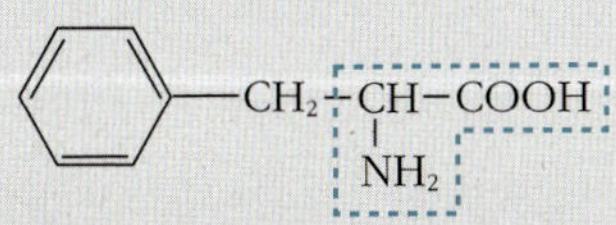	5.48	벤젠기, 비극성 필수아미노산
복소환 아미노산		프롤린 proline	Pro, P	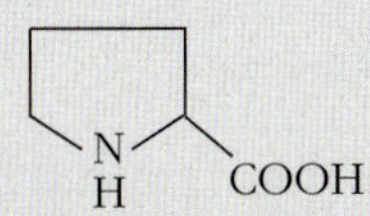	6.30	
복소환 아미노산		트립토판 tryptophan	Trp, W	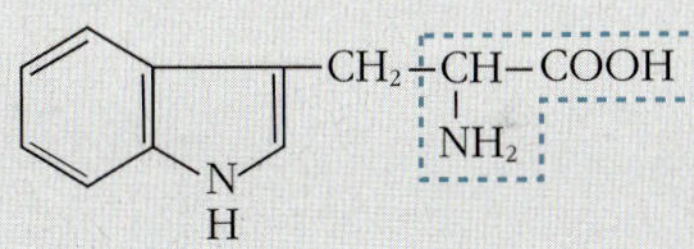	5.89	필수아미노산
복소환 아미노산		히스티딘 histidine	His, H	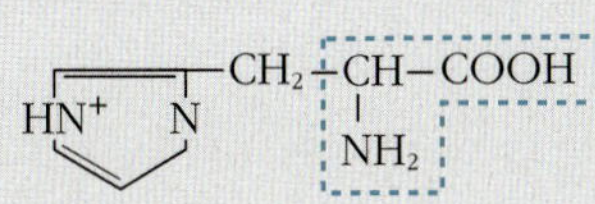	7.47	염기성 필수아미노산 (어린이)

3) 아미노산의 성질

(1) 물리적 성질

① 용해성

아미노산은 일반적으로 물과 같은 극성용매와 묽은 산, 알칼리 및 염류 용액에는 잘 녹으며 용액의 pH에 따라 용해도가 다르다. 이터 ether, 클로로포름, 아세톤 등과 같은 비극성 유기용매에는 전혀 녹지 않는다. 타이로신과 시스테인은 물에 녹기 어려우며 대부분의 아미노산은 알코올에 녹지 않으나 프롤린과 하이드록시프롤린은 알코올에 잘 녹는다.

② 광학적 성질

아미노산은 글라이신을 제외하고는 모두 부제탄소 원자를 가지고 있으므로 2개의 광학이성질체가 존재한다. 단백질을 구성하는 아미노산은 거의 모두가 L-형이고 D-형은 일부 세균이 생산하는 항생물질이나 포자의 세포벽에서 일부 발견된다.

③ 자외선 흡수성

단백질을 구성하는 아미노산은 가시광선을 흡수한다. 방향족 아미노산인 타이로신, 트립토판, 페닐알라닌은 자외선을 흡수하며 최대흡수파장(λ_{max})은 각각 274.5, 278, 260nm이다. 또한 거의 모든 단백질에는 타이로신이 함유되어 있으므로 280nm 파장에서의 흡광도를 측정하면 수용액 중의 단백질 함량을 측정할 수 있다.

④ 맛

일반적으로 단백질은 특이한 경우를 제외하고는 아무 맛이 없으나 그 분해 생성물인 펩타이드나 아미노산은 각각 특유한 맛을 가지고 있어 식품의 맛에 크게 기여한다. 특히 글루탐산의 나트륨염 monosodium glutamate, MSG은 조미료로 널리 사용되고 있다. 이밖에 발린, 알라닌, 세린, 라이신은 단맛, 아이소루신, 루신, 페닐알라닌, 트립토판은 쓴맛 및 아스파르트산은 약한 신맛을 지닌다.

⑤ 양쪽성전해질 및 등전점

아미노산은 수용액 중에서 카복실기(−COOH)는 수소이온(H^+)을 방출하여 카복실 음이온($-COO^-$)으로, 아미노기($-NH_2$)는 수소이온을 받아들여 암모늄 양이온($-NH_3^+$)으로 해리되며 두 이온이 분자 내에 염을 형성한다. 이와같이 아미노산은 한 분자 내에 알칼리로 작용하는 아미노기와 산성으로 작용하는 카복실기를 동시에 가지고 있기 때문에 산성 pH에서는 카복실기의 해리가 억제되어 분자 전체는 (+)로 하전되고 반대로 알칼리성 pH에서는 아미노기의 해리가 억제되어 (−)로 하전된다. 이와 같은 구조를 양쪽성이온 zwitter ion 또는 양쪽성전해질 ampholyte이라 한다 그림 4-2 .

따라서 전기영동 electrophoresis 장치와 같이 아미노산 용액에 전기장을 걸어주면 음으로 하전된 아미노산은 양극으로 이동하고 양으로 하전된 아미노산은 각각 음극으로 이동하며, 하전량, 분자의 크기, 모양 등에 따라서 이동속도가 달라진다. 이러한 특성을 이용하여 단백질의 분리 및 정제가 가능하다.

■ **양쪽성전해질** ampholyte, zwitter ion
산과 염기의 성질을 모두 가지고 있어서 산, 염기 모두로 작용할 수 있는 물질. 아미노산은 산과 염기를 모두 포함한 구조를 가지고 있어서 이러한 양쪽성을 나타냄.

■ **전기영동** electrophoresis
전하를 띤 분자화합물에 일정한 전기장을 걸어주어 분자량, 전하량 등의 물리화학적 성질의 차이에 따라 소단위 분자들을 분리시키는 방법

그림 4-2 양쪽성전해질로서의 아미노산

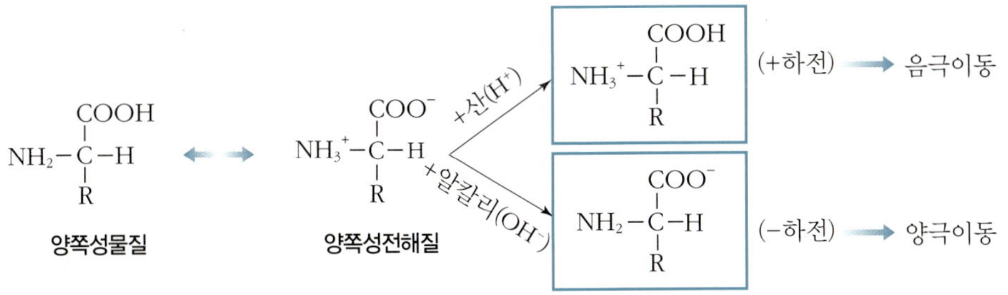

■ **등전점** isoelectric point
양쪽성전해질의 용액이나 콜로이드 입자들의 양이온과 음이온의 전하수가 같아져 알짜전화 net charge가 0이 되는 pH

그러나 어떤 특정 pH에서는 아미노산의 양전하와 음전하의 합이 같게 되어 분자 전체로는 0의 전하, 즉 전기적으로 중성이 되어 전기장 내에서 어느 전극으로도 이동하지 않는다. 이때의 pH값을 등전점 isoelectric point, pI 이라고 한다. 각 아미노산의 구조가 다르고 곁사슬에 붙은 기능기들의 해리상수가 달라 아미노산의 등전점은 모두 다르지만 일반적으로 중성 아미노산의 등전점은 pH 7 부근의 약산성, 산성 아미노산은 산성 쪽, 염기성 아미노산은 알칼리성 쪽에 있다. 등전점에서 아미노산은 양전하와 음전하의 크기가 같아 불안정하여 침전되기 쉬우며 따라서 용해도, 점도 및 삼투압은 최소가 되고 흡착성과 기포성은 최대가 되며, 단백질의 분리와 정제에 이용된다.

(2) 화학적 반응

아미노산의 화학적 반응은 주로 아미노산의 작용기인 카복실기(−COOH)와 아미노기($-NH_2$) 및 곁사슬(−R)에 있는 기능기에 의한 반응이다.

① 카복실기 제거 반응

아미노산을 $Ba(OH)_2$와 같이 가열하면 카복실기가 제거되면서 아민과 탄산이 생성된다. 이러한 탈탄산 반응은 미생물 특히 부패세균에 의해서도 일어나는 반응으로 예를 들면 생선과 같은 식품에서 히스티딘의 카복실기가 제거되면 히스타민이 형성되어 위산 분비를 증가시키고 알러지를 유발한다.

$$\underset{\displaystyle NH_2}{\underset{|}{R-CH}}-COOH \xrightarrow[\text{부패세균}]{Ba(OH)_2} \underset{\displaystyle NH_2}{\underset{|}{R-CH_2}} + CO_2$$

Amino acid → Amine

② 알데하이드와의 반응

아미노산의 α-아미노기는 알데하이드와 축합하여 쉬프염기 Schiff base를 만든다. 이 반응은 비효소적 갈변반응인 마이야르 반응의 첫 단계이기도 하다.

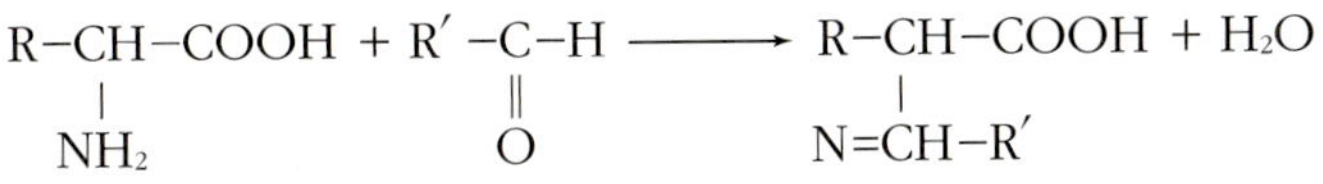

α-Amino acid   Aldehyde   Schiff base

③ 닌하이드린과의 반응

아미노산은 산화제인 닌하이드린 ninhydrin과 반응하여 암모니아, 이산화탄소, 알데하이드를 생성하고 이때 생성된 암모니아는 닌하이드린과 반응하여 570nm에서 흡광도를 갖는 청자색의 화합물을 만든다. 이 반응은 α-아미노산의 일반적인 반응으로 아미노산의 정성 및 정량에 널리 이용된다.

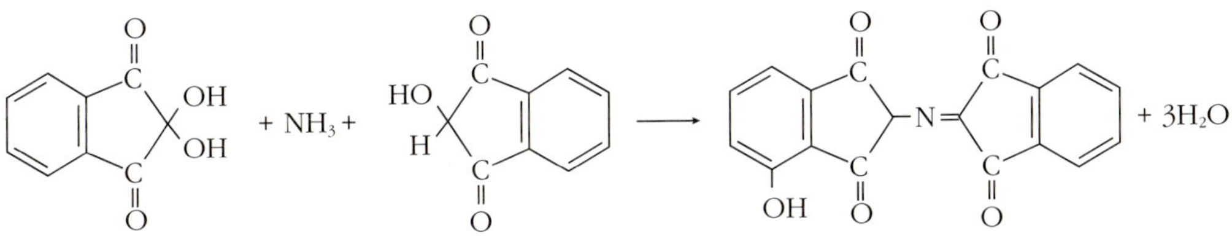

산화형 Ninhydrin   환원형 Ninhydrin   청자색 화합물

④ 아질산과의 반응

아미노산의 아미노기는 아질산(HNO_2)과 반응하여 질소가스를 생성한다. 이 반응은 단백질 중의 α-아미노기를 정량하는 데 이용된다.

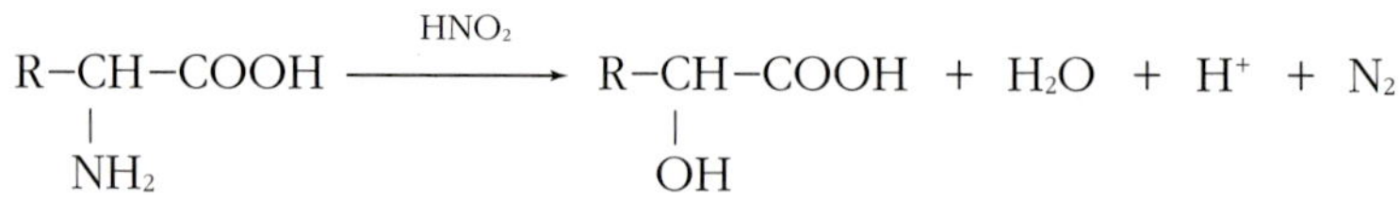

α–Amino acid

(3) 펩타이드 형성반응

펩타이드 결합은 한 개의 아미노산의 α–위치의 카복실기(–COOH)와 다른 아미노산의 α–위치의 아미노기($-NH_2$)가 축합하여 1분자의 물이 빠져나오고 만들어지는 –CO–NH– 와 같은 형태의 결합을 말한다.

■ **펩타이드** peptide
아미노산이 한쪽 아미노산의 카복실기(–COOH)와 다음 아미노산의 아미노기($-NH_2$) 사이에서 물이 떨어져 나가고 차례로 연결해 사슬모양을 이룬 채 화학결합한 것. 2개 이상의 아미노산이 결합하여 생성하는 –CO–NH–기를 갖는 화합물의 총칭

펩타이드 결합의 기본인 –CO–NH–의 연속체를 주사슬이라 하고, 주사슬의 양끝 중 아미노기($-NH_2$)가 유리되는 쪽 끝을 아미노기 말단(N–말단)이라 하며, 카복실기가 유리되는 다른 쪽 끝을 카복실기 말단(C–말단)이라 한다. R_1, R_2...는 각 아미노산 고유의 곁사슬 amino acid side chain을 나타내며 펩타이드를 이루고 있는 각 아미노산을 아미노산 잔기 amino acid residue라 한다.

2개의 아미노산으로 이루어진 펩타이드를 다이펩타이드 dipeptide, 3개의 아미노산으로 이루어진 것을 트라이펩타이드 tripeptide, 아미노산이 10개 이하인 것을 올리고펩타이드 oligopeptide라고 하며 그 이상의 아미노산이 결합된 것을 폴리펩타이드 polypeptide라 한다. 일반적으로 아미노산이 수백 개 이상 결합하여 분자량이 약 1만 이상의 큰 폴리펩타이드를 단백질이라고 한다.

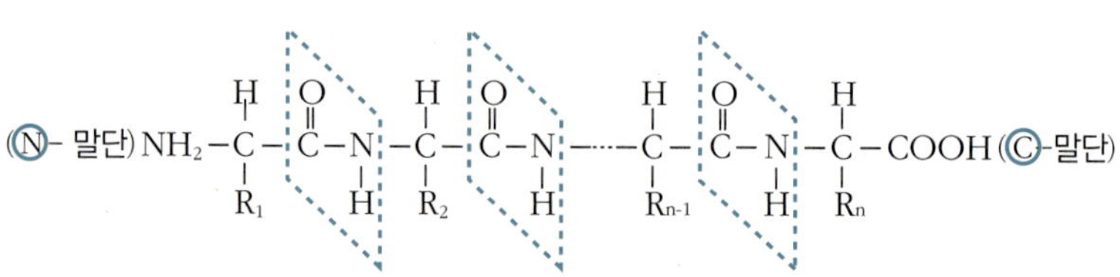

2. 단백질의 분류

단백질은 수백 개 이상의 아미노산이 펩타이드결합으로 이루어진 고분자 화합물로서 구조가 매우 복잡하고 종류가 매우 다양하기 때문에 단백질의 기능, 구성성분, 용해성 및 출처 등에 따라 여러 가지로 분류된다.

단백질은 그 조성 및 물리화학적 성질에 따라 단순단백질 simple protein, 복합 단백질 conjugated protein 및 유도 단백질 derived protein의 3가지로 크게 분류한다.

1) 단순단백질

단순 단백질은 아미노산만으로 구성된 단백질로서 가수분해하면 아미노산만 생성되는 비교적 구조가 간단한 단백질이다. 물, 염용액, 산, 알칼리, 유기용매 등 특정한 용매에 대한 용해성에 따라 알부민, 글로불린, 글루텔린, 프롤라민, 알부미노이드, 히스톤 및 프로타민으로 구분하며 표 4-3 용

<table>
<tr><td rowspan="6">단백질</td><td rowspan="3">구성성분에 따라</td><td>단순단백질</td><td>아미노산만으로 구성</td></tr>
<tr><td>복합단백질</td><td>단순단백질 + 비단백성 성분
- 인단백질
- 핵단백질
- 당단백질
- 지단백질
- 색소단백질</td></tr>
<tr><td>유도단백질</td><td>- 변성단백질(제1차 유도단백질)
- 분해단백질(제2차 유도단백질)</td></tr>
<tr><td>출처에 따라</td><td colspan="2">동물성 단백질(육 · 어류, 우유, 난류)
식물성단백질(곡류, 두류)</td></tr>
<tr><td>용해성에 따라</td><td colspan="2">알부민, 글로불린, 글루텔린, 프롤라민</td></tr>
<tr><td>기능에 따라</td><td colspan="2">효소단백질, 호르몬단백질, 혈장단백질 등</td></tr>
</table>

[표 4-3] 용해성에 따른 단순 단백질의 분류

분류	용해성					특징	단백질의 예(함유식품)
	물	0.8% NaCl	약산 pH6	약알칼리 pH8	60~80% 알코올		
알부민 albumin	○	○	○	○	×	• 동식물 중에 많이 존재 • 가열에 의하여 응고 • 75℃에서 응고 • 특히 약산성(pH 4~6)에서 쉽게 응고	-오브알부민(난백) -락트알부민(유즙) -혈청알부민(혈청) -마이오젠(근육) -루코신(맥류) -레규멜린(대두)
글로불린 globulin	×	○	○	○	×	• 동식물 중에 많이 존재 • 가열에 의하여 응고 • 글라이신을 많이 가지는 점이 알부민과 다름 • 글루탐산과 아스파르트산 함유	-혈청글로불린(혈청) -락토글로불린(유즙) -오브글로불린(난백) -라이소자임(난백) -액틴(근육) -마이오신(근육) -피브리노젠(혈장) -글라이시닌(대두) -이포마인(고구마) -아라킨(땅콩) -튜버린(감자)
글루텔린 glutelin	×	×	○	○	×	• 가열에 의하여 응고되지 않음 • 곡류의 종자 단백질에 많이 함유	-오리제닌(쌀) -글루테닌(밀) -호데닌(보리)
프롤라민 prolamin	×	×	○	○	○	• 비열응고성 • 식물성 식품(특히 곡류)에만 존재 • 프롤린을 많이 함유하여 유래된 명칭 • 다량의 프롤린과 글루탐산 함유	-제인(옥수수) -글리아딘(밀) -호데인(보리)
히스톤 histone	○	○	○	○	×	• 동물 체세포와 정자의 핵에 존재 • 암모니아에는 잘 녹지 않음 • 가열에 의해 응고되지 않음 • 라이신과 아지닌을 많이 함유 • 알칼로이드 시약에 의해 pH에 관계없이 침전	-글로빈(적혈구) -흉선히스톤(흉선)
프로타민 protamin	○	○	○	○	×	• 가열에 의해 응고되지 않음 • 아지닌 많음 • 어류의 정자에 많이 함유 • 알칼로이드 시약에 의해 알칼리성에서 침전되지 않는 점이 히스톤과 다름	-살민(연어) -클루페인(정어리) -스콤브린(고등어)

알부미노이드 albuminoid	×	×	×	×	×	• 가열에 의해 응고되지 않음 • 경단백질 scleroprotein • 동물체 보호조직에 존재 • 글라이신, 프롤린 다량 함유 • 트립토판, 타이로신은 없어 영양가 낮음	–콜라젠(결합조직, 피부) –엘라스틴(결합조직, 힘줄) –케라틴(머리카락, 손톱) –피브로인(명주실)

○ : 가용, × : 불용

해성이 다른 이유는 단백질을 구성하는 아미노산의 종류, 함량 및 배열에 차이가 있기 때문이다. 알부민은 주로 동물성 단백질에 많고 유황함량이 비교적 많다. 글로불린은 동식물계에 널리 분포되어 있고 알부민과 공존하는 경우가 많다. 글루텔린은 식물성식품 특히 곡류의 종자에 많고 프롤라민은 글루텔린과 함께 식물성식품에 존재하며 글루탐산과 프롤린이 많으나 라이신이 적다. 프로타민은 강한 염기성 단백질로서 가열에 의해서도 응고되지 않으며 동물성식품에만 존재한다. 알부미노이드는 섬유상 단백질로 경단백질 scleroprotein이라고도 하며 동물체에만 존재하며 주로 조직을 형성하여 몸을 보호하는 작용을 하는 단백질로서 영양적인 가치는 낮다.

2) 복합단백질

복합단백질은 아미노산으로 구성된 단순단백질에 인산, 지질, 핵산, 당질, 색소 및 금속 등의 비단백성 물질이 결합한 단백질로 생체의 세포 내에 함유되어 생리적으로 중요한 활성을 가진다. 단백질 분자 중 비단백질성 물질부분을 보결분자단 prosthetic group이라 하는데 복합단백질은 보결분자단의 종류에 따라 6가지로 나눈다.

(1) 인단백질

인단백질 phosphoprotein은 단순단백질과 보결분자단으로 인산이 결합한 것으로 동물성식품에서 많이 발견된다. 물과 묽은 알칼리 용액에 녹으며 때로는 칼슘염으로 존재하며 아세트산을 가하여 산성으로 하면 침전한다. 체액의 중성유지, 효소작용 등을 조절하며 급속히 발육하는 생물체에 인의 좋은 공급원이 된다. 우유의 카세인 casein, 난황의 바이텔린 vitellin, 바이텔레닌 vitellenin 및 헤마토젠 hematogen 등이 있다.

(2) 지단백질

지단백질 lipoprotein은 지질과 단백질이 결합한 것으로 지질 부분은 인지질로 이루어진 것이 많으며 체내에서 중요한 역할을 한다. 물에는 녹으나 유기용매에 녹지 않고 유화력을 가지고 있으며 거의 모든 동식물세포에 들어 있다. 우유의 지단백질은 우유 지방구를 얇은 막 모양으로 둘러싸서 유화액의 안정에 도움을 주고 난황의 리포바이텔레닌과 리포바이텔린은 유화제의 역할을 한다.

(3) 당단백질

당단백질 glycoprotein은 단백질에 당질이 결합한 것으로 독특한 점성이 있어 점성단백질 mucoprotein이라고도 하며 조직 및 장내의 윤활작용과 동식물 세포 및 조직의 보호작용을 한다. 물이나 묽은 알칼리에 녹으며, 아세트산에 의해 침전되는 것을 뮤신 mucin, 침전되지 않는 것을 뮤코이드 mucoid라고 한다. 난백의 오보뮤코이드, 오보뮤신, 난백의 아비딘 avidin, 타액 및 소화액의 뮤신 등이 당단백질이다.

(4) 핵단백질

핵단백질 nucleoprotein은 단순단백질에 핵산(DNA, RNA)이 결합한 단백질이다. 식품의 맛과도 관련이 있으며 세포핵 중에 주로 존재하여 생체의 유전현상이나 단백질 생합성에 관여한다. DNA는 염기성이 강한 단백질인 프로타민이나 히스톤과 결합하고 RNA는 염기성이 아닌 단백질과 결합한다. 뉴클레오히스톤, 뉴클레오프로타민, 효모핵단백질 등이 있다.

(5) 색소단백질

색소단백질 chromoprotein은 단순단백질과 색소성분이 결합한 단백질이다. 생체 내에서 산소운반, 호흡작용, 산화환원작용 등의 중요한 생리작용을 하며 색소성분은 헴, 클로로필, 카로티노이드, 플라빈 등이다. 헴단백질로는 헤모글로빈(혈액), 마이오글로빈(근육) 등이 있고, 클로로필단백질로는 필로클로린 phyllochlorine(녹색잎)이 있다. 카로티노이드 단백질로는 피코에리쓰린(해조류), 아스타잔틴 단백질(갑각류), 로돕신(시홍) 등이 있으며, 플라보단백질 flavoprotein로는 황색효소 yellow enzyme(우유, 혈액)가 알려져 있다.

(6) 금속단백질

금속단백질 metalloprtein은 금속(Fe, Cu, Zn 등)과 단백질이 결합한 것으로 효소에 속하는 것이 많다. 철단백질로는 페리틴(간), 구리단백질로는 헤모사이아닌(연체동물의 혈액), 폴리페놀옥시데이즈, 아스코르브산 산화효소(식물조직) 등이 있고, 아연단백질로는 인슐린(췌장) 등이 대표적이다. 색소단백질인 헴단백질(Fe), 클로로필단백질(Mg)도 일종의 금속단백질이라 할 수 있다.

3) 유도단백질

유도단백질 derived protein은 천연단백질이 열, 자외선 등의 물리적 작용이나, 산, 알칼리, 알코올 등의 화학적 또는 효소적 작용에 의해 변화된 것으로서 변형 정도에 따라 1차 유도단백질과 2차 유도단백질로 구분된다.

(1) 1차 유도단백질

천연단백질이 물리적, 화학적, 효소적인 작용에 의해 생긴 변성단백질

denatured protein이다. 유즙의 카세인이 응고하여 생긴 파라카세인 paracasein, 피부, 힘줄, 뼈, 연골 등의 콜라겐 collagen을 물에 장시간 끓였을 때 얻어지는 젤라틴 gellatin 등이다.

(2) 2차 유도단백질

단백질이 아미노산까지 가수분해될 때의 중간생성물을 말하며 분해단백질 peptised protein이라고도 한다. 가수분해된 생성물의 분자 크기에 따라 프로테오스 proteose, 펩톤 peptone, 펩타이드 peptide 등으로 나뉜다.

3. 단백질의 구조

단백질은 물에 녹이면 일정한 입체구조를 취한다. 이와 같은 입체구조를 취했을 때 비로소 다양한 기능과 물성을 나타내게 된다. 단백질의 구조는 4가지로 나눌 수 있는데 1차구조는 아미노산의 배열로 DNA에 기록된 암호에 의해 결정되는 구조이며, 2차구조는 3차구조의 부분구조로 α-나선구조, β-병풍구조, 불규칙구조로 구성된다. 3차구조는 하나의 폴리펩타이드 사슬이 형성한 전체의 입체구조이며, 이들 3차구조가 회합하여 전체로서 하나의 기능을 발휘하는 것이 4차구조이다.

1) 1차 구조

1차 구조 primary structure는 폴리펩타이드 중의 아미노산의 종류와 배열순서 sequence를 말하는 것으로 생체에서 유전자의 DNA 정보에 의해서 결정되기 때문에 각 단백질은 고유의 아미노산 배열을 갖게 된다. 1차 구조는 1945년 영국의 Frederick Sanger가 51개의 아미노산으로 이루어진 인슐린의 배열을 결정함으로써 확립되었다.

대부분의 단백질은 100~500개의 아미노산으로 구성되어 있으며 단백질 사슬의 길이와 아미노산의 결합 순서가 단백질의 물리화학적, 구조적, 생물학적 성질 및 기능 결정에 매우 중요한 역할을 한다.

펩타이드의 아미노산 배열의 순서와 해석에는 Edman 분해법을 적용하는 경우가 많으며 현재 1,000여 개 이상의 단백질의 1차 구조가 밝혀져 있으나 쌀, 밀, 육류 등 주요한 단백질의 1차구조는 아직 완전히 해석되어 있지 않다.

2) 2차 구조

1차 구조에 의하여 형성된 단백질 분자는 그 구성아미노산의 분자구조로 인하여 일정한 각도로 구부러지고 꼬여 특정형태를 갖추게 된다. 이 형태를 단백질의 2차 구조 secondary structure라고 한다. 폴리펩타이드 사슬의 구성 아미노산끼리 수소결합과 같은 2차적인 결합을 통해 입체구조를 형성하는 것으로 α-나선구조, β-병풍구조 및 불규칙 구조로 이루어져 있다. 2차구조는 1951년 미국의 Linus Pauling이 처음으로 제안하였으며 단백질 분자가 어떤 2차구조를 가지는가 하는 것은 전적으로 그 구성아미노산의 배열순서, 즉 1차구조에 의하여 결정된다.

(1) α-나선구조

α-나선구조 α-helix; α-coil는 그림 4-4 에서와 같이 긴 단백질 분자의 사슬이 나선형으로 꼬여 있는 것으로 주사슬 펩타이드결합의 카보닐기(-C=O)와 다른 펩타이드결합의 이미노기(-NH)가 수소결합을 하여 서로 끌어당기기 때문에 폴리펩타이드 사슬이 오른쪽으로 나선모양으로 감는 구조이다. 쉽게 말해 1개의 폴리펩타이드가 구부러지는 구조로 3.6개의 아미노산 분자가 나선의 한 바퀴를 돌게 된다. 이 나선에서 한 아미노산과 바로 다음

그림 4-4 단백질의 α-나선구조

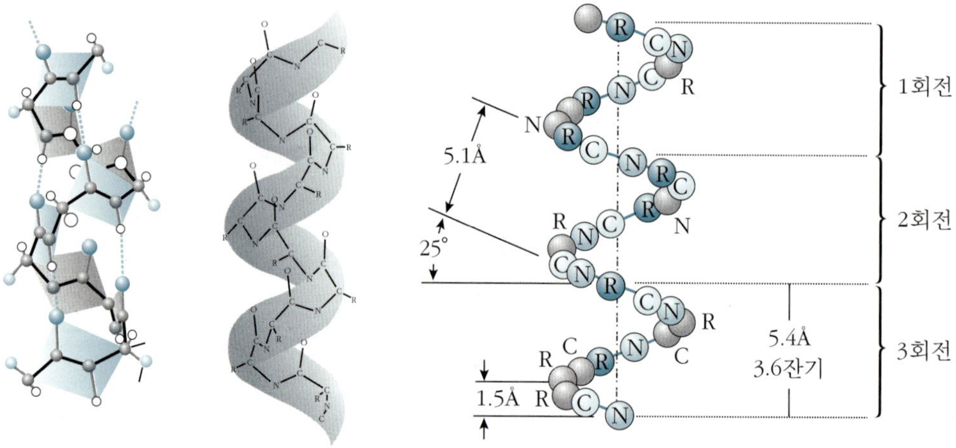

아미노산 사이의 수직거리는 0.15nm(1nm = 1×10^{-9}m)이며, 나선 한 바퀴의 수직거리는 0.54nm이다. 그리고 한 아미노산은 4개 아래의 아미노산과 수소결합으로 연결된다. 이 수소결합은 매우 약한 결합이지만 α-나선을 구성하는 모든 아미노산이 이 수소결합으로 서로 결합되어 있으므로 α-나선은 대단히 안정된 구조이다.

(2) β-병풍구조

β-병풍구조 β-sheet는 사슬과 같이 긴 단백질 분자가 일정한 각도로 꺾여 좁은 종이를 접어 늘인 모양을 하고, 이런 사슬이 여러 개 서로 평행으로 늘어서서 각 사슬의 아미노산이 곁에 있는 다른 사슬의 아미노산과 수소결합을 형성한 구조이다 그림 4-5. 이 구조는 전체적으로 보아 마치 반쯤 접어 놓은 병풍과 같은 모양이라 하여 β-병풍구조 β-pleated sheet structure라 한다.

즉 2개 이상의 폴리펩타이드 사슬이 분자 간 수소결합에 의해 입체적으로 주름을 잡으며 늘어져 서로 평행 또는 역평행의 지그재그를 형성하여

그림 4-5 단백질의 β-병풍구조

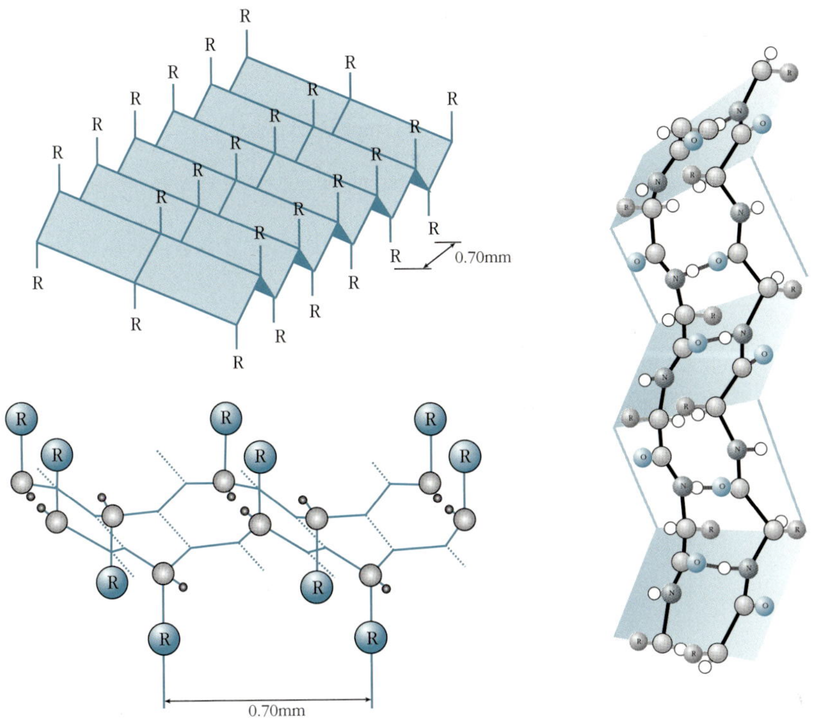

N-말단과 C-말단의 방향이 같은 방향으로 배열되었을 때는 평행 β-병풍구조parallel β-structure라 하고 서로 반대인 경우에는 역평행 β-병풍구조antiparallel β-structure라 한다. 명주실과 같은 섬유상 단백질에 많은 2차구조이다.

(3) 불규칙구조

단백질이 모두 α-나선구조와 β-병풍구조를 하고 있는 것이 아니라 사슬의 특정 부위는 규칙성이 없이 불규칙하게 존재하는데 이를 불규칙구조random coil structure라 한다. 이것은 폴리펩타이드 사슬이 흐트러진 실처럼 복잡하게 구부러지고 휘어져 있으며 변성된 구상단백질에서 많이 발견된다.

3) 3차 구조

2차 구조를 가진 단백질은 다시 공간적으로 꼬이고 구부러지고 또 접혀서 구상 및 섬유상의 복잡한 특정 입체구조를 가지게 되는데, 이것을 3차 구조 tertiary structure라고 한다. 이때 폴리펩타이드 사슬 polypeptide chain이 접히는 과정을 단백질 접힘 protein folding이라 한다. 자연에서 3차 구조는 아미노산의 곁사슬 사이의 여러 비공유결합에 의한 소수성결합, 수소결합, 정전기적 인력, 이황화(–S–S–)결합 등에 의하여 α–나선구조나 β–병풍구조

그림 4-6 **단백질의 곁사슬 사이의 다양한 결합**

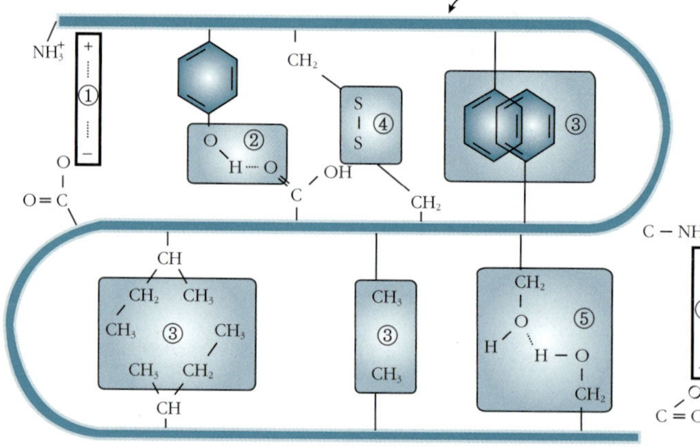

① 이온결합 ② 수소결합 ③ 소수성 결합 ④ S–S결합 ⑤ 쌍극자 간의 인력

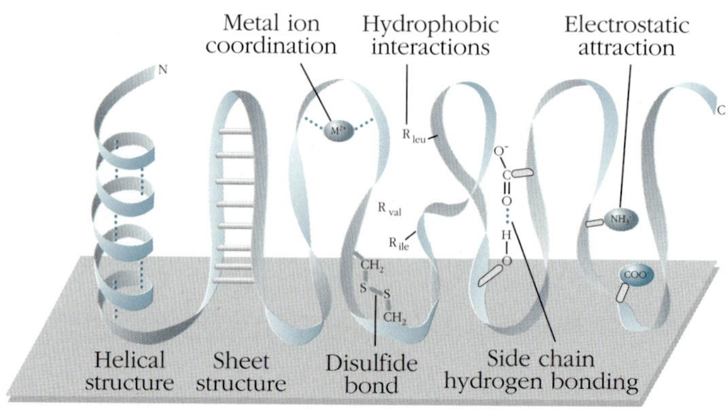

그림 4-7 β-락토글로불린의 3차 구조

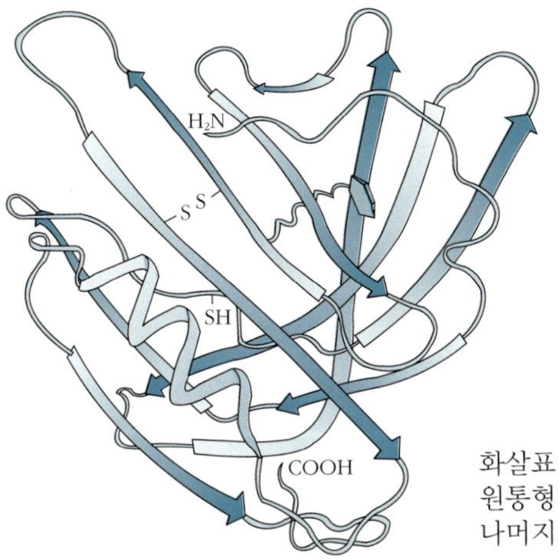

화살표: β-병풍구조
원통형: α-나선구조
나머지: 불규칙 구조

등의 2차 구조를 갖는 부분이 불규칙한 구조를 갖는 부분을 통하여 접혀 일정한 배치를 형성하며 생성된다 그림 4-7 . 3차 구조는 폴리펩타이드 사슬이 실뭉치 모양으로 된 상태와 비슷하여 비극성 곁사슬을 안쪽으로 집어넣듯이 하고 바깥쪽에 극성의 R기가 덮은 것과 같은 형태로 이러한 입체 구조 유지에는 소수성결합이 가장 중요한 역할을 한다.

3차 구조는 형태에 따라 다시 구상 단백질과 섬유상 단백질로 나눌 수 있다. 세포의 원형질 속에 들어 있는 대부분의 효소는 이 3차 구조로 대부분 구형을 이룬다. 단백질이 갖는 특이적인 반응들은 그 분자 특유의 입체 구조에 따른 것이다.

(1) 섬유상 단백질

섬유상 단백질 fibrous protein은 긴 섬유상의 폴리펩타이드 사슬이 수소결합 또는 이황화결합(-S-S-)에 의해 일정한 방향으로 규칙적인 배열을 하여 섬유모양의 구조를 갖는 단백질이다. 섬유상 단백질에는 물, 묽은 산과 알칼리에 잘 녹는 수용성인 젤라틴 gelatin, 마이오신 myosin, 제인 zein 단백질 등이 있고, 이들에 녹지 않는 불용성인 콜라젠 collagen, 엘라스틴 elastin,

케라틴 keratin, 피브로인 fibroin 등이 있다.

(2) 구상 단백질

구상단백질 globular protein은 아미노산 곁사슬의 여러 가지 결합에 의해서 폴리펩타이드 사슬이 구부러지고 겹쳐져서 전체적으로 구형의 모양을 갖는 단백질로 식품 중의 영양과 관련된 대부분의 단백질이 여기에 속한다. 구상단백질은 비교적 물에 잘 용해되나 가열하면 응고, 변성되며 용해성이 감소하고 효소에 대한 민감도도 증가한다. 알부민, 글로불린, 헤모글로빈, 인슐린, 효소단백질 등이 구상 단백질에 속하며 특히 효소단백질의 경우 가열하면 생화학적 기능이 소실된다.

4) 4차 구조

3차 구조를 가진 단백질 분자들이 둘 또는 그 이상 모여서 하나의 집합체를 구성하여 그 집합체가 비로소 어떤 특정 생물학적 기능을 나타내는 경우가 있다. 이때 이 집합체는 4차구조를 가졌다고 한다. 폴리펩타이드 사슬이 집합체를 형성할 때 회합 association의 기초가 되는 개개의 구성 분자를 소단위 subunit라 한다. 소단위가 모여서 일정한 집합체를 만들 수 있는 힘은 수소결합이나 정전기적 인력 등 때문이다. 2개가 모인 이중체 dimer, 4개가 모인 사중체 tetramer에서 수십개 이상의 소단위로 구성된 경우도 있다. 사중체의 대표적인 예로서는 척추동물의 적혈구 속에 들어 있는 단백질로서 산소 운반 역할을 하는 헤모글로빈 hemoglobin을 들 수 있다. 이것은 α-subunit 2개와 β-subunit 2개가 결합하여 사중체를 형성한 경우이다 그림 4-8 .

그림 4-8 헤모글로빈의 4차 구조

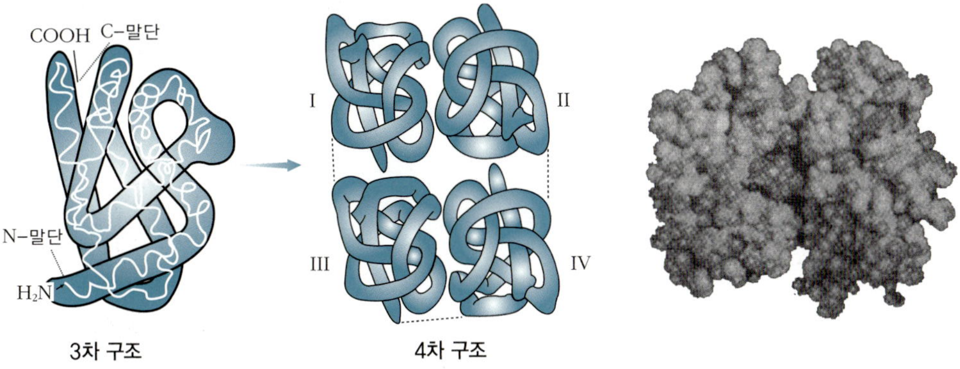

4. 단백질의 성질

1) 분자의 크기

단백질은 다른 유기화합물에 비해 분자량이 커서 수만~수백만에 이르고 물에 녹으면 콜로이드용액을 형성한다. 따라서 셀로판 등의 반투막을 통과하지 못하기 때문에 투석dialysis에 의하여 단백질 용액 중에 공존하는 무기염과 같은 저분자 물질을 제거하여 단백질을 정제하는 데 이용된다.

2) 용해성

단백질은 분자 중에 물과 결합할 수 있는 $-COOH$, $-NH_2$, $-OH$, $-NH$, $-COO^-$, $-NH_3^+$ 등의 친수성기를 가지고 있기 때문에 물속에서 주위의 많은 물분자와 수소결합을 형성하는 수화hydration현상에 의해 용해되어 안정한 콜로이드 용액이 된다.

대부분의 단백질은 순수한 물에는 잘 녹지 않으나 묽은 중성 염류 용액에는 잘 녹는데 이 현상을 염용 salting-in효과라고 한다. 이는 중성염의 해리로 생성된 이온이 단백질 분자의 이온화된 기능기와 작용하여 단백질 분자 사이의 인력을 감소시키기 때문이며 또한 물에 의한 수화가 증가되기 때문이다.

그러나 반대로 중성 염류의 농도가 높을 때는 오히려 용해도가 감소하여 단백질이 침전되는데 이를 염석 salting-out효과라 한다. 황산나트륨과 같은 중성염이 물 속에서 해리되면 이들 이온도 물에 수화되고 따라서 단백질 분자의 수화에 필요한 물분자를 염이온의 수화에 경쟁적으로 빼앗기기 때문에 단백질이 침전되는 것이다. 이러한 침전성은 단백질 용액으로부터 단백질을 분리, 농축할 때 이용된다.

3) 응고성

단백질은 가열, 산, 알칼리, 염류 등에 의해 응고된다. 예를 들어 우유단백질인 카세인은 산처리에 의해 침전되어 요구르트 제조에 이용되고 효소 레닌에 의해 응고되는 성질은 치즈 제조에 이용된다. 대두의 수용성 단백질이 칼슘 또는 마그네슘 이온에 의해 응고되는 성질은 두부 제조에 이용된다.

4) 침전성

단백질은 음이온과 양이온을 가진 양쪽성화합물로 트라이클로로아세트산 trichloroacetic acid, 피크르산 picric acid 등의 유기침전제나 수은, 카드뮴, 납 등의 중금속 염류, 알코올, 아세톤 등의 유기용매에 의해 불용성의 염을 형성하여 침전한다. 이러한 반응은 식품성분에서 비단백질 질소화합물과 혼재하는 단백질의 분리정제에 이용된다.

5) 등전점

단백질은 다수의 아미노산으로 구성되어 있어 펩타이드 결합에 참여하지 않는 유리아미노기와 유리카복실기도 많이 존재하기 때문에 한 분자 내에 양이온과 음이온이 동시에 공존할 수 있다. 산성용액에서는 $-NH_3^+$가 증가하고 $-COO^-$가 감소하여 양의 하전을 띠고 반대로 알칼리성에서는 $-NH_3^+$가 감소하고 $-COO^-$가 증가하여 음의 하전을 갖게 된다. 그러나 어떤 특정한 pH에서는 양전하와 음전하의 양이 동일하게 되어 전체 분자는 전기적으로 0의 하전, 즉 중성이 되는데 이때의 pH 값을 등전점 isoelectric point; pI이라고 한다.

표 4-4 와 같이 대부분 식품 단백질의 등전점은 pH 4~6 범위에 있으며 단백질에 산성아미노산이 많으면 산성 쪽으로, 염기성 아미노산이 많으면 알칼리성 쪽으로 등전점을 갖는다. 등전점에서는 전하가 상쇄되어 양극이나 음극으로도 이동되지 않는다. 또한 단백질의 용해도가 가장 적어 쉽게 침전되며 단백질의 점도, 삼투압, 팽윤 등은 최소가 되고 흡착성, 기포력, 탁도, 침전 등은 최대가 된다.

[표 4-4] 각종 식품 단백질의 등전점

단백질	소재	등전점(pI)	단백질	소재	등전점(pI)
오브알부민	달걀	4.5~4.7	에데스틴	대마열매	5.5~6.0
락트알부민	우유	5.1	글루테닌	밀	5.2~5.4
카세인	우유	4.6	글리아딘	밀	6.5
마이오젠	육류	6.3	제인	옥수수	5.8
마이오신	육류	5.4	글라이시닌	콩	4~5

6) 정색반응

단백질의 정색반응은 펩타이드 결합에 의한 것과 곁사슬의 기능기들에 의한 반응으로 이루어진다. 반응기가 단백질 분자의 표면에 노출되어 있는 경우와 내부에 존재하는 경우에 반응성이 다르기 때문에 조건에 따라 여러 가지 화학반응을 사용한다.

(1) 뷰렛 Biuret 반응

단백질 용액에 수산화나트륨(NaOH) 용액을 가하여 알칼리성으로 하고 1% 황산구리($CuSO_4$)용액 1~2방울을 가하면 적자색~청자색의 정색반응이 일어난다. 이는 2개 이상의 펩타이드 결합이 있는 단백질에서 일어나는 반응이다.

(2) 닌하이드린 ninhydrin 반응

단백질 용액에 1% 닌하이드린 용액을 가한 후 중성에서 가열하면 청자색을 나타낸다. 아미노산의 종류에 따라 특유한 색을 나타내어, 히스티딘은 청색, 하이드록시프롤린은 오렌지색으로 변한다. 이 발색은 예민하여 50만~100만분의 1 정도의 감도를 나타내므로, 아미노산의 검출에 이용된다. 아미노산을 종이크로마토그래피 등으로 전개하고, 0.3% 닌하이드린의 부틸알코올용액을 분무하여 모든 아미노산을 검출 확인하는 방법이 흔히 쓰이고 비색정량에도 이용된다. 이 반응은 α-아미노기를 가진 화합물이 나타내는 정색반응이므로 펩타이드, 단백질뿐만 아니라 아민, 암모니아 등도 반응을 나타낸다.

(3) 잔토프로테인 xanthoprotein 반응

단백질 용액에 소량의 진한 질산(HNO_3)을 가하여 몇 분간 가열하면 황색이 되며, 다시 암모니아수를 가하여 알칼리성으로 하면 색이 진하게 되어 주황색에 가깝게 되는 반응이다. 이 반응은 페닐알라닌, 타이로신, 트립토판 등과 같은 아미노산의 벤젠고리가 질산에 의해 나이트로화되어 황색의 나이트로화합물이 되기 때문이다. 이들 아미노산을 함유하지 않는 단백질인 경우는 이러한 발색은 일어나지 않는다. 따라서 단백질 검출시에는 이 반응과 더불어 몇 가지 발색반응을 조합하여 확인하는 것이 정확하다.

(4) 밀론 Millon 반응

단백질 용액에 밀론시약을 가하면 백색침전을 형성하며 이를 가열하면 적색을 나타낸다. 이 반응은 단백질 분자 내에 타이로신과 같은 페놀기를 가진 아미노산에 의해 일어난다.

(5) 사가구찌 Sakaguchi 반응

단백질을 구성하는 아지닌의 구아니딘기 때문에 일어나는 것으로 단백질 용액을 수산화나트륨(NaOH)으로 알칼리화한 후 70% 에탄올에 녹인 0.1% α-나프톨용액과 5% 차아염소산나트륨(NaOCl) 수용액을 가하면 적색으로 정색된다.

(6) 홉킨스-콜 Hopkins-Cole 반응

단백질 용액에 무수아세트산 acetic anhydride을 가한 다음 다시 진한 황산(H_2SO_4)을 가하면 그 경계면에서 적자색의 환이 형성되는 반응으로 단백질 분자 내에 트립토판이 있을 때 일어난다.

5. 단백질의 변성

1) 변성의 정의

식품의 천연단백질은 2차, 3차 구조를 통하여 특정한 입체적 구조를 가지는 고분자 화합물이다. 이들 입체구조를 유지하는 수소결합, 이온결합,

그림 4-9 단백질의 변성

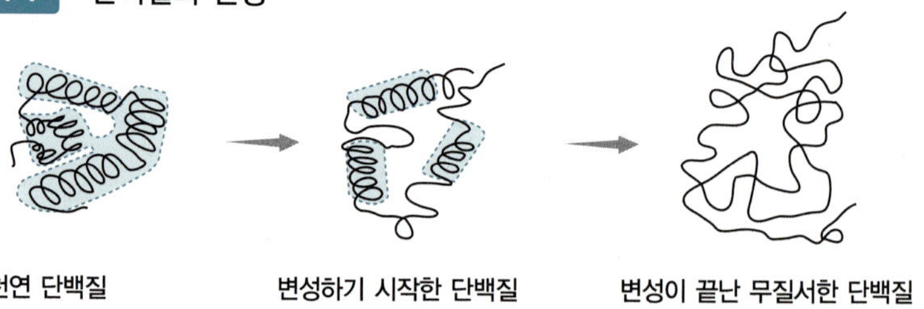

소수성결합 등은 비교적 약한 결합으로 가열, 산, 알칼리 등과 같은 물리적, 화학적 작용에 의해 변형되기 쉽다. 이와 같이 천연단백질이 외부의 작용에 의해 공유결합은 파괴되지 않고 분자 내 고차구조의 변형을 가져오는 현상을 변성 denaturation이라고 한다 그림 4-9 .

■ **변성** denaturation
열처리, pH의 변화, 화학적처리 등에 따라서 고분자물질의 본래의 입체배치가 상실되는 것. 변성에 의하여 보통 고분자 물질의 생물적 활성이 소실되는 것.

단백질의 변성은 펩타이드 결합이 분해되는 1차 구조의 변화가 아니라 2차, 3차 구조가 파괴되는 것이며 단백질이 변성되면 생물학적 활성이 떨어지고 여러 가지 단백질 고유의 특성이 변화된다. 단백질의 변성을 일으키는 요인에는 물리적 요인(가열, 동결, 건조, 광선, 압력 등)과 화학적 요인(산 · 알칼리, 염류, 금속이온, 알코올, 아세톤, 효소 등)이 있다.

단백질의 변성을 이용한 식품의 예로는 삶은 달걀(열변성), 두부(가열 및 염류), 동결두부(동결), 요구르트(산), 치즈(레닌, 염류), 생선 건어물(건조), 수산 연제품(염류 및 가열) 등이 있다.

2) 변성에 따른 변화

단백질이 변성되면 원래의 형태가 풀리면서 –OH, –SH, –COOH 등 여러 활성기가 노출되면서 반응성이 증가하거나 이들 기능기의 재결합에 의한 응고, 침전 등이 일어나기도 한다. 또한 단백질의 용해도가 감소하고 점도증가, 등전점의 변화, 효소에 대한 감수성 증가 등이 일어난다. 변성단백질은 본래의 천연단백질로 되돌아갈 수 없는 비가역적 변성이 대부분이다.

(1) 반응성의 증가

단백질이 변성되면 특히 구상 단백질의 경우 폴리펩타이드 사슬 구조의 구부러진 내부에 묻혀 있어 반응에 관여하지 않았던 여러 기능기(-OH, -SH, -COOH)가 풀린 구조의 표면으로 노출되면서 반응성이 증가한다.

(2) 용해도의 감소

단백질이 물에 용해될 때 친수성기는 표면으로 노출되고 소수성기는 물에서 멀어지고자 단백질 구조의 내부로 묻혀 존재하는 경향이 있다. 그러나 변성에 의해 구조가 풀리면 소수성기가 표면에 나타나게 되므로 단백질의 친수성이 감소하여 용해도가 감소한다.

(3) 생물학적 활성의 소실

효소의 본체는 단백질이다. 따라서 대부분의 효소는 가열하면 변성되어 고유의 효소활성을 잃게 된다. 열쇠와 자물쇠의 관계와 같은 기질에 대한 효소의 활성은 분자구조가 결정적인 영향을 미치므로 변성에 의하여 효소 단백질의 구조가 변형되면 효소의 작용이 상실되는 것이다. 마찬가지로 항체와 항원의 결합능력도 변성에 의해 상실될 수 있다.

(4) 점도의 증가

단백질이 변성되면 풀린 구조의 형태이므로 분자 부피가 커져 점도가 증가한다.

(5) 소화율의 변화

단백질이 열에 의해 변성되면 응고되어 굳은 것 같지만 입체구조를 이루고 있던 폴리펩타이드 사슬이 풀어져서 겹쳐져 있던 부분도 소화효소의 작용을 쉽게 받으므로 소화율은 높아진다. 그러나 지나치게 가열하면 오히려 새로운 결합이 생기고 빽빽한 구조를 형성하여 효소가 작용할 수 있는 부위가 다시 구조의 내부에 묻혀버리기 때문에 소화율이 낮아진다. 생달걀이나 완숙달걀보다 반숙달걀의 소화율이 높은 것은 바로 이러한 이유 때문이다.

(6) 청색 이동

단백질이 변성되면 여러 아미노산 잔기가 표면에 노출되기 때문에 자외선에 대한 흡수 스펙트럼이 단파장 쪽으로 이동하게 되는데 이를 변성청색이동 denatured blue shift이라고 한다.

3) 가열에 의한 변성

식품의 조리와 가공 중에 가열에 의한 변성은 가장 일반적인 변성으로 응고와 젤화의 두 가지 현상으로 나눌 수 있다.

(1) 응고

응고 coagulation란 알부민, 글로불린 등의 가용성 단백질이 변성에 의해 응고되어 불용성 단백질이 되는 현상이다. 즉 가열에 의하여 폴리펩타이드 사슬의 입체구조가 늘어지고 결합력이 약한 분자 내 결합들이 끊어져 유리활성기가 증가한다. 이들 유리기의 일부는 다시 다른 분자와 새로운 분자 간 결합을 형성하면서 회합하여 불용성으로 응고된다. 육류, 어패류, 달걀 등은 60~70℃의 온도에서 응고된다.

(2) 젤화

젤화 gelation는 응고와 반대로 불용성 단백질이 가열에 의해 변성되어 가용성으로 되는 경우를 말한다. 예를 들어 육류의 결합조직 중의 콜라젠은 물과 함께 장시간 가열하면 변성되어 젤라틴으로 액화된다. 콜라젠은 섬유상의 불용성 단백질이지만 젤라틴은 가용성 단백질이며 분자들이 서로 서로 망상구조를 이루면서 용매를 둘러싸는 젤을 형성한다. 곰국과 같은 식품이 좋은 예로 국물을 냉각하면 젤리화된다.

콜라젠과 엘라스틴 등의 단백질의 양은 동물의 종류에 따라 다르며 가축에 그 함량이 가장 많고 닭고기, 어육의 순이다.

(3) 열변성에 영향을 주는 요인

- 온도 : 단백질의 종류에 따라 변성온도가 다르지만 보통 60~70℃에서 일어난다. 알부민과 글로불린은 열변성이 잘 일어나고 온도가 높아지면 열변성 속도가 빨라지는데 일반적으로 알부민의 열변성은 온도가 10℃ 높아짐에 따라 20배나 빨라진다.
- 수분 : 수분은 열변성을 촉진시킨다. 즉 단백질 주위에 수분이 많으면 낮은 온도에서도 열변성이 일어나지만 수분이 적으면 고온에서 변성이 일어난다. 가열에 의해 물의 분자운동이 왕성해져 단백질의 폴리펩타이드 사슬 사이의 수소결합을 분해하고 이를 물분자가 둘러싸면서 폴리펩타이드 사슬이 풀리거나 새로운 결합을 형성할 때 사슬의 움직임을 쉽게 하도록 도와준다.
- 전해질 : 전해질은 열변성을 촉진시킨다. 단백질에 염화물, 황산염, 인산염, 젖산염 등의 전해질을 가하면 변성온도가 낮아질 뿐만 아니라 그 속도도 빨라지게 된다. 예를 들면 두부 제조시 두유의 글라이시닌 단백질은 가열만으로는 응고하지 않으나 염화마그네슘($MgCl_2$), 황산칼슘($CaSO_4$)을 첨가하면 70℃에서 잘 응고된다.
- pH : 일반적으로 단백질은 등전점에서 가장 쉽게 응고한다. 대부분 단백질의 등전점은 산성측에 있기 때문에 용액의 pH를 적절히 낮추면 열변성이 촉진된다. 예를 들면 등전점이 pH 4.8인 달걀의 오브알부민에 산을 가하면 비교적 낮은 온도에서도 잘 응고되며, 생선 조림시 소량의 식초를 첨가하면 살이 빨리 단단해지는 것도 이 때문이다.
- 설탕 : 설탕은 단백질의 열응고를 방해한다. 단백질에 설탕이나 포도당을 넣고 가열하면 응고온도가 높아지며 설탕의 양이 많아질수록 응고온도는

증가하는데 이는 설탕이 응고단백질을 어느 정도 용해시키기 때문이다.

4) 동결에 의한 변성

대부분의 단백질은 반복된 동결과 해동에도 크게 변성되지 않기 때문에 동결법은 단백질 식품의 중요한 저장법이다. 그러나 육류와 생선단백질처럼 단백질의 종류에 따라 동결변성이 일어나기도 하는데 동결 후 질겨지고 수분을 잃게 되며 불용성이 된다.

동결변성의 원인은 두 가지로 설명할 수 있다. 첫째, 동결시 식품 중의 수분이 얼음결정으로 석출되면서 수분에 녹아있던 염류나 산이 농축되는 결과를 초래하고 따라서 단백질은 염석효과에 의해 변성된다. 둘째, 분산매인 수분이 얼음결정으로 자꾸 빠져나가면서 결과적으로 단백질은 탈수되고 서로 접근이 쉬워진 단백질 사이에 분자 간 결합을 형성하면서 응집되어 변성이 일어난다.

이와 같은 동결변성은 어육의 경우 −1~−5℃, 육류의 경우 −1.5~−3℃에서 가장 잘 일어나며 이 온도 범위를 최대빙결정대라 한다. 동결된 단백질 식품은 해동시 드립 drip이 유출되는 문제가 있는데 이는 변성된 단백질이 원래와는 달리 물과의 친화성을 잃어 물에 분산되지 못하면서 보수성이 상실되고 따라서 수분은 드립의 형태로 침출되고 만다. 해동된 변성단백질은 드립의 유출로 향미가 저하되고 효소의 작용을 받아 부패가 일어나기 쉽다. 얼음 결정을 최소화하고 변성의 시간을 최소로 줄이기 위해서는 최대빙결정대를 되도록 빨리 통과시킬 수 있는 급속동결이 효과적이다.

5) 건조에 의한 변성

육포, 어포와 같은 건조식품은 외관, 수분량, 맛 등이 달라지며 물에 담가 흡수시켜도 원래의 생고기 상태로 되돌아가지 못한다. 이는 건조 중에 단백질이 변성되었기 때문이며 가열에 의한 변성과는 다르다. 즉 육섬유를 형성하고 있는 직쇄상의 폴리펩타이드 사슬 사이에 있던 수분이 건조에 의해 제거되고 인접한 폴리펩타이드 사슬이 서로 접근하여 결합을 이루면서 견고한 구조로 되며 변성된다.

한편 진공 동결건조한 식품은 수분을 흡수시켰을 때 원래대로 돌아가는 복원성이 크다. 이는 급속한 동결과 낮은 압력(1~0.01mmHg)하에 동결건조시 단백질 분자가 공간적으로 서로 일정한 거리를 유지하여 고정된 채 물분자가 급속히 제거되어 단백질 분자 사이의 이동과 응집이 일어나지 않기 때문이다.

6) 산, 알칼리에 의한 변성

단백질은 등전점보다 높거나 낮은 pH에서는 전체적으로 음하전이나 양하전을 갖는 양쪽성 물질이다. 따라서 단백질 용액에 산 또는 알칼리를 가하여 등전점에 이르게 되면 응고가 일어나고 고유하전의 변화로 2, 3차 결합에 관여하던 이온결합에 변화를 일으켜 단백질이 변성하게 된다.

우유에 젖산균이 생육하면 젖산이 생성되어 pH가 저하되고 이로 인해 우유의 카세인 단백질이 등전점(pH 4.6)에 이르러 변성되어 응고된다. 이 원리를 이용하여 요구르트, 치즈 등을 제조한다. 또한 신선한 난백의 pH는 6.0~7.7인데 오브알부민의 등전점은 pH 4.8이므로 달걀에 구연산, 아세트산, 주석산 등을 가하여 pH를 저하시키면 안정된 거품이 잘 생성된다.

7) 기타 변성

(1) 효소에 의한 변성

응유효소인 레닌rennin은 송아지의 위에 존재하고 우유를 응고시키는 효소이다. 우유단백질이 레닌에 의하여 변성되어 치즈가 되는 원리는 다음과 같다. 우유단백질의 약 80%를 차지하는 카세인 casein은 구상의 카세인 마이셀 micelle로 존재하는데, 불용성인 α-카세인과 β-카세인은 마이셀구조 내에 존재하고 κ-카세인은 마이셀 표면에 존재하여 마이셀을 안정화시키는 역할을 한다. 레닌이 첨가되면 κ-카세인은 레닌의 작용으로 부분적으로 분해되어 파라-κ-카세인 para-κ-casein이 된다. 마이셀의 보호작용을 하던 κ-카세인이 분해되면서, 카세인 마이셀은 불안정해지고 우유에 함유되어 있던 칼슘이온과 결합하면서 응고가 일어난다. 이때 생성된 응고물을 응유 curd라 하며 치즈제조에 이용한다.

그림 4-10 **레닌에 의한 카세인의 변성**

$$\text{수용성 casein} \xrightarrow{\text{rennin}} \text{수용성 para-casein}$$

$$\text{수용성 para-casein} + Ca^{2+} \xrightarrow[\text{pH 4.7}]{} \text{불용성 Ca-para-caseinate}$$

(2) 염류에 의한 변성

단백질 용액에 소량의 염류가 존재하면 등전점은 변하지 않으면서 단백질 분자 사이의 인력을 약화시키므로 단백질이 잘 용해된다. 그러나 다량의 염류를 넣으면 단백질을 수화시켜야 할 물이 경쟁적으로 염을 녹이는데 사용되어 단백질의 수화가 감소한다. 또한 염류의 해리로 생긴 양이온과 음이온이 단백질의 하전을 중화시켜 단백질 분자 사이의 반발력이 감소되며 결과적으로 단백질은 응집되어 침전된다. 간수나 응고제를 이용한 두부제조는 이러한 원리를 이용한 것이다.

(3) 알코올과 아세톤에 의한 변성

유기용매인 알코올이나 아세톤을 단백질 수용액에 넣으면 단백질은 변성되어 침전하며 이 반응은 등전점 부근에서 가장 잘 일어난다. 알코올에 의한 단백질 침전은 친수성이 강한 알코올의 탈수작용에 의해 단백질 분자의 수화가 감소되기 때문이다. 알코올 시험법 alcohol test은 우유의 신선도 판정에 이용되는 방법으로 변질된 우유에는 산이 증가하여 pH가 등전점 부근으로 떨어져 알코올 첨가시 침전되는 원리를 이용한다.

(4) 계면장력에 의한 변성

단백질이 교반 등의 물리적 힘에 의해 단일분자막의 상태로 얇은 막을 형성하면 변성하여 응고되는데 이를 계면변성 surface denaturation이라 한다. 예를 들어 난백을 세게 저어서 거품을 내면 거품 표면에 분산된 오브알부민이 표면장력에 의해 변성되어 점성을 띠며 단단해진다.

(5) 광선 및 초음파에 의한 변성

단백질은 광선에 의해 3차 구조의 결합이 파괴되어 변성이 일어난다. 즉 α-, β-, γ- 및 X-선 조사에 의해 변성되며, 특히 자외선을 조사할 경우 단백질은 상온에서도 변성이 심하게 일어난다. 한편 단백질은 5,000~10,000 기압의 고압과 초음파 등에 의해서도 변성된다.

6. 식품의 단백질

식품단백질은 그 출처에 따라 식물성 단백질과 동물성 단백질로 크게 분류하며 식물성 단백질은 다시 곡류 및 두류단백질로, 동물성 단백질은 육류, 달걀 및 우유단백질로 세분한다.

1) 식물성 단백질

(1) 곡류단백질

① **쌀 단백질** : 쌀의 단백질은 글루텔린 glutelin, 글로불린 globulin, 알부민 albumin 및 프롤라민 prolamin으로 구성되어 있다. 이 중 가장 중요한 단백질은 글루텔린으로서 전체 단백질의 46~77%에 달하며 오리제닌 oryzenin이라고 한다. 현미에는 7~11%의 단백질이 함유되어 있고 도정된 백미는 6~10%로 다소 감소된다. 쌀의 단백질은 동물성 단백질에 비교할 때 라이신의 함량이 매우 낮은 것이 특징이다.

② **밀 단백질** : 밀의 단백질 함량은 10~18%에 달하고 밀가루는 8~16% 정도를 함유하고 있다. 밀가루 단백질은 주로 알부민, 글로불린, 글리아딘 gliadin 및 글루테닌 glutenin 등의 4종으로 구분된다. 이 중 가장 중요한 단백질은 프롤라민에 속하는 글리아딘과 글루텔린에 속하는 글루테닌이며, 전체 단백질량의 50% 이상을 차지한다. 이 두 단백질의 혼합물을 글루텐 gluten이라 하며 글루텐의 양과 성질에 따라 강력분, 중력분 및 박력분 등으로 구분하여 빵, 케이크, 국수, 과자류 등의 밀가루 제품의 특성에 맞추어 사용한다. 글루텐 단백질은 필수아미노산인 라이신, 메싸이오닌, 트립토판 함량이 부족하다.

한편 알부민과 글로불린 단백질은 전체 단백질의 13~35%를 차지하고 당단백질, 핵단백질, 지단백질 및 각종 효소 등을 포함한다.

(2) 두류단백질

두류 중에서 대표적인 대두에는 35% 정도의 단백질이 함유되어 있어서 식물성 식품으로서는 단백질 함량이 매우 큰 편이다. 대두의 주요 단백질은 글라이시닌 glycinin이며 메싸이오닌과 트립토판을 제외한 모든 필수아미노산의 좋은 급원이다. 특히 라이신 함량이 높기 때문에 곡류 단백질의 강화에 적합한 식품이다. 그러나 대두에 함유된 일부 알부민은 단백질 분해효소인 트립신 trypsin의 작용을 억제하는 트립신 저해물질 trypsin inhibitor로서 작용하여 단백질의 소화흡수를 어렵게 하므로 적당한 가열처리로 불활성화 시키면 단백질의 영양가를 높이는 데 도움이 될 수 있다.

2) 동물성 단백질

(1) 육류단백질

육류단백질은 근장단백질(구상 단백질 globular protein), 근원섬유단백질(섬유상 단백질 fibrous protein), 결합조직단백질 stroma protein로 나뉜다. 육류단백질의 필수아미노산 조성은 트립토판, 메싸이오닌이 표준단백질보다 약간 부족할 뿐, 나머지는 모두 표준단백질보다 우수하다.

근장단백질은 근원섬유 간의 육장 내에 용해되어 있는 단백질로 수용성이다. 주요 단백질인 마이오젠 myogen은 55~65℃에서 응고되며 묽은 염용액에 용출된다. 그 밖에 마이오글로빈, 헤모글로빈 등의 색소단백질과 각종 효소 등이 존재한다.

근원섬유단백질은 전체 단백질의 약 60%를 차지하며 마이오신 myosin, 액틴 actin, 트로포마이오신 tropomyosin 등이 주된 단백질이다. 마이오신은 근원섬유 중 굵은 필라멘트에 존재하고 액틴과 트로포마이오신은 가는 필라멘트에 존재하며 근육의 수축이완에 관여한다. 액토마이오신 actomyosin은 마이오신과 액틴이 혼합되어 형성된 것으로 육제품의 보수성과 결착성에 관여한다.

결합조직단백질은 알부미노이드 albuminoid에 속하는 콜라젠 collagen, 엘라스틴 elastin, 레티큘린 reticulin 등이며 이 중에 콜라젠이 가장 많다. 결합조직은 근속과 근속을 연결하며 장기를 지탱하기 위해 연결하고 2개의 뼈와 뼈를 접속하기 위한 인대 역할을 한다. 결합조직단백질은 고기의 질긴 정도와 밀접한 관계를 가지고 있으며 동물의 나이가 많아짐에 따라 함량이 높아진다.

콜라겐은 평행하게 배열되어 있고 백색이며 신축성이 적어 장시간 물과 함께 가열하면 가용성인 젤라틴 gelatin으로 분해되어 소화가 가능하다. 그러나 엘라스틴은 고무와 같은 탄력이 있는 황색조직으로 망상구조를 하고 있으며 보통의 조리온도에서는 분해되지 않는다.

(2) 어육단백질

어육단백질은 육류단백질에 비하여 근장단백질(25%)은 크게 차이는 없지만 근원섬유 단백질(70%)이 많고 결합조직 단백질(3%)이 적다. 근장단백질로는 마이오젠, 마이오알부민, 글로불린 X가 있다. 근원섬유단백질로는 액토마이오신, 액틴, 마이오신, 트로포마이오신이 있으며 결합조직 단백질의 주성분은 콜라젠과 엘라스틴이다.

아미노산 조성은 어류의 종류에 따라 다르지만 대부분 필수아미노산을 함유하고 있으며, 쌀을 주식으로 하는 사람에게 부족되기 쉬운 라이신이 풍부하게 들어있다.

(3) 달걀단백질

달걀은 우유와 같이 단일 식품으로는 최고의 영양적 가치를 지닌다. 필수아미노산 함량이 높고 특히 메싸이오닌 및 시스틴과 같은 함황아미노산 함량이 많으며 단백질 생물가는 94~97이다.

① **난백단백질** : 난백 egg white은 10~11%의 단백질을 함유하며 건조상태에서는 83%에 이른다. 그중에서 가장 많은 것이 오브알부민 ovalbumin으로 54%를 차지하고 있고 그 외 콘알부민 conalbumin 13% 및 오보뮤코이드 ovomucoid 11%로 구성되어 있다 표 4-5 .

② **난황단백질** : 난황에 존재하는 단백질로서는 인단백질인 동시에 지단

[표 4-5] 난백의 주요 단백질

주요 난백단백질	함량	특성
오브알부민 ovalbumin	54%	• 난백의 주요단백질 • 인단백질이며 열에 의해 쉽게 응고됨
콘알부민 conalbumin	12~13%	• 당단백질이며 열에 의해 불안정 • 철, 구리, 아연, 알루미늄 등의 금속이온과 결합시 열안정성 증가
오보뮤코이드 ovomucoid	11%	• 당단백질로 열에 의한 응고성 없음 • 트립신저해제로 작용
오보글로불린 ovoglobulin	8.0~8.9%	• 기포성이 커서 우수한 포립제로 이용
라이소자임 lysozyme	3.3~3.5%	• 특정세균에 대한 용균작용이 있음
오보뮤신 ovomucin	1.5~2.9%	• 콜로이드상으로 분산되어 있고 점성 있음 • 라이소자임과 상호작용으로 농후난백유지 • 난백 수양화의 원인
아비딘 avidin	0.05%	• 바이오틴 biotin과 결합하여 흡수 방해
플라보단백질 flavoprotein	0.8%	• 오보뮤신과 유사한 당단백질 • 리보플라빈과 특이적으로 결합시 자외선에 안정

백질인 리포바이텔린 lipovitellin과 리포바이텔리닌 lipovitellinin이 중요하다. 리포바이텔린은 43~44%를 차지하며 17%의 지질과 1%의 인을 함유하고 있는 인단백질인 동시에 지단백질이다. 리포바이텔리닌은 30~31%를 차지하는 인단백질이며 기타 포스비틴 phosvitin 10% 및 리베틴 livetin 14~15%로 조성되어 있다.

(4) 우유단백질

우유는 약 3%의 단백질을 함유하고 있으며 수분을 제외한 고형성분의 25~30%를 차지한다. 달걀 및 육류 단백질과 함께 가장 품질이 우수한 식품단백질이다. 주로 콜로이드 형태로 존재하는 우유단백질은 카세인 casein과 유청단백질 whey protein로 구분되는데 카세인은 탈지유가 pH 4.6~4.7에서 침전되는 부분이며 우유단백질의 80%를 차지하는 주성분이다. 이외에 초유에는 면역단백질인 면역글로불린 immune globulin이 15~25%로 많이 함유되어 있다.

① **카세인** : 분자 내에 인을 함유하고 있는 인단백질이며 칼슘과 결합하여 카세인칼슘(Ca–caseinate)의 형태로 존재한다. α, β, κ 및 γ 등 4종류의 집합체로 되어 있고 이를 마이셀 micelle이라 한다. 이 중 κ–casein은 카세인 복합체의 15%를 차지하며 우유에 카세인이 콜로이드 상태로 분산될 수 있도록 유지해 주는 성분이다. 우유를 응고시키는 효소인 레닌 rennin에 의해 pH 4.7 부근에서 카세인이 침전, 응고되어 치즈가 만들어진다.

② **유청단백질** : 전 우유단백질의 약 20%를 차지하며 가용성 단백질이다. 락트알부민 lactalbumin과 락토글로불린 lactoglobulin은 대표적인 유청단백질로 약 80%를 차지한다. 락트알부민은 열에 의하여 응고되므로 열응고성 단백질이라 한다.

Chapter 5

비타민

학습 목표

1. 비타민의 종류와 화학적 특성을 이해할 수 있다.
2. 비타민의 구조적 특징과 변화를 이해할 수 있다.

비타민은 체내의 세포를 구성하거나 에너지원으로 사용되지는 않지만 생체 내에서 정상적인 대사작용을 위한 필수성분이다. 몇 가지를 제외하고는 체내에서 합성되지 않거나 또는 충분한 양이 합성되지 않기 때문에 반드시 음식물을 섭취하여야만 공급될 수 있다. 생체에 필요한 비타민의 양은 미량이며 일반적으로 에너지 전환과 대사조절에 관여하고 체내 효소의 조효소 coenzyme로서 생체촉매의 역할을 한다. 처음에는 "생명 vita에 필요한 아민 amine"이라 하여 "vitamine"이라 했으나 대부분의 비타민이 아민을 가지고 있지 않음이 밝혀져 -e자를 제거하여 "vitamin"이라고 쓰게 되었다.

이 장에서는 용해성에 따라 비타민을 분류하고 그 화학적 구조, 특성 및 식품조리 가공 중의 변화에 대해 알아본다.

1. 비타민의 분류 및 특성

현재까지 비타민으로 발견된 물질은 상당수가 있으며 화학적으로도 매우 광범위하기 때문에 비타민을 화학구조상으로 분류하기는 어렵다. 따라서 비타민은 발견된 순서에 따라 A, B, C, D, E, K 등의 이름을 붙이고 밝혀진 화학구조에 부여된 화학명을 함께 사용한다. 또한 용해성에 따라 지용성 비타민과 수용성 비타민으로 구분하며 현재 13종으로 분류하고 있다 표 5-1 .

체내에서 쉽게 비타민으로 변화하는 화합물을 프로비타민 provitamin 이라 한다. 비타민은 미량으로 취급되기 때문에 중량으로는 mg, μg 등의 단위가 널리 사용되며 효력이 다른 여러 종류가 존재하는 일부의 경우 국제단위 international uint, I.U.가 사용되고 있다.

일반적으로 비타민은 산에 약하고 알칼리에 강하며, 수용성 비타민은 그 반대이다. 열에 대하여는 비타민 E가 가장 강하고 D 〉 B_2 〉 B_1 〉 A의 차례로 안정도가 감소하며 비타민 C가 가장 약하다. 비타민 A와 C는 이중결합을 가지고 있어 산화되기 쉽다.

[표 5-1] 비타민의 분류

지용성 비타민	수용성 비타민
비타민 A(레티놀, 카로티노이드)	비타민 B복합체(B_1, B_2, B_6, B_{12}, 나이아신, 판토텐산, 엽산, 바이오틴)
비타민 D(D_1, D_2, D_3, D_4, D_5, D_6, D_7)	비타민 C
비타민 E(α, β, γ, δ)	
비타민 K(K_1, K_2, K_3, K_4, K_5)	

[표 5-2] 지용성 비타민과 수용성 비타민의 특성 비교

특성	지용성 비타민	수용성 비타민
용해성	기름과 유기용매에 녹음	물에 용해됨
체내저장여부	1일 섭취량이 필요 이상일 때는 체내저장	필요량만 보유됨
배설여부	배설되지 않음	여분은 소변으로 배설됨
결핍증	결핍증세가 서서히 나타남	결핍증세가 신속히 나타남
식이섭취	매일 식사에서 절대적으로 공급할 필요없음	매일 식사에서 공급되어야 함
전구체	비타민의 전구체가 있음	일반적으로 전구체가 없음
주요구성원소	구성원소는 탄소, 수소, 산소임	구성원소는 탄소, 수소, 산소, 질소이고 일부는 코발트, 황을 함유함

2. 지용성 비타민

지용성 비타민은 물에는 녹지 않고 지방과 지용성 용매에 용해되는 것으로 비타민 A, D, E, K가 있다.

1) 비타민 A

비타민 A는 레티놀retinol과 그 에스터 형태인 레티닐에스터류retinyl esters, 그리고 비타민 A 활성을 갖는 몇몇 카로티노이드carotenoids의 총칭이다. 이 중 체내에서 전환과정 없이 활성을 띠는 레티놀과 레티닐에스터는 주로 동물성식품에 존재하며, 카로티노이드는 주로 식물성식품에 존재한다. 식물성식품에는 600여 종의 카로티노이드가 존재하는데, 그중 α-카로틴, β-카로틴, γ-카로틴, 크립토잔틴cryptoxanthin은 체내에서 레티날retinal 또는 레티노산retinoic acid으로 전환되는 대표적인 프로비타민 A provitamin A이다.

비타민 A의 구조는 β-아이오논ionone 핵과 네 개의 공액 이중결합이 있는 곁사슬로 되어 있다. β-아이오논 핵을 가지고 있는 카로티노이드 화합

물은 체내에서 비타민 A로 전환될 수 있어서 프로비타민 A라고 한다. 인체 내에서 비타민 A로의 효력은 β-카로틴이 가장 크고, 그 다음 크립토잔틴, α-카로틴, γ-카로틴 순서이다. 비타민 A의 구조 중 이중결합이 모두 *trans*형인 것이 활성이 가장 크다. β-카로틴의 효력은 비타민 A의 거의 1/3이고, 비타민 A를 β-카로틴 형태로 섭취할 때에는 비타민 A 필요량의 3배를 필요로 한다. 또한 프로비타민 A(β-카로틴)는 장점막에서 비타민 A가 되며 간 속에 에스터체로 저장된다.

그림 5-1 비타민 A 및 β-카로틴의 구조

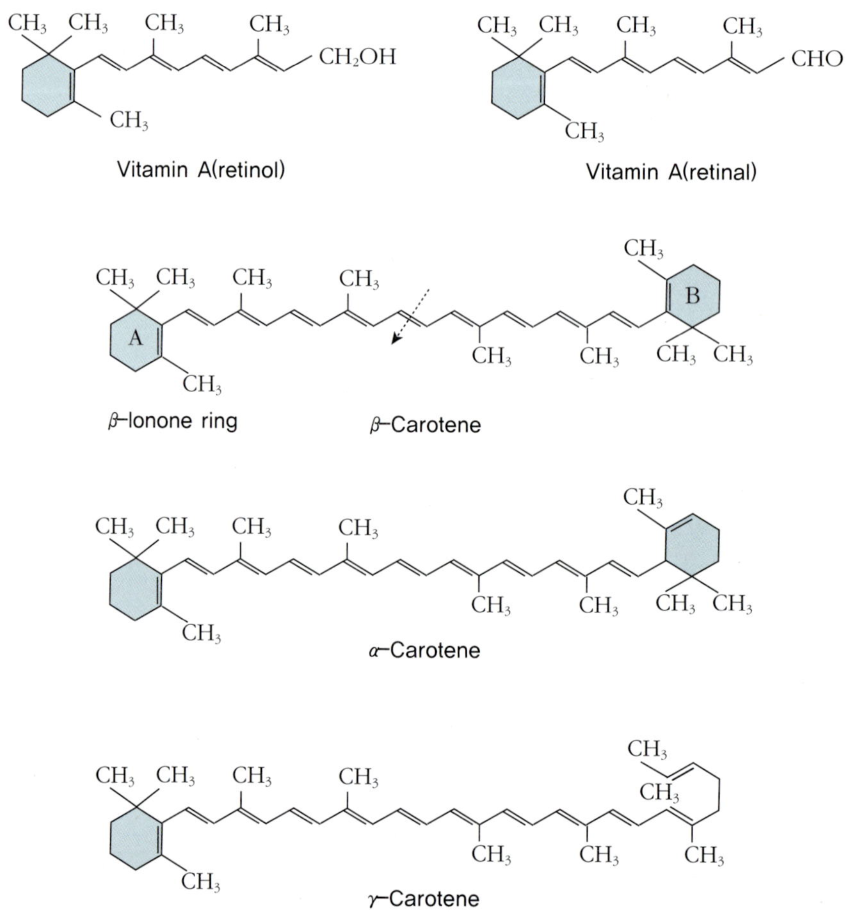

산에는 불안정하고 알칼리에는 안정하나, 이중결합을 가지고 있어서 공기 중의 산소나 광선에 의해서 쉽게 산화된다. 산소가 없는 상태에서는 120℃로 가열하거나 건조해도 안정하다. 통조림이나 냉동을 할 때는 비타민 A의 손실이 적다. 식품의 비타민 A는 일반적인 건조로 50~80%, 일반적인 가열조리 상태에서는 10% 정도 손실된다. 식품에 함유되어 있는 비타민 E, 비타민 C, -SH 화합물 등은 비타민 A의 산화를 억제한다.

비타민 A는 동물성 식품인 동물의 간, 장어, 달걀노른자, 고지방 생선, 치즈 등에 많다. 프로비타민 A는 β-카로틴을 다량 함유하고 있는 녹엽채

[표 5-3] 주요 식품 중 비타민 A의 함량

식품	함량(RE/100g)
오렌지	12
파슬리	500
달걀노른자	600
버터	700
뱀장어	900
소간	1,500
시금치	2,500
김	3,000
당근	40,000
간유	30,000~50,000,000

비타민 A의 단위

비타민 A의 함량은 흔히 국제단위 international unit; I.U.로 표시되나 이것은 공식적으로 사용되지는 않는다. 1 I.U.는 0.300μg의 비타민 A 알코올에 해당된다. 그러나 비타민 A와 프로비타민 A 간에는 흡수율에 차이가 있어 체내에서 비타민 A의 활성도가 다르게 나타나므로 최근에 와서 FAO/WHO와 미국의 국립과학원에서는 비타민 A의 역가를 레티놀당량 retinol equivalent; R.E.으로 기록하도록 권장하고 있다. 즉 1 R.E.는 1μg의 레티놀에 해당하고 6 μg의 β-카로틴 또는 12μg의 다른 프로비타민 A에 해당된다.

소, 당근, 풋고추 등 식물성 식품이 주요 급원이다. 비타민 A는 시각작용, 상피조직의 보호작용, 항산화작용, 암의 예방효과, 성장 및 생식기능에 관계한다.

2) 비타민 D

비타민 D는 뼈의 석회화 calcification와 관계가 있어 칼시페롤 calciferol이라고도 하며 체내에서 생성될 수 있다. 비타민 D에는 D_1, D_2, D_3, D_4 및 D_5가 있으며 이 중 중요한 것은 D_2와 D_3이다. 비타민 D_2 ergocalciferol는 생선간유에 존재하고 비타민 D_3 cholecalciferol는 동물성 식품에 존재한다 표 5-4. 비타민 D_2와 D_3는 각각 전구체인 에르고스테롤(식물)과 7-디하이드로콜레스테롤(동물)에 자외선을 조사하면 생성된다. 비타민 D_2와 D_3는 산소 · 열 · 빛 · 산에 대해서는 불안정하지만, 알칼리에서는 안정하다.

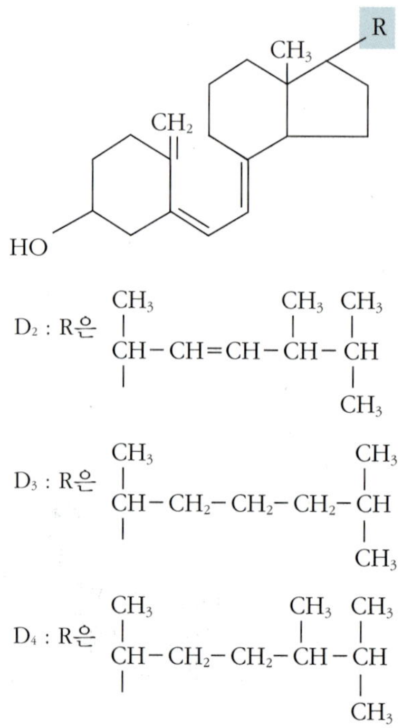

[표 5-4] 주요 식품 중 비타민 D의 함량

식품	함량(I.U./100g)
우유	2
달걀	50
버섯	60
버터	80
소, 돼지의 간	100
뱀장어	150
정어리	530
대구간유	10,000

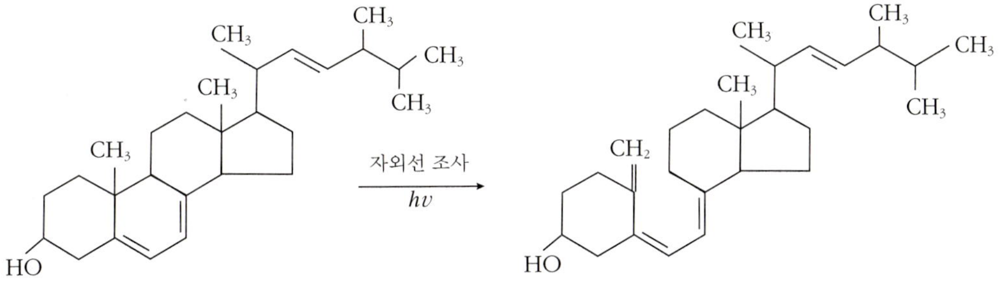

Ergosterol　　Vitamin D2(ergocalciferol)

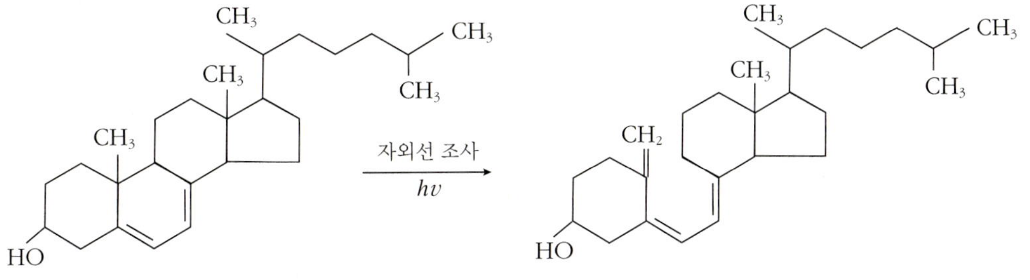

7-Dehydrocholesterol　　Vitamin D3(cholecalciferol)

비타민 D는 혈장의 칼슘농도를 증가시켜 $Ca_3(PO_4)_2$를 뼈에 침착시켜 뼈의 석회화를 촉진한다. 일반적인 가공 · 조리 조건에서는 손실이 적으며 대구간유, 참다랑어, 고등어, 달걀, 장어, 버섯, 비타민 D를 강화한 마가린과 우유 등이 비타민 D의 좋은 급원식품이다.

3) 비타민 E

비타민 E는 생식 및 출산 tocos과 관계가 있어 토코페롤 tocopherol이라고 한다. 자연계에 있는 토코페롤은 토콜 tocol의 유도체로서 크로만 chroman 핵에 결합하는 메틸기의 위치에 따라 α, β, γ, δ형의 4종류가 있다. α-토코페롤이 인체에서 나타내는 최대의 생물학적 활성을 100%로 할 때, β-토코페롤은 50%, γ-토코페롤은 26%, δ-토코페롤은 10% 정도이다. 식품 지질의 산화방지효과는 δ형이 가장 크고 그 다음 γ, β, α형으로 나타난다.

비타민 E는 산소와 산화된 지질이 존재하지 않는 상태에서는 상당히 안정하지만, 불포화지방의 산화에 영향을 주는 요인에 의해서는 분해된다. 비타민 E는 주로 식물의 종자 또는 식물성 기름에 많이 함유되어 있다 표 5-5 . 비타민 E는 항산화 효과가 있어서 식품의 불포화지방산, 인지

[표 5-5] 주요 식품 중 비타민 E의 함량

식품	함량(mg/100g)
소간	1.6
달걀노른자	3.0
우유	3.3
참기름	5.0
올리브유	8.0
땅콩기름	16.0
아마인유	23.0
밀배아	30.0

질, 비타민 A의 산화를 막아주고 세포의 노화를 방지한다.

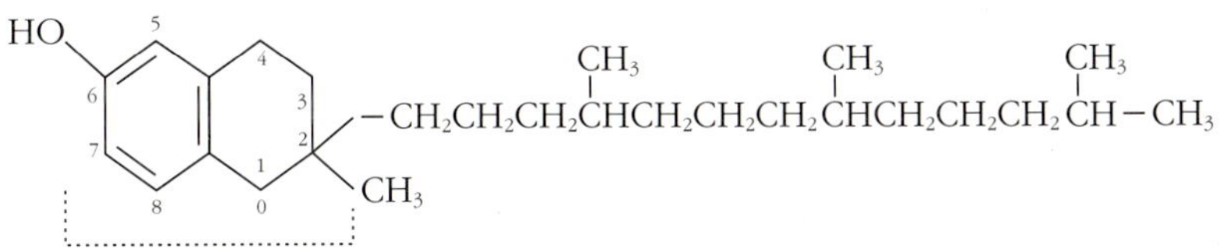

chroman 핵 Tocol

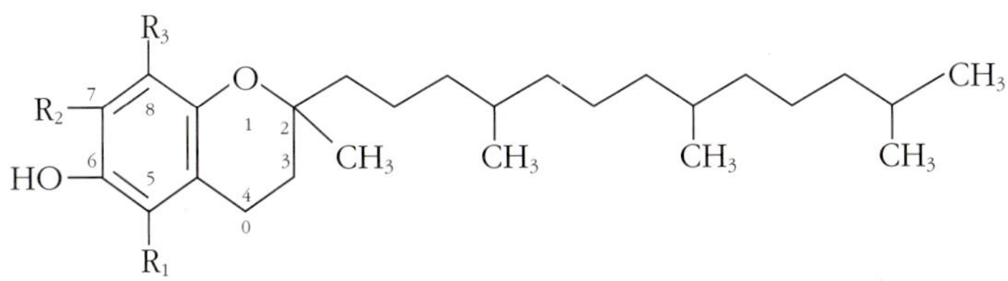

α-tocopherol(5, 7, 8-trimethyltocol) : $R_1, R_2, R_3 \rightarrow CH_3$

β-tocopherol(5, 8-dimethyltocol) : $R_1, R_3 \rightarrow CH_3$

γ-tocopherol(7, 8-dimethyltocol) : $R_2, R_3 \rightarrow CH_3$

δ-tocopherol(8-methyltocol) : $R_3 \rightarrow CH_3$

4) 비타민 K

비타민 K는 혈액응고 coagulation와 관계가 있으며 naphthoquinone의 유도체로서 K_1, K_2, K_3, K_4 및 K_5가 있다. K_1 phylloquinones은 녹색 식물계에서 합성되고 비타민 K_2 menaquinones는 세균에 의해 합성된다. 비타민 K_3 menadione, K_4, K_5는 인공적으로 합성한 비타민이다. 비타민 K_3는 수용성이고 천연 비타민 K보다 활성이 더 커서 혈액응고 치료제나 비타민제로 많이 사용된다. 비타민 K는 열에 안정하고 알칼리, 광선에는 불안정하다. 녹엽채소, 양배추, 대두 등이 비타민 K의 좋은 급원식품이다 표 5-6. 조류에서는 비교적 결핍증이 일어나기 쉬우나 포유동물에서는 장내 세균에 의하여 비타민 K가 합성되므로 식이성 결핍증은 드물고 간 장해나 담즙의 부족 등에 의하여 비타민 K의 흡수작용이 저해될 때 결핍증이 일어나기 쉽다.

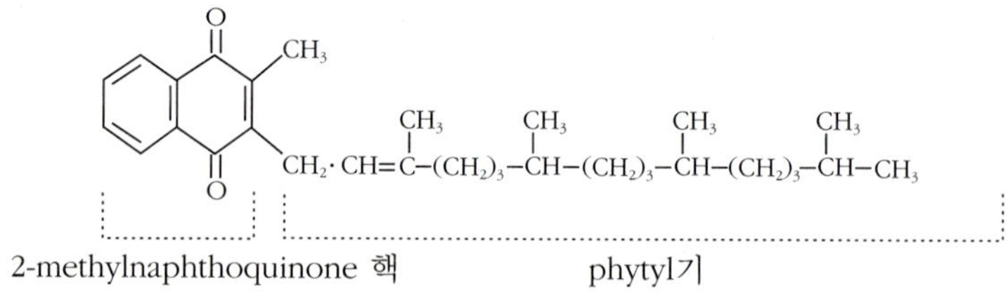

Vitamin K_1(phylloquinone)

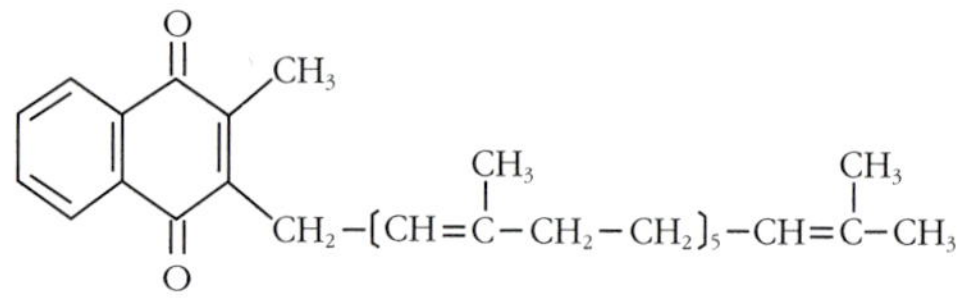

Vitamin K_2(menaquinone)

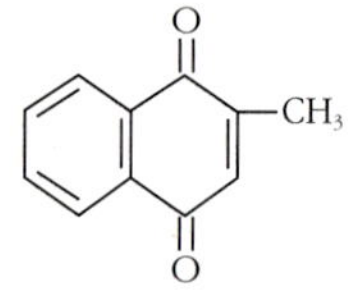

Vitamin K_3(menadione)

[표 5-6] 주요 식품 중 비타민 K의 함량

식품	함량(menadione 단위/100g)
당근	5
우유	8
감자	10
토마토(성숙)	12
닭간	13
밀	17
꿀	25
완두	50
양배추(백색)	70
돼지간	111
시금치	161

3. 수용성 비타민

비타민 B복합체와 비타민 C는 수용성 비타민이다. 비타민 B복합체에는 비타민 B_1, 비타민 B_2, 나이아신, 비타민 B_6, 엽산, 판토텐산, 바이오틴, 비타민 B_{12} 등이 있다.

1) 비타민 B_1

비타민 B_1은 싸이아민 thiamine 또는 항신경염성 비타민 aneurin이라고도 한다. 비타민 B_1은 피리미딘 pyrimidine 핵과 싸이아졸 thiazole 핵이 메틸렌탄소에 의해 결합되어 있는 구조를 지닌다.

비타민 B_1은 산성 용액에서는 안정하지만, 중성이나 알칼리성 용액에서는 매우 불안정하며 특히 열에 매우 불안정하다. 산성용액에서 가열할 경우 비타민 B_1은 서서히 피리미딘과 싸이아졸로 분해된다. 중성용액에서는 비타민 B_1의 분해가 빠르게 진행되어 싸이아졸 고리의 분해가 증가한다. 알칼리용액에서는 싸이아졸 고리가 모두 분해된다. 일반적인 가열조리에서는 20~30% 정도의 비타민 B_1이 파괴되며 냉동식품을 해동할 때는 약 10%가 손실된다. 쌀을 씻을 때 20~50%, 밥을 할 때 40~60%, 채소를 가열할 때 70~80%의 비타민 B_1이 손실된다.

비타민 B_1은 태양광선 자체로는 분해되지 않으나 용액 중에 형광물질인 riboflavin, lumiflavin, lumichrome 등이 존재하면 쉽게 분해되어

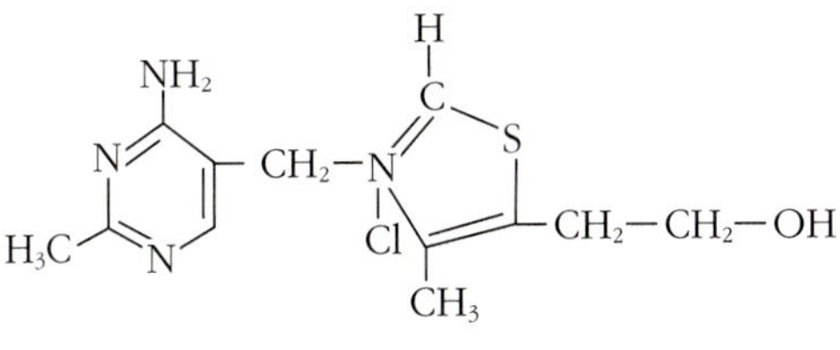

Thiamin

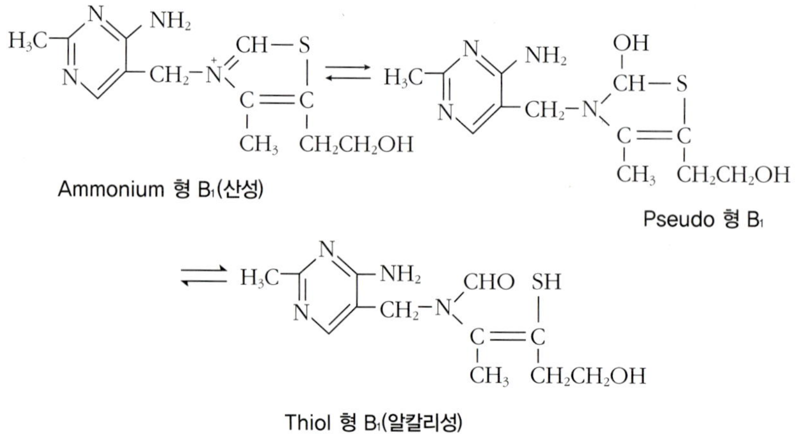

Thiamin의 수용액 중에서의 존재형태

[표 5-7] 주요 식품 중 비타민 B_1의 함량

식품	함량(mg/100g)
우유	0.03
시금치	0.12
콩나물	0.15
풋고추	0.2
달걀노른자	0.25
소간	0.3
마늘	0.33
고추장	0.35
돼지고기	0.6
콩	0.6
쌀겨	1.0
땅콩	1.09
대구	2.5

thiochrome을 생성한다. 이는 강한 형광을 가지고 있어 비타민 B_1 정량반응에도 이용되고 있다. 또한 비타민 B_1은 조개류, 민물고기, 고사리, 버섯 등에 함유된 싸이아미네이즈 thiaminase에 의하여 피리미딘과 싸이아졸로 분해

된다.

비타민 B_1은 마늘의 알리신 allicin과 결합하여 알리싸이아민 allithiamin이 된다. 알리싸이아민의 형태로 존재하는 비타민 B_1은 흡수가 잘되며 싸이아미네이즈에 의해 분해가 잘되지 않아 마늘과 함께 섭취하면 비타민 B_1의 이용률이 높아진다. 해바라기씨, 곡류의 배아, 현미, 대두, 보리쌀, 동물의 간, 돼지고기가 비타민 B_1의 좋은 급원식품이다. 탄수화물 대사에서 조효소로 작용하고 신경과 뇌 기능에서 중요한 역할을 한다.

2) 비타민 B_2

비타민 B_2는 라이보플라빈 riboflavin이라 하고 단백질과 결합한 형태로서 lactoflavin(우유), ovoflavin(달걀흰자), hepaflavin(간) 등으로도 존재한다. 결합한 당에 따라 riboflavin(ribitol 함유), araboflavin(arabitol 함유), xyloflavin(xylitol 함유), glucoflavin(sorbitol 함유)으로 나누며 천연의 flavin은 riboflavin이고 다른 것은 합성품이다. 라이보플라빈은 수용액에서는 독특한 녹황색 형광을 띠며, 당알코올인 D-라이비톨 ribitol이 아이소알록사진 isoalloxazine 고리에 결합한 구조를 이루고 있다. 라이보플라빈은 산화·환원반응에 관여하는 FMN과 FAD의 두 가지 조효소의 구성성분으로

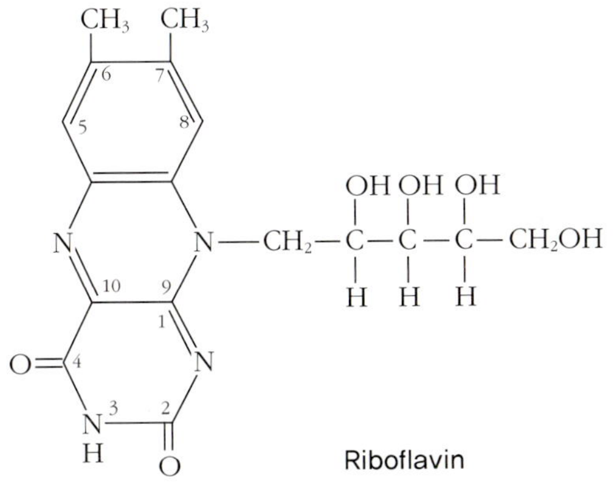

Riboflavin

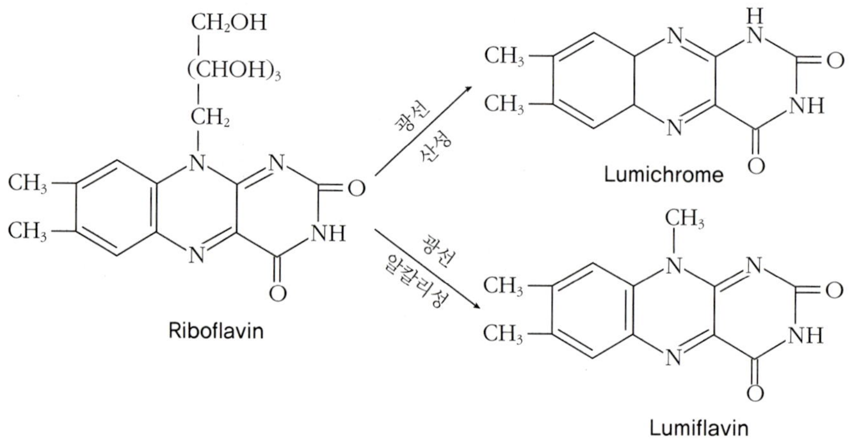

Riboflavin의 광선에 의한 변화

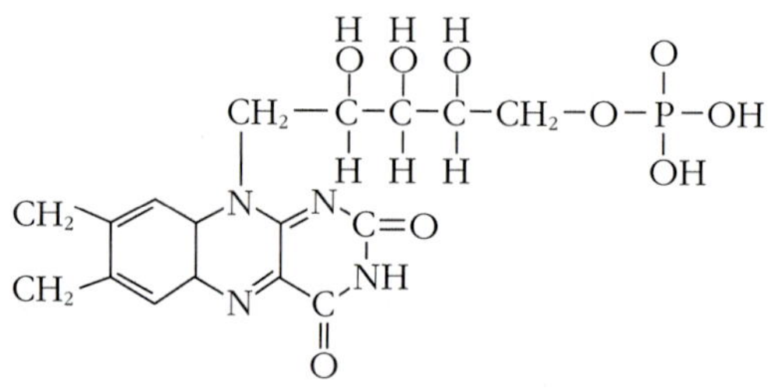

Flavin mononucleotide(FMN)
(Riboflavin monophosphate)

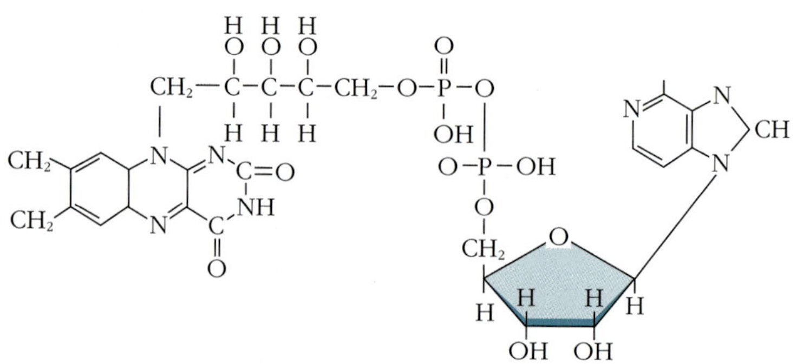

Flavin adenine dinucleotide(FAD)

조효소로서의 Riboflavin

[표 5-8] 주요 식품 중 비타민 B_2의 함량

식품	함량(mg/100g)
소고기	0.05
간장	0.08
우유	0.15
시금치	0.3
치즈	0.45
된장	1.0
셀러리	1.0
분유	1.3
송이버섯	1.4
소간	2.2

탄수화물, 단백질, 지질 대사에 중요한 역할을 한다.

비타민 B_2는 산에 안정하고 알칼리와 가시광선 및 자외선에 의해 쉽게 분해된다. 비타민 B_2를 알칼리에서 광선에 노출시키면 루미플라빈 lumiflavin, 산성에서는 루미크롬 lumichrome이라는 형광물질이 생성되어 비타민 효력을 상실한다. 우유를 햇볕에 두 시간 동안 노출시키면 비타민 B_2의 약 50%가 파괴된다. 비타민 B_2는 일반적인 조리와 가공조건에서는 비교적 안정하다.

비타민 B_2는 동·식물 조직에 널리 분포하며 우유, 요구르트, 치즈, 버섯, 동물의 간, 달걀, 김, 미역, 시금치가 좋은 급원이 된다.

3) 나이아신

나이아신 niacin은 비타민 중에서 구조가 가장 간단한 니코틴산 nicotinic acid과 니코틴아미드 nicotinamide를 포함한 비타민의 일반명이다. 니코틴산은 원래 담배의 유독알칼로이드인 니코틴을 $KMnO_4$ 혹은 $K_2Cr_2O_7$으로 산화하여 얻은 것이다. 나이아신은 조효소인 NAD nicotinamide adenine dinucleotide와

NADP nicotinamide adenine dinucleotide phosphate의 구성성분으로 체내 산화 · 환원반응에 관여한다.

나이아신은 열 · 산 · 알칼리 · 광선 · 산화에 대하여 안정하므로, 조리나 가공에 의한 손실이 거의 없다. 그러나 수용성이어서 용출에 의한 손실이 발생한다. 체내에서 트립토판 60mg으로부터 나이아신 1mg이 생성되므로, 트립토판을 다량 함유하고 있는 동물성식품은 나이아신의 좋은 급원이 된다. 그 외에 버섯, 닭고기, 참치, 땅콩, 밀배아, 보리쌀 등이 나이아신의 좋은 급원식품이다 표 5-9 .

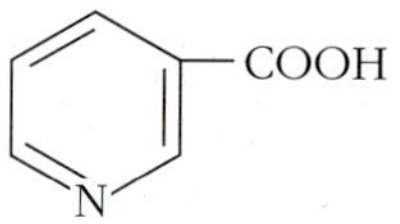

Nicotinic acid

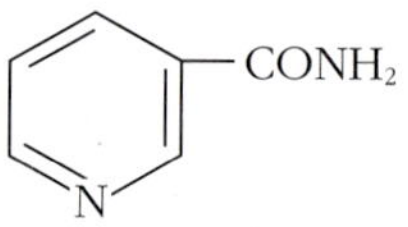

Niacinamide

[표 5-9] 주요 식품 중 나이아신의 함량

식품	함량(mg/100g)
달걀	0.1
우유	0.1
마늘	0.4
감자	1.0
현미	4.5
찹쌀	5.0
소고기, 돼지고기	5.0
보리	7.0
보리쌀	7.8
참깨	7.8
닭고기	8.6
녹두	13.2
소간	17.0
땅콩	30.0

4) 비타민 B_6

비타민 B_6는 피리독신 pyridoxine이라고도 부르며, 항피부병 adermin 인자라고도 한다. 자연계에는 피리독솔 pyridoxol, 피리독살 pyridoxal, 피리독사민 pyridoxamine의 3종류가 있으며 체내에서 상호전환될 수 있어서 비타민 B_6로서의 효능은 같다. 특히 피리독살과 피리독사민이 비타민 B_6의 주성분이 된다. 활성형은 피리독살-5-인산 pyridoxal-5-phosphate, PLP으로 아미노산 대사, 조혈작용, 신경전달물질 합성에 관여한다.

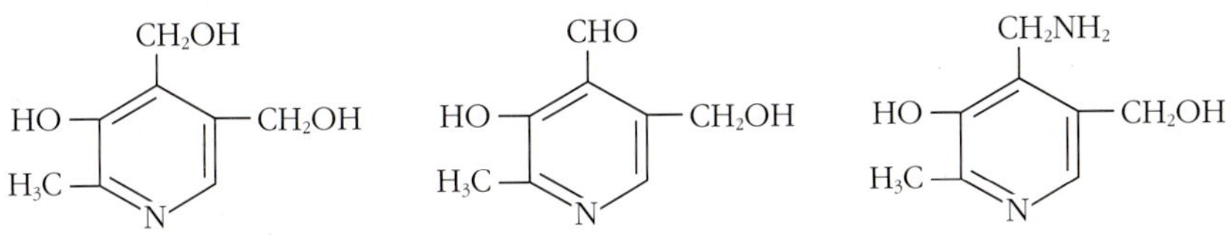

Pyridoxol Pyridoxal Pyridoxamine

[표 5-10] 주요 식품 중 비타민 B_6 함량

식품	함량(mg/100g)
우유	6
달걀	21
치즈	70
소고기	80
시금치	83
닭고기	100
돼지고기	200
양배추	290
바나나	300
땅콩	300
고구마	320
밀배아	600
소간	800

피리독살과 피리독사민은 공기 중의 산소 · 열 · 자외선 조사에 의해 쉽게 파괴되나 산성에서 안정하다. 비타민 B_6는 동물의 근육조직에 저장되어 있으므로 육류, 생선류, 가금류가 가장 좋은 급원이다. 동물성식품의 비타민 B_6가 식물성식품의 비타민 B_6보다 쉽게 흡수되지만 밀배아, 전곡 등도 좋은 급원이다 표 5-10 .

5) 엽산

엽산 folic acid은 프테리딘 pteridine, 파라아미노벤조산 p-aminobenzoic acid, PABA 및 글루탐산 glutamic acid으로 이루어진 프테로일 글루탐산 pteroyl glutamic acid의 구조로 체내에 흡수되거나 보충제로 사용되는 형태이며, 자연식품에는 보통 여러 개의 글루탐산이 결합되어 있다. 또 엽산은 체내에서 비타민 C에 의하여 폴린산 folinic acid이 되며 엽산과 폴린산과의 가역적 변화는 아마노산, 핵산 및 적혈구 합성반응에서 조효소로 작용하는 것과 관련이 있다. 엽산은 산성에서 열이나 광선에 의해 쉽게 분해되고, 알칼리성에서는 열에는 안정하나 광선에 의해서 분해된다. 따라서 엽산은 조리 · 가공 · 저장할 때 쉽게 손실된다. 엽산은 라틴어로 '식물의 잎 foliage' 이라는 뜻에서 유래되었듯이 시금치와 같은 짙푸른 잎채소에 특히 풍부하며, 브로콜리, 아스파라거스 등의 채소류, 간, 오렌지주스, 밀배아가 좋은 급원이다 표 5-11 .

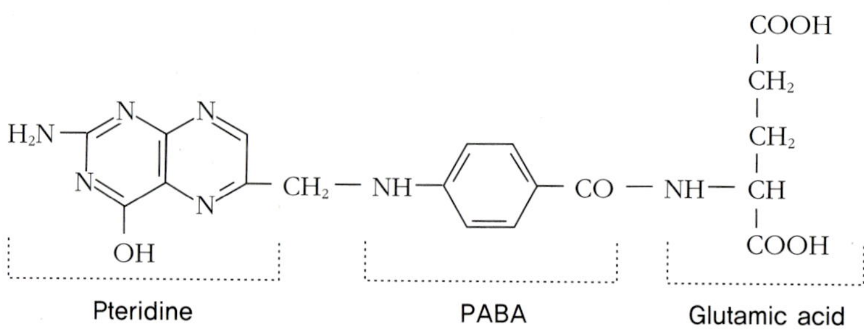

Folic acid

[표 5-11] 주요 식품 중 엽산의 함량

식품	함량(μg/100g)
달걀	85
당근	100
돼지고기	100
소고기	100
바나나	100
밀	190
닭고기	200
시금치	280
땅콩	280
밀배아	300
소간	380
연어	860

6) 비타민 B_{12}

비타민 B_{12}는 비타민 중에서 구조가 가장 복잡하며, 분자 중앙에 코발트를 가지고 있어서 코발아민 cobalamin이라고도 한다. 비타민 B_{12}는 항악성빈혈인자라고도 불리며 적혈구의 생성, 지방과 당질 대사, 단백질 합성, DNA 합성 등에 관여한다. 코발아민은 포피린유도체에 프로피온산과 벤즈이미다졸 라이보타이드에 아미노프로필알코올이 결합되어 있으며 이 포피린 핵의 중앙에 1개의 코발트를 가지고 있는 매우 특이한 구조이다. 보통 시안기(-CN)를 함유하고 있는 사이아노코발아민을 비타민 B_{12}라 하고 시안기 대신 -OH기를 함유하고 있는 것을 하이드록시코발아민, $-NO_2$기를 함유한 것을 나이트로소코발아민이라고 한다.

비타민 B_{12}는 일반적인 조리조건에서는 비교적 안정하다. 비타민 B_{12}는 식물성 식품에는 거의 함유되어 있지 않으며, 동물성 단백질 식품에는 풍부하다. 특히 내장육(간, 신장 및 심장), 어패류, 소고기, 우유, 달걀노른자가 좋은 급원이다 표 5-12.

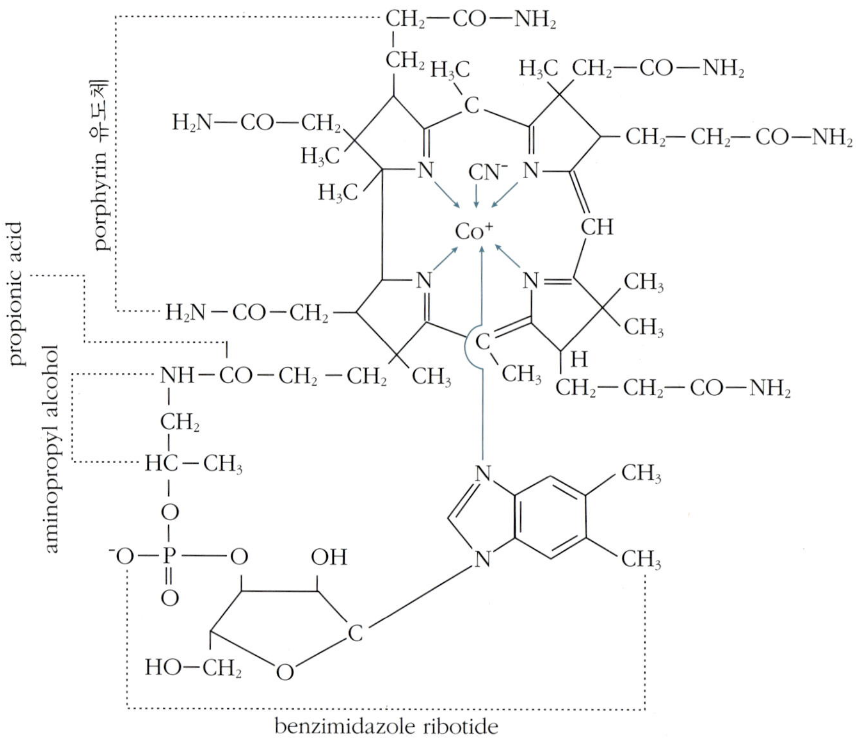

Cyanocobalimin

[표 5-12] 주요 식품 중 비타민 B_{12} 함량

식품	함량(μg/100g)
쌀	0
밀	0
효모	0.1
우유	0.24
간장	0.1~0.5
돼지고기	0.1~2.8
된장	0.15~0.90
맥주	0.2~0.4
소고기	0.5~2.9
굴	1.0
정어리	2.6
돼지간	18~22
소간	30~50

7) 판토텐산

판토텐산 pantothenic acid은 그리스어 '모든 것에서부터 온다' 라는 뜻의 pantothen에서 유래하며 이름처럼 자연계에 널리 분포한다. 판토텐산은 β-알라닌 β-alanine과 판토산 pantoic acid이 펩타이드 결합한 구조를 가지고 있다. 판토텐산은 체내에서 판토테인 pantotheine이 되며 이것이 ATP와 결합하여 조효소인 Co A coenzyme A를 형성하며, 에너지대사나 헤모글로빈, 지방산, 호르몬 합성 및 분해에 관여한다.

판토텐산은 일반적인 조리조건에서는 안정하며 동 · 식물성 식품에 널리 분포하고 버섯, 소간, 달걀노른자, 땅콩, 전곡 등이 좋은 급원이다 표 5-13.

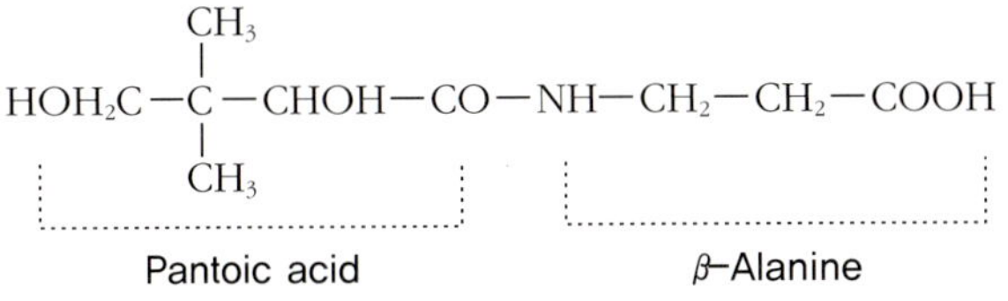

Pantothenic acid

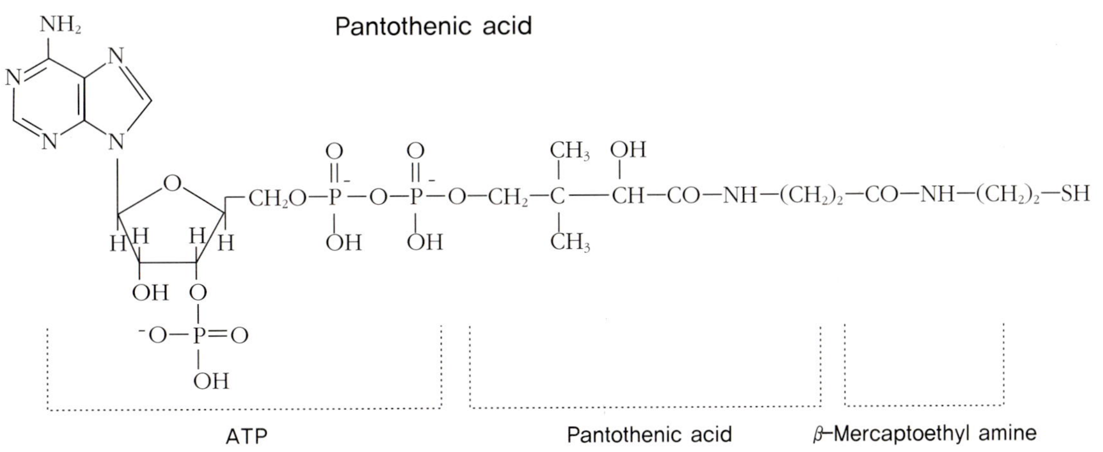

Coenzyme A(CoA)

[표 5-13] 주요 식품 중 판토텐산의 함량

식품	함량(mg/100g)
양배추	0.18
우유	0.28
토마토	0.37
쌀	0.40
밀가루	0.57
소고기	0.90
돼지고기	1.00
고구마	1.10
닭고기	1.70
달걀	1.70
쌀겨	2.40
소간	6.10

8) 바이오틴

바이오틴 biotin은 황을 함유한 비타민으로 카복실레이즈 carboxylase 등의 조효소로 포도당 및 지방산 합성, 아미노산으로부터 에너지 생성과정과 DNA 합성에 관여한다. 바이오틴은 요소 urea, 싸이오펜 thiophene, 발레르산 valeric acid이 결합된 구조를 가지고 있다. 바이오틴은 상당히 안전한 편으로 열 · 광선 · 산에는 안정하나, 알칼리와 산화에 불안정하다. 생달걀을 섭취하면 달걀흰자의 아비딘 avidin이라는 당단백질이 장내에서 바이오틴과 결합하여 바이오틴의 흡수를 방해한다. 바이오틴은 동물성 · 식물성 식품

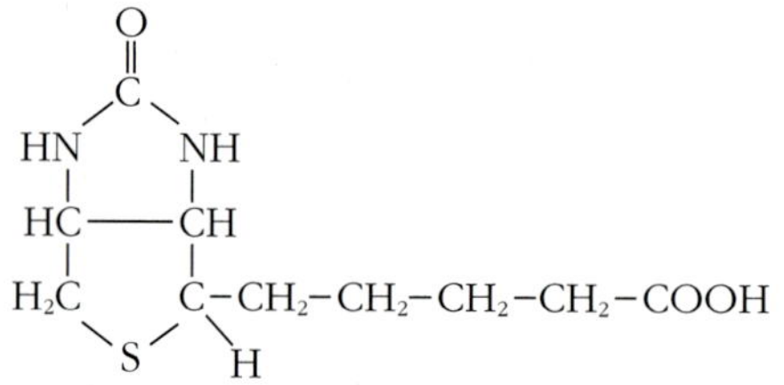

에 널리 분포하며 달걀노른자, 간, 효모, 땅콩, 대두, 굴, 옥수수가 좋은 급원이다 표 5-14.

[표 5-14] 주요 식품 중 바이오틴의 함량

식품	함량(mg/100g)
우유	0.005
시금치	0.007
달걀	0.009
굴	0.009
콩	0.01
효모	0.16

9) 비타민 C

비타민 C ascorbic acid는 비타민 E, 비타민 A, 필수지방산 등의 산화를 방지하며, 철과 칼슘의 흡수를 돕고 엽산의 활성화 과정에 관여한다. 비타민 C는 환원형 L-ascorbic acid ; ASA과 산화형 dehydroascorbic acid ; DHA이 있다. 비타민 C는 락톤 고리 중의 카보닐기와 엔다이올 endiol 구조를 가지고 있어서 강한 환원력을 지닌다. 세 번째 탄소에 결합된 하이드록시기가 쉽게 이온화되기 때문에 비타민 C는 수용액에서 강한 산성을 나타낸다.

산화형 비타민 C(DHA)는 환원형 비타민 C(ASA)의 1/2의 효력을 나타낸다. DHA는 불안정하여 더 산화되면 2,3-다이케토굴론산 2,3-diketogulonic acid, DKG이 되어 비타민 C로서의 효력을 상실한다. 비타민 C는 수용액에서는 열에 불안정하고 산화에 의해 쉽게 파괴된다. 일반적인 가열조리에서는 50% 정도의 비타민 C가 분해된다. 철 · 구리 등과 같은 금속이온은 비타민 C의 파괴를 촉진한다. 비타민 C는 동물성식품에는 거의 없으며, 신선한 채소와 과일이 좋은 급원식품이다 표 5-14.

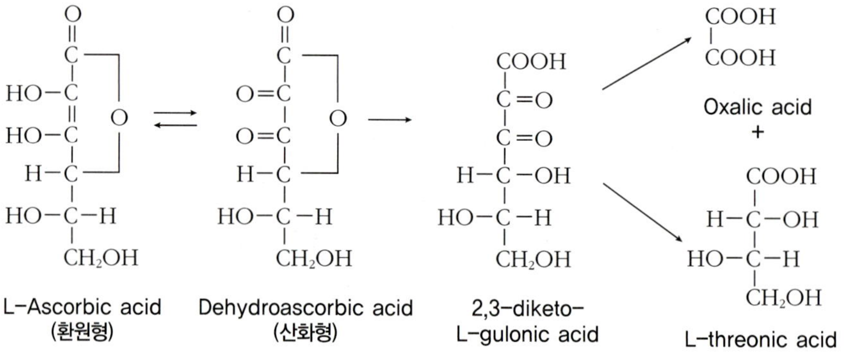

L-Ascorbic acid(ASA)와 Dehydroascorbic acid(DHA)

[표 5-15] 주요 식품 중 비타민 C의 함량

식품	함량(mg/100g)
돼지간	10
토마토	20
김	20
콩나물	25
고구마	30
귤	40
배추	40
파	50
시금치	100
고추	128
무잎	150
파슬리	200
홍차	204
양배추	240

Chapter 6

무기질

학습 목표

1. 무기질의 특성 및 분류에 대하여 설명할 수 있다.
2. 산성 식품과 알칼리성 식품을 설명할 수 있다.
3. 식품 중의 주요 무기질의 종류, 체내작용, 급원식품에 대하여 이해한다.

무기질은 생체의 중요한 구성성분일 뿐 아니라 생리기능을 조절하는 성분이기도 하다. 무기질의 종류는 100여 종의 금속 및 비금속 원소가 있으나 식품 및 인체에서 중요한 무기질은 20여 종이다. 식품에 존재하는 무기질은 대부분 무기염의 형태로 존재하나 일부는 단백질, 클로로필, 적혈구, 효소 등의 유기물과 결합한 형태로도 존재한다.

이 장에서는 무기질의 분류 및 특성, 각종 무기질의 종류와 체내 작용 및 급원 등에 대하여 살펴본다.

1. 무기질의 특성 및 분류

1) 무기질의 특성

무기질은 식품에서 유기물과 수분을 제거한 성분이다. 식품을 태우면 C, H, O, N으로 이루어진 유기물인 탄수화물, 단백질, 지방은 연소되어 휘발되고 무기질인 각종 원소들이 대부분 재로 남기 때문에 회분 ash이라고도 한다. 식품분석에서는 식품을 500~600℃에서 회화하여 얻어지는 재의 무게를 측정하여 무기질의 양으로 표시한다. 이때 무기질 중 일부 원소는 산화물이 생성되거나 휘발되어 소실되기도 하여 총 무기질의 양과 회분 양과는 일치하지 않을 수도 있다. 생체 내 존재하는 무기질의 양은 약 4%로, 생체의 중요한 구성성분이며, 생체조절성분이다.

2) 무기질의 분류

(1) 체내존재량 및 섭취량에 따른 분류

체내존재량과 섭취량에 따라 다량무기질과 미량무기질로 나뉜다.

① 다량무기질 Macrominerals

무기질 중 체중의 0.01% 이상 존재하고 식품으로 하루에 100mg 정도를 섭취해야 하는 무기질로 칼슘(Ca), 인(P), 마그네슘(Mg), 나트륨(Na), 칼륨(K), 염소(Cl), 황(S) 등이다.

② 미량무기질 Microminerals, trace elements

체중의 0.01%보다 적은 양이 체내에 존재하고 철(Fe), 아연(Zn), 망간(Mn), 셀레늄(Se), 구리(Cu), 요오드(I), 코발트(Co), 불소(F), 몰리브덴(Mo) 등이다. 이외에 인체에 유해한 유해중금속으로 수은(Hg), 카드뮴(Cd), 납

그림 6-1 인체를 구성하는 무기질(체중 60kg, 성인)

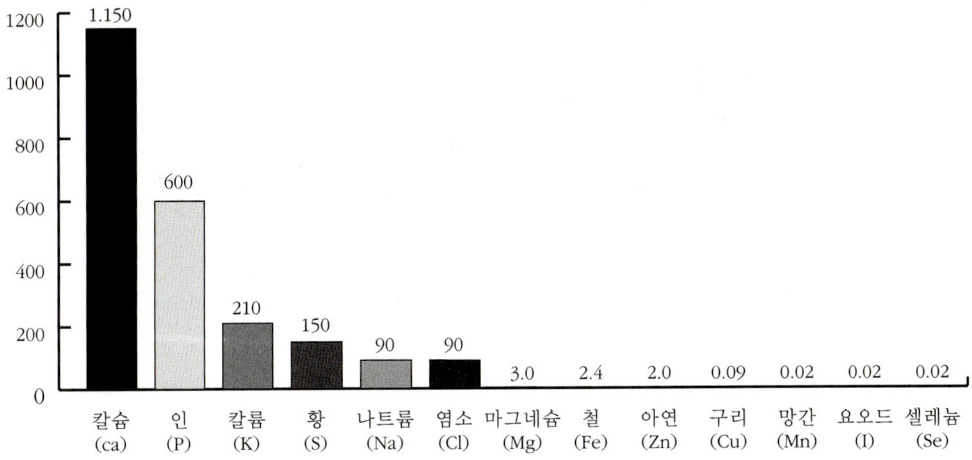

(Pb), 비소(As)가 있다.

(2) 산성 또는 알칼리성에 따른 분류

수용액에서 생성되는 이온의 종류에 따라 산 생성 또는 알칼리 생성 무기질로 나뉜다.

① 알칼리 생성 무기질 alkali-forming elements

Ca, Mg, Na, K, Fe, Cu, Mn, Co, Zn 등은 Ca^{2+}, Mg^{2+}, Na^{+}, K^{+}, Fe^{2+}, Cu^{2+}, Mn^{2+}, Co^{2+}, Zn^{2+}의 양이온이 되어 알칼리 생성 무기질이다.

② 산 생성 무기질 acid-forming elements

P, S, Cl, Br, I 등은 PO_4^{3-}, SO_4^{2-}, Cl^{-}, Br^{-}, I^{-}의 음이온이 되어 산 생성 무기질이다.

2. 산성식품 · 알칼리성식품

모든 식품은 알칼리 생성원소와 산 생성원소를 가지는 비율에 따라서 산성식품과 알칼리성식품으로 나뉜다. 우리가 산성식품을 지나치게 섭취하면 혈액이 산성으로 기울어질 것을 염려하나, 일상식에서는 생체 항상성homeostasis에 의하여 체액의 상태는 환경이 변화하여도 일정하게 유지되는 조절 능력이 있어 크게 걱정하지 않아도 된다. 그러나 알칼리성식품을 산성식품보다 조금 많이 섭취하는 것이 건강에 도움이 된다.

1) 산성식품

곡류, 육류, 난류, 두류(대두 제외), 버터, 치즈 등이 있다. 쌀이 산성식품인 이유는 인(150mg%)이 많고 칼슘(6mg%)이 적기 때문이다. 육류, 난류가 산성식품인 이유는 인과 황(함황아미노산)이 많기 때문이다. 또 탄수화물과 지질은 체내에서 연소되어 이산화탄소와 물로 되어 탄산 또는 탄산수소를 생성하며, 단백질 중의 황은 황산이온(SO_4^{2-})을, 인은 인산이온(PO_4^{3-})을 생성한다. 따라서 탄수화물, 지질, 단백질이 많은 식품은 산성식품이 된다.

2) 알칼리성식품

우유, 대두, 채소류, 해조류, 고구마 등이 있는데 우유와 대두는 칼슘이 많고 인은 적기 때문이고 채소류에는 마그네슘, 칼륨, 칼슘, 철이 많기 때문이다. 과실은 유기산 때문에 신맛을 내지만 유기산은 체내에서 산화되어 이산화탄소와 물이 되어 휘발되고, 칼슘, 칼륨 등과 같은 알칼리 생성 무기질이 많기 때문이다 표 6-1 .

[표 6-1] 주요 식품의 알칼리도와 산도

알칼리성 식품	알칼리도	산성식품	산도
다시마	40	달걀	10~20
흑설탕	15	오징어, 문어류	10~20
당근	9~15	육류	10~20
시금치	5~12	오트밀	15
대두	9~10	현미	9~14
고구마	6~10	보리	10
무	6~10	잠두	5~10
감귤류	5~10	뱀장어	7
감자	5~9	옥수수	5
혈액	5	흰쌀	3~5
토마토	3~5	밀가루	3~5
사과	1~3	버터	4
우유	2	흰빵	2~3
양파	1~2	쌀밥	1

식품의 산도 및 알칼리도

식품 100g을 연소시켜 얻은 회분의 수용액을 중화하는 데 요하는 0.1N HCl, 또는 0.1N NaOH의 mL 수로 표시한다.

(예) 어느 식품 50g을 회화하여 그 회분을 중화하는 데 0.1N NaOH 용액이 0.02dL가 소요되었다면 이 식품은 사용시약이 NaOH 용액이므로 산성식품으로 산도는 4($100/50 \times 1 \times 2 = 4$)이다.

3. 식품 중의 무기질

1) 칼슘 calcium(Ca)

(1) 분포

칼슘은 인체에 가장 함량이 높은 무기질이다. 체중의 1.5~2%를 구성하며, 99% 정도가 뼈와 치아에 인산염 $Ca_3(PO_4)_2$, 또는 탄산염 $CaCO_3$의 형태로 존재한다. 나머지 1%는 혈액과 근육에 분포되어 있다.

(2) 작용

칼슘은 골격 형성, 신경의 흥분억제, 효소의 활성화, 화학적 전기적 자극을 신경과 근육으로 전달, 혈액 응고, 효소반응, 호르몬 분비, 세포의 투과성 조절, 세포막을 통한 영양소의 이동, 신경세포와 근육 간의 흥분전달, 근육의 수축과 이완, 골격근육 및 심장근육의 수축 등이다.

(3) 흡수

체내 흡수 정도는 함께 섭취하는 식품 성분에 따라 다르다. 곡류, 두류에 함유되어 있는 이노시톨 inositol의 인산에스터인 파이틴 phytin은 칼슘의 흡수를 방해하고, 또 채소와 과실에 들어있는 칼슘은 수산염 oxalate으로서 비교적 많이 들어있으나 불용성이므로 흡수가 저해된다. 칼슘 흡수를 높여주는 것으로는 비타민 D, 단백질, 유당 등이다. 또 식품 속에 Ca과 P의 비율이 1~2:1 정도일 때 흡수가 가장 좋다. 실제 우리의 식생활에서는 1:1.5의 비율로 섭취하고 있다. 우유는 10:9로 칼슘 흡수가 가장 좋은 식품이다 표 6-2.

혈중 칼슘농도(9~11mg/dL)는 일정하게 유지되고 있다. 혈액의 칼슘농도가 정상 수준 이하로 떨어지는 경우 부갑상선호르몬, 비타민 D는 뼈로부

[표 6-2] 칼슘 흡수에 영향을 미치는 인자

흡수를 증가시키는 인자	흡수를 저해하는 인자
소장상부의 산성환경	소장하부의 알칼리성환경
동량 수준의 칼슘과 인	과량의 밀기울
비타민 D	칼슘에 비해 과량의 인, 철, 아연
생리적 칼슘 요구량의 증가(성장, 임신)	폐경, 노령
칼슘 섭취부족	비타민 D 부족
부갑상선 호르몬	파이트산
유당	수산
단백질	식이섬유
비타민 C	흡수되지 않은 지방산

터 칼슘이 나오도록 하고, 만약 혈액 내 칼슘 수준이 너무 높으면 칼시토닌 calcitonin 호르몬이 갑상선에서 분비되어 부갑상선의 작용을 방해하여 혈액 내 칼슘 수준이 정상으로 되게 한다.

아동의 경우 칼슘이 부족하게 되면 뼈의 성장 장애로 인해 구루병이 유발되며, 성인의 경우 골다공증이 되어 골절되기 쉬우며, 과잉증으로는 신장결석이 있다. 한국인 영양섭취기준에 의하면 성인 남녀의 칼슘 권장량은 700mg/일이며, 중년 이후에는 골다공증의 예방을 위하여 충분히 섭취하도록 권장하고 있다.

(4) 주요 급원식품

우유, 유제품, 멸치, 뱅어포 등 뼈째 먹는 생선, 해조류, 푸른잎 채소, 콩류 등에 많이 존재하고 곡류, 고기, 채소에는 적게 들어 있다. 우유 및 유제품은 칼슘 함량이 높고 체내 이용률이 좋아서 칼슘의 가장 우수한 급원식품이다. 이외에도 칼슘이 풍부한 식품은 케일, 브로콜리, 칼슘강화 오렌지 주스 등이 있다. 녹색채소, 해조류, 깨, 두류도 칼슘함량이 높으나 흡수율이 낮다. 중요 식품의 칼슘과 인의 함량은 표 6-3 과 같다.

[표 6-3] 식품 1인분 내 칼슘과 인의 함량

식품명(목측량)	Ca(mg)	P(mg)	식품명(목측량)	Ca(mg)	P(mg)
미꾸라지(50 g)	390.0	322.5	물미역(30 g)	44.7	24.0
멸치(15 g)	273.8	221.7	오렌지(100 g)	39.0	20.0
우유(1컵:200 ml)	200.0	180.0	두부(2조각:80 g)	38.4	53.6
무청(70 g)	174.3	24.5	키위(100 g)	30.0	26.0
고춧잎(70 g)	147.7	38.5	식빵(2쪽:100 g)	28.0	83.0
들깻잎(70 g)	138.6	40.6	달걀(1개 50 g)	23.5	84.0
호상요구르트(1개:110 g)	110.0	104.5	보리밥(1공기:210 g)	21.0	126.0
치즈(1장:20 g)	100.6	168.8	대두(삶은것 50알:20 g)	15.0	44.0
참깨(8 g)	99.6	49.6	콜라(200 ml)	8.0	40.0
통조림꽁치(50 g)	99.0	88.0	사이다(200 ml)	8.0	4.0
아이스크림(1/2컵:100 g)	94.0	10.0	소고기(60 g)	7.2	57.0
브로콜리(70 g)	44.8	136.5	쌀밥(1공기:210 g)	4.2	84.0

2) 인 phosphorous(P)

(1) 분포

인은 인체 내의 모든 조직에 존재하며 체중의 0.8~1.1%를 차지하고 있는데 그중 85%는 칼슘과 결합하여 골격을 구성하고 나머지는 유기물과 결합하여 연조직에 존재한다.

(2) 작용

ATP 구성요소, 근육의 수축과 대사의 이화작용, 조효소 구성성분, DNA와 RNA의 필수 구성요소, 인지질의 구성성분이다.

(3) 흡수

식품 내에서 다른 물질과 에스터 ester 결합을 하고 있던 인은 가수분해되어 유리상태가 된 후 흡수된다. 인의 흡수율은 70% 정도로 매우 높다. 가공식품, 탄산음료 등은 인의 함량이 높다.

(4) 주요 급원식품

멸치, 쌀겨, 맥아, 효모, 꽃새우, 오징어, 우유 및 유제품, 육류, 현미나 전곡 등이 있다. 식품 중의 인의 함량은 표 6-3 과 같다.

3) 칼륨 potassium(K)

(1) 분포

주로 식물성 식품에 함유되어 있으며 성인의 체내에는 약 245g(0.39%)이 분포하며 총 무기질의 5%를 차지한다. 이 중 약 97%가 세포내액에서 염화물(KCl), 인산염(K_2HPO_4), 탄산염(K_2CO_3, $KHCO_3$)으로 존재한다.

(2) 작용

나트륨과 함께 체액의 산 · 염기 평형유지, 세포의 삼투압유지, 글리코겐 및 단백질 합성, 근육의 수축, 신경의 자극전달에 관여한다. 특히 칼륨은 나트륨과 반대로 고혈압을 방지하는 효과가 있으므로 고혈압 환자가 특히 많이 섭취하는 것이 바람직하다. 흡수율은 90% 이상이다.

(3) 주요 급원식품

식물성식품인 해조류, 감자, 채소류, 사과, 녹차, 감잎차, 유제품, 대두, 어패류, 육류 등에 많이 함유되어 있다. 식품 중의 K 함량은 표 6-4 와 같다.

[표 6-4] 식품 중의 칼륨의 함량(mg/100g)

식물성 식품	함량	동물성식품	함량
미역	730	소고기	340
시금치	595	고등어	330
감자	495	굴	259
밀	465	꽁치	150
당근	310	우유	145
깻잎	303	달걀	140
사과	115	치즈	140
두부	95	닭고기	59
상추	38	돼지고기	51

4) 나트륨 sodium(Na)과 염소 chlorine(Cl)

(1) 분포

나트륨과 염소는 체중의 약 0.15%(약 94.5g 및 100g), 체내 총 무기질의 2% 및 3%를 차지하는 전해질들로 체액에서 이온으로 존재한다. 나트륨은 칼륨과는 대조적으로 세포외액에 NaCl, Na_2HPO_4, Na_2CO_3, $NaHCO_3$의 형태로 존재하고, 염소는 세포외액에 많이 존재한다.

(2) 작용

나트륨은 세포외액의 주된 양이온이고, 염소는 세포외액의 주요 음이온으로 체액의 삼투압과 수분평형에 관여한다. 또 나트륨은 근육의 수축작용, 신경의 흥분과 효소의 작용을 억제하며 포도당이나 아미노산과 같은 영양소의 세포막을 통한 운반을 돕는다. 나트륨은 결핍증보다는 과잉섭취로 인하여 부종을 야기하며 고혈압의 원인이 되므로 과잉섭취하지 않도록 주의가 필요하다.

식품에서 나트륨은 염화물인 소금의 형태로 식품의 조리가공에 다양하게 이용되며 짠맛을 내는 조미료로서, 삼투압을 낮추어 부패를 막고 저장기간의 연장을 위해, 각종 식품첨가물의 Na 염의 형태로 다양하게 많이 이용되고 있다.

(3) 주요 급원식품

나트륨의 1일 충분섭취량은 1,500mg으로 만성질환의 예방을 위해서는 식염 5g 이하로 섭취하는 것이 좋다. 우유, 생선, 조개류, 달걀, 소금, 간장, 염장식품, 햄, 베이컨, 피클, 가공 치즈, 통조림 또는 병조림된 과일즙, 조미료 등에 존재한다. 또한 Na염으로서 식품첨가물의 보존료, 결착제로도 많이 섭취되고 있다. 짠맛을 내는 식품 외에도 육류 및 우유 등의 단백질 식품에도 나트륨이 많이 함유되어 있고 화학조미료, 식품첨가물 등에도 많이 포함되어 있다. 식품 중의 Na 함량은 표 6-5 및 그림 6-2와 같다.

[표 6-5] 식품 중의 식염 함량(g/100g)

식물성식품	함량	동물성식품	함량	가공식품	함량
미역	5.7	새우류	10.7	베이킹파우더	10.6
김	2.2	대구	8.2	새우젓	8.6
셀러리	0.5	꽁치	2.2	마늘장아찌	2.3
고구마	0.02	해삼	1.9	배추김치	1.1
풋고추	0.01	청어	1.1	치즈	1.1
귤	0.2	오징어	1.0	베이컨	0.9
당근	0.1	다랑어	0.5	크래커	0.9
사과	0.1	멸치	0.2	어묵	0.7
무청	0.04	달걀	0.1	오이피클	0.7
시금치	0.07	닭고기	0.1	소시지	0.4

그림 6-2 우리가 자주 먹는 음식 속의 나트륨 함량(나트륨 2,000mg=소금 5g)

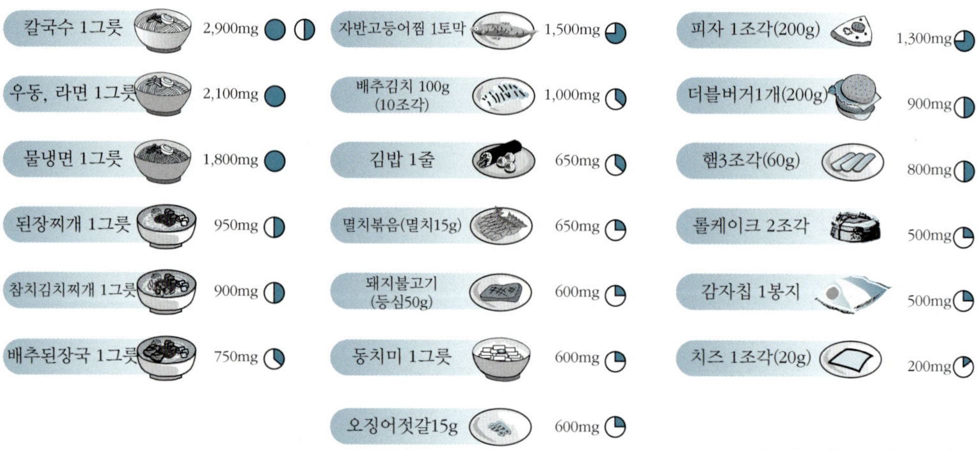

출처 : 식품의약품안전처

나트륨 섭취량 줄이기

- 간장, 고추장, 된장, 화학조미료, 베이킹파우더의 사용을 줄인다.
- 짠맛을 내는 양념 대신 고춧가루, 후추, 마늘, 생강, 양파, 겨자, 식초 등으로 맛을 낸다.
- 가공식품(라면, 즉석국 등)을 조리할 때 수프의 양을 적절히 조절한다.
- 국이나 찌개는 끓인 후 먹기 직전에 간을 한다.
- 국, 찌개, 국수, 라면 등의 국물에는 나트륨이 많으므로 국물보다는 건더기 위주로 먹는다.

5) 마그네슘 magnesium(Mg)

(1) 분포

마그네슘은 식물색소인 클로로필의 구성원소로 식물성식품에 풍부하게 존재한다. 체내에 약 20~35g 존재하며 총 무기질량의 5%를 차지한다. 체내 존재량의 약 70%가 $Mg_3(PO_4)_2$의 형태로 뼈에 존재하며, 나머지는 혈액과 근육 중에 있다.

(2) 작용

마그네슘은 골격과 치아의 구성성분이며 칼슘과는 반대로 신경을 안정시켜 근육 이완작용을 하며, 체내 ATP에 의존된 다양한 대사과정에 관여하는 효소의 보조인자로 작용한다. 마그네슘의 결핍증은 허약, 근육통, 심장기능 약화, 신경장애 등이며 근육경련에 의한 발작 증세를 나타내는 테타니 tetany가 대표적이며, 과잉증으로는 정상식사를 하는 성인에게는 나타나지 않으나 신장기능에 이상이 있는 경우 고마그네슘혈증을 나타내어 구역질, 호흡둔화, 혼수상태 등을 초래할 수 있다.

(3) 주요 급원식품

견과류, 코코아, 두류, 녹색채소 등에 많이 포함되어 있고, 곡류 외피에 있는 파이트산 phytic acid이 마그네슘과 불용성의 염을 형성하므로 흡수율이 낮은 편이다. 1일 권장섭취량은 성인 340mg이다.

다량무기질의 특징과 결핍증, 주요 급원식품을 **표 6-6** 에 요약하였다.

6) 철 iron(Fe)

(1) 분포

철은 성인 체내에 3~4g 함유되어 있다. 그중 70%는 혈액 중의 헤모글로빈 hemoglobin을 구성하고, 20%는 페리틴 ferritin 형태로 간, 비장, 골수에 있고, 10%는 마이오글로빈 myoglobin 및 철효소 cytochrome, catalase, peroxidase에 존재한다.

(2) 작용

인체 내에서 산소운반, 헤모글로빈과 마이오글로빈의 구성성분, 호흡효소의 구성성분이 된다. 철이 결핍되면 빈혈이 생긴다. 특히 임신부, 사춘

[표 6-6] 다량무기질의 특징 및 주요 급원식품

다량무기질	특징	결핍증	함유식품
칼슘(Ca)	골격구성, 근육수축이완, 신경흥분전달, 세포막투과성조절, 혈액응고	구루병, 골연화증, 골다공증	우유 및 유제품, 뼈째 먹는 생선, 해조류, 녹색채소
인(P)	골격구성, 조효소, 핵산, ATP, 인지질의 구성성분 효소 활성화, 산 · 알칼리 평형조절.	결핍증은 흔하지 않음	우유 및 유제품, 육류, 곡류.
마그네슘(Mg)	골격구성, 신경 안정, 근육 이완, 효소의 보조인자로 효소 기능 활성화	허약, 근육통, 신부전	견과류, 곡류, 두류, 녹색채소
나트륨(Na)	세포외액의 양이온, 수분평형조절, 산 · 알칼리평형조절, 신경자극전달, 포도당흡수	근육 경련, 구토, 식욕 감소, 현기증	식탁염, 장류, 가공식품, 젓갈, 장아찌등 염장식품, MSG
칼륨(K)	세포내액의 양이온, 수분평형조절, 산 · 알칼리평형조절, 신경자극전달, 글리코겐 합성	근육 경련, 식욕 저하, 불규칙한 심박동	녹황색 채소, 콩류, 바나나, 우유
염소(Cl)	세포외액의 산 염기 균형 및 삼투압 조절	구토, 설사	소금, 채소, 과일

기 이후의 가임 여성, 노인에 있어서 철결핍이 우려되고 있다.

철은 주요한 전이원소 transition element로 제1철인 Fe^{2+}과 제2철인 Fe^{3+} 이온 사이를 쉽게 산화환원하여 유지나 비타민 C의 산화를 촉진하고, 금속 킬레이트 chelate 화합물을 만든다. 또 육류나 혈액의 색소인 헴 heme에 철이 결합되어 붉은색을 나타낸다. 안토시아닌 색소는 철에 의해 검푸른색으로 변한다.

(3) 흡수

동물성 식품 중에 함유되어 있는 철은 대부분 헴철 heme iron로 10~30%의 흡수율을 보이며 식물성 식품 내의 철은 비헴철 nonheme-iron로 2~10%의 흡수율을 보인다. 식품으로부터 흡수된 철은 극소량만이 배설되며 파괴된 적혈구의 철 중 90%는 재흡수된다. 철의 체내 흡수율은 식사를 구성하는 성분의 형태, 체내 철 저장량 및 체내 요구량 등에 따라 다르다. 철분

[표 6-7] 식품 중의 철의 함량(mg/100g)

식물성식품	함량	동물성식품	함량
참깨	10.5	모시조개	13.3
대두	6.4	소간	8.0
효모	6.3	멸치	7.5
유부	4.6	난황	5.5
김	4.5	굴	3.9
고춧잎	3.3	소고기	3.6
시금치	2.5	참치	2.3
다시마	2.4	돼지고기	2.1
호두	2.2	뱀장어	1.6
건포도	2.1	꽁치	1.5
무잎	2.0	닭고기	1.0
자두	0.3	햄	0.6

의 흡수를 높이는 성분은 비타민 C, 구연산, 구리, 동물성 단백질 등이며 제1철인 Fe^{2+}은 제2철인 Fe^{3+}보다 흡수가 좋다. 인산, 칼슘, 섬유소, 당류, 카페인, 파이트산, 탄닌 등은 철분흡수를 방해한다. 일반적으로 혼합식사 내의 철은 흡수율이 약 10%이다.

[표 6-8] 철분흡수에 영향을 미치는 인자

흡수를 증가시키는 인자	흡수를 저해하는 인자
저장철의 고갈	저장철의 증가
헴철	위산분비저하
비타민 D	파이트산
생리적 철분 요구량 증가(성장, 임신)	수산
육류, 어류, 가금류	다른 무기질 다량 섭취
비타민 C	위산부족
위산	

(4) 주요 급원식품

어패류, 해조류, 녹차, 동물의 내장, 육류, 가금류, 난황, 콩, 견과류, 녹색채소 등이며, 식품 중의 철 함량은 표 6-7 과 같다.

7) 아연 zinc(Zn)

(1) 분포

아연은 체내에 약 2~3g이 존재하며, 주로 간, 신장, 췌장, 뇌, 모발, 뼈, 안구, 피부, 손톱, 남자의 성선 등에 분포되어 있다.

(2) 작용

효소 및 호르몬의 구성성분, 인슐린 합성, 면역기능에 관여한다. 결핍되면 핵산과 단백질 합성을 방해하여 단백질의 부족으로 두뇌발달을 저해한다. 지나친 아연의 만성적인 섭취는 구리의 흡수를 막고 결국에는 면역기능을 방해하며 빈혈을 일으키게 된다.

(3) 주요 급원식품

해산물, 식물의 종자, 동물의 간과 붉은 고기, 견과류, 콩 등에 다량 함유되어 있으며 다른 육류, 우유, 전곡에도 상당량이 들어있다. 그러나 전곡, 콩에 들어있는 섬유소, 파이트산은 아연의 흡수를 감소시킨다.

8) 유황 sulfur(S)

(1) 분포

유황은 체중의 0.25% 정도(158g) 존재하며, 시스테인 cysteine, 시스틴 cystine, 메싸이오닌 methionine 등의 아미노산, 단백질의 구성성분으로 존재한다. 또 비타민(B_1, lipoic acid, biotin), 담즙산, 당지질, 콘드로이틴황산, coenzyme A와 인슐린에도 존재한다.

(2) 작용

세포단백질의 구성요소, 세포 내의 산화, 환원작용, 해독작용 등을 한다.

(3) 주요 급원식품

황이 풍부한 식품으로는 마늘, 파, 무, 육류, 우유, 달걀, 두류 등이 있다. 특히 함황 아미노산을 많이 갖는 단백질의 섭취가 충분하면 자연히 충족된다.

9) 구리 copper(Cu)

(1) 분포

성인의 체내에는 약 80mg 정도의 소량이 있으며 간장, 혈액, 신장 및 모발 등의 조직에 특히 농축되어 있다. 비타민 C 산화효소, 폴리페놀산화효소에도 구리가 함유되어 있다.

(2) 작용

체내 철분 이용률을 높여 조혈 작용을 돕는다. 또한 멜라닌 색소 형성에 관여하는 효소, 콜라젠 형성에 관여하는 효소, 전자 전달에 관여하는 효소들의 보조 인자도 포함한다. 구리가 결핍되면 빈혈을 초래되고, 과잉시에는 용혈성 빈혈이 발생한다.

식품 중에서 구리는 미량 존재해도 지질을 산화시키는 금속촉매로 작용하고, 비타민 C를 파괴한다.

(3) 주요 급원식품

동물의 내장고기, 어패류, 굴, 달걀, 전곡, 두류, 밤, 송이버섯, 당밀 등에 존재한다.

10) 요오드 iodine(I)

(1) 분포

인체 내 요오드는 약 30mg 정도로 미량 함유되어 있는데 이 중 2/3 정도가 갑상선에 있다.

(2) 작용

갑상선호르몬의 구성성분으로, 갑상선호르몬은 체내의 신진대사를 왕성하게 하여 기초대사율을 조절하고 체온조절에 관여한다. 갑상선 속에 요오드가 10mg% 이하면 갑상선종을 일으켜 갑상선의 기능이 저하된다. 갑성선의 기능이 항진되어도 갑상선이 비대해지는데 이를 안구돌출성 갑상선종이라 한다. 임신기간 중 산모의 요오드 섭취가 부족하면 태아의 뇌 발달에 영향을 주어 정신박약, 성장지연, 왜소증 등을 초래할 수 있다.

(3) 주요 급원식품

해산식품 특히 간유, 대구, 굴 등에 많고 당근, 무, 상추, 토마토 등에도 많다 표 6-9 . 한편 겨자과 채소(겨자, 무청, 양배추, 콜리플라워 등)에는 고이트로젠 goitrogen이 함유되어 있어 갑상선 조직에서 요오드로부터 갑상선호르몬의 형성을 방해하나 그 양은 미량이다.

[표 6-9] 식품 중의 요오드 함량(㎍/100g)

식물성 식품	함유량	동물성식품	함유량
다시마	200~76,200	새우	1,160
귀리	20	대합	620
당근	15	조개류	600
식물성기름	10	대구간유	500
보리	7	대구	100
밀	3	버터	15
시금치	2	우유	5

11) 망간 manganese(Mn)

(1) 분포

골격, 뇌하수체, 간, 췌장에 존재하는데 인체 내에 약 20mg 정도 존재한다.

(2) 작용

골격 형성, 고환 발육과 난소의 기능, 중추신경기능, 탄수화물과 지방대사에 관여하는 효소나 요소합성에 관여하는 효소들의 보조인자로 작용한다.

(3) 주요 급원식품

밀의 배아, 씨앗, 콩, 녹엽채소, 견과류, 육류에 많이 존재한다.

12) 셀레늄 selenium(Se)

셀레늄은 항산화작용, 지방대사, 비타민 E의 절약작용, 중금속 독성에 대한 보호 작용 등에 관여한다. 결핍되면 암, 심장질환, 간경화, 기형을 유발하고 과잉되면 탈모, 피부의 발진, 위장장애, 부종 등을 일으킨다.

곡류, 해산물, 육류에 함유되어 있다.

미량무기질의 특징과 결핍증, 주요 급원식품은 표 6-10 에 요약하였다.

[표 6-10] 미량 무기질의 특징과 주요 급원식품

미량무기질	특징	결핍증	함유식품
철분(Fe)	헤모글로빈과 미오글로빈 성분, 골수에서 조혈작용, 효소 구성성분, 면역기능 유지	철분결핍성 빈혈(안색 창백, 피로, 허약, 호흡곤란, 식욕부진, 성장저해)	간, 굴, 육류, 녹색 채소
구리(Cu)	철분 이용률을 높여 조혈작용, 효소(멜라닌형성효소, 콜라겐 형성, 전자 전달 효소)의 보조인자.	철분결핍성 빈혈, 성장장애, 심장질환	굴, 어패류, 육류, 배아
아연(Zn)	200여 가지의 효소 구성요소, 성장, 면역, 생체막기능유지, 핵산합성	식욕부진, 미각이상, 성장지연, 상처회복지연, 피부염	굴 등의 해산물과 살코기, 간, 난황, 우유
요오드(I)	갑상선호르몬(신진 대사, 성장 및 건강유지) 구성성분	단순갑상선종	미역, 김 등의 해조류, 해산물
불소(F)	골다공증 및 충치 예방	충치유발, 골다공증	해조류, 어류
셀레늄(Se)	항산화제 역할	근육약화, 성장장애, 암, 심장질환, 간경화, 기형 유발	육류, 내장 고기, 해산물, 난황, 견과류
크롬(Cr)	당내인성인자 성분으로 인슐린의 작용 및 당질대사	포도당 내응력 감소, 성장지연,	간, 난황, 도정하지 않은 곡류, 육류, 견과류, 이스트
망간(Mn)	효소(탄수화물대사, 지방대사, 요소합성)의 보조인자	동물에서 성장장애, 생식장애, 사람에게는 거의 결핍증이 나타나지 않음	전곡류, 견과류, 두 류,채소
코발트(Co)	비타민 B_{12} 성분	악성빈혈	육류, 우유, 곡류

4. 무기질과 식품의 질

1) 경수와 연수

물의 질을 평가하는 척도는 물속에 존재하는 칼슘과 마그네슘의 양이다. 물 100mL에 CaO 1mL 또는 MgO 1.4mL를 함유하는 경우를 경도 1도(1° H)로 하고, 20° H 이상일 때를 경수hard water, 10° H 이하를 연수soft water라 한다. 탄산염의 경우는 끓이면 Ca과 Mg이 침전하기 때문에 일시경수라 하고 황산염 · 질산염 · 염산염의 경우는 영구경수라 한다.

경수를 연화하는 방법으로는 끓이기, 여과, 이온 교환수지 처리법 등이 있다.

맛있는 물

중성 또는 약산성이며 무기질이 약 100mg/L 정도 함유되어 있고, 염소이온은 12mg/L 이하로 유해성분이 없으며 증발 잔류물이 40~100mg/L 인 것이 맛있는 물이다. 또 물의 온도는 10~15℃ 정도가 적당하다.

2) 식품의 질에 미치는 영향

칼슘과 마그네슘이 많이 함유되어 있는 경수는 식품 중의 펙틴, 단백질 등과 반응하여 조직을 경화시키고, 식품의 색에 영향을 주며, 혼탁하게 하는 등 바람직하지 못한 영향을 준다. 또 철, 망간은 차나 그 외 식품의 색, 향기를 나쁘게 하고 비타민 C를 파괴한다. 또한 수돗물 중의 유리염소도 식품의 색, 향기를 나쁘게 한다.

(1) 조직의 경화

칼슘은 펙틴 분자 간의 결합을 촉진하여 조직을 단단하게 하는데, 점질 감자는 칼슘 함량이 많아 펙틴과 단단히 결합되어 있어 조직이 치밀하고 단단하다.

(2) 색

Cu^{2+}, Fe^{3+} 등의 금속은 안토시아닌 등의 색소를 고정하여 변색을 방지하는 효과가 있다. 그 예로 완두콩 통조림을 만들 때 황산동 용액을 소량 넣거나, 검은콩을 삶을 때 녹이 슨 쇠못을 넣거나 또 오이김치 담글 때에 구리동전을 넣는다.

중국국수는 일반 국수와 달리 특유한 향이 나는 노란색이다. 그 이유는 밀가루 반죽시 사용하는 간수에 들어 있는 Na^{+}, Ca^{2+} 또는 Mg^{2+} 등의 알칼리이온에 의해 밀가루 중의 안토잔틴 색소가 노란색으로 바뀌기 때문이다.

(3) 단백질의 응고

단백질은 무기질에 의하여 응고되는데, 식품에서 단백질을 응고시키기 위해서 주로 Al^{3+}(백반), Ca^{2+}, Mg^{2+}을 사용한다. 이온가가 클수록 단백질 응고작용이 크다. 두부는 간수로 응고시키는데, 간수의 주성분은 Na^{+}, Ca^{2+}, Mg^{2+} 등이다.

(4) 혼탁

홍차를 끓일 때 경수로 끓이면 칼슘에 의해 탄닌성분이 응고되어 혼탁해진다.

3) 식품의 조리가공 중 무기질의 변화

(1) 무기질의 손실

조리에 의한 무기질의 손실은 식품의 종류, 조리방법 표 6-11, 무기질의 종류 표 6-12, 조리기구 등의 차이에 의하여 손실량이 다르다.

식품을 조리할 때는 세포 내외의 농도 차이에 의하여 무기질의 용출이 일어난다. 용출속도는 온도가 높을수록 빠른데, 특히 무기질의 용출에 의한 손실은 다른 영양소에 비해 현저하다.

세포 내의 무기질 농도가 높을 때 세포 내의 무기질은 세포 밖으로 용출되고, 세포 밖의 수분은 세포 속으로 스며들어 세포 안팎의 농도가 서로 같아지려고 한다. 따라서 세포는 흡수팽윤하고 세포외액에는 무기질이 많아진다. 그 예로 다시마 속의 요오드는 물에 담그기만 하여도 20% 정도 용해되어 나오고, 이것을 가열하면 60% 정도가 용해되어 나온다.

조리 방법 중 구이는 무기질의 손실량이 거의 없으며, 물에 삶는 경우 가장 많이 손실된다.

[표 6-11] **조리방법에 따른 무기질 손실률(%)**

조리방법	생선	채소
구이	–	–
찌기	10~30	0~50
삶기	15~22	25~50

[표 6-12] **주요 무기질의 삶을 때 일어나는 손실량(%)**

무기질 종류	육어류	채소
철분	50~75	10~40
구리	50~70	30~50
칼슘		17~20
요오드		20~60(다시마)

(2) 무기질의 침투

세포 밖의 무기질 농도가 높을 때는 세포 내의 수분이 세포 밖으로 빠져나오고, 세포 밖의 성분은 확산 diffusion에 의해 세포 속으로 침투하여 세포 내외의 무기질 농도가 서로 같아지려고 한다.

따라서 세포는 탈수, 수축하고 세포외액은 수분이 많아진다. 그 예로 채소에 다량의 소금을 뿌리면 채소 속의 수분이 빠져나와 원형질 분리가 일어난다.

조미성분의 분자량이 작을수록 세포막 통과속도가 빠르므로 'NaCl(58.5) 〉 MSG monosodium glutamate(191.1) 〉 설탕(342)'의 순서로 세포막을 통과한다. 그러므로 불고기 양념을 할 때 고기에 분자량이 큰 설탕을 먼저 넣은 다음 간장을 넣는 것이 단맛과 짠맛이 골고루 스며들게 하는 방법이다.

Chapter 7
효소

학습 목표

1. 효소의 본질과 특성에 대하여 이해할 수 있다.
2. 효소의 명명법과 분류에 대하여 이해할 수 있다.
3. 식품에 관계되는 효소의 종류와 특징에 대하여 이해할 수 있다.
4. 효소반응에 영향을 미치는 인자들에 대하여 이해할 수 있다.
5. 식품에 관계되는 효소의 식품가공에의 이용에 대하여 이해할 수 있다.

효소는 생물체에서 생성되어 화학반응의 속도를 촉진시키는 촉매작용을 하는 단백질의 일종이다. 효소의 반응은 생체 또는 식품 내에서 일어나는 내적반응과 미생물의 효소에 의한 외적반응으로 구분지을 수 있는데, 내적효소는 소화·흡수를 위한 작용이 주요 목적인 반면, 외적효소는 식품의 저장, 가공, 발효, 부패 중에 일어나는 변화에 영향을 주며, 또한 특정 성분의 향상 또는 억제 목적으로 사용된다. 따라서 식품에 함유되어 있는 효소와 그 효소가 식품의 성분변화에 미치는 영향, 그리고 효소반응을 촉진 또는 억제시키는 방법에 대한 정확한 이해가 필요하다.

1. 효소의 화학적 본체와 특징

효소는 아미노산이 펩타이드 peptide 결합으로 구성되어 있는 단백질로서, 단순단백질인 경우와 복합단백질(단순단백질과 비단백질 부분이 결합된 단백질)인 경우가 있는데 후자의 경우를 완전효소 holoenzyme 라 하며, 완전효소는 다음과 같은 형태에서 완전한 효소의 활성을 갖게 된다.

완전효소 = 아포효소 + 보결분자단
(단백질) (보조효소 / 보조인자)

단백질 부분인 아포효소 apoenzyme 는 쉽게 변형되는데, 특히 열에 약하고 효소반응에 특이성을 부여한다. 비단백 부분인 보결분자단 prosthetic group 은 단백질과 비교적 단단하게 결합되어 있는데, 효소의 종류에 따라 보조효소 또는 보조인자를 가지고 있기도 하다. 보조효소 coenzyme 는 주로 비타민이 보조효소형으로 전환된 것으로서 분자량이 적고 아포효소와 반대로 열에 안정하며, 보조인자 cofactor 는 주로 무기질로서 효소작용을 돕는다. 효소와 기질과의 반응은 가역적 반응으로 복합체를 형성한 다음 생성물이 생성된다 그림 7-1 .

E	+	S	⇌	ES	⇌	EP	⇌	E	+	P
효소		기질		효소-기질 복합체		효소-생성물 복합체		효소		생성물

그림 7-1 효소 기질 반응의 특징

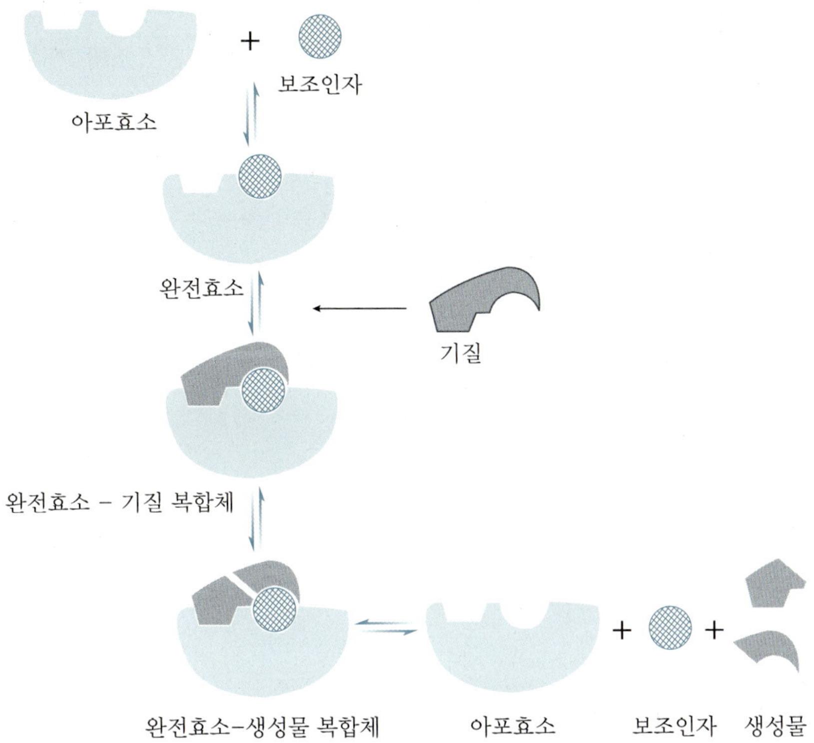

2. 효소의 명명법과 분류

효소의 명명에는 일정한 규칙이 없이 관용적으로 불린 펩신 pepsin, 트립신 trypsin과 같이 명명된 관용적 명칭 common name과 효소의 기질이나 기능(반응)과 결부시켜 '–ase' 라는 어미를 붙이는 계통적 명칭 systematic name이 있다. 1964년 국제 생화학연합회 International Union of Biochemistry의 효소위원회에서 효소를 체계적으로 6종류로 분류하여 효소의 분류번호를 붙였고, 기질명과 반응명의 끝에 –ase를 붙여 효소명을 부르고 있다. 6종류의 효소의 분류로는 산화환원효소 oxidoreductase, 전이효소 transferase, 가수분해효소 hydrolase, 제거효소 lyase, 이성화효소 isomerase, 합성효소 ligase가 있는데, 이 중 식품의 가공에 이용되는 효소는 대부분 산화환원효소와 가수분해효소에 속한다.

'-ase' 라는 어미를 붙이는 경우에는 말테이즈 maltase와 같이 기질명을 쓰는 경우, 가수분해효소 hydroxylase와 같이 반응명을 쓰는 경우, 탄수화물 가수분해효소 carbohydrase와 같이 기질명과 반응명을 모두 쓰는 경우로 구분될 수 있다. 따라서 '-ase' 라는 어미가 붙어 있는 경우에는, 이름만으로 효소의 화학반응을 알 수 있다.

[표 7-1] 관용적 및 계통적 방법에 의한 효소의 명명법

명명법	효소명	효소의 특징
관용적 명칭	디아스테이즈 diastase 프티알린 ptyalin 펩신 pepsin	· 전분을 가수분해하는 효소 · 침 속의 전분분해효소 · 단백질을 가수분해하는 효소
기질명의 어미에 -ase를 붙임	말테이즈 maltase 셀룰레이즈 cellulase	· 맥아당 maltose을 가수분해하여 포도당을 생성시키는 효소 · 섬유소 cellulose를 가수분해하여 셀로바이오즈 cellobiose를 생성시키는 효소
효소가 촉매하는 반응의 어미에 -ase를 붙임	가수분해효소 hydroxylase 탈수소효소 dehydrogenase 산화효소 oxidase	· 가수분해 hydrolysis 반응을 촉진하는 효소 · 탈수소 dehydrogenation 반응을 촉진하는 효소 · 산화 oxidation 반응을 촉진하는 효소
기질명과 반응을 결부시킨 어미에 -ase를 붙임	아스코르브산 산화효소 ascorbic acid oxidase 탄수화물가수분해효소 carbohydrase	· 산소의 존재하에 아스코르브산 ascorbic acid의 산화반응을 일으키는 효소 · 탄수화물 carbohydrates의 가수분해반응을 촉진하는 효소

[표 7-2] 효소의 분류

분류번호	계통적 명칭	효소 촉매 반응의 특징
Ⅰ	산화환원효소 oxidoreductase	· 산화환원 반응에 관여하는 모든 효소 · 탈수소반응, 산화반응, 환원반응, 수소첨가반응 등
Ⅱ	전이효소 transferase	· 한 기질에서 다른 기질로 기능기 또는 원자단을 옮기는 반응을 촉매하는 효소 · $-NH_2$, $-COOH$, $-CH_3$, $RCOO-$, H_2PO_3- 등과 같은 원자단의 전이 반응
Ⅲ	가수분해효소 hydroxylase	· 물분자를 가하면서 기질의 공유결합을 가수분해하는 반응 · 에스터 결합, 펩타이드 결합, 아마이드 결합, 글루코사이드 결합 등의 가수분해 반응
Ⅳ	제거효소 lyase	· 비가수분해적으로 기질에서 카복실기, 알데하이드기, 물 또는 암모니아 등의 원자단을 분리하고 기질에 이중결합을 생성하기도 하며, 반대로 이중결합에 이 원자단을 부가시키는 반응 · 탈탄산 반응, 탈알데하이드 반응, 탈수반응, 탈암모니아 반응 등
Ⅴ	이성화효소 isomerase	· 기질 분자의 분자식은 변화시키지 않고 다만 그 분자구조를 바꾸는 데에 관여하는 효소 · 입체이성화 반응, 시스-트랜스 전환 반응 엔올 enol형을 케토 keto형으로, D형을 L형으로 등
Ⅵ	합성효소 ligase	· ATP 또는 이와 유사한 물질로부터 인산기를 떼어내면서 그때 방출되는 에너지를 이용하여 어떤 두 분자를 결합시키는 효소

3. 효소의 특이성

효소는 한정된 종류의 기질이나 어느 특정한 한 가지 반응에만 관여하는 특이성 specificity을 가지고 있다. 그 특이성은 다음과 같다.

1) 절대적 특이성

일부 효소는 어떤 한 종류의 기질 또는 한 종류의 반응에만 작용하는 절대적 특이성 absolute specificity을 가지고 있다. 예를 들어 말테이즈 maltase는 말토오스 maltose에만 작용하며, 그 외의 기질에는 작용하지 못한다.

2) 상대적 특이성

일부 효소는 유사한 형태의 기능기를 갖는 기질에 대해 작용하는 상대적 특이성 relative specificity을 가지고 있어 특이성이 약간 적다. 트립신 trypsin은 펩타이드 peptide결합을 가수분해할 뿐만 아니라 에스터 결합까지도 가수분해한다.

3) 입체화학적 특이성

생물체 중에 존재하는 당류, 아미노산 등의 많은 화합물은 두 종류의 입체이성질체가 가능하나, 자연계에서는 흔히 한 가지만 발견되고 있다. 예컨대 대부분의 단당류는 D형이고 아미노산은 L형이나, 효소는 두 이성질체 중 한 가지에만 작용한다는 특이성을 가지고 있다. 즉 광학적 구조에 따라 달리 작용하는 것을 말한다.

4. 식품에 관계되는 효소

식품과 연관성을 지닌 효소는 식품의 품질 및 성분변화에 영향을 미치는 중요한 요인으로서 산화환원효소와 가수분해효소가 대표적이다.

1) 산화환원효소

(1) 산화효소

산화효소 oxidase는 산소가 수소의 전자수용체 acceptor가 되어 생체성분의 산화 oxidation를 촉매하는 효소로서, 보결분자단으로서 철과 구리를 함유하는 효소들이 있다.

① **철을 함유하는 효소** : 이 효소에는 카탈레이즈 catalase와 과산화효소 peroxidase가 있다. 카탈레이즈는 과산화수소를 분해하여 물과 산소를 만드는 반응을 촉매하는 효소이다. 과산화효소는 과산화수소를 이용해 아스코르브산이나 페놀성 물질을 산화시키는 반응을 촉매한다. 이 효소의 활성도를 측정하면 곡물의 신선도를 알 수 있어 곡물이 어느 정도 오래 저장되었는지 확인할 수 있다. 일반적으로 곡물이 오래될수록 효소 활성은 감소한다.

카탈레이즈: $2H_2O_2 \rightarrow 2H_2O + O_2$

과산화효소: H_2O_2 + 환원형 유기물 → H_2O + 산화형 유기물
(아스코르브산, 페놀류 등)

② **구리를 함유하는 효소** : 이 효소로는 폴리페놀옥시데이즈 polyphenol oxidase와 비타민 C를 산화하는 효소인 아스코르브산 산화효소 ascorbic acid oxidase가 대표적이다. 폴리페놀옥시데이즈는 o-다이페놀 구조를 가지는 여러 가지 폴리페놀 polyphenol에 작용하는 효소로서 폴리페놀레이즈 polyphenolase라고도 불린다. 폴리페놀 옥시데이즈는 과일의 단면이나 찻잎의 갈변현상에 관여한다.

Polyphenol oxidase:
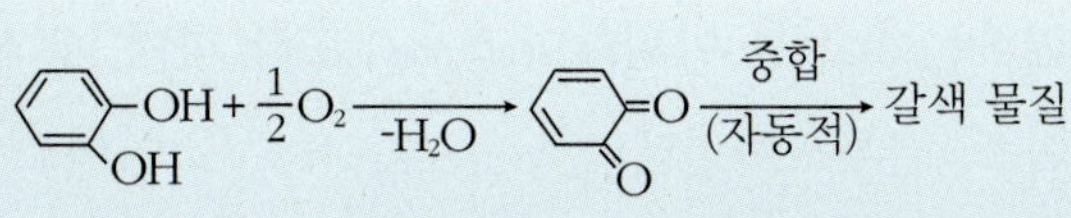

Ascorbate oxidase : ascorbic acid + $\frac{1}{2}O_2 \xrightarrow{-H_2O}$ dehydroascorbic acid

(2) 탈수소효소

탈수소효소 dehydrogenase는 산소 이외의 것을 수소 수용체로 하여 탈수소반응 dehydrogenation에 의해 산화시키는 효소이다. 이러한 효소에는 쉽게 해리되는 보조효소로서 NAD나 NADP를 가지는 피리딘 pyridine 효소와 FMN, FAD를 가지는 플라빈 flavin 효소가 있다. 이들은 모두 생체 내의 산화환원반응에서 중요한 역할을 하는 내적효소이다.

2) 가수분해효소

가수분해효소 hydrolase는 물분자를 첨가하여 고분자 화합물의 큰 분자를 가수분해하여 저분자량 화합물로 만드는 효소이다. 가수분해효소의 본체는 단순단백질로서 그 효소작용은 단백질분자가 가지는 활성기(-SH 등)에 의하여 일어난다. 가수분해효소에는 탄수화물, 지방질, 단백질 및 아마이드 amide를 가수분해하는 효소인 탄수화물 분해효소 carbohydrase, 에스터레이즈 esterase, 프로테이즈 protease 및 아미데이즈 amidase의 네 가지가 있고, 영양소의 소화 및 식품공정과 밀접한 관계가 있다.

(1) 탄수화물 분해효소

탄수화물 가수분해효소 carbohydrase는 다당류를 분리하는 폴리사카레이즈 polysaccharase와 소당류나 배당체를 분리하는 올리고사카레이즈 oligosaccharase, 글리코시데이즈 glycosidase로 구분할 수 있다.

① 폴리사카레이즈

폴리사카레이즈 polysaccharase 중에서 전분이나 글라이코젠 glycogen을 가수분해하는 효소를 아밀레이즈 amylase라 하며, 크게 α-아밀레이즈, β-아밀레이즈, 글루코아밀레이즈 glucoamylase 및 아이소아밀레이즈 isoamylase의 네 가지가 있다. 또한 이 밖에도 셀룰레이즈 cellulase, 헤스페리디네이즈

hesperidinase, 펙티네이즈 pectinase 등이 있다.

- α-아밀레이즈 α-amylase는 전분 입자 중의 아밀로오스 amylose나 아밀로펙틴 amylopectin 분자의 내부에 있는 α-1,4 결합을 불규칙하게 절단하여 다량의 α-한계덱스트린 dextrin과 소량의 맥아당을 생성하는 엔도 endo(내부) 효소로서 췌장, 침, 곰팡이에 많이 함유되어 있다. 따라서 α-아밀레이즈는 전분을 액화하는 힘은 강하나 당화력은 약하다. 이 효소의 활성은 50℃ 부근에서 가장 크며, 최적 pH는 4.7~6.9이며 칼슘에 의해 열에 대한 변성을 보호받는다.
- β-아밀레이즈 β-amylase는 식물계에 널리 분포되어 있고, 전분 분자의 비환원성 말단에서부터 차례로 말토오스 단위로 절단하며, 곁가지가 난 부위인 α-1,6 결합을 제외한 부분을 분해하는 엑소 exo(외부) 효소로서 물엿, 콩, 고구마 등에 존재한다. β-아밀레이즈는 전분에서 다량의 맥아당과 소량의 β-한계덱스트린을 생성하며, 액화력은 약하고 당화력은 강한 당화효소이다. β-아밀레이즈의 최적 pH는 4.0~6.0이며 α-1,6 결합이나 α-1,3 결합에는 작용하지 않는다.
- 글루코아밀레이즈 glucoamylase(또는 아밀로글루코시데이즈 amyloglucosidase)는 전분 분자의 비환원성 말단에서 포도당 분자 하나씩을 절단하여 전분을 가수분해시키는 효소로서 최적 pH는 4~5내외로 아밀로오스와 아밀로펙틴의 α-1,4 결합, α-1,6 결합 또는 α-1,3 결합 등을 가수분해하여 직접 포도당을 생산한다.
- 디아스테이즈 diastase는 무에서 추출하여 얻을 수 있으며 α-아밀레이즈와 β-아밀레이즈를 모두 함유하고 있다.
- 셀룰레이즈 cellulase는 섬유소의 β-1,4 결합을 가수분해하여 셀루로오스 cellulose와 글루코오스 glucose를 생성하는 아이소아밀레이즈 효소로서 곰팡이, 방선균, 세균 등에서 분비된다. 이 효소는 사과 주스의 섬유소 혼탁제거 등에 이용된다.
- 헤미셀룰레이즈 hemicellulase는 커피의 검 gum질을 분해하여 제거할 때

이용된다. 셀룰레이즈 cellulase, 헤미셀룰레이즈 hemicellulase는 섬유질을 가수분해하므로 조섬유의 분해에 필요한 효소들이다.

- 펙티네이즈 pectinase는 과일 주스와 술 제조시 여과성을 돕고 용액을 맑게 해주어 생산량을 증가시키고, 저메톡실 펙틴과 갈락투론산을 생산하여 상업적으로 이용되고 있으며 고등식물과 미생물에 존재한다. 한편 과일의 성숙 및 연화에 영향을 미친다. 펙티네이즈는 다음과 같은 종류가 있다.
  - 프로토펙티네이즈 protopectinase : 불용성 프로토펙틴을 펙틴으로 분해한다.
  - 펙틴 에스터레이즈 pectin esterase : 펙틴 pectin의 메틸 에스터 methyl ester를 분해하여 펙틴산 pectinic acid을 생성한다.
  - 폴리갈락투로네이즈 polygalacturonase : 폴리갈락투론산 polygalacturonic acid의 α-1,4 결합을 분해하는 효소로서 채소나 과일의 연화에 관여한다.

② 올리고사카레이즈

- 올리고사카레이즈 oligosaccharase는 여러 종류의 소당류를 가수분해하는 효소로, 말테이즈 maltase, 설탕을 가수분해하는 수크레이즈 sucrase와 전화효소 invertase, 락테이즈 lactase 등이 있다.
- 말테이즈는 엿당을 2분자의 포도당으로 분해하는 효소로서 엿기름, 밀가루의 당화작용에 아밀레이즈 amylase와 함께 영향을 미친다.
- 전화효소는 설탕을 과당과 포도당으로 가수분해하는 효소로 과당 쪽에서 분해하는 β-프럭토퓨라노시데이즈 fructofuranosidase이다. 이 효소는 효모(사카로마이세스 세레비지에 *Saccaromyces cerevisiae*), 곰팡이(아스퍼질러스 오라이제 *Aspergillus oryzae*, 아스퍼질러스 나이거 *Aspergillus niger*) 등에서 분리된다. 대표적인 전화효소 작용에 의해 생성된 식품이 꿀이다.

- 락테이즈는 β-갈락토시데이즈 galactosidase로 유당을 가수분해하여 포도당과 갈락토오스 galactose를 생성시켜 유당의 결정을 방지하고 단맛을 증가시키는 역할을 하며, 버터나 치즈의 제조에 관여한다.

③ 글리코시데이즈

배당체에 작용하는 글리코시데이즈로서는 헤스페리디네이즈 hesperidinase, 미로시네이즈 myrosinase, 나린지네이즈 naringinase 등이 알려져 있다. 이는 식품의 맛과 관련이 있는 효소들이다.

- 헤스페리디네이즈는 덜 익은 감귤류 껍질에 존재하며, 과즙 제조시 흰 앙금인 헤스페리딘 hesperidin을 가수분해하여 람노오스 rhamnose와 헤스페리틴-7-글루코사이드 hesperitin-7-glucoside로 분해하여 백탁을 방지한다. 또한 모세혈관의 저항을 높여주는 루틴 rutin을 함유하고 있으며 비타민 P의 효과가 있다. 아스퍼질러스 나이거 *Aspergillus niger*는 귤의 쓴맛을 제거하는 기능을 가진 나린지네이즈 naringinase와 더불어 헤스페리디네이즈(β-람노오시데이즈 rhamnosidase)를 생성하는데, 이것의 최적 pH는 3.5이고 최적온도는 60℃이다.

(2) 지방질 분해효소

에스터레이즈 esterase는 여러 가지 형태의 에스터 결합의 가수분해에 관여한다. 형성된 생성물은 산과 알코올이다. 이 효소는 트라이아실글리세롤 triacylglycerol을 가수분해하며 이것은 몇 가지 라이페이즈 lipase와 관련된다. 인지질은 포스포라이페이즈 phospholipase에 의해, 콜레스테롤은 콜레스테롤 에스터레이즈 cholesterol esterase에 의해 가수분해된다. 카복실에스터레이즈 carboxylesterase는 트리뷰티린 tributyrin 같은 트라이아실글리세롤을 가수분해하는 효소이다. 그들은 가용성 지질을 가수분해시키는 반면에 라이페이즈는 유화액의 물-지질 접촉면에만 작용하기 때문에 차이를 지닌다. 따라서 물-지질 접촉면의 표면적이 증가하면 어떤 상태든지 라이페이즈 효소의 활성이 증가된다. 이러한 이유 때문에 라이페이즈 활성이 비균질화된 우유에서보다 균질화된 우유에서 더 크다.

대부분의 지방 가수분해효소는 산이나 알코올 부분에 모두 기질 특이성이 있으며 다가알코올의 에스터인 경우에도 마찬가지로 기질 특이성이 있다.

① 라이페이즈

라이페이즈는 일종의 에스터레이즈 esterase로서 트라이아실글리세롤을 가수분해하는 효소이다. 트라이아실글리세롤에서 지방산을 한 분자씩 가수분해하여 다이아실글리세롤 diacylglycerol, 모노아실글리세롤 monoacylglycerol을 거쳐 글리세롤까지 분해한다.

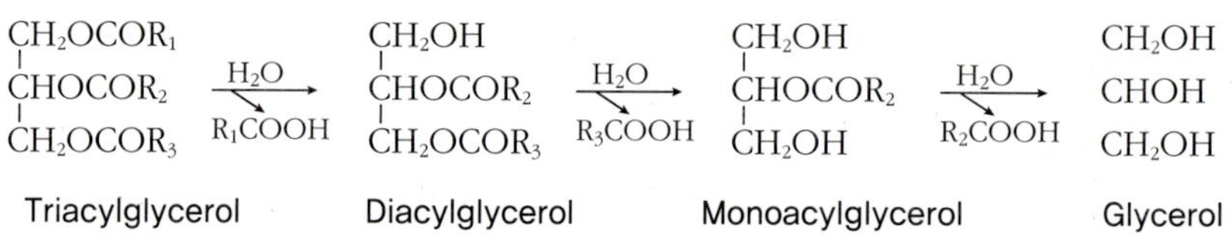

라이페이즈는 소화효소로서 중요한 역할을 하나, 유지식품에서는 산패의 원인이 된다. 묵은 쌀에서 좋지 않은 냄새가 나는 것은 쌀 저장 중에 지질이 라이페이즈의 작용으로 가수분해되어 휘발성인 저급 지방산이 생성되기 때문이다. 치즈나 초콜릿 제조시 라이페이즈는 오히려 향미 생성을 증진시키는 작용을 하기도 한다.

② 라이폭시제네이즈

라이폭시제네이즈 lipoxygenase는 두류, 곡류, 무 등에 존재하며 지방이나 지방산을 산패시켜 하이드로퍼옥사이드 hydroperoxide를 생성하는 효소이다. 이 효소는 비타민, 카로틴 carotene, 클로로필 chlorophyll, 안토시아닌 anthocyanin 등의 색소를 파괴해 향미를 손상하므로 과일이나 채소를 저장할 때에는 데치기 blanching하여 효소를 불활성화해야 한다.

데치기 blanching

과실 · 채소를 통조림 · 건조 · 동결 등으로 가공하기 전에 단시간 증기로 찌거나 뜨거운 물에 침지하는 것을 데치기라 한다. 데치기의 목적은 원료 속에 함유되어 있는 효소(주로 산화효소)를 불활성화해서 가공 중의 변색 · 변질을 막아주고, 외피 속의 왁스 물질이나 아린맛 성분 등을 제거, 조직을 연하게 하고 또 박피를 용이하게 한다. 오늘날 데치기는 주로 효소불활성화에 이용되고 있다. 효소의 파괴를 위해서는 재료의 중심부까지 70~75 ℃쯤 되도록 가열하며, 보통 끓는 물에서 수십초에서 수분간 처리한다.

(3) 단백질분해효소

단백질분해효소 protease는 펩타이드 결합을 가수분해하는 효소로서, 단백질 분자의 내부결합을 불규칙적으로 절단하는 엔도펩티데이즈 endopeptidase (proteinase)와 펩타이드 사슬의 끝에서부터 아미노산을 한 분자씩 유리시키는 엑소펩티데이즈 exopeptidase(peptidase)로 나눌 수 있다.

레닌 rennin은 우유 중의 인단백질인 카제인 casein을 파라카제인 paracasein으로 분해시켜 응고시키므로 치즈의 제조에 이용되며, 파파인 papain과 브로멜린 bromelin은 연육제 meat tenderizer로 이용된다. 단백질분해효소는 식품의 저장, 가공, 발효, 부패시 활발히 작용하여 고분자화합물인 단백질을 저분자량의 펩타이드와 아미노산으로 만든다.

(4) 아미데이즈

아미데이즈 amidase는 산 아마이드 amide 결합을 가수분해하는 효소로서 식품의 부패와 관련 있으며, 육류나 생선을 장시간 방치하면 암모니아 냄새가 나는데 이는 세균이 분비하는 아미데이즈 amidase의 작용 때문이다.

이 밖에 식품에 관계 되는 효소는 다음과 같은 것들이 있다 표 7-3.

싸이아미네이즈 thiaminase는 싸이아민 thiamin을 피리미딘 pyrimidine과 싸이아졸 thiazole로 분해하여 싸이아민 thiamin결핍을 유발한다. 이 효소는 쌀겹질, 대두, 겨자씨 등에 함유되어 있어 도정이 불완전한 쌀의 경우 싸이

[표 7-3] 아미데이즈의 종류

효 소	작 용	소 재
유리에이즈 urease	요소 → CO_2 + NH_3	콩, 미생물
아지네이즈 arginase	arginine → ornithine + NH_3	동물의 간, 미생물
아스파라지네이즈 asparaginase	asparagine → aspartic acid + NH_3	동물의 간, 미생물
글루타미네이즈 glutaminase	glutamine → glutamic acid + NH_3	동물의 신장, 미생물

아민 thiamin손실이 있을 수 있다.

특히 어패류에는 이 효소의 함량이 높으므로 생선회나 젓갈류를 자주 섭취할 경우 싸이아민 thiamin 결핍이 유발될 수 있다.

또한 식품을 갈색으로 변하게 하는 효소로 폴리페놀옥시데이즈 polyphenoloxidase와 타이로시네이즈 tyrosinase 등이 있다. 폴리페놀옥시데이즈 polyphenoloxidase는 폴리페놀 polyphenol 화합물, 즉 카테킨 catechin이나 그 유도체인 클로로젠산 chlorogenic acid 등을 산화하여 암적색인 퀴논 quinone 화합물을 거쳐 흑갈색 물질인 멜라닌 melanin 색소를 형성한다.

타이로시네이즈 tyrosinase는 감자 등에 함유되어 있는 아미노산인 타이로신 tyrosin을 산화하여 멜라닌 melanin색소를 형성한다. 이들 효소는 구리를 함유하고 있어 구리 이온에 의해 활성화되는 반면, 염소 이온에 의해 억제된다. 따라서 과일의 절단면을 묽은 소금물에 담가 놓으면 갈변이 방지되는 것은 염소 이온 때문이다.

5. 효소작용에 영향을 미치는 인자

1) 온 도

효소는 모두 단백질로 되어 있으며, 이는 온도와 효소 활성과의 관계에서 잘 나타난다. 즉 그림 7-2 에서 보는 바와 같이 효소 활성은 낮은 온도에서는 진행이 정지되거나 매우 완만하게 진행되나, 온도가 증가할수록 효소 활성은 증가하여 온도가 10℃ 증가함에 따라 반응속도는 약 2배로 증가한다. 그러나 높은 온도에서는 변성으로 오히려 반응 속도가 감소되거나 활성을 잃게 된다.

대부분의 화학 반응의 속도는 온도가 상승함에 따라 증가한다. 효소-촉매에 의한 반응속도도 온도의 상승에 따라 증가하지만, 효소는 단백질이므로 어떤 온도보다 높은 온도에서는 변성으로 인해 오히려 반응속도가 감소하거나 활성을 잃게 된다. 따라서 효소가 최고의 촉매 활성을 나타내는 온도의 범위를 최적 온도 optimum temperature라 하며, 대부분의 효소는 30~40℃의 온도범위에서 최적활성을 갖는다. 또한 대부분의 효소는 70℃ 또는 그 이상의 온도에서는 활성을 잃게 된다.

효소는 단백질이기 때문에 최적 온도는 효소의 농도, pH, 반응 시간 등에 의하여 크게 영향을 받는다. 만약 최적 온도보다 더 높으면 효소의 활성은 현저하게 감소한다. 보통 효소의 최적 온도는 그 생물의 정상 체온과 비슷하며, 인간의 경우 최적 온도는 37℃이다. 그림 7-2 는 효소의 반응속도와 온도의 관계를 보여준다.

그림 7-2 온도에 따른 효소 반응 속도

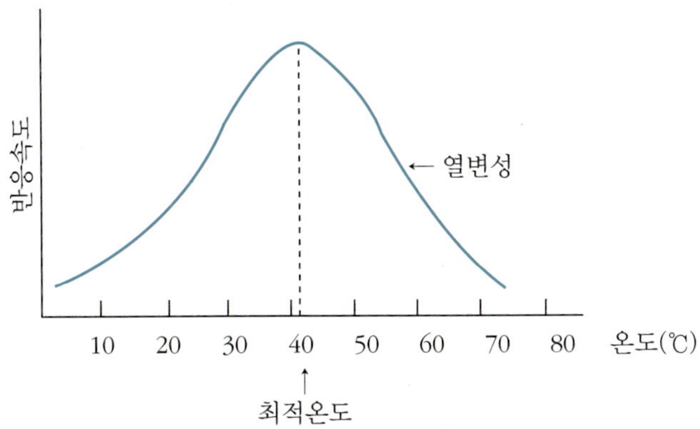

2) pH

효소작용은 pH에 크게 영향을 받는다. 단백질은 강산성이나 강알칼리성 pH에서 변성이 되는 동시에 효소는 불활성화된다. 효소 활성과 pH와의 관계는 일반적으로 그림 7-3 과 같이 나타난다. 효소는 일정한 pH의 범위 안에서 최고의 활성도를 나타내는데, 이것을 효소의 최적 pH라 한다. 모든 효소는 작용 최적 pH가 있으며, 효소마다 최적 pH가 다르나 흔히 4.5~8.0 범위에 놓여 있다. 또한 효소의 작용 최적 pH는 기질의 종류에 따라서 다를 수 있다. 따라서 실험실에서의 효소반응이나 식품공업에서 사용되는 대규모의 공업적인 효소반응을 순조롭게 진행시키기 위해서는 pH의 조절이 매우 중요하다. 효소의 반응에서는 완충액 buffer solution을 사용하여 pH를 조절한다.

그림 7-3 pH에 따른 효소 반응속도

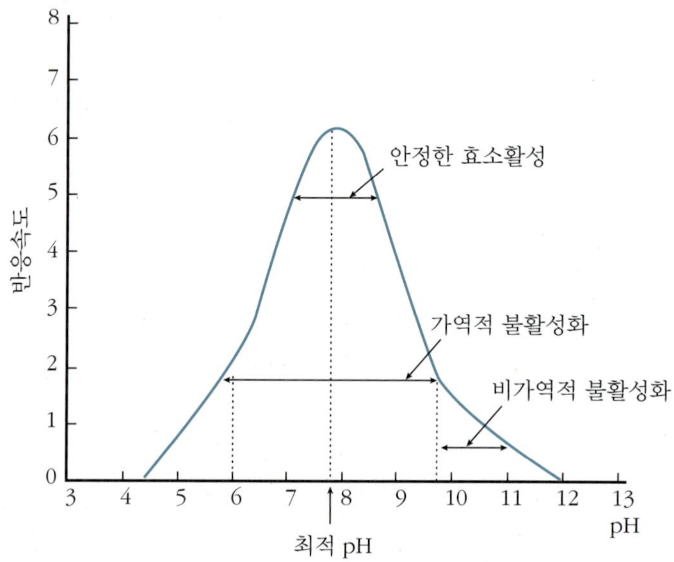

3) 효소농도와 기질농도

효소가 촉매하는 화학반응에 있어서 pH, 온도 및 기질농도를 일정하게 주었을 때, 효소농도에 따른 반응속도는 그림 7-4 와 같다. 효소의 농도를 점차로 증가시켰을 때 어느 농도까지는 효소농도와 반응속도 간의 비례관계를 보이나, 효소의 농도가 어느 정도 높아지면 그 이상 효소의 농도를 증가시켜도 반응속도가 더 이상 증가하지 않는다. 이는 더 이상 효소농도가 아닌 기질농도가 제한인자가 되기 때문이다.

한편 기질농도에 따른 효소 반응속도와의 관계는 그림 7-5 와 같으며 그림 7-4 와 유사한 경향을 보인다. 초기단계에서는 기질농도가 효소 반응속도에 뚜렷한 영향을 주다가 후기 단계에서는 더이상 기질농도의 영향을 받지 않고 효소농도의 영향을 받게 된다. 즉 효소반응 속도에서는 효소농도와 기질농도가 매우 긴밀하게 연관되어 있다.

그림 7-4 일정한 기질 농도에서 효소농도에 따른 효소반응 속도

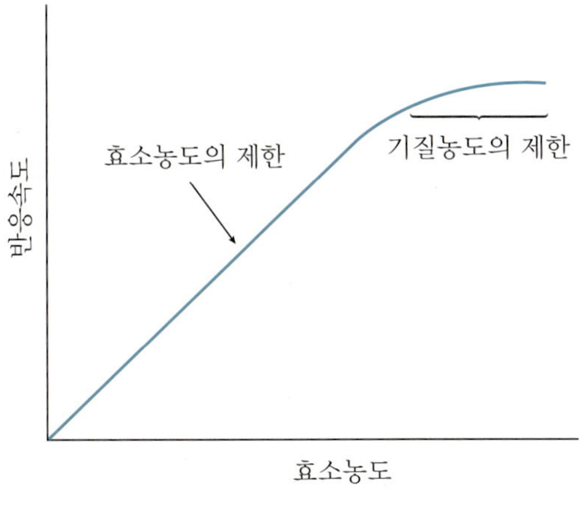

그림 7-5 일정한 효소 농도에서 기질농도에 따른 효소반응 속도

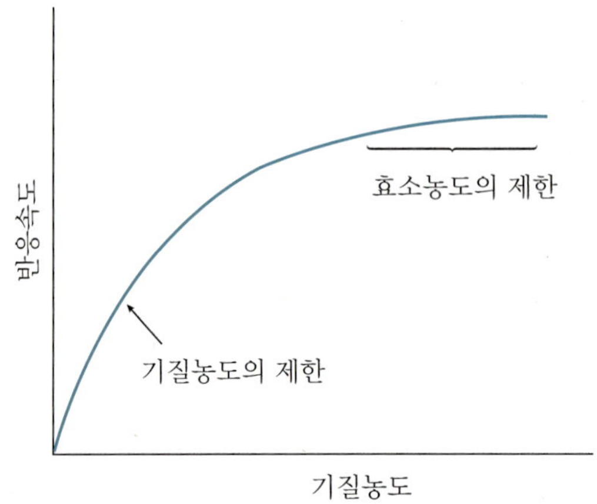

4) 억제제

효소의 촉매 활성을 감소 또는 제거하는 물질을 억제제 inhibitor 라고 하며, 효소 용액에 첨가하면 효소 단백질이 변성되어 그 작용은 완전히 억제된다. Ag, Hg, Pb 등의 중금속, 트라이클로로아세트산 trichloroacetic acid, 탄닌 tannin, 산화제, 황화물, EDTA, 사이아나이드 cyanide 등이 있다. 예컨대 효소는 가열, 극단적인 산 · 알칼리성 또는 침전제에 의해 변성되어 활성을 잃어버린다. 효소의 억제는 억제 물질의 제거유무로 효소작용을 회복할 수 있는 가역적인 억제와 회복되지 않는 비가역적 억제가 있다.

또 기질과 구조가 유사한 화합물은 효소의 활성 중심과 경쟁하여 효소작용을 억제하는 경쟁적 억제 competitive inhibitor가 있다. 그러나 이 경우는 저해제와 기질의 상대적 농도에 의하여 좌우된다. 비가역적 억제는 비경쟁적 억제라고도 하며 이것은 단백질 침전제에 의한 억제로서 효소 단백질을 비가역적으로 침전시키는 억제이다.

식품에서 사용되는 효소억제방법은 가열, pH 조절 및 아황산(염) 등으로 효소반응의 억제에 사용되고 있다. 라이폭시제네이즈 lipoxigenase와 같이

지방질의 산화적 산패에 영향을 미치는 효소는 BHA나 BHT와 같은 항산화제에 의해 저해되며, 날콩 중의 트립신 trypsin 저해제는 단백질의 소화를 억제시켜 복부팽만감과 소화불량을 주어 많은 문제가 되고 있다.

5) 활성제

효소 작용을 촉진시키기 위해 첨가되는 물질을 활성제라고 하며, 부활제 activator라고도 한다. 대표적인 활성제는 Ca, Mg, Zn, Cu, Mn 등의 금속이온들로서, 폴리페놀옥시데이즈는 Cu^{2+}, 카복실레이즈 carboxylase, 헥소카이네이즈 hexokinase는 Mg^{2+}이온에 의하여 활성화된다.

6. 산업용 효소의 생산과 식품가공에의 이용

1) 산업용 효소의 생산

식품조리, 저장, 발효 등의 공정 중에 있어 효소작용을 적극 활용하기 위해서는 산업적으로 생산한 효소제를 첨가하게 되는데, 산업용 효소제의 생산을 위해서는 다음과 같은 사항을 고려해야 한다.

첫째, 효소는 값이 싸고 쉽게 얻을 수 있어야 한다. 과거에는 동식물조직에서 효소제를 생산하였으나, 최근에는 곰팡이, 세균과 같은 미생물이 주요 급원으로 이용된다. 미생물은 대량 배양이 가능하여 효소를 인위적으로 대량 생산할 수 있다.

둘째, 효소의 제조공정은 경제성이 있어야 하며, 고도로 정제되지 않는 경우가 대부분이므로 이를 고려하여 효소제를 선택해야 한다. 현재 산업적으로 생산되는 효소의 급원은 표 7-4 와 같다.

[표 7-4] 산업용 효소의 급원

급원	산업용 효소
동물성	팬크레아틴 pancreatin
소, 돼지의 췌장	트립신 trypsin
	라이페이즈 lipase
	알파-아밀레이즈 α-amylase
돼지의 위	펩신 pepsin
송아지의 제4위	레닌 rennin
소의 간	카탈레이즈 catalase
식물성	
엿기름	알파-아밀레이즈 α-amylase
	베타-아밀레이즈 β-amylase
고구마	베타-아밀레이즈 β-amylase
파파야	파파인 papain
파인애플	브로멜린 bromelin
미생물성	
Aspergillus oryzae	알파-아밀레이즈 α-amylase
	프로테이즈 protease
Aspergillus niger	알파-아밀레이즈 α-amylase
	글루코아밀레이즈 glucoamylase
	셀룰레이즈 cellulase
	펙티네이즈 pectinase
	글루코오스 옥시데이즈 glucose oxidase
	카탈레이즈 catalase
Rhizopus, sp.	아밀레이즈 amylase
	라이페이즈 lipase
	글루코아밀레이즈 glucoamylase
Bacillus subtilis	알파-아밀레이즈 α-amylase
	프로테이즈 protease
Saccharomyces cerevisiae	전화효소 invertase
Saccharomyces fragilis	락테이즈 lactase

2) 식품 가공에의 이용

식품에는 각종 효소가 함유되어 있으며 또한 미생물은 특정 효소를 대량으로 생산하기도 한다. 따라서 식품의 저장, 조리, 가공 중에 식품이 미생물에 오염될 경우 효소작용에 의하여 식품성분의 변화가 일어난다. 이러한 효소적 작용은 식품의 품질에 영향을 주기도 하며 식품 가공에 중요한 역할을 하기도 한다. 효소는 단백질로 가열처리에 의해 변성되어 불활성화되는데, 효소처리한 후 열변성을 이용한 효소의 불활성화는 식품산업에서 흔히 쓰이고 있다. 이는 가열공정이 식품 저장을 위하여 미생물을 살균·멸균할 뿐만 아니라 효소를 불활성화시키는 가장 간단한 방법이기 때문이다. 만약 가공식품에서 효소 활성이 남아 있을 경우 식품의 색, 맛, 풍미, 텍스처 변화, 유지의 산패, 영양가의 감소 등의 품질변화를 일으킬 수 있다.

식품가공 시에 효소가 불활성화되어도 그것이 가역적인 변성에 의한 경우에는 일정기간이 지나면 효소 활성이 다시 나타나기도 한다. 대표적 예로 두유 중의 포스파테이즈나 과일 주스 중의 펙틴 분해효소 등은 가열시간이 짧을수록 가역적인 변성이 일어날 가능성이 높다.

식품가공 시에 식품에 함유된 효소의 작용 성격에 따라 억제 또는 촉진하기도 하고, 유용성분을 생성하기 위해 인위적으로 효소를 첨가하기도 한다. 식품산업에서는 주류, 치즈, 고추장, 된장, 연육, 과즙, 어육 등의 제조에 효소제가 사용되는데, 현재 이용되는 효소제의 종류와 용도를 보면 표 7-5 와 같다.

[표 7-5] 식품가공에 이용되는 효소

효소	식품	작용
아밀레이즈 amylase	빵, 과자 맥주 곡류 초콜릿, 코코아 사탕류 과일주스, 젤리 펙틴 시럽, 당류 채소류	효모 발효성 당의 증가 전분→발효성 당, 전분의 혼탁제거 전분→덱스트린, 당, 수분 흡수증대 유동성을 위한 전분의 액화 당의 회수 발포성 증진을 위한 전분의 제거 사과즙을 짜고 난 찌꺼기에서 펙틴의 제조 전분→저분자 덱스트린(콘시럽) 완두의 연화처럼 전분의 가수분해
셀룰레이즈 cellulase	맥주 커피 과실류	세포벽 성분인 복합탄수화물의 가수분해 원두 건조시 섬유소의 가수분해 배의 촉감 개선, 살구, 토마토의 박피 촉진
덱스트란 수크레이즈 dextran-sucrase	당시럽 아이스크림	시럽의 증점 증점제로서 덱스트린 첨가
인버테이즈 invertase	인조꿀 캔디 아이스크림	수크로오스 → 글루코오스 + 프럭토오스 초콜릿을 입힌 연질크림캔디 제조 까칠한 촉감을 주는 락토오스의 결정화 방지
락테이즈 lactase	우유	동결우유에서 락토오스를 제거하여 우유단백질 안정화
탄니네이즈 tanninase	맥주	폴리페놀성 화합물의 제거
펜토산네이즈 pentosannase	도정, 제분	밀가루에서 전분의 회수
나린지네이즈 naringinase	감귤류	나린진 가수분해로 쓴맛 제거
펙틴엔자임 pectic enzyme	초콜릿, 코코아 커피 과일주스류 올리브 빵, 과자 맥주	코코아 발효시 가수분해 작용 원두 발효시 점성의 종피 가수분해 연화 착즙수율 증진, 혼탁방지, 농축조작 개선 유지추출 반죽의 연화작용, 혼합시간 단축, 신장도 증가 텍스처 및 체적 개선, β-아밀레이즈 방출 발효 중 영양소, 향미 생성, 여과청징 촉진 냉각혼탁 방지
프로테이즈 protease	곡류	단백질 변성으로 건조속도 단축, 취급 용이하도록 함. 된장 · 두부의 제조

효 소	식 품	작 용
	치즈	카제인 응고, 숙성 중 특유향 생성
	초콜릿, 코코아	발효 중 원두에 작용
	달걀 가공품	건조특성 개선
	육어류	연화, 뼈, 찌꺼기에서 단백질 회수, 기름의 유리
	우유	두유제조
	단백질 가수분해물	간장, 특수식품 육즙, 건조수프, 가공육 등의 조미
	밀가루	활성이 너무 강하면 용적, 텍스처에 영향
	치즈	숙성, 일반적인 향미 특성
라이페이즈 lipase	유지 우유	유지 → 글리세롤 + 지방산 우유 초콜릿에 사용되는 약간 숙성된 향미 생성
포스파테이즈 phosphatase	유아식 맥주 우유	유용한 인산염의 증가 인산염 화합물의 가수분해 저온살균효과의 검정
뉴클레이즈 nuclase	향미증진제	뉴클레오티드와 뉴클레오사이드류의 생산
퍼옥시데이즈 peroxidase	채소류 포도당 정량 각종 제품 각종 식품	데치기 효과의 검정 글루코오스 산화효소와 혼용 글루코오스나 산소를 제거하여 갈변 또는 산화를 억제함. 글루코오스 산화효소와 혼용 맥주, 치즈, 탄산음료, 건조달걀, 과실주스, 육어류, 분유 포도주 중 산소나 글루코오스를 제거하여 산화 또는 갈변방지, 카탈레이즈와 함께 사용

3) 효소의 고정화

식품산업에서 식품가공 중에 효소를 반응기에서 계속 재사용할 수 있도록 효소를 특정한 지지대에 부착시켜 고정화 immobilization하여 사용하기도 한다. 효소의 고정화는 일반적인 효소촉매의 문제점이었던 열, 강산, 강알칼리, 유기용매 등에 의한 단기간의 활성소실과 반응 종료 후 재사용이 불가능한 점 등을 해결하기 위한 수단으로 사용되기 시작하였고, 최근에는 불용성 중합체 polymer를 이용한 미생물의 고정화도 사용되고 있다. 고정화

효소 immobilizad enzyme의 장점은 일반 효소보다 장시간 활성 유지가 가능하며, 효소의 첨가 및 제거가 용이하다는 것이다. 또한 고정화 효소는 연속적인 효소처리가 가능하고, 그 효율이 향상된다. 고정화 효소에 의한 시료의 처리과정과 그 방법은 그림 7-6 및 표 7-6 과 같다.

고정화 효소의 대표적인 예는 우유 및 유제품에서 젖산분해효소 lactase에 의해 락토오스 lactose가 가수분해되는 경우로, 젖산분해효소의 급원으로는 효모와 곰팡이가 이용되고 있다. 또한 고과당 시럽 제조시에 고정화 글루코오스 아이소머레이즈 glucose isomerase를 사용하고 있다.

그림 7-6 고정화 효소에 의한 시료의 처리과정

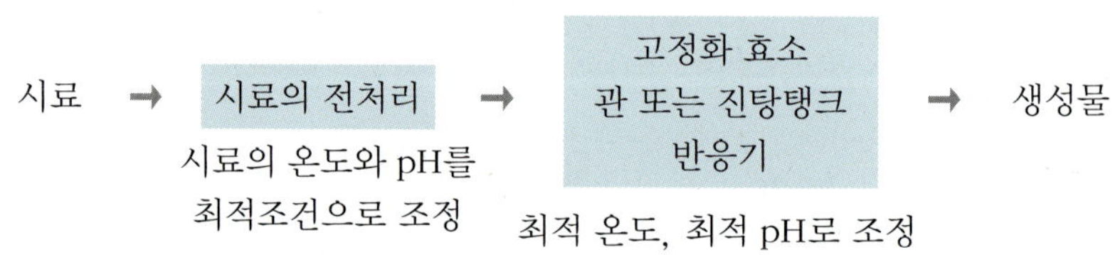

[표 7-6] 효소의 고정화 방법의 종류

고정화 방법	특 성
담체 결합법	공유결합, 이온결합, 물리적 흡착, 생화학적결합을 이용한 불용성 담체에 효소를 고정화하는 방법
가 교 법	효소분자끼리 가교체로 결합시켜 불용화하는 방법
포 괄 법	저분자 화합물을 중합시켜 고분자 젤을 형성하는 격자법 마이크로캡슐 Microcapsule 또는 한외여과막에 효소나 균체를 밀폐하는 방법
복 합 법	가교법과 포괄법의 조합, 결합법과 포괄법의 조합, 공유결합법과 포괄법의 조합

Chapter 8

식품의 색

학습 목표

1. 식물성색소와 동물성색소를 구별할 수 있다.
2. 색소의 종류에 따른 특성을 설명할 수 있다.
3. 조리 · 가공 중 색소의 변화를 조절할 수 있다.
4. 합성색소의 종류와 특성, 적용범위를 설명할 수 있다.

식품은 여러 가지 색소에 의하여 각기 고유의 다양한 색을 가지고 있다. 식품의 색은 첫째, 식품의 2차 기능인 감각기능에 관여하여 시각적인 쾌감을 유발하여 식욕을 돋우는 역할을 한다. 둘째, 식품의 색은 식품의 품질을 결정하는 중요한 요소가 된다. 과일의 성숙도를 나타내며, 갈변이나 기타 변색 등은 가열이나 부패, 기타 화학적인 변화의 지표가 된다. 식품의 색의 변화는 색소성분 이외의 비타민, 아미노산, 단백질, 당질, 향기성분, 정미성분 등과 같은 성분들의 변화를 함께 가져오기도 한다. 셋째, 식품의 색소는 영양소의 전구체가 되기도 하며, 항산화성을 갖고 있어 항암, 항염 등 생리활성을 나타내는 파이토케미컬 phytochemical이 되기도 한다. 천연식품의 색소는 불안정하므로 조리 · 가공할 때 천연의 색을 유지하기 위해서는 색소에 대한 화학적 성질을 잘 이해해 두는 것이 중요하다. 이러한 천연색소의 단점을 보완하기 위하여 합성색소를 만들어 식품첨가물로 사용하기도 한다.

1. 색의 개념 및 표시법

물체의 색은 가시광선의 파장범위인 380~750nm 이내에 있는 복사에너지가 물질을 구성하는 성분에 조사되었을 때 반사 또는 흡수정도에 따라 결정되며, 빛의 파장에 따른 색은 그림 8-1 과 같다.

그림 8-1 가시광선의 파장에 따른 색

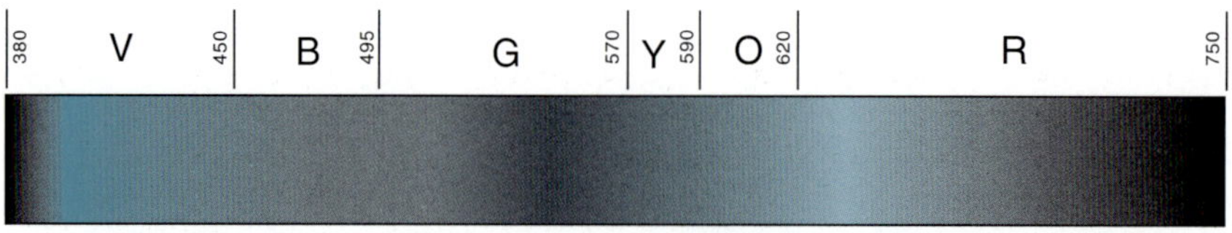

색	파장, nm	색	파장, nm
보라 violet(V)	380~450	노랑 yellow(Y)	570~590
파랑 blue(B)	450~495	주황 orange(O)	590~620
초록 green(G)	495~570	빨강 red(R)	620~750

■ 발색단
색의 원인이 되는 원자단을 말하며, 모두 불포화 결합을 가진다.
-N=O, >C=O, -N=N-, >C=C<, C=N-, C=S 등 함유

유색물질의 발색원인에 대해서는 여러 가지 설이 있으나, 발색단 chromophore과 조색단 auxochrome이 결합할 때 비로소 발색하던가 색의 선명도가 높아진다는 색소원설이 가장 유력하다. 발색단을 갖고 있는 물질을 색소원 chromogen이라 하며, 이들의 발색능력에는 차이가 있고 아조 azo기(-N=N-) 등은 강한 발색능력을 갖지만 에틸렌 ethylene기(>C=C<)나 카보닐 carbonyl기(>C=O) 등은 약하다. 색소원은 햇빛의 자외선 부분만을 흡수할 뿐 선명한 색깔을 나타내지 않으나 이것에 조색단인 수산기(-OH), 아미노기(-NH_2) 등의 원자단이 결합하면 색이 깊고 짙어진다.

1) 색의 삼요소

색의 삼요소는 색상 hue, 색도 chroma, 명도 lightness이다.

- **색상** : 특정 파장의 복사에너지를 다른 파장보다 많이 반사하게 되면 특정 색을 띠게 되는데, 이것을 물리학적 용어로 주파장 dominant wavelength, 심리학적 용어로 색상 hue이라 한다. 만일 600~700nm의 파장이 주로 반사되면 빨간색으로 보인다.
- **색도** : 전체 반사되는 빛 중에서 특정 파장의 빛이 반사되는 양을 물리학적 용어로 순도 purity , 심리학적 용어로 강도 intensity, 채도 saturation, 색도 chorma라 한다.
- **명도** : 파장과 관계없이 조사된 빛을 100% 반사하면 흰색, 100% 흡수(0% 반사)하면 검은색, 전체 파장에서 50% 정도 반사하면 회색으로 보인다. 이와 같이 파장에 관계없이 조사된 빛의 반사 정도를 명도 lightness, value라 한다.

2) 색의 분류 및 표시법

색의 종류는 대단히 많은데, 이 많은 색을 계통적으로 분류하고 표시하는 방법을 색체계 color system라 하고, 가장 일반적인 방법은 CIE Commission Internationale de l' Eclairage 색체계이고, 식품에 널리 사용되고 있는 것은 Munsell 색체계와 Hunter 색체계이다 그림 8-2 .

(1) CIE 색체계

CIE 색체계는 모든 색은 빨강X, 초록Y, 파랑Z의 삼원색을 적당히 배합함으로써 나타낼 수 있다는 원칙에 근거를 두고 있다. 어떤 색에 해당하는 이들 삼원색의 배합량(x, y, z)을 삼자극치 tristimulus value라 한다. 각 삼원색의 양이 정확히 같은 점은 흰색이 되고, 빨간색은 x=1, y=0, 초록색은

x=0, y=1, 그리고 파란색은 x=0, y=0에 위치한다.

국제조명위원회에서는 XYZ 색체계 또는 CIE 색체계를 만들어 널리 사용하고 있으나, 측정과 계산이 복잡하고, 측정을 위하여 분광광도계와 같은 측정기를 필요로 하여 식품의 일상적인 품질검사 방법으로는 적합하지 못하다.

(2) Munsell 색체계

Munsell 색체계에서는 모든 색을 색의 삼요소, 즉 색상 hue, 색도 chroma, 명도 lightness로 설명한다.

색상은 구형 모델 spherical model 그림 8-2 의 원주에 분포하는데, 빨강(R), 노랑(Y), 초록(G), 파랑(B), 보라(P)의 5가지 기본색과 YR, GY, BG, PB, RP 5가지 중간색을 합하여 10개로 구성한다. 이 개개의 색상은 0에서 10까지로 분류하며, 위의 기호에 해당하는 색상들은 각각 그 중간치, 즉 5에 해당한다.

명도는 밝기를 나타내는 수치이며, 0(검은색)에서 10(흰색)으로 구분하고 있다.

색도는 순도의 측정법으로 0에서부터 10까지 표시되며, 10은 가장 선명한 색도를, 0은 흐리고 칙칙한 색을 의미한다.

Munsell 색체계에서 5R 3.5/4.9로 표시된 색은 5R의 빨간색에 3.5의 명도와 4.9의 색도를 가진 색을 의미한다.

(3) Hunter 색체계

식품의 색 측정에 널리 이용되는 색체계 중의 하나가 Hunter의 L, a, b 색체계이다. L은 명도(0 검은색, 100 흰색)를 나타내며, a는 +이면 빨강, −이면 초록, b는 +이면 노랑, −이면 파랑을 나타내며, a, b가 모두 0이면 회색을 나타낸다. 그리고 2차적으로 얻을 수 있는 a/b는 색상을 나타내고, $\sqrt{a^2+b^2}$ 은 원점과 좌표 간의 거리로 색도를 나타낸다. 각 방향으로 수치

그림 8-2 색의 분류 및 표시법

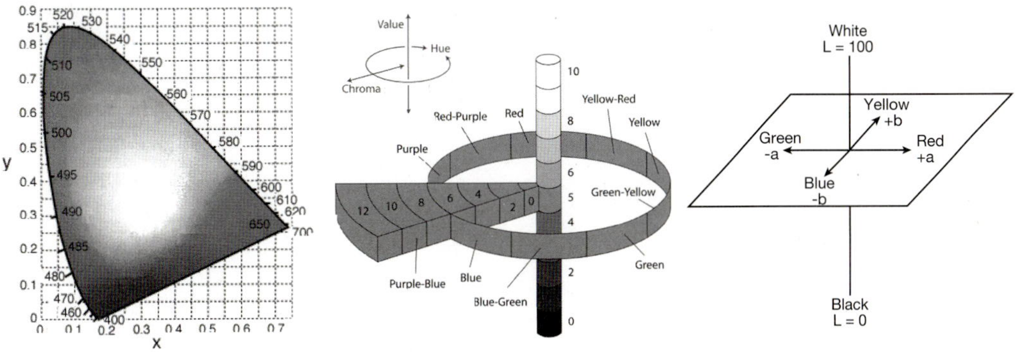

CIE 색체계 Munsell 색체계 Hunter 색체계

가 증가함에 따라 색도가 높아지게 되며, 중앙(0)으로 갈수록 회색(무채색)으로 된다.

색차지수 $\Delta E=\sqrt{\Delta L^2+\Delta a^2+\Delta b^2}$로 ΔE값이 0~0.5이면 색차가 거의 없음을 나타내며, 0.5~1.5는 근소한 차이, 1.5~3.0은 감지할 수 있을 정도의 차이, 3.0~6.0은 현저한 차이, 6.0~12.0은 극히 현저한 차이, 12 이상은 다른 계통의 색임을 나타낸다.

2. 식품의 색

식품에 존재하는 색소는 원래 천연식품에 존재하는 천연색소 natural colors와 가공식품에 인위적으로 첨가하는 식품첨가물인 합성색소 artificial colors로 나눌 수 있다. 동물이나 식물에 포함되어 있는 색소를 천연색소라 부르며, 그 일부는 식품첨가물의 천연착색료로 이용되고 있다.

식품의 색과 식욕

- **식욕을 촉진하는 색**

오렌지색-적색-황색-청록색 > 적색-오렌지색-황색-청록색 > 적색-오렌지색-복숭아색-황갈색-갈색-버터색-엷은 녹색-밝은 녹색 등

- **식욕을 저해하는 색**

황록색-자색-청자색-회색 > 청자색-자색-황록색-오렌지색 섞인 황색-회색- 올리브색

3. 천연색소

천연색소는 동물이나 식물에 함유되어 있는 색소이다. 합성색소보다 종류도 다양하고 안전하며 색조가 자연스러운 장점이 있으며, 최근 식품의 안전성에 대한 관심이 고조되면서 합성색소의 사용에서 천연색소로 전환하고 있는 추세이다. 그러나 합성색소에 비해 많은 양을 사용해야 착색 효과가 나타나기 때문에 경제성이 훨씬 떨어지며, 색의 균일성이 부족하고, 특유의 맛과 냄새를 가지고 있고, 또한 빛, 공기, pH 등에 의해 변색되기 쉬운 단점도 가지고 있어 제품에 적용할 때는 적합성 여부를 면밀히 검토할 필요가 있다.

식품의 천연색소는 출처, 용해성 및 구조에 따라 표 8-1 과 같이 분류한다.

[표 8-1] 식품 천연색소의 분류 및 구조

출처		용해성	색소		기본 구조	색깔
천연색소	식물성색소	지용성	클로로필 chlorophyll		tetrapyrrole	녹색, 녹갈색, 갈색
			카로티노이드 carotenoid	카로틴 carotene	isoprenoid	노란색, 주황색
				잔토필 xanthophyll		등황색, 빨간색
		수용성	플라보노이드 flavonoid	안토잔틴 anthoxanthin	2-phenylbenzopyrone	무색, 노란색
				안토시아닌 anthocyanin	2-phenyl-3,5,7-tri hydroxyflavylium salt	주황색, 빨간색
			탄닌 tannin		polyphenol	무색, 산화하면 갈색
			베탈레인 betalein	베타시아닌 betacyanin	1,7-diazoheptamethin	빨간색
				베타잔틴 betaxanthin		노란색
	동물성색소	수용성	헤모글로빈 hemoglobin		tetrapyrrole	빨간색, 갈색
			마이오글로빈 myoglobin			
		지용성	카로티노이드 carotenoid		isoprenoid	빨간색
			멜라노이드 melanoid		melanin 중합체	흑갈색, 흑색

1) 식물성 색소

(1) 클로로필

클로로필 chlorophyll은 광합성을 하는 모든 식물의 엽록체 chloroplast에 카로티노이드와 함께 단백질, 지방질 또는 지단백질 lipoprotein과 결합한 상태로 존재하며, 채소와 과일, 해조류 등의 식물체에서 녹색을 나타내는 색소로 엽록소라고도 한다.

고등식물의 녹색 잎에는 클로로필의 함량이 신선물의 약 0.1% 정도 함유되어 있으며, 조류에는 함량이 대단히 많다.

그림 8-3 **포핀과 클로로필의 구조**

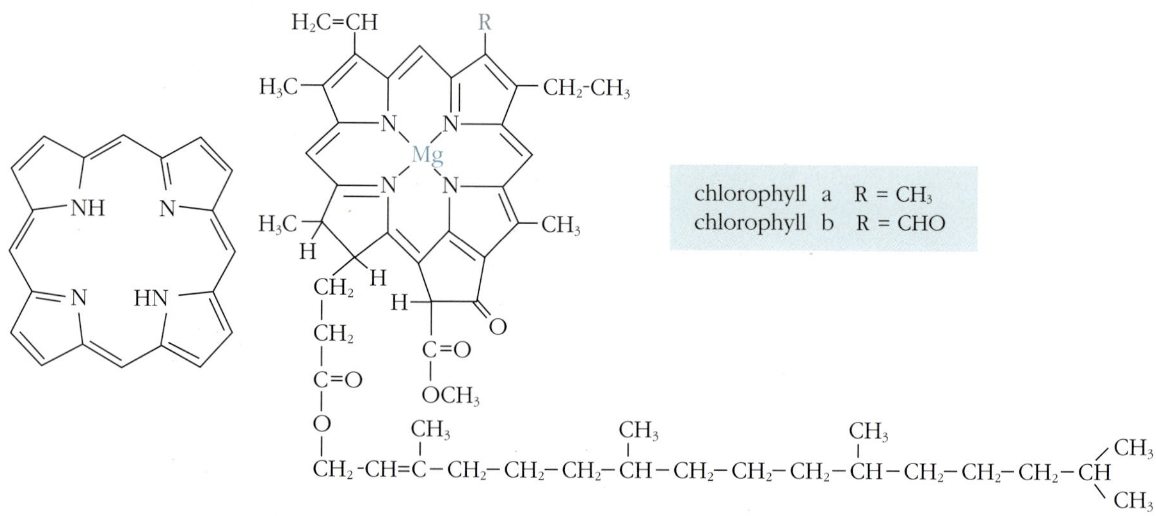

porphin chlorophyll

클로로필 화학

- **Porphin** : 4개의 메틴 methine(−CH=) 가교에 의해 결합된 4개의 피롤 pyrrole(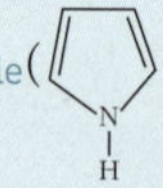)고리로 이루어진 테트라피롤 tetrapyrrole 골격
- **Porphyrin** : 포핀 porphin 골격에 메틸 methyl, 에틸 ethyl, 바이닐 vinyl기 등으로 치환된 것. 가장 간단한 포핀의 유도체
- **Pyrrole** : 5각형 헤테로고리구조를 가진 방향족 유기화합물. C_4H_4NH
- **Phytol** : 아이소프레노이드 isoprenoid 구조를 갖는 탄소 20개의 알코올. $C_{20}H_{39}OH$
- **Pheophytin** : 클로로필에서 Mg^{2+}이 제거된 것
- **Chlorophyllide** : 클로로필에서 파이톨 phytol이 제거된 것
- **Chlorolhylline** : 클로로필라이드 chlorophyllide에서 메탄올 methanol이 제거된 것
- **Pheophorbide** : 클로로필라이드에서 Mg^{2+}이 제거된 것

① 구조

클로로필은 포피린 porphyrin 고리의 중앙에 Mg^{2+}이 결합되어 있는 테트라피롤 tetrapyrrole 색소이다 그림 8-3. 클로로필린 chlorophylline에 메탄올

(CH_3OH)과 분자량이 큰 파이톨 phytol $(C_{20}H_{39}OH)$이 에스터 결합을 하고 있어 물에 녹지 않고 유기용매에 녹는 지용성을 나타낸다.

자연계에는 클로로필 a, b, c, d의 네 종류가 있고, 고등식물에는 주로 a, b가 약 3:1의 비율로 존재하며, a는 청록색을, b는 황록색을 각각 나타낸다. 클로로필 b는 3번 탄소에 있는 메틸 methyl기가 알데하이드 aldehyde로 치환되어 있는 점이 클로로필 a와 다르다.

② 성질

클로로필은 물에는 녹지 않지만, 아세톤, 에테르, 벤젠 등에는 잘 녹는다.

클로로필은 엽록체 중에서는 비교적 안정하지만, 조리나 가공시 여러 가지 조건에 의하여 변화된다.

■ 산에 의한 변화

클로로필은 산에 의해서 포피린에 결합하고 있는 Mg^{2+}이 수소이온과 치환되어 녹갈색의 페오파이틴 pheophytin이 되고, 산의 작용이 계속될 때는 파이톨 phytol이 제거되어 갈색의 페오포바이드 pheophorbide가 된다. 생채소, 건조채소 중의 클로로필은 비교적 안정하지만 산성조건에서의 데치기, 가열살균, 배추나 오이김치 등에서 녹색을 유지하는 것은 어렵다.

조리, 가공시에 중탄산나트륨, 글루탐산염(Na, K)을 이용하여 약알칼리성으로 하면, Mg^{2+}의 수소치환이 일어나지 않기 때문에 녹색을 유지할 수 있다.

페오파이틴의 형성은 클로로필 a에서 b보다 쉽게 일어난다.

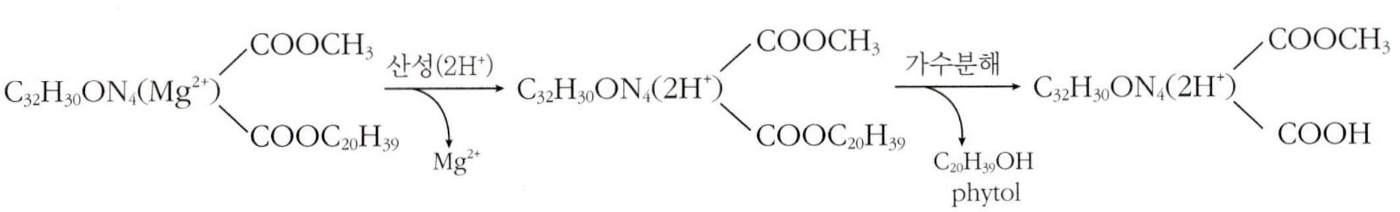

Chlorophyll a(초록색) Pheophytin a(녹갈색) Pheophorbide a(갈색)

■ 가열에 의한 변화

녹색 채소를 물속에서 끓이면 조직이 파괴되어 유리된 비휘발성 유기산의 용출로 조리수가 산성으로 되어 클로로필은 페오파이틴으로 변하여 녹갈색으로 된다.

■ 알칼리에 의한 변화

클로로필은 알칼리에 의하여 가수분해되어 먼저 파이톨이 이탈되어 수용성인 짙은 녹색의 클로로필라이드 chlorophyllide를 형성하며, 다시 메탄올이 이탈되어 짙은 녹색의 수용성 클로로필린 chlorophylline을 형성한다. 강한 알칼리성에서는 클로로필린의 염이 되며, 이것은 물에 잘 녹으며, 역시 짙은 녹색을 띤다.

채소의 녹색을 선명하게 유지하기 위해 조리수에 중조와 같은 알칼리를 첨가할 수 있으나, 알칼리에 의해 비타민 C의 파괴와 같은 영양소의 손실과 섬유소의 연화로 인해 조직감이 물러지는 등 단점이 많아 거의 이용되지 않는다.

■ 클로로필레이즈에 의한 변화

식품 조직에 분포되어 있는 클로로필레이즈 chlorophyllase는 식물 조직이 파괴될 때 유리되며, 클로로필에 작용하여 파이틸 phytyl 에스터결합을 선택

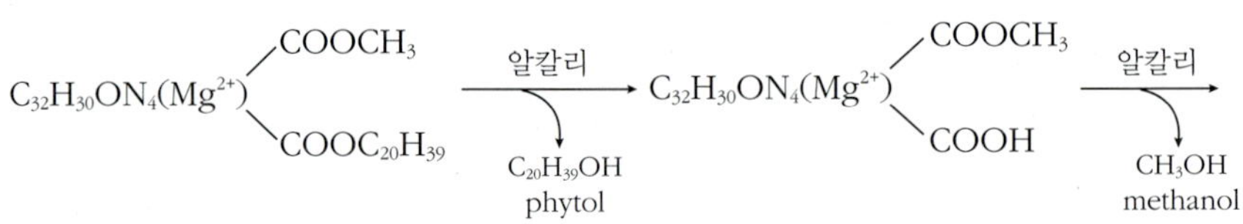

Chlorophyll a(초록색) Chlorophyllide a(짙은녹색)

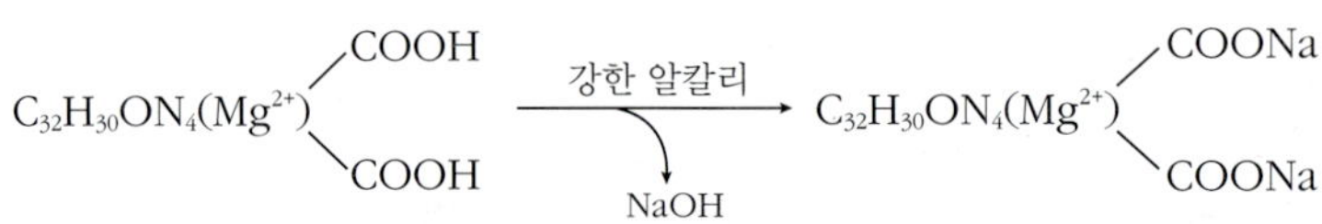

Chlorophylline a(짙은녹색) Chlorophylline a의 Na염(짙은녹색)

적으로 가수분해하여 클로로필라이드 chlorophyllide를 형성한다.

시금치를 뜨거운 물로 데칠 때 데친 물이 선명한 녹색을 띠는 것은 식물 조직 내에서 유리된 클로로필레이즈가 클로로필에 작용하여 수용성인 클로로필라이드를 형성하기 때문이다.

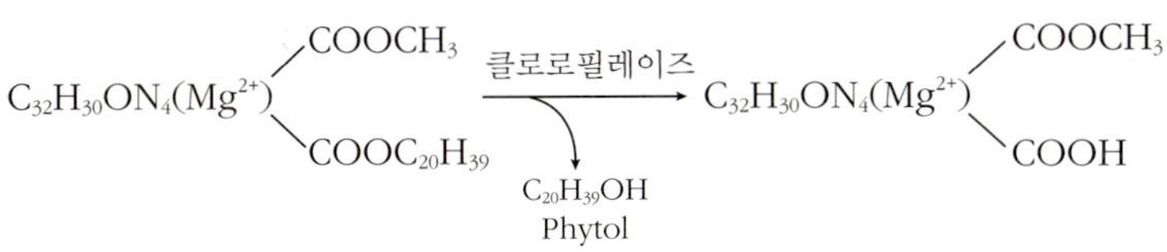

Chlorophyll a (초록색) Chlorophyllide a (짙은 녹색)

■ 금속에 의한 변화

클로로필을 구리, 철 등의 이온 또는 염들과 가열하면 포피린 고리의 Mg^{2+}이 금속이온과 치환되어 안정하며, 선명한 구리클로로필 copper chlorophyll, 철클로로필 iron chlorophyll 등을 형성한다. 이것들은 물에 녹지 않으므로 강한 알칼리(NaOH 등)로 가수분해하여 수용성인 구리클로로필린의 Na염을 만들어 식품 착색료로 사용한다.

또 클로로필이 산에 의하여 녹갈색으로 변한 경우에도 금속의 염류를 작용시키면 페오파이틴의 H^+은 금속이온으로 치환되어 선명한 녹색을 유지할 수 있다. 이러한 원리는 다시마의 가공 및 완두 등의 통조림에서 녹색을 유지하는 데 응용된다. 오이김치를 담글 때 놋그릇을 닦은 수세미를 넣

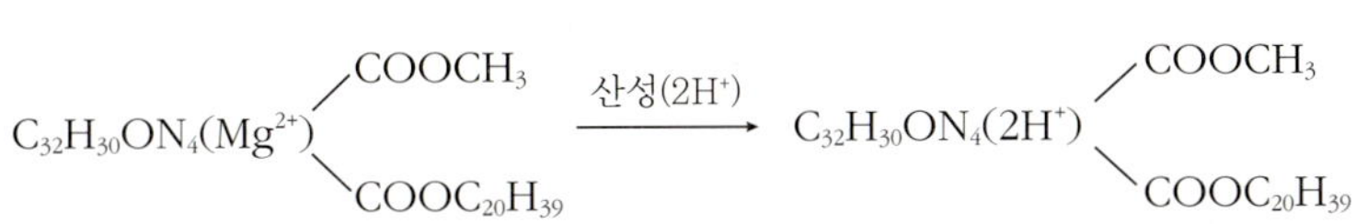

Chlorophyll a (초록색) Pheophytin a (녹갈색)

Copper chlorophyll a (선명한 녹색)

으면 오이의 녹색이 오랫동안 유지되는 것도 이와 같은 원리 때문이다.

(2) 카로티노이드

카로티노이드 carotenoid 색소는 주황, 노랑, 빨간색 등을 띠며, 아이소프렌 isoprene [$CH_2=C(CH_3)CH=CH_2$] 단위가 중합되어 이루어진 색소들의 총칭으로 650종 이상의 카로티노이드가 알려져 있다. 1831년 Wackenroder가 당근 carrot에서 처음 분리하여 카로티노이드라고 부르게 되었다.

카로티노이드는 엽록체 중에 클로로필과 함께 식물에 널리 분포되어 있으며, 또는 많은 미생물(붉은색 또는 녹색의 조류, 곰팡이, 광합성 세균)에 함유되어 있다. 동물에도 약간 분포되어 있다. 식물과 미생물은 카로티노이드를 합성할 수 있으나, 동물 조직에 함유되어 있는 카로티노이드는 식품에서 유래된 것이다.

① 구조

■ 공액 이중 결합
한 개의 단일결합을 사이에 두고 있는 이중결합

카로티노이드는 기본적으로 8개의 아이소프렌 단위가 결합하여 형성된 테트라테르펜 tetraterpene의 구조를 가지고 있으며, 많은 수의 공액 이중결합 conjugated double bond을 가지고 있어 색깔을 나타내게 된다. 카로티노이드의 이중결합은 cis, trans형의 기하 이성질체로 존재할 수 있으며, 자연계에 존재하는 카로티노이드는 대부분 *trans*형으로, *cis*형은 거의 발견되지 않는다.

카로티노이드 색소는 카로틴 carotene과 잔토필 xanthophyll의 두 종류로 나눌 수 있다. 카로틴은 탄소와 수소만으로 구성되어 있는 탄화수소화합물이고, 잔토필은 카로틴 분자 중의 수소 원자가 hydroxyl, methoxyl, carboxyl, furanosyl, keto 또는 epoxy기로 치환된, 즉 산화된 카로틴이다.

카로틴의 구조는 그림 8-4와 같이 가운데에 4개의 아이소프렌 단위가 대칭형으로 연결되어 있고 양쪽 끝에 α-, β- 또는 pseudo-ionone 핵을 다른 조합으로 가짐으로써 각각 다른 카로틴 색소를 형성한다.

그림 8-4 카로틴 색소의 구조

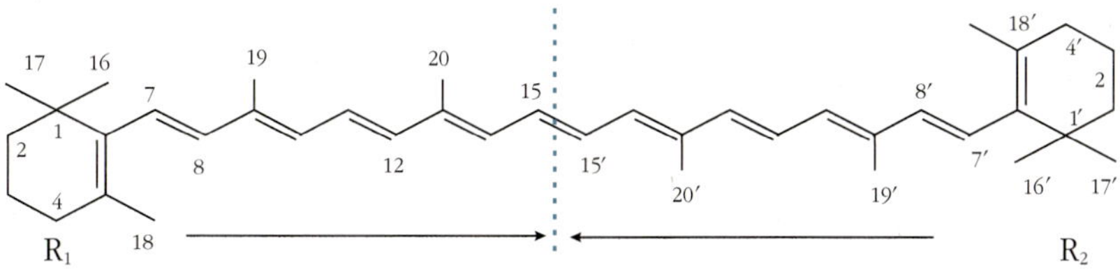

β-Carotene

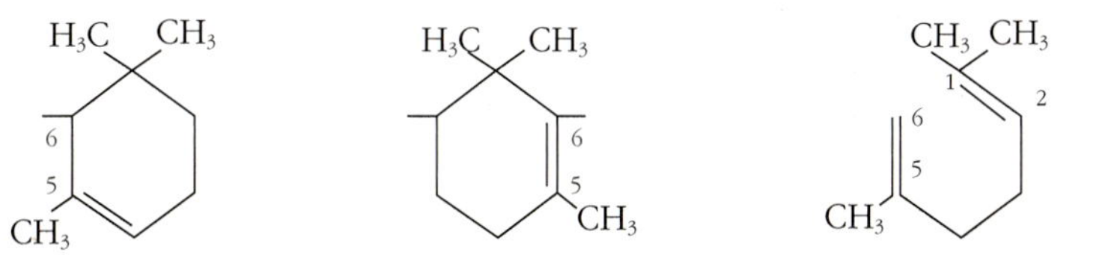

α-Ionone 핵 β-Ionone 핵 Pseudo-ionone 핵

구분	Carotene	R_1	R_2
두고리	α-Carotene	β-ionone	α-ionone
	β-Carotene	β-ionone	β-ionone
단일고리	γ-Carotene	β-ionone	pseudo-ionone
	δ-Carotene	pseudo-ionone	α-ionone
비고리	Lycopene	pseudo-ionone	pseudo-ionone

또한 카로티노이드는 두고리 bicyclic, 단일고리 monocyclic, 비고리 acyclic의 세 가지 형태로 나누기도 한다. 예를 들면 α와 β-카로틴은 두고리, γ와 δ-카로틴은 단일고리, 라이코펜 lycopene은 비고리 화합물이다. 식품 중에 존재하는 중요한 카로티노이드 색소의 구조, 색깔 및 분포는 표 8-2 와 같다.

② 식품에서의 성질

카로틴은 아세톤이나 석유에테르에는 잘 녹으나, 에탄올에는 잘 녹지 않는다. 반대로 잔토필은 에탄올에는 녹으나, 아세톤이나 석유에테르에는 녹지 않으며 물에도 녹지 않는다.

■ 산, 알칼리에 의한 변화

카로티노이드 색소는 물에 녹지 않으므로 산이나 알칼리에 의해 변색되지 않는다.

■ 이성질화

a. *trans-cis* 이성질화: 카로티노이드 분자 중의 공액 이중결합은 대부분 *trans*형이나 가열, 광선, 산 등의 영향에 의하여 *cis*형으로 이성질화 isomerization 된다. 분자 중의 이중결합이 모두 *trans*형인 화합물은 색깔이 짙고 *cis*형이 증가하면 색깔이 밝아진다. 이는 *cis*형이 *trans*형보다 최대흡수파장이 짧기 때문이다.

[표 8-2] 카로티노이드 색소의 구조, 색깔 및 분포

색소	구조	색깔	분포
Carotene			
α-carotene	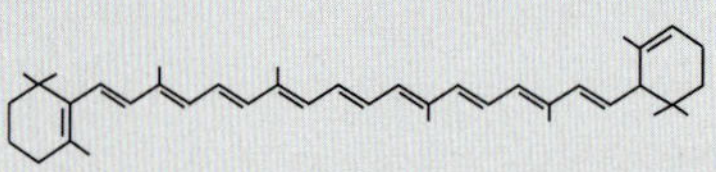	등황	당근, 감귤, 수박, 찻잎, 팜유
β-carotene	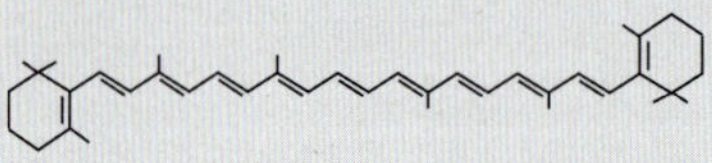	등황	당근, 호박, 감귤, 고구마, 살구, 달걀노른자
γ-carotene	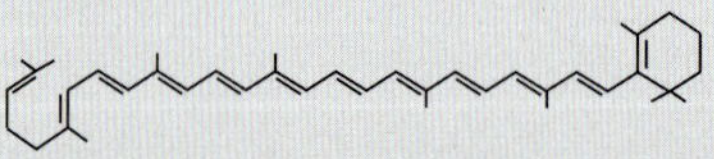	등황	당근, 살구, 팜유
δ-carotene	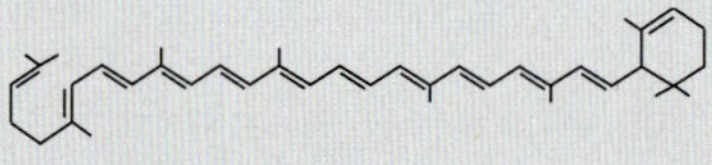	주황	당근, 토마토
lycopene	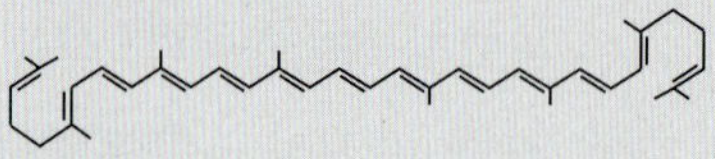	빨강	토마토, 수박, 감
Xanthophyll			
astaxanthin	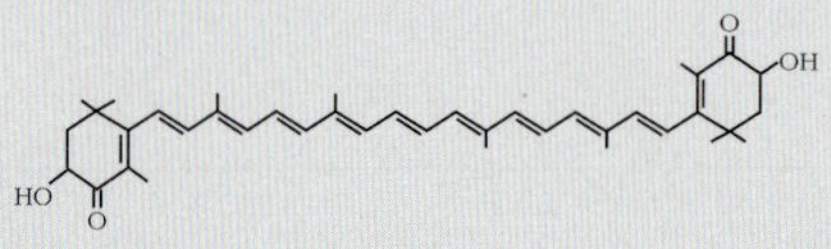	빨강	게, 새우, 연어, 가재
bixin	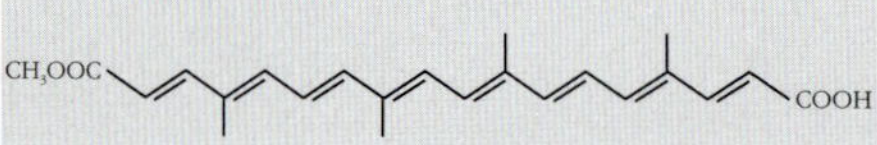	노랑	안나토 annato

색소	구조	색깔	분포
canthaxanthin	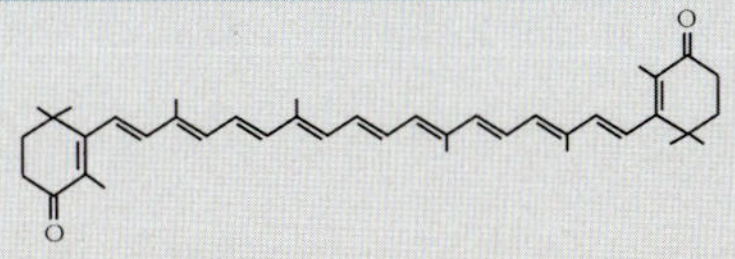	노랑	송이버섯, 송어, 새우, 해조류, 감귤
capsanthin	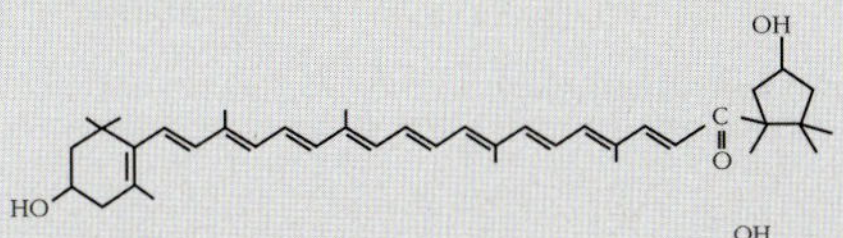	빨강	고추, 파프리카
capsorubin	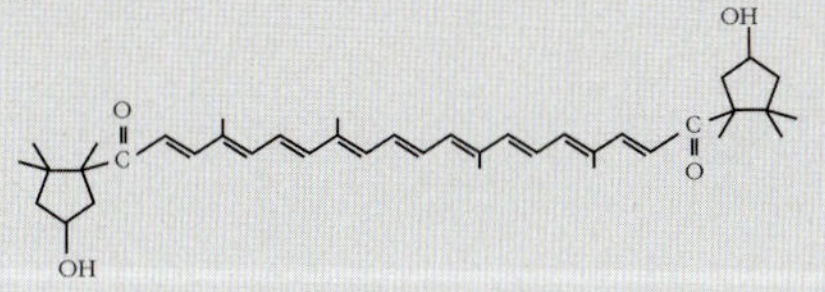	빨강	고추, 파프리카
crocetin	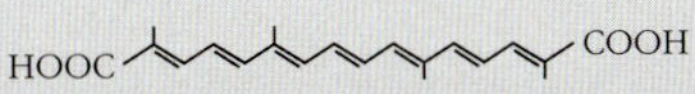	노랑	치자, 사프란 saffron
cryptoxanthin	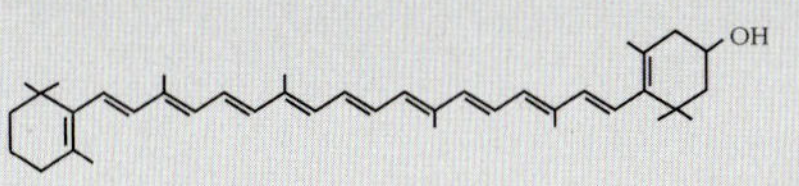	노랑	감, 옥수수, 감귤, 달걀노른자
fucoxanthin	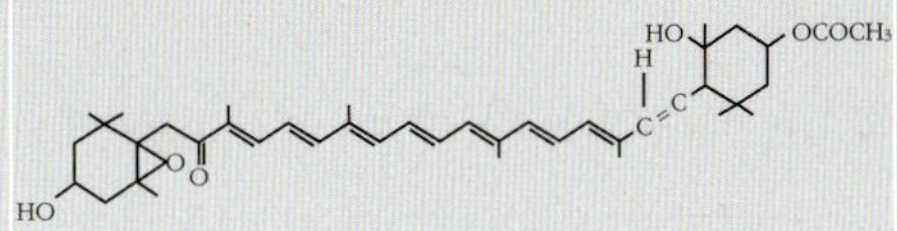	빨강	미역, 다시마 등 갈조류
lutein	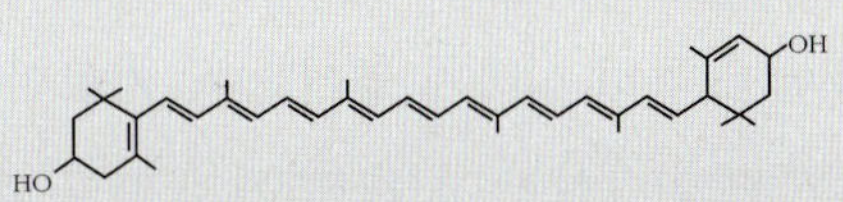	노랑	달걀노른자, 호박, 옥수수, 복숭아, 녹엽
lycophyll	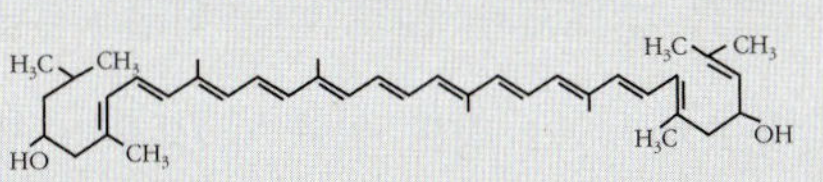	빨강	토마토
lycoxanthin	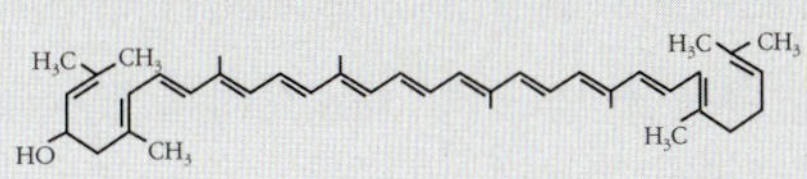	빨강	토마토
torularhodin	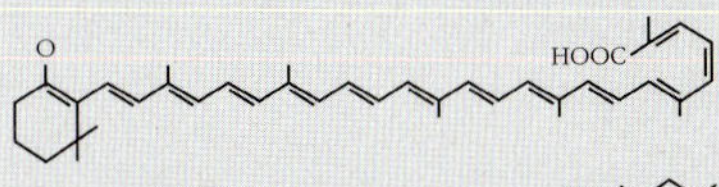	빨강	토룰라 Torula 효모
violaxanthin	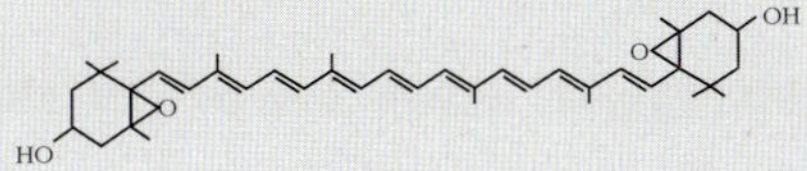	주황	자두, 복숭아, 감, 파파야, 고추
zeaxanthin	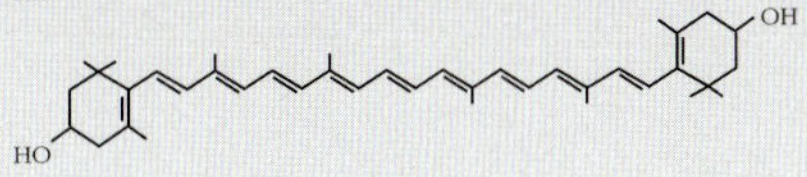	노랑	옥수수, 감귤, 호박, 달걀노른자

b. 에폭사이드 epoxide 구조의 이성질화: 과일, 채소 중에는 5,6-epoxide 형의 카로티노이드가 존재하는데, 산성 조건하에서 5,8-epoxide로 이성질화된다. 통조림 제조의 경우나 과일이 성숙함에 따라 산성 조건이 되면 5,6-epoxide가 5,8-epoxide로 변화하여 최대흡수파장이 감소하므로 색깔이 퇴색한다.

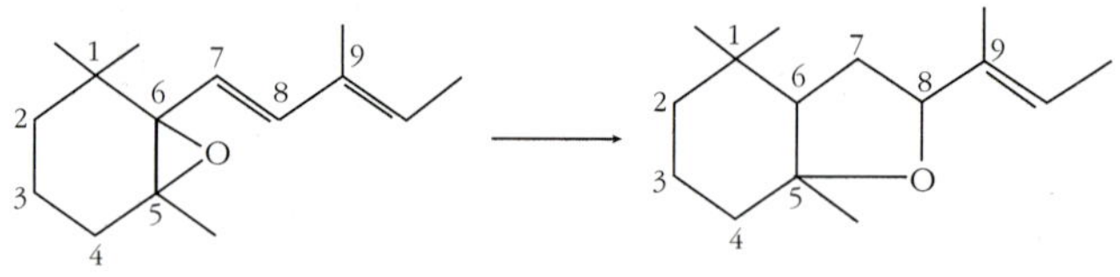

5,6-Epoxide　　　　5,8-Epoxide

■ 가열 및 자동 산화

카로티노이드 색소는 불포화도가 매우 높기 때문에 자동산화, 가열산화 등에 의하여 산화하게 되면 고유의 색깔이 변하거나 퇴색하게 된다. 이것은 가열이나 건조식품에서 특히 심하게 일어난다. 카로티노이드의 산화는 불포화지방산이 존재하면 지방산이 자동산화됨에 따라 더욱 촉진되고, 금속, 포피린 등 산화촉진제가 공존하면 더욱 심해진다. 그러나 자연식품 중에는 산화방지제가 공존하므로 어느 정도 안정한 경우가 많다. 예를 들면 고추 중에는 토코페롤 tocopherol과 캡사이신 capsaicin이 항산화제의 역할을 한다.

한편 식물조직이 손상을 받으면 퍼옥시데이즈 peroxidase, 라이폭시제네이즈 lipoxygenase, 라이포하이드로퍼옥시데이즈 lipohydroperoxidase 등의 효소가 유출되어 산화가 촉진된다.

③ 생리적 기능

■ 비타민 A의 전구체

카로티노이드 색소 중 β-ionone핵을 포함하고 있는 α, β, γ-카로틴과 크립토잔틴은 체내에서 쉽게 비타민 A의 활성을 갖는 레티날 retinal이나 레티놀 retinol로 전환될 수 있는데, 이들을 프로비타민 provitamin A라고 한다.

β-카로틴 1분자는 산화 분해되어 2분자의 비타민 A가 될 수 있고, α, γ-카로틴과 크립토잔틴 1분자는 각각 비타민 A 1분자로 전환될 수 있다. β-carotene은 β-ionone핵을 2개 가지고 있어 2분자의 비타민 A로 전환되나, α-carotene은 α-ionone핵과 β-ionone핵을 가지고 있어 β-ionone핵을 갖고 있는 비타민 A 1분자가 형성된다.

그러나 생체 내 전환효율은 그리 높지 못해 자연계에 존재하는 카로티노이드 중 약 10% 정도만 비타민 A로 전환될 수 있다.

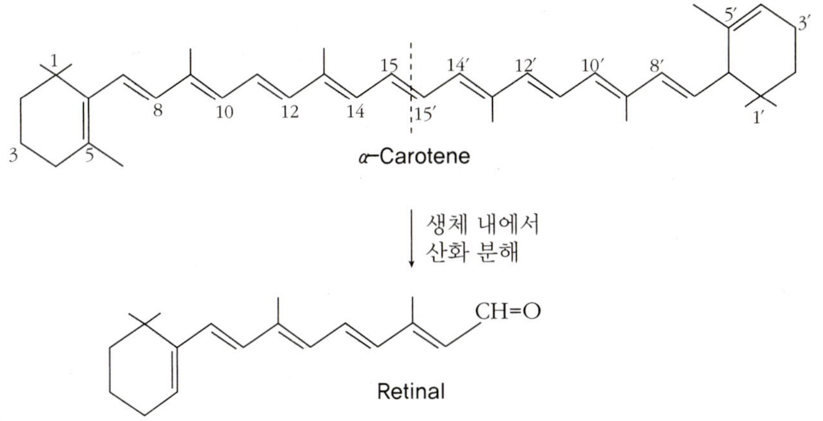

■ 항산화성

카로티노이드 색소는 광산화 photosensitized oxidation에 의하여 형성된 활성화산소에 대한 강력한 소거제 quencher로 작용한다. 즉 카로티노이드 색소는 광산화시 형성되는 활성화된 일중항산소를 이보다 반응성이 약한 보통의 산소인 삼중항산소로 바꾸어 주므로 산화반응을 억제시킨다. 반대로 엽록소는 광산화반응에서 활성화된 일중항산소의 형성을 촉진시키는 것으로 알려져 있다. 따라서 식물조직에서 카로티노이드 색소는 엽록체가 클로로필이 촉매하는 광산화에 의해서 붕괴되는 것을 막아주는 것으로 생각된다.

루테인과 제아잔틴은 눈의 황반을 구성하는 색소로 연령 관련 황반변성을 방어하는 것으로 알려져 있으며, 라이코펜은 가장 강력한 항산화제 중 하나로 전립선암, 심혈관계 질환 등의 질병예방 효과가 보고되고 있다.

④ 과일 성숙 중의 변화

과일은 성숙됨에 따라 엽록소가 감소하는 대신 카로티노이드와 안토시안닌은 증가한다. 과일의 색깔과 특성은 카로티노이드의 상대적인 양과 관련이 깊다.

과일의 성숙에 따른 카로티노이드 생성에 영향을 주는 요인은 산소, 빛, 온도이다. 특히 온도의 영향이 커서 토마토에서는 19~24℃에서 라이코펜이 생성되고 30℃ 이상에서는 생성되지 않는다. 온주밀감에서는 20℃에서 크립토잔틴의 생성이 가장 증가하고 30℃에서는 감소한다. 그밖의 감귤류에서는 10~15℃에서 크립토잔틴의 생성이 가장 증가하고 20℃ 이상에서는 감소한다.

충분한 빛을 받지 못하면 각종 카로티노이드 함량은 적어진다. 온실에서 기른 토마토는 노지의 것보다 카로티노이드 함량이 적은데, 이는 자외선이 카로티노이드 생성에 관계가 있음을 의미한다.

⑤ 식용색소로 사용되는 카로티노이드 색소

카로티노이드 색소 중 일부는 식용색소로서, 마가린, 아이스크림, 여러 가지 치즈 제품, 음료, 소시지, 육류, 제과 및 제빵 등에 주로 이용된다.

■ 안나토색소

열대지방에서 자라는 *Bixa orellana* L. 나무 과일의 과육 추출물로서, 빅신 bixin 및 노르빅신 norbixin이 주성분이다. 예부터 버터, 마가린, 치즈 등의 황색 착색료로 널리 사용되고 있다. 산화 · 환원에 강하고 일광, 열에는 약하다. 염착력은 매우 강하나 값이 매우 비싸기 때문에 일반화되지 못하고 있다.

■ 사프란색소

Crocus sativus 꽃의 암술로부터 얻어지는 수용성 추출물인 사프란 saffron은 음료 및 제빵의 착색료로 오래전부터 사용되고 있다. 주색소는 치자황색색소와 같이 카로티노이드 색소인 크로신 crocin 및 크로세틴 crocetin 이며, 황색을 띤다. 크로신은 2분자의 젠티오바이오스 gentiobiose가 다이카복실산 dicarboxylic acid인 크로세틴 crocetin과 배당체를 형성하고 있다. 크로신은 카로티노이드 색소로서는 예외적으로 물에 녹는 색소이다. 모든 성질은 치자황색소와 같으며 선명한 황색을 띠고 중성 또는 알카리성에서는 빛, 열에 안정하나 산성에서는 비교적 불안정하다. 단백질에 대한 염착성은 비교적 좋다.

기원물질인 사프란은 고가이고, 이취가 있어 착색료로는 치자황색소가 주로 이용되고 있다. 치자황색소는 치자 *Gardenia rasminoides* 열매에 함유되어 있는 황색 색소로 그 색이 아름답고 착색력이 좋아 비교적 오래 염착되므로 예부터 천연색소로 많이 이용되어 왔다.

한편 β-카로틴, β-아포-8′-카로티날 β-apo-8′-carotenal, 칸타잔틴 canthaxanthin 등은 엄격한 사용 규제 없이 대량으로 합성되어 식용색소로 사용되고 있다.

(3) 플라보노이드

플라보노이드 flavonoid 색소는 라틴어의 노란색을 나타내는 *flavus*에서 유래되었으며, 벤젠 핵 2개를 프로판 propane으로 연결한 $C_6-C_3-C_6$의 기본 구조를 가진다. 플라보노이드의 종류는 대단히 많으며 식물 중에 널리 분포한다. 플라보노이드 색소는 수용성으로, 식물세포의 액포 중에 대부분 배당체 glycoside의 형태로 존재한다.

넓은 의미에서 플라보노이드 색소는 안토잔틴 anthoxanthin, 안토시아닌

anthocyanin, 카테킨 catechin, 류코잔틴 leucoxanthin 등이 포함되나, 좁은 의미에서는 안토잔틴만을 의미한다. 카테킨과 류코잔틴은 원래 무색인데 산화되어 흑갈색으로 변하며, 보통 탄닌 tannin으로 분류한다.

① 안토잔틴

안토잔틴 anthoxanthin은 식물의 황색색소로 채소나 밀감류의 껍질에 특히 많이 존재한다.

■ **안토잔틴** anthoxanthin
그리스어의 *anthos*(花)와 *xanthos*(黃)에서 유래된 것으로 화황소(花黃素)라고도 불린다.

a. 구조

안토잔틴의 기본구조는 아이소플라본 isoflavone을 제외하고는 벤조파이론 benzopyrone의 C2 위치에 페닐 phenyl기를 가진 2-phenylbenzopyrone이다. 안토잔틴은 그 기본구조에 C3의 수소가 OH로 치환된 플라보놀 flavonol, C2와 C3의 이중결합이 포화된 플라바논 flavanone, 플라바논의 C3의 수소가 OH로 치환된 플라바노놀 flavanonol, C3에 페닐 phenyl기가 치환된 아이소플라본 등으로 세분되며, 그 구조는 그림 8-5 와 같다.

안토잔틴은 자연계에서 유리상태로 존재하기도 하나, 대개의 경우 당류

그림 8-5 안토잔틴 색소의 종류와 구조

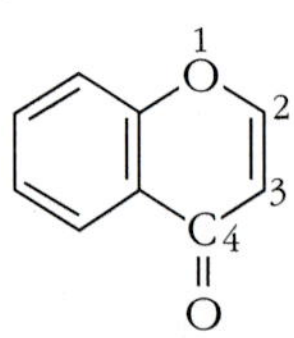
Benzopyrone

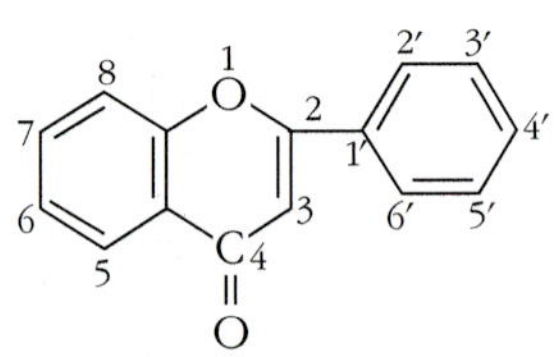
Flavone(2-phenylbenzopyrone)

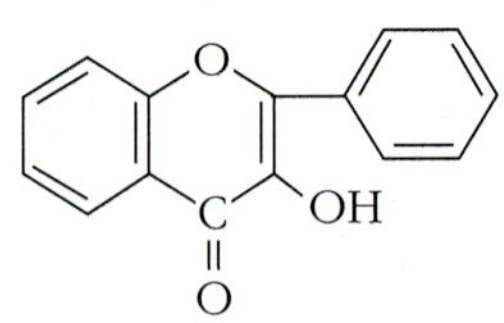
Flavonol

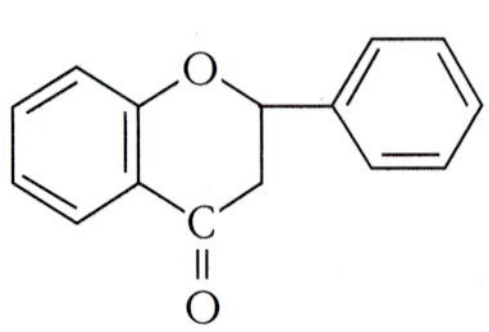
Flavanone

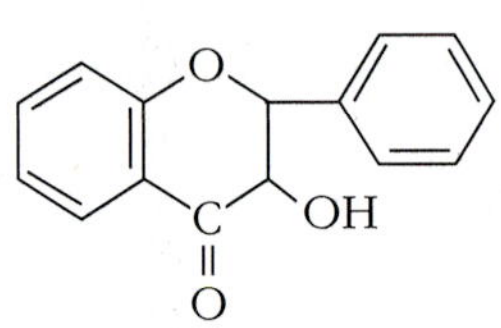
Flavanonol

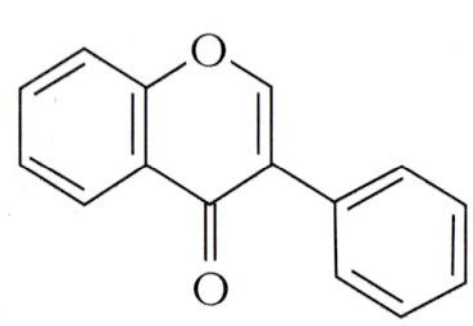
Isoflavone

와 결합하여 배당체의 형태로 존재하며, 결합하는 당류로는 람노오스 rhamnose, 글루코오스 glucose, 루티노오스 rutinose 등이 있다.

식품 중에 존재하는 안토잔틴 색소는 표 8-3 과 같다. 식품 중에서는 플라바노놀에 속하는 화합물이 발견되지 않았다.

[표 8-3] 식품 중 안토잔틴 색소의 종류와 분포

안토잔틴		당류	배당체명	분포	생리활성
종류	아글리콘 aglycone				
Flavone	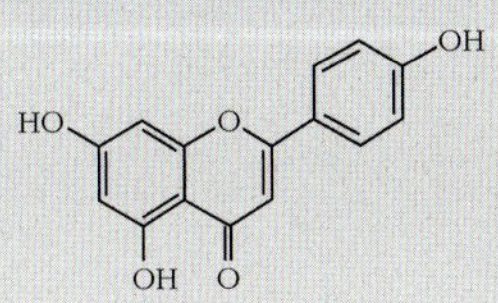 apigenin	7-apiosyl glucose	apiin	파슬리, 아티초크, 바질, 셀러리	항암, 항염, 항알러지
Flavone	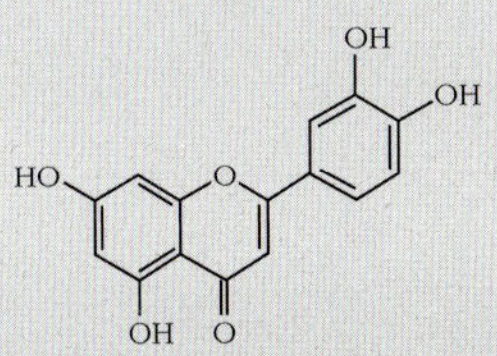 luteolin	7-glucose	luteolin 7-O-β-glucoside	셀러리, 피망, 들깨잎, 캐모마일차	항산화, 항염, 면역증강, 항암
Flavonol	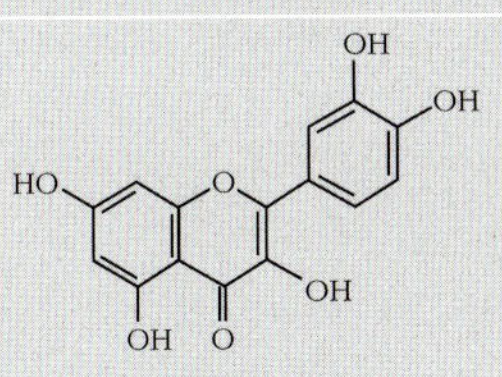 quercetin	3-rhamnose	quercitrin	차, 양파껍질	항염, 항알러지, 심장질환 저하
Flavonol	quercetin	3-glucoose	isoquercitrin	옥수수, 차	
Flavonol	quercetin	3-rhamnosyl glucose (rutinose)	rutin	양파, 메밀, 토마토, 차	항산화성, 모세관 강화
Flavonol	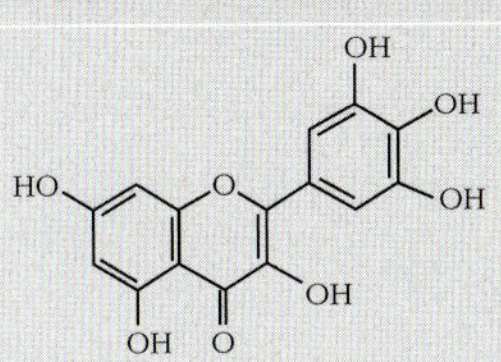 myricetin	3-rhamnose	myricitrin	양매 *Myrica rubra*	항산화성, LDL-콜레스테롤 저하, 전립선암 억제

안토잔틴		당류	배당체명	분포	생리활성
종류	아글리콘 aglycone				
Flavonol	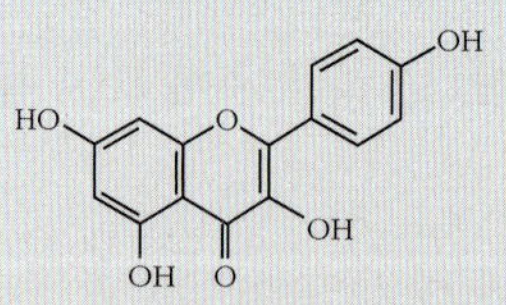 kaempherol	3-glucose	astragalin	고사리, 미역취, 알로에, 브로콜리	항알러지, 에너지 소비 증가
	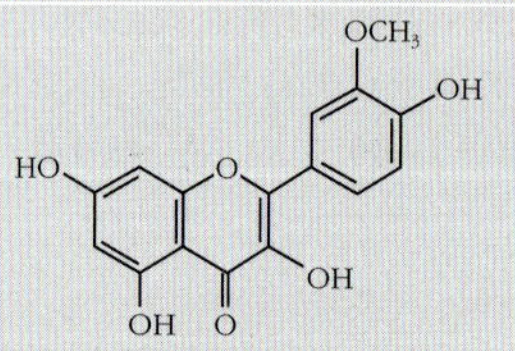 isorhamnetin	3-glucose	Isorhamnetin 3 - O - glucoside	신선초, 미나리, 케일, 은행잎	항돌연변이성, 간보호작용
Flavanone	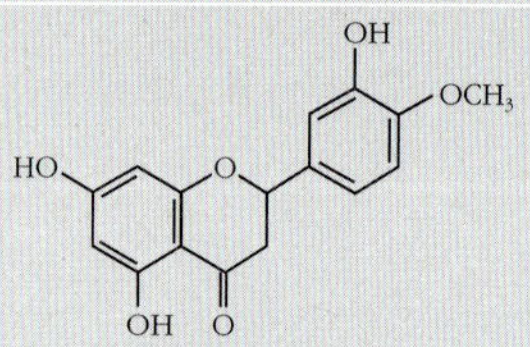 hesperetin	7-rutinose	hesperidin	온주밀감, 자몽	콜레스테롤 저하, 혈압 저하
	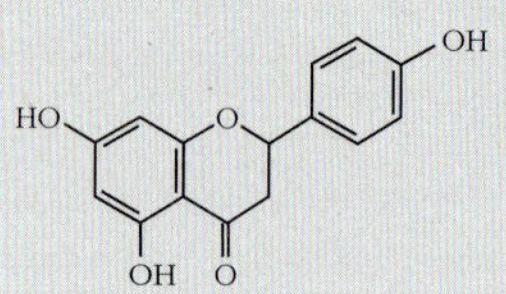 naringenin	7-rhamnosyl glucose (neohesperidose)	naringin	여름밀감, 밀감류	항산화성, 항암, 혈청 지질저하
	hesperetin	7-neohesperidose	neohesperidin	광귤, 여름밀감	콜레스테롤 저하, 혈압저하
Isoflavone	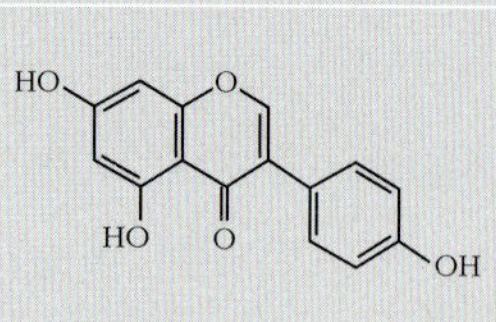 genistein	7-glucose	genistin	콩, 콩제품	항산화성, 에스트로겐 유사활성, 골다공증 및 유방암 예방
	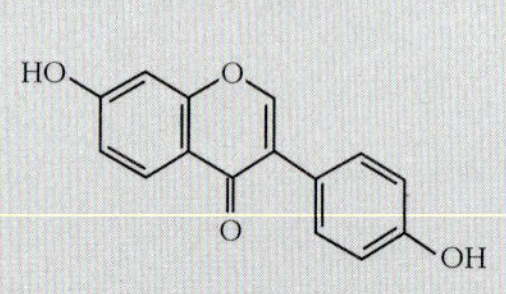 daidzein	7-glucose	daidzin	콩, 콩제품, 갈근	

b. 성질

■ 가열에 의한 변화

안토잔틴 색소는 가열 조리하면 그 배당체는 가수분해되어 당류가 분리되어 담황색이 더욱 진해진다. 감자나 고구마, 옥수수를 가열조리하면 생으로 있을 때보다 색이 더욱 진해진다.

■ 산, 알카리에 의한 변화

pH에 따라 색이 변하며 이러한 변화는 가역적이다. 일반적으로 알칼리에는 불안정하여 황색 또는 짙은 갈색이 된다. 즉 헤스페리딘 hesperidin은 pH 11~12에서 헤스페리틴의 고리구조가 개열되어 해당되는 칼콘 chalcone이 되어 황변, 갈변한다. 밀가루에 중조를 넣어 만든 빵이 황색으로 변한다든가, 경수 hard water에 삶은 감자, 양파, 양배추나 조리한 쌀 등이 황색으로 변하는 것도 이 때문이다. 이미 칼콘으로 변한 것이라도 pH가 다시 산성으로 되면 고리를 형성하여 무색으로 된다. 산성에서는 안정하여 조리할 때 식초나 주석영 cream of tartar을 첨가하면 더욱 선명한 흰색 또는 무색이 된다.

■ **칼콘** chalcone
생물학적으로 중요한 다양한 화합물의 중심에 위치하는 방향족 케톤의 총칭으로 플라보노이드 화합물 생합성의 중간체이기도 함. 항균성, 항진균성, 항암성 및 항염성을 보임.

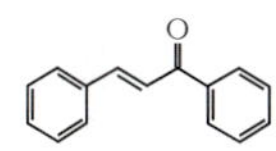

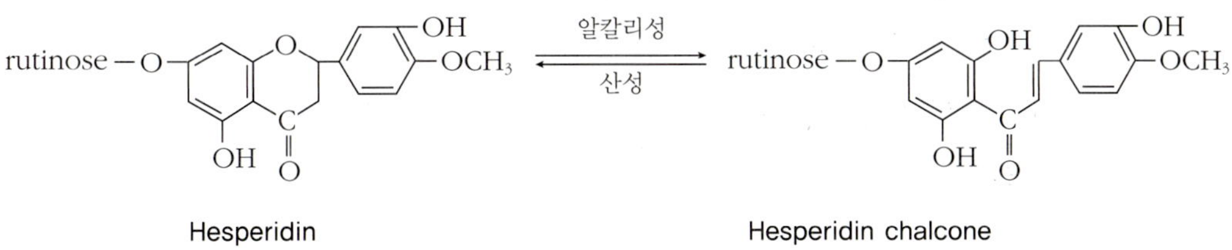

■ 금속에 의한 변화

안토잔틴은 많은 페놀성 OH기를 갖고 있으므로 금속이온과 불용성 착화합물을 형성하여 변색된다. 즉 감자를 무쇠(Fe^{3+}) 칼로 썰 때 청록색 또는 흑갈색으로 변색되며 퀘르세틴의 알루미늄 (Al)염은 황색, 크롬(Cr)염은 적

갈색을 나타낸다.

그리고 안토잔틴 색소는 다른 폴리페놀 화합물과 같이 쉽게 산화될 수 있다.

② 안토시아닌

■ **안토시아닌** anthocyanin
그리스어의 *anthos*(花)와 *kyanos*(靑)에서 유래된 것으로 화청소(花靑素)라고도 불린다.

안토시아닌 anthocyanin은 꽃, 과일, 채소류에 존재하는 빨간색, 자색 또는 청색의 수용성 색소이다. 특히 블루베리, 크랜베리, 라즈베리, 체리, 적포도, 검정콩, 검정쌀, 가지 등에 다량 함유되어 있다.

a. 구조

안토시아닌 색소는 보통 배당체로 존재하며, 물에 잘 녹고, 산 · 알칼리, 효소 등에 의해 가수분해되어 아글리콘인 안토시아니딘 anthocyanidin과 당류로 분리된다. 결합되어 있는 당류로는 글루코오스, 갈락토오스, 아라비노오스, 람노오스, 자일로오스 등이다.

안토시아니딘의 기본구조는 benzoflavylium핵과 페놀기가 결합한 2-phenyl- 3,5,7-trihydroxyflavylium염인데, 페닐기에 붙어있는 -OH기와 $-OCH_3$기의 수에 따라 종류가 달라진다 그림 8-6. 안토잔틴과 다른 특징은 1번의 산소가 갖고 있는 2개의 비공유전자쌍의 하나에서 전자 1개가 C2와 공유결합을 이루고 있기 때문에 +로 하전하는 옥소늄 oxonium(-O=)을 형성하는 것이다. 안토시아니딘의 색깔이 불안정한 것도 이 같은 옥소늄구조 때문이다.

안토시아니딘의 C2에 붙어 있는 페닐기 중 -OH기의 수가 증가하면 청색이 짙어지고, $-OCH_3$기의 수가 증가하면 빨간색이 점차 짙어지는 경향이 있다 .

한편 당 분자는 안토시아니딘의 탄소 3, 5, 7 위치에 결합하며, 당의 수가 1개인 것은 거의 3C의 위치에 결합한다.

일부의 과일 중에 존재하는 안토시아닌의 구조와 분포는 표 8-4와 같다.

그림 8-6 안토시아니딘의 분류와 구조

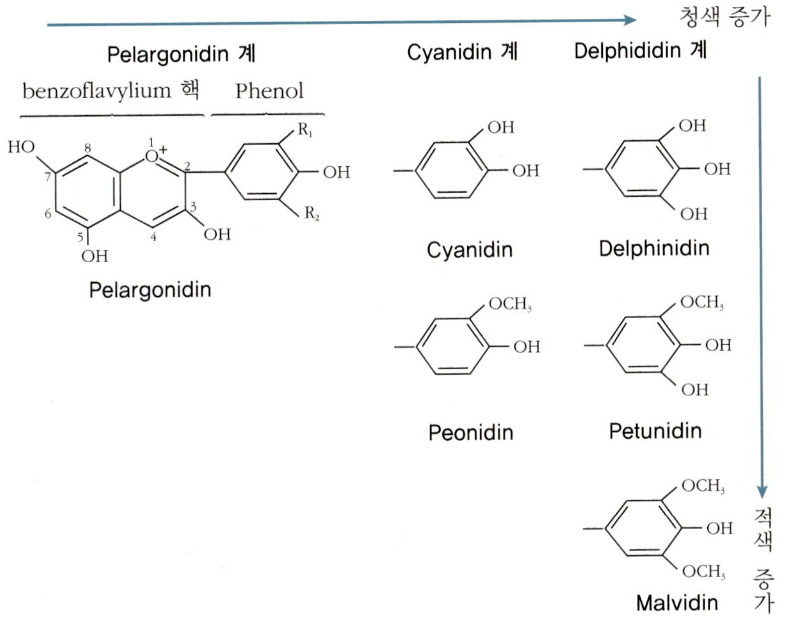

[표 8-4] 식품 중의 안토시아닌 색소의 종류와 분포

안토시아니딘				당류	안토시아닌 (배당체명)	분포
종류	R_1	R_2	색깔			
Pelargonidin	H	H	적	3-glucose	calistephin	딸기
Cyanidin	OH	H	적자	3-glucose	chrysanthemin	검은콩, 오디, 팥, 블루베리, 버찌
				3,5-diglucose	cyanin	붉은순무, 장미, 자소
				3-rhamnosyl glucose	keracyanin	버찌, 고구마
				3-galactose	idein	사과
				3-sophorose	mecocyanin	버찌
Peonidin	OCH_3	H	적자	3,5-diglucose	peonin	포도
Delphinidin	OH	OH	청자	3,5-diglucose	delphin	포도
				3-rutinose, 5-glucose	nasunin	가지
Petunidin	OCH_3	OH	적자	3,5-diglucose	petunin	포도
Malvidin	OCH_3	OCH_3	적	3,5-diglucose	malvin	포도
				3-glucose	enin	포도

sophorose : 2-O-beta-D-glucopyranosyl-beta-D-glucopyranose

b. 성질

■ 산, 알카리에 의한 변화

수용액의 pH에 따라 색깔이 변하며 가역적이다. '산성' → '중성' → '알칼리성'으로 변화함에 따라 '빨간색' → '엷은 빨강 또는 무색' → '청색 또는 청록색'으로 변색되고 아황산가스에 의하여 표백되는데, 이것은 pH의 변화 또는 강한 환원력에 의한 것이다.

■ 안토시아네이즈에 의한 퇴색

안토시아닌은 안토시아네이즈 anthocyanase에 의하여 당 부분이 분해되어 탈색된다. 안토시아닌 색소를 많이 함유하고 있어 색깔이 흑색, 흑청색을 띠는 각종 딸기류는 안토시아닌 함량을 줄이는 것이 바람직한데, 이런 경우 안토시아네이즈에 의하여 탈색될 수 있다.

■ 금속에 의한 변화

안토시아닌 색소는 Fe, Sn, Mg, Al 등의 금속이온들과 반응하여 각각 청색, 회색, 자색, 갈색 등의 복합체를 형성한다. 이것은 채소나 과일을 통조림하면 깡통의 금속(Sn)에 의하여 회색으로 변하는 원인이 되기도 하고, 경우에 따라서는 Fe나 Al과 아름다운 청자색의 복합체를 형성하므로, 가지 조림(pH 4.6~4.7)이나 검은콩(알카리성) 조리에 적당량의 금속을 첨가하면 아름다운 색을 그대로 유지시킬 수도 있다.

(4) 탄닌

탄닌 tannin은 식물의 줄기, 잎, 뿌리 등에 널리 함유되어 있으며, 특히 덜 익은 과일과 식물의 종자에도 상당량 함유되어 있다. 탄닌 그 자체는 원래 색이 없으나, 공기, 금속이온, 또는 산화효소의 작용에 의해 산화되면 짙은 갈색, 흑색 또는 짙은 홍색으로 변화되는 불안전한 물질이므로 식품의 색깔에 중요한 영향을 미친다. 또한 탄닌은 쓴맛과 떫은맛이 있기 때문에 식품의 맛에도 큰 영향을 미친다.

탄닌 함량이 특히 많은 식품으로는 차, 커피 등이 있다. 차는 건조중량 중 10~15%의 탄닌을 함유하고 있고, 커피의 원두에는 약 4%, 가공한 것에는 약 4.6%의 탄닌이 함유되어 있다.

① 구조와 분류

탄닌은 어느 일정한 구조를 가지고 있는 단일화합물이 아니고, 폴리페놀성 화합물로 어떤 특징적인 성질을 가진 물질을 총칭하여 말하며, tannic acid, gallotannic acid라 부르기도 한다.

그림 8-7 탄닌의 종류와 구조

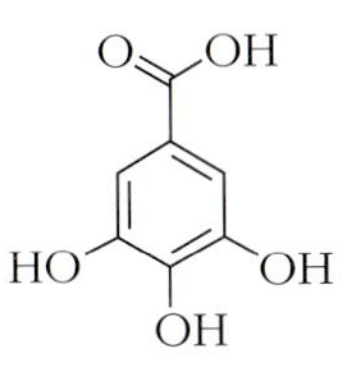

Gallic acid
기본구조

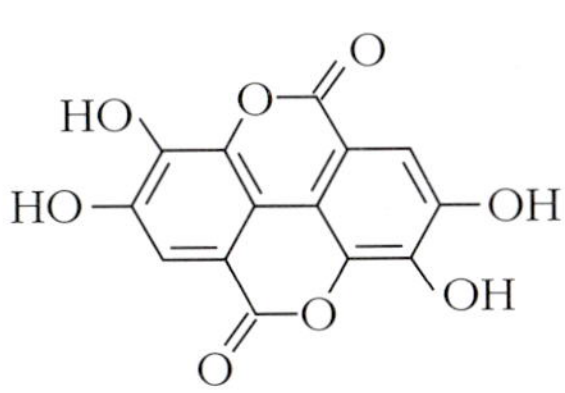

Ellagic acid

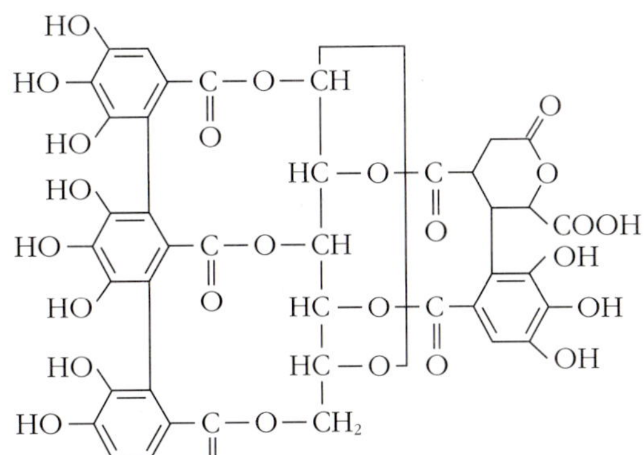

Chebulagic acid

가수분해형 탄닌

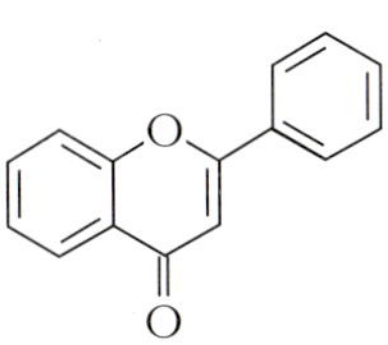

Flavone
기본구조

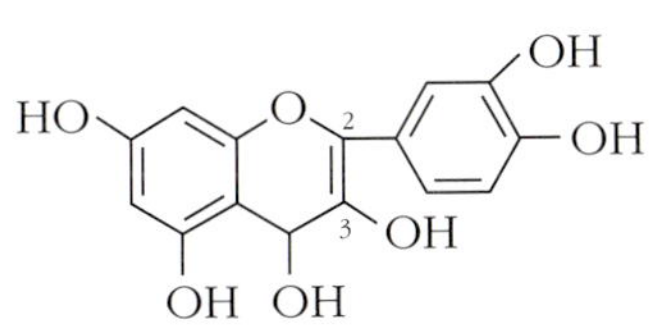

Flavan-3,4-diol
(catechin과 epicatechin은 C2와 C3 각각 *cis*와 *trans*형이다)

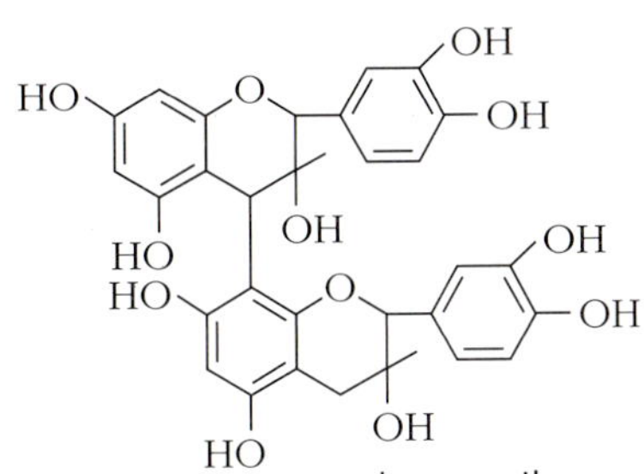

Leucoanthocyanin

축합형 탄닌

식품 중의 탄닌은 가수분해형 탄닌 hydrolyzable tannin과 축합형 탄닌 condensed tannin의 두 가지 형태가 존재한다 그림 8-7.

■ 가수분해형 탄닌

효소나 묽은 산에 의하여 쉽게 가수분해되어 포도당과 몰식자산 gallic acid(gallotannin) 또는 엘라그산 ellagic acid(ellagitannin)과 같은 페놀산 phenolic acid으로 된다. 몰식자산은 찻잎, 나무줄기 등에, 엘라그산은 딸기, 크랜베리, 라즈베리, 호두, 피칸, 석류 등에 다량 함유되어 있으며, 항산화성을 가진다.

그림 8-8 카테킨류의 구조

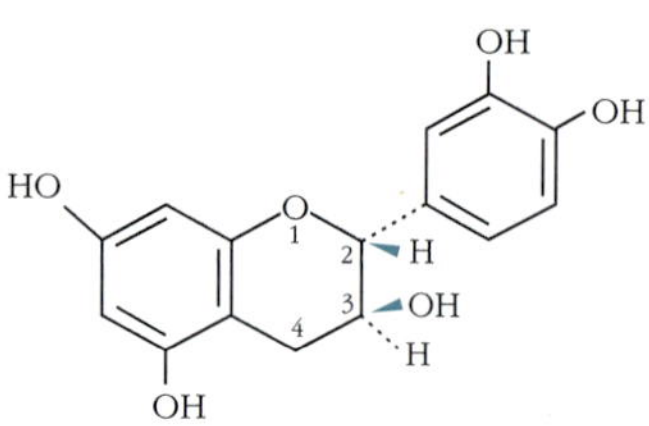

(+) -Catechin

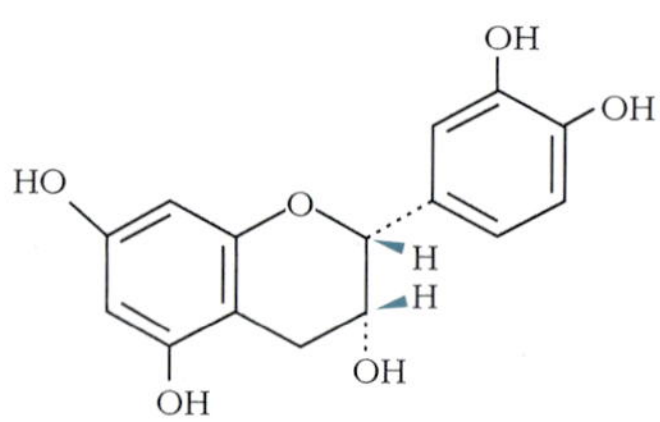

(−) -Epicatechin

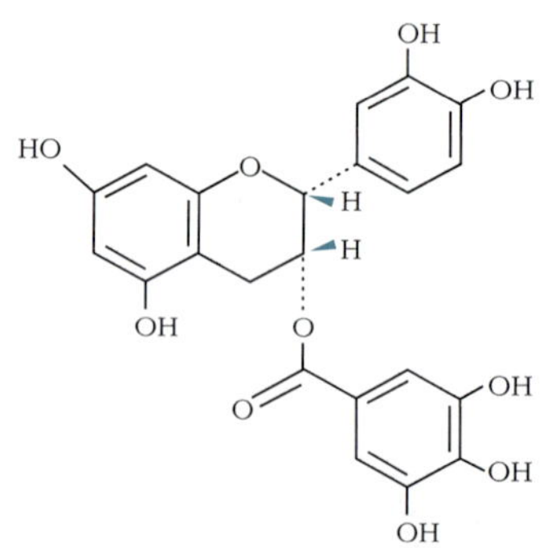

(−) -Epicatechin gallate

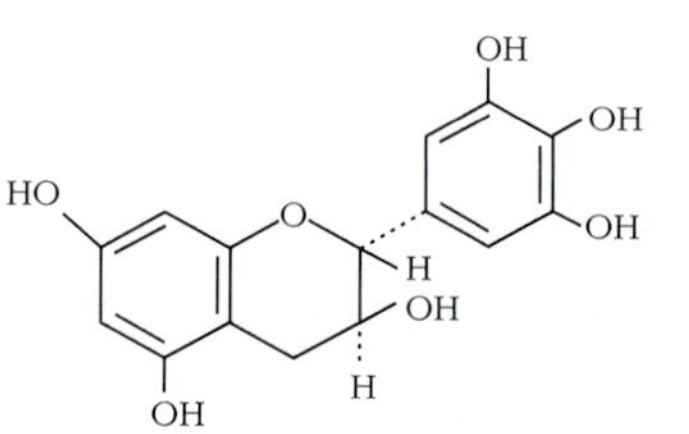

(+) -Gallocatechin

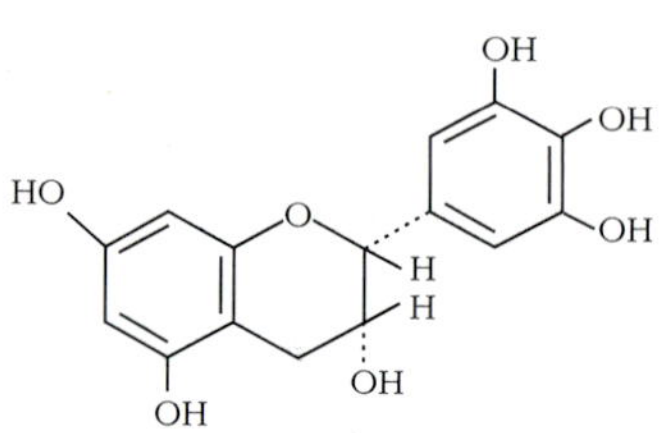

(−) -Epigallocatechin

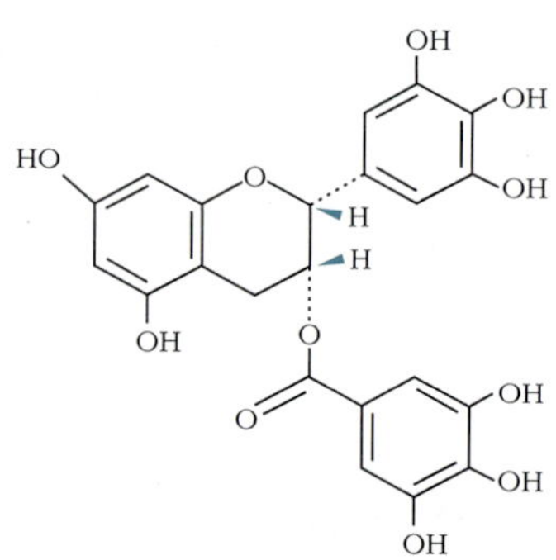

(−) -Epigallocatechin gallate

■ 축합형 탄닌

2~50여 개의 플라보노이드 단량체가 중합한 축합형 탄닌은 프로안토시아니딘 proanthocyanidins이라고 하며 효소에 의하여 쉽게 가수분해되지 않고, 점차 중합되어 무정형의 tannin red로 변하는 것을 말한다. 차에 많이 함유되어 있는 카테킨류(카테킨 catechin, 에피카테킨 epicatechin, 갈로카테킨 gallocatechin, 에피갈로카테킨 epigallocatechin, 에피카테킨 갈레이트 epicatechin gallate(ECG), 에피갈로카테킨 갈레이트 epigallocatechin gallate(EGCG) 그림 8-8), 사과, 복숭아, 배, 포도 등의 과일과 커피 원두, 콩류 및 초콜릿 등에 존재하는 leucoanthocyanidin과 홍차, 우롱차 등에 존재하는 테아플라빈 theaflavin과 테아루비긴 thearubigin 등은 축합형 탄닌에 속한다. 카테킨류는 식품 내에서 당과 결합하지 않으며 차에 함유되어 있는 카테킨류는 열에 매우 안정하다.

② 성질

가수분해형 탄닌과 대부분의 축합형 탄닌은 수용성이나 몇몇 고분자량의 축합형 탄닌은 불용성이다. 탄닌은 뜨거운 물, 때로는 냉수에서 교질성 입자를 형성하며 쉽게 확산된다. 과일로 주스나 술을 만들 때 탄닌은 과즙에서 잘 용출된다.

■ 금속에 의한 변화

탄닌은 여러 금속이온과 반응하여 회색, 갈색, 흑청색, 청록색의 복합염을 잘 형성한다. 차나 커피를 센물에 탔을 때 액체의 표면에 갈색 또는 적갈색의 침전물이 생성되는 것은 이 때문이다. 또 탄닌의 함량이 많은 과일이나 채소 통조림에서는 깡통에서 녹아 나오는 Fe^{2+}가 탄닌과 반응하여 회색의 복합염을 형성하며, 이 복합염은 통조림 내부에 약간의 산소가 남아 있는 경우에는 Fe^{3+} 복합염을 형성하여 흑청색 또는 청록색으로 변한다.

■ 탄닌의 산화

탄닌은 안토시아닌과 공존하는 경우가 많으며 산화되어 안토시아닌으로, 안토시아닌은 안토잔틴으로 산화되어 색이 변한다. 예를 들면 무색의 에피카테킨은 빨간색의 시아니딘으로, 더 산화되어 무색의 퀘르세틴으로 변한다.

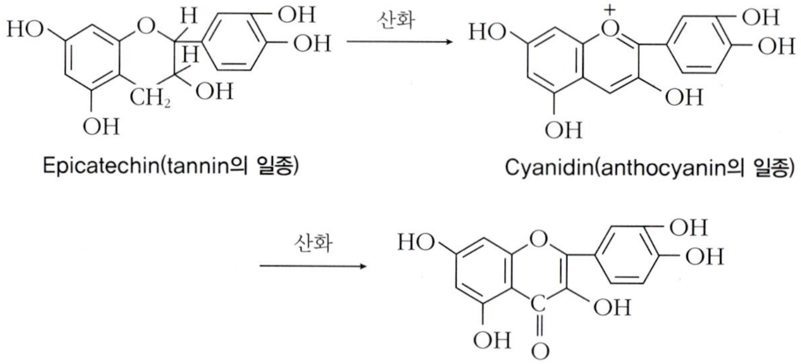

Epicatechin(tannin의 일종)

Cyanidin(anthocyanin의 일종)

Quercetin(flavonoid의 일종)

③ 과일 성숙 중의 변화

과일이 익어감에 따라 탄닌은 산화되어 안토시아닌 또는 안토잔틴으로 변하기도 하고, 중합되어 불용성 물질로 변하므로 과일 중의 탄닌의 양은 감소되어 떫은맛과 쓴맛이 없어진다. 또 어떤 식품에서 떫은맛과 쓴맛을 나타내는 것은 탄닌의 수렴성 astringency에 의한 경우가 대부분이다.

(5) 베탈레인

베탈레인 betalain은 인돌 indole 핵을 포함한 알칼로이드 alkaloid 구조를 갖고 있는 수용성 색소이다. 자연계에는 약 70종의 베탈레인이 알려져 있는데, 이 색소는 사탕무, 레드비트 red beet, 근대, 순무, 맨드라미, 명아주 등의 채소류에 주로 존재한다.

베탈레인은 1,7-diazoheptamethin의 기본 구조를 가진다. 이 구조 중의 R과 R′는 수소 또는 방향족 치환체가 될 수 있으며, 만일 R 혹은 R′가 공명구조를 하고 있지 않으면 그 화합물은 노란색의 베타잔틴 betaxanthin이라 부르며, R 혹은 R′가 공명구조를 하게 되면 그 화합물은 빨간색의 베타시아닌 betacyanin이라 부른다.

베탈레인 색소는 대체로 산성에서 빨간색 또는 황색을 나타내며, pH 4.0~6.0에서 가장 안정하다. 한편 pH가 알칼리성으로 되면 베타시아닌의 색깔은 자색, 청색으로 변하게 된다.

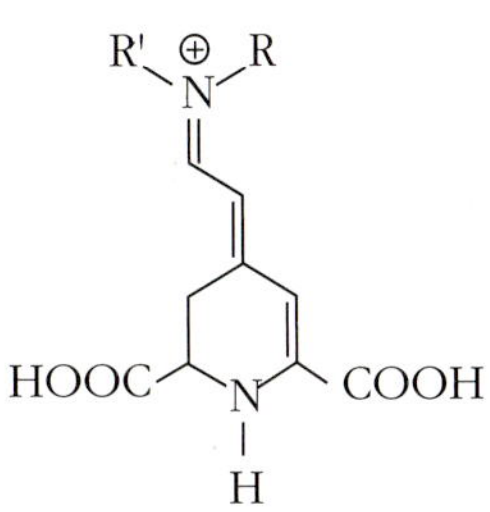

Betalain의 기본 구조
(1,7-Diazoheptamethin)

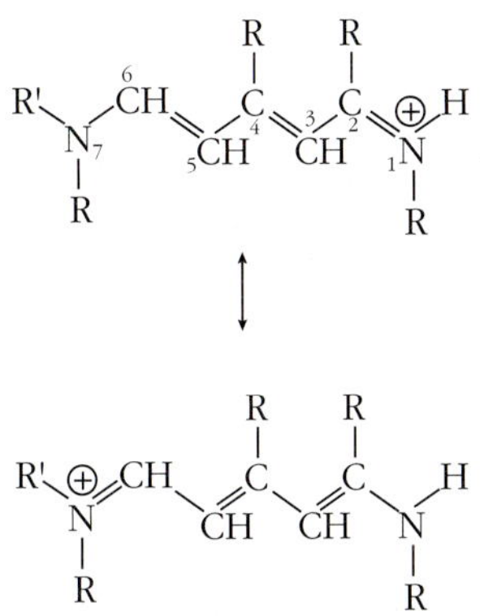

Betacyanin의 공명구조

(6) 기타 색소

■ 해조류의 색소

해조류에는 녹색의 클로로필, 노란색의 카로티노이드와 붉은색의 색소단백질인 피코에리쓰린 phycoerythrin 등이 함유되어 있다.

갈조류의 미역에는 β-카로틴, 루테인, 푸코잔틴 fucoxanthin 등의 카로티노이드와 소량의 클로로필이 함유되어 있고, 홍조류의 김에는 붉은색의 피코에리스린과 소량의 클로로필과 카로티노이드가 함유되어 있다.

흑자색의 김은 저장 중 습도와 광선하에서 클로로필이 분해되어 적자색으로 변색되며, 김을 구울 때에는 열에 의해 피코에리쓰린이 파괴되어 녹색의 피코시아닌 phycocyanin이 되기 때문에 청록색의 아름다운 색을 나타낸다.

■ 홍국균 색소

찐쌀에 홍국균 Monascus을 배양시킨 균사의 주색소는 황색의 모나신 monascin과 적색의 모나스코부린 monascorburin, 안카플라빈 ankaflavin 등이다. 홍국적색소는 육류의 착색제로 쓰인다.

2) 동물성 색소

동물성 식품의 색소는 식용동물의 육류색소인 헴 heme, 새우, 게 등에 함유되어 있는 카로티노이드의 일종인 아스타잔틴 astaxanthin과 달걀흰자, 어류의 눈에 함유되어 있는 황록색의 형광물질인 라이보플라빈 riboflavin 등이 있다.

(1) 헴 색소

육류의 색소는 근육에 존재하는 마이오글로빈 myoglobin과 혈액에 존재하는 헤모글로빈 hemoglobin의 헴 heme 색소로서 모두 붉은색을 나타내는 색소단백질이다. 육류를 도축할 때는 대부분의 혈액을 제거하므로 사실상 육류나 육류 가공품에서는 전체 색소의 90% 이상이 마이오글로빈이다. 그러나 방혈하더라도 모세혈관에는 혈액이 남아있기 때문에 헤모글로빈도 육색에 관여한다.

마이오글로빈 함량은 동물의 종류, 연령, 근육의 부위에 따라 차이를 보이는데, 연령이 많아짐에 따라 증가하며 색도 짙어지는 경향이 있다. 소고기의 경우 송아지에는 1g에 1~3mg, 성숙한 소에는 약 4~10mg, 늙은 소에는 16~20mg 정도 함유되어 있다. 또한 핑크색의 송아지나 돼지고기의 마이오글로빈 함량은 1~3mg/g이며, 연한 붉은색의 양고기에는 5~7mg/g, 짙은 붉은색의 소고기나 말고기에는 5~10mg/g의 마이오글로빈이 함유되어 있다.

① 구조

마이오글로빈은 피롤 유도체로서 포피린과 철의 착염으로 되어 있는 적색 색소체인 헴과 단백질인 글로빈이 결합한 복합단백질 complex protein이다 그림 8-9.

프로토포피린 protoporphyrin은 1,3,5,8 위치에 methyl(CH_3-)기, 2,4 위치에 vinyl($CH_2=CH-$)기, 6,7 위치에 프로피온산 propionic acid (CH_2CH_2COOH-)이 결합된 포피린이다. 글로빈은 생체의 종류에 따라 다르나, 대체로 150여 개의 아미노산이 입체구조를 형성하고 있는 것으로 분자량은 약 17,000 정도이다. 마이오글로빈과 헤모글로빈의 헴 부분은 프로토포피린의 중심부에 있는 철이온이 글로빈 분자 중의 히스티딘 histidine 잔기의 이미다졸 imidazole 고리의 질소원자와 결합하고 있으며, 철 이온(Fe^{2+})은 분자 상태의 산소(O_2)와도 쉽게 결합할 수 있다.

마이오글로빈은 글로빈 폴리펩타이드 사슬 1개와 헴 1분자가 결합한 것이고, 헤모글로빈은 글로빈 사슬 4개와 헴 1분자가 결합한 것이다. 마이오글로빈이 동물체내에서 주로 산소의 저장체로 작용하는 데 대하여 헤모글

그림 8-9 마이오글로빈의 구조

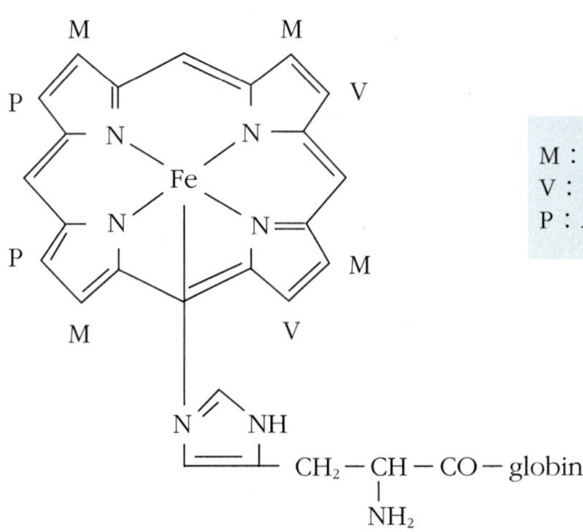

M : 메틸기, CH_3-
V : 바이닐기, $CH_2=CH-$
P : 프로피온산기, CH_2CH_2COOH

로빈은 산소의 운반체 작용을 하며, 마이오글로빈은 적자색을 띠는데 반하여 헤모글로빈은 빨간색을 띤다.

② 육류의 색

■ 마이오글로빈의 산소화

신선육의 색은 Fe^{2+}를 함유한 환원형 마이오글로빈으로 적자색을 나타내지만 이를 절단하여 공기 중에 노출시키면 마이오글로빈은 분자 상태의 산소(O_2)와 결합하여 선명한 빨간색의 옥시마이오글로빈 oxymyoglobin (MbO_2)으로 된다.

■ 마이오글로빈의 산화

육류를 저장할 때 옥시마이오글로빈은 천천히 산화되어 프로토포피린 protoporphyrin 핵의 중심에 있는 Fe^{2+}가 산화되어 Fe^{3+}가 되어 갈색의 메트마이오글로빈 metmyoglobin(MMb)으로 변하므로 육류의 색깔은 점차 갈색으로 변화된다. 이때 3가철로 산화된 헴을 ferriprotoporphyrin(헤마틴 hematin)이라 한다.

■ 가열에 의한 변화

메트마이오글로빈은 자동산화에 의해서만 생성되는 것이 아니라 가열에 의해서도 생성된다. 즉 육류를 가열하면 옥시마이오글로빈을 거쳐서 메트마이오글로빈이 된다. 가열을 계속하면 메트마이오글로빈의 글로빈이 변성 · 분리되며, 한편으로는 갈색 내지 회색의 헴(헤마틴)이 유리된다. 한편 유리된 상태에서 헤마틴은 NaCl 존재 하에서는 염소이온(Cl^-)과 결합하여 염화물 형태로 존재한다. 이 헤마틴의 염화물을 헤민 hemin이라 한다. 이들 hematin과 hemin은 계속 산화되어 각종의 갈색, 회색 또는 무색의 산화된 포피린 유도체가 된다. 이와 같이 신선육이 가열에 의해 갈색의 가열육으

그림 8-10 가열조리 및 가공과정 중 마이오글로빈의 변화

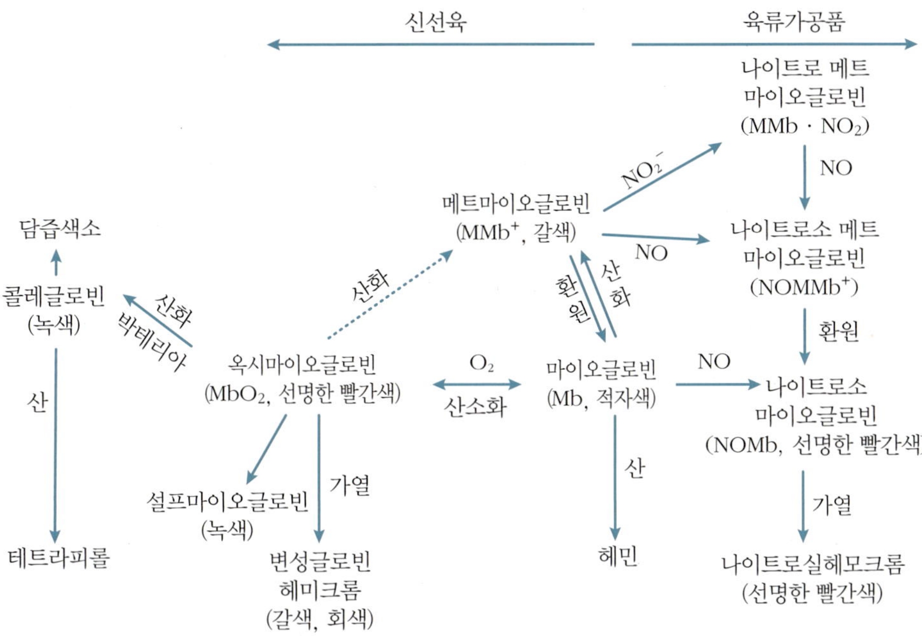

로 변한 상태를 변성글로빈 헤미크롬hemichrome이라 한다.

육류의 가열 조리 및 가공과정 중 마이오글로빈의 변화는 그림 8-10 과 같다.

■ 육류 가공품의 발색

햄 · 베이컨 · 소시지 등의 육류 가공품은 살균을 위해 열탕처리를 하는데 이때 제품의 색깔이 갈색이 되지 않도록 육색을 보존하기 위해 발색제를 사용한다.

발색제로는 질산염과 아질산염을 사용하나 발색에 직접 관여하는 것은 아질산염이다. 가공과정 중 절임용액 중의 질산염(NO_3^-)은 육류에 존재하는 비병원성 미생물에 의해 아질산염(NO_2^-)으로 환원된 뒤 육류의 해당작용으로 생성된 젖산에 의해서 아질산(HNO_2)을 형성한다. 육류 중의 환원

성물질에 의해서 아질산으로부터 생성된 일산화질소(NO)는 환원형 마이오글로빈(Mb)과 결합하여 선명한 빨간색의 나이트로소마이오글로빈 nitrosomyoglobin(NOMb)을 형성한다. 이것은 선명한 색깔을 가질 뿐만 아니라 열에 대해서도 매우 안정하다.

그러나 메트마이오글로빈으로 산화된 것도 아질산염 용액에 담가 두면 마이오글로빈으로 환원되었다가 NO와 결합하여 나이트로소마이오글로빈이 된다. 이 나이트로소마이오글로빈은 가열되면 글로빈이 변성되어 변성 글로빈 나이트로실헤모크롬 nitrosylhemochrome이 되지만 선명한 빨간색이 보존된다. 이와 같은 조작을 육색의 고정이라 한다.

■ 육류나 육류 가공품의 녹변

육류 및 육류 가공품은 저장 중에 때때로 녹색으로 변하는 경우가 있다. 이 원인에 대해서는 아직 확실하지 않으나, 육제품의 저장 중 세균의 작용에 의하여 헴의 포피린 핵이 산화되어 형성되는 콜레글로빈 choleglobin에 의한 것으로 알려져 있다.

또한 어육이 선도가 떨어져 황화수소 생성균(저온세균)이 번식하여 황화수소가 생기면, 이것이 헴 색소와 결합하여 설프마이오글로빈 sulfmyoglobin과 설프헤모글로빈 sulfhemoglobin을 생성하여 녹변하기도 한다.

(2) 기타 색소

기타 색소에는 새우, 게 등에 함유되어 있는 카로티노이드의 일종인 아스타잔틴 astaxanthin과 달걀흰자, 우유, 어류의 눈에 함유되어 있는 황록색의 라이보플라빈 riboflavin(비타민 B_2)과 연어, 송어의 살에서 볼 수 있는 엷은 녹색의 살멘산 salmenic acid과 같은 형광물질이 있다.

또한 생선의 표면이 광채를 띠는 것은 함질소 염기인 구아닌 guanine 때문이며, 흑색은 멜라닌 색소 때문이다. 또 조개류나 알류의 껍데기가 청색, 녹색, 흑색의 반점을 가지는 것은 헤마토포피린 hematoporphyrin 또는 프로토포피린과 같은 헴의 분해물인 포피린 유도체가 존재하기 때문이다.

한편 콩기름이 붉게 변하는 것은 인지질의 산화생성물 때문이고, 목화씨 기름이 흑자색을 띠는 것은 gossypurpurin에 의한 것이며, 이것이 산에 의하여 분해되면 고시폴 gossypol로 된다.

■ 아스타잔틴

새우, 게, 가재 등의 갑각류에는 카로티노이드의 일종인 아스타잔틴이 함유되어 있다. 이것은 원래 빨간색이나 동물조직 내에서 단백질과 결합하고 있으므로 청록색을 나타낸다. 갑각류를 가열하면 단백질이 변성되어 아스타잔틴이 유리되고 유리된 아스타잔틴은 가열하면 다시 산화되어 밝은 빨간색인 아스타신 astacin으로 변한다. 또한 아스타신은 조류, 원생동물 protozoa, 어류(연어, 송어) 등에서 발견되고, 포유동물의 지방에도 소량 존재한다.

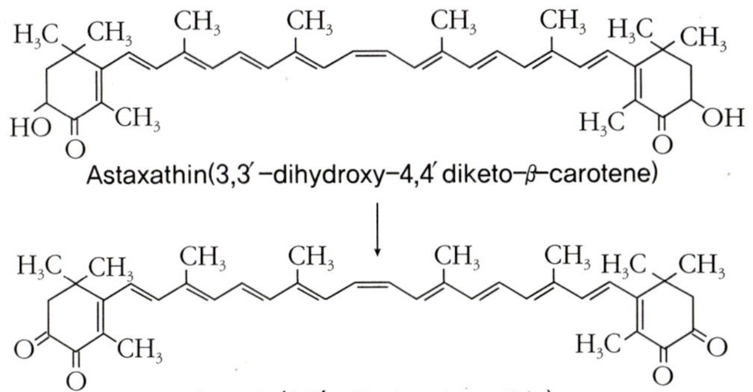

Astaxathin(3,3′-dihydroxy-4,4′ diketo-β-carotene)

Astacin(3,3′-diketoastaxanthin)

■ 담즙색소

담즙색소는 헤모글로빈이 산화 · 환원되어 만들어지는 것으로 주요 성분으로는 황색의 빌리루빈 bilirubin과 이것이 담낭 내에서 일부 탈수소된 녹색의 빌리베르딘 biliverdin의 두 가지이며, 이들은 장내세균에 의해 환원되어 urobilinogen, stercobilinogen으로 되고 이 일부분은 다시 산화되어

urobilin, stercobilin이 되어 분뇨 중에 검출된다. 또 어류 껍질의 청색은 담즙색소, 흑색은 멜라닌 색소, 홍색은 잔토필에 의한 것이다.

■ 헤모시아닌

패류와 새우, 게 등에는 헤모시아닌 hemocyanin이란 Cu를 함유하는 청색의 혈색소가 있다.

4. 합성색소

식품을 가공할 때나 조리할 때 식품의 천연 색을 모방 또는 미화를 위하여 인공색소를 사용한다.

영양학적으로 보면 비타민 A, B_2, 카로틴과 같이 영양소이면서 착색료 coloring agent인 것이 가장 이상적이나, 천연색소는 합성색소에 비하여 추출하기 힘들고 선명도가 떨어지며, 색의 종류가 다양하지 못하고 불안정하여 가공 또는 저장 중 변색이 쉽게 일어난다. 이런 단점을 보완하기 위해 1856년 Perkin이 타르 tar색소의 합성에 성공한 이후 타르색소를 인공 착색에 이용하게 되었다.

식용색소 food dye

식품을 착색할 목적으로 첨가되는 식품첨가물로 천연착색료와 합성착색료가 있다. 천연착색료는 동식물로부터 추출한 것, 미생물이 생산한 것, 캐러멜 등의 식품소재 등이 있다. 합성착색료에는 식용 타르색소, 클로로필의 유도체, 무기물(이산화 티타늄, 삼이산화철) 등이 있다. 합성착색료는 사용기준이 있고, 천연착색료라도 다시마류, 식육, 선어패류(고래고기 포함), 차, 김, 콩류, 채소, 미역류에는 사용할 수 없다.

합성색소 중에서 ① 독성이 적거나 없는 것, ② 체내에 잔류되거나 축적되지 않는 것, ③ 미량으로 착색효과가 큰 것, ④ 광선, 열 등 물리화학적 변화에 대해 색이 안정한 것, ⑤ 값이 싸고 사용하기 간편한 것 등을 고려하여 합성착색료를 선정하여 법적 규제하에서 그 사용이 허가되고 있으며, 나라마다 종류의 차이가 있다.

1) 타르색소

우리나라 식품첨가물공전 중 화학적 합성품으로서 석탄타르 coal tar에서 얻은 방향족 탄화수소를 원료로 하여 합성에 의하여 제조되는 대표적 착색료이다. 타르색소는 염착력이 좋고 가격도 싸지만 독성이 강한 것들이 많아 현재 식품에 사용이 허가된 것은 모두 수용성 산성타르계색소로서 식용색소 적색 제2호, 제3호, 제40호, 제102호, 식용색소 황색 제4호와 제5호, 식용색소 녹색 제3호, 식용색소 청색 제1호와 제2호 등 9개 품목이다 표 8-5.

식용타르색소는 종류에 따라 그 물리적 성질이 다르다. 대부분의 유기용

[표 8-5] 타르 식용색소

색소명	이명	구조
식용색소 녹색 제3호	fast green FCF, malachite green chloride	트라이페닐메탄
식용색소 적색 제2호	amaranth, FD&C Red No. 2	모노아조
식용색소 적색 제3호	erythrosine, FD&C Red No. 3	잔틴
식용색소 적색 제40호	alura red, FD&C Red No. 40	모노아조
식용색소 청색 제1호	brilliant blue FCF, FD&C Blue No. 1	트라이페닐메탄
식용색소 청색 제2호	indigo carmine, FD&C Blue No. 2	인디고이드
식용색소 황색 제4호	tartrazine, FD&C Yellow No. 4	모노아조
식용색소 황색 제5호	sunset yellow FCF, FD&C Yellow No. 5	모노아조
식용색소 적색 제102호	cochineal red A, new coccine	

적색 제3호와 102호 이외에 총 7개 품목에 대해 aluminium lake가 인정되고 있다.

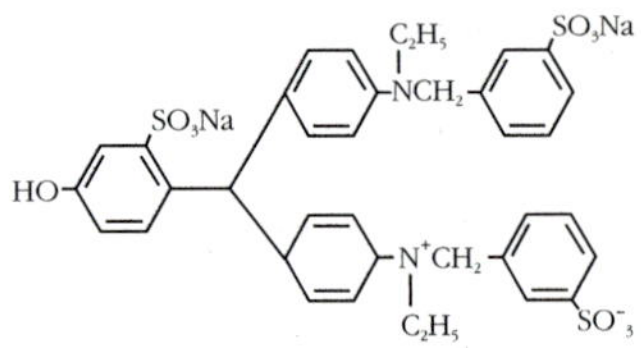

식용색소 녹색 제3호

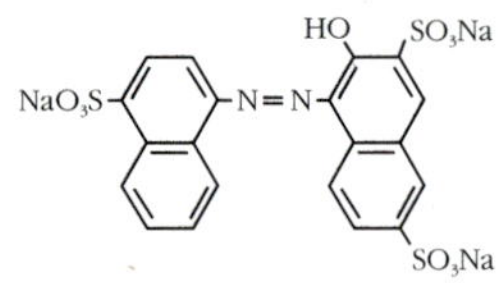

식용색소 적색 제2호

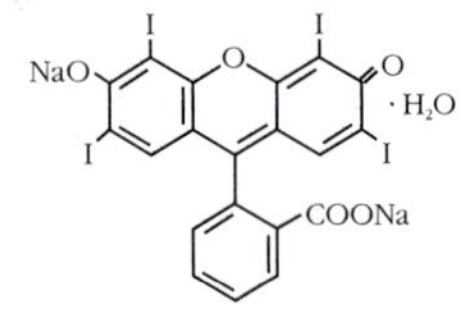

식용색소 적색 제3호

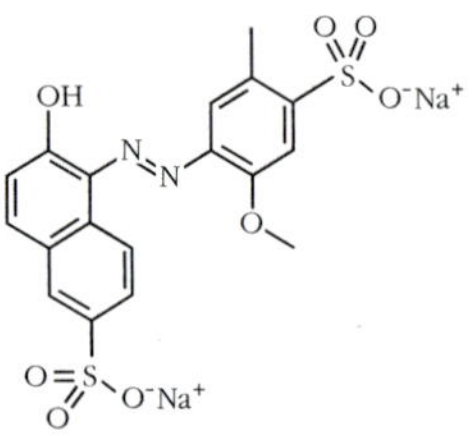

식용색소 적색 제40호

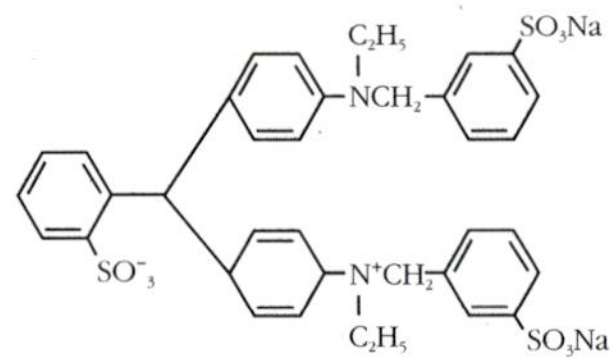

식용색소 청색 제1호

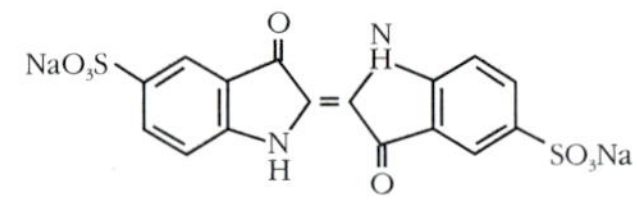

식용색소 청색 제2호

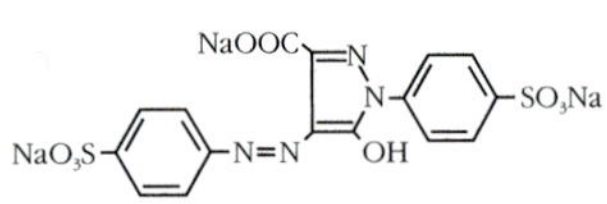

식용색소 황색 제4호

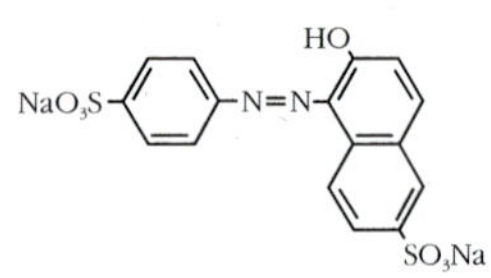

식용색소 황색 제5호

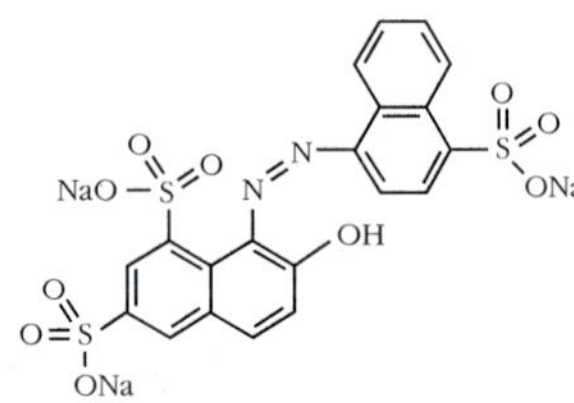

식용색소 적색 제102호

매에는 녹지 않으나 물에 대한 용해도는 높으며 온도, pH, 염농도 등에 따라 용해도의 차이를 나타낸다. 대부분은 식품에서 안정하며 건조 상태에서는 변화되지 않으나 빛에 대한 안정성은 식품의 성분, pH, 경도 및 금속의 존재 여부에 따라 다르다.

또한 알루미늄레이크는 타르색소에 염기성알루미늄을 작용시켜 얻은 알루미늄 착화합물 색소로서 본질적인 구조는 원래 색소와 같으나 색소함유량은 10~40% 정도이다. 현재 식용색소 적색 제3호와 102호 이외에 총 7개 품목에 대해 알루미늄레이크 aluminium lake가 식용으로 허가되고 있다. 일반적으로 원래의 색소에 비하여 내열성, 내광성이 우수하다. 물, 유기용매, 유지 등에는 거의 녹지 않으나 물에는 전혀 녹지 않는 것은 아니어서 약간의 색소가 용출된다. 또한 수산식품이나 유지식품에 관계없이 착색할 수 있는 장점이 있다.

2) 비타르 색소

타르색소 이외에 첨가물로서 지정된 것은 삼이산화철 iron sesquioxide, 이산화티타늄, 수용성 안나토 annato, β-아포-8′-카로틴알, 철클로로필린나트륨, 동클로로필린칼륨, 동클로로필, 라이보플라빈, 라이보플라빈인산에스터나트륨, 아세토페논, 카르민 등이 있다.

식품에 비교적 많이 쓰는 유해색소로는 오라민 auramine(황색), 피크르산 picric acid(청황색), 메틸바이올렛 methyl violet(자색), 로다민 rhodamin B(엷은 적색), 비스마르크 브라운 bismark brown(적갈색), 말라카이트 그린 malachite green(녹색) 등이 있으며 이들의 중독증상으로는 두통, 구토, 설사, 신장 장해, 용혈성 황달 등이며 허가된 것 이외에 타르색소를 장기간 사용할 경우 간장암의 발생의 원인이 된다.

Chapter 9

식품의 갈변

학습 목표

1. 효소적 갈변과 비효소적 갈변을 구별할 수 있다.
2. 효소적 갈변을 억제하는 방법을 식품에 적용할 수 있다.
3. 비효소적 갈변의 종류와 특성을 설명할 수 있다.
4. 마이야르반응의 메커니즘과 영향을 주는 요인을 설명할 수 있다.

갈변 browning은 과일이나 채소를 썰거나 껍질을 벗기거나 식품을 가공 · 저장하는 동안 그 색깔이 점차 갈색이나 암갈색으로 변하는 반응을 말한다. 그러나 갈변 초기단계에는 옅은 황색 또는 붉은색을 띠는 수도 있다. 이 반응은 색뿐만 아니라 냄새에도 영향을 주어 식품의 품질에 영향을 미치기도 하며, 영양가 및 기능성의 변화를 동반하기도 한다. 피라진 유도체들과 같은 특정 향기성분이 생성되기도 하며, 라이신 lysine과 같은 필수아미노산이 파괴되거나 생성물질이 무기물을 비롯한 다른 영양소의 생체이용률 bioavailability을 저하시켜 영양가의 손실을 가져오기도 한다. 한편 분자량이 작은 중간 생성물들과 최종산물은 항산화작용, 항균성, 항돌연변이성 등을 나타낸다고 알려져 있다.

갈변이 식품의 품질에 미치는 영향은 다양하며 표 9-1, 그 작용 메커니즘에 따라 크게 효소작용에 의한 효소적 갈변 enzymatic browning과 효소의 관여 없이 일어나는 비효소적 갈변 nonenzymatic browning의 두 가지로 크게 분류할 수 있다.

- 식품의 갈변
  - 효소적 갈변
    - 폴리페놀옥시데이즈에 의한 갈변
    - 타이로시네이즈에 의한 갈변
  - 비효소적 갈변
    - 마이야르 반응
    - 캐러멜화 반응
    - 아스코르브산 산화반응

[표 9-1] 갈변이 식품의 품질에 영향을 미치는 예

구분	식품 예
품질향상에 기여하는 경우	홍삼, 빵, 비스킷, 간장, 된장, 맥주, 위스키, 커피, 홍차, 우롱차, 단풍당 maple syrup
가벼운 착색이 바람직한 경우	사과주스, 감자칩 potato chip
품질에 바람직하지 못한 경우	사과와 배 등 과일, 청주, 양송이, 냉동식품, 건조과일, 분유, 잼, 토마토케첩, 전분이나 단백질의 가수분해물, 식용유

1. 식품의 효소적 갈변

과일이나 채소의 페놀 화합물이나 폴리페놀 화합물이 공기 중의 산소와 접촉했을 때 조직 내 효소, 즉 타이로시네이즈 tyrosinase나 폴리페놀옥시데이즈 polyphenol oxidase에 의해 산화되어 갈색물질이 생성되는데 이 반응을 효소적 갈변이라 한다.

사과, 바나나, 밤, 우엉, 가지, 감자, 고구마 등과 같은 과일과 채소류에 상처가 생기거나 껍질을 벗겼을 때 일어나는 갈변은 바람직하지 않으나 홍차나 우롱차의 색이나 맛에는 유용하게 작용하므로 의도적으로 이 반응을 일으킨다. 효소적 갈변의 기질로 작용하는 페놀화합물은 주로 탄닌물질로 알려져 있으며, 카테킨 catechin, 타이로신 tyrosine, 카페산 caffeic acid, 클로로젠산 chlorogenic acid 등이 있다.

■ 탄닌 tannin
- 여러 가지 폴리페놀류가 중합한 복잡한 구조의 고분자물질(분자량 600~2,000)
- 식물에 널리 분포하며 수용액은 수렴성이 강하고 떫은맛을 가지는 화합물의 총칭
- 미숙한 과일에 함량이 많고 쓴맛을 냄
- 원래는 무색이지만 쉽게 산화되어 갈색을 나타냄

1) 폴리페놀옥시데이즈에 의한 갈변

폴리페놀옥시데이즈 polyphenol oxidase는 카테콜 catechol 또는 클로로젠산 chlorogenic acid과 같은 카테콜 유도체들이 공기 중의 산소에 의하여 퀴논 quinone 또는 이의 유도체로 산화되는 반응을 촉진한다. 이들은 반응이 계속됨에 따라 중합되어 흑갈색 물질인 멜라닌 melanin 색소를 생성한다.

■ 멜라닌 melanin
- 생물이 만드는 갈색 내지 흑색색소
- 고분자물질로 동물의 피부, 눈, 털 등에 존재하고, 오징어 먹물의 주성분으로서 존재함

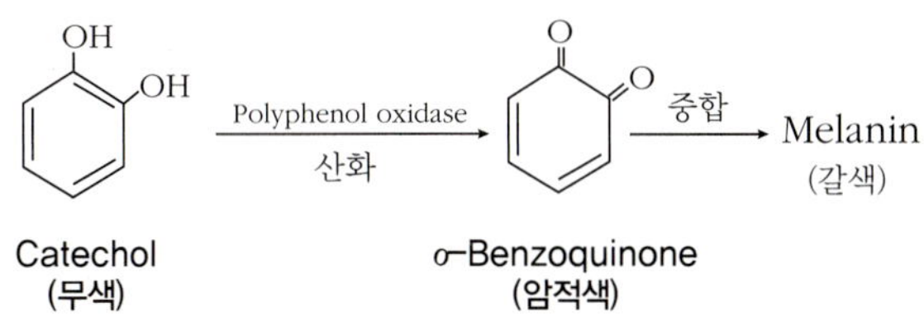

폴리페놀옥시데이즈 polyphenol oxidase(PPO)

- 페놀을 산화하여 퀴논을 생성하는 반응을 촉매화하는 구리를 함유하는 산화효소
- 다이페놀옥시데이즈 diphenol oxidase 또는 페놀레이즈 phenolase 라고도 함
- 최적 온도: 40±10℃
- 효소의 출처에 따라 최적 pH와 기질의 종류가 약간 다를 수 있음
  - 최적 pH: 사과의 PPO는 pH 5.8~6.8, 크랜베리의 PPO는 pH 6.5
  - 기질: catechol, dihydroxyphenylalanine(DOPA), pyrogallol, ρ-hydroxybenzene과 같은 diphenol

① 하나의 –OH기에 대하여 오르토 ortho 또는 파라 para 위치에 아미노기($-NH_2$)가 치환된 화합물은 대부분 기질이 될 수 있으나, 오렌지에서 추출한 PPO의 기질은 될 수 없음

② 하나의 –OH기가 메톡실 methoxyl기($-OCH_3$)로 치환된 화합물은 기질이 될 수 없음

홍차발효

- 찻잎을 15~20시간 시들리기(위조 withering) 과정을 거쳐 폴리페놀옥시데이즈와 탄닌이 화학반응을 일으킬 수 있도록 비비기(유념 rolling)를 하여 주고 20~25℃의 발효실에서 30분~3시간 정도 산화시켜 제조함
- 시들리기 중에는 비타민 C가 대부분 산화되고 폴리페놀옥시데이즈의 활성이 증가함
- 발효과정 중 카테킨이나 갈로카테킨 gallocatechinn 등 카테킨류가 산화되어 오렌지색의 테아플라빈 theaflavin과 적색 내지 갈색의 테아루비긴 thearubigin이 생성되어 홍차의 매혹적인 색을 결정하게 됨
- 홍차를 잘못 저장하여 테아루비긴이 산화되면 될수록 색은 더 진해지고 맛도 나빠짐

2) 타이로시네이즈에 의한 갈변

타이로시네이즈 tyrosinase도 구리를 함유하고 있는 산화효소로 폴리페놀옥시데이즈와 그 작용이 매우 비슷하다. 감자 등에 함유되어 있는 아미노산 중 모노페놀 monophenol인 타이로신 tyrosine은 타이로시네이즈에 의하여 산화되어 DOPA(3,4-dihydroxyphenylalanin)를 거쳐 DOPA quinone이 된다. 이것은 붉은색의 5,6-quinone-indole-2-carboxylic acid를 형성하고, 다시 산화 및 축합반응을 거쳐 흑갈색의 멜라닌 색소를 형성한다.

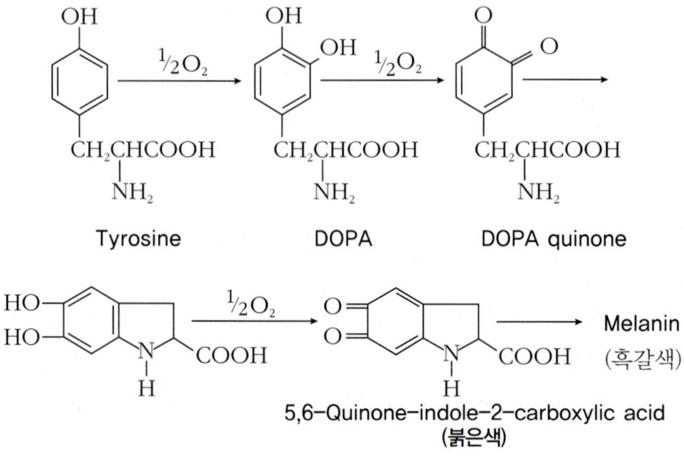

3) 효소적 갈변을 억제하는 방법

효소적 갈변은 주로 식품의 품질을 저하시키는 요인이 되므로 이를 억제하는 것은 매우 중요하다. 효소적 갈변을 억제하기 위해서는 기질이나 산소를 제거하거나 효소를 불활성화시키거나 제거하는 방법을 이용한다.

(1) 가공 품종의 선택

과일의 종류에 따라 성분이 달라 총 폴리페놀 함량이 많고, 아스코르브산 함량이 적은 사과, 배 등 핵과류와 살구, 복숭아, 자두 등 인과류는 갈변이 쉽게 일어나나, 아스코르브산 함량이 많은 딸기, 복분자딸기 raspberry, 블랙베리 black currant 등 대부분의 장과류 과일에서는 갈변이 거의 일어나지 않는다. 또한 같은 종류의 과일이나 채소도 숙도, 재배환경, 유전적 특성 등에 따라 총 폴리페놀 함량이 달라지므로 갈변이 바람직하지 않은 경우에는 총 폴리페놀 함량이 적은 품종을 선택하도록 한다.

(2) 기질의 제거

① 이산화황을 이용한 기질의 환원

이산화황은 아황산가스(SO_2)의 형태와 아황산나트륨(Na_2SO_3), 아황산수소나트륨($NaHSO_3$) 등과 같은 아황산염의 수용액 형태로 감자, 사과, 살구, 복숭아 등을 냉동 또는 건조할 때 기질인 quinone을 diphenol로 환원하여 폴리페놀옥시데이즈에 의한 산화를 방지하는 환원제로서 널리 사용되며, 갈변 억제제로 허용된 화합물 중 가장 효과적이다.

아황산은 기체상태로, 아황산염은 묽은 용액상태로 사용하므로 침투속도는 아황산염보다 아황산가스가 빠르다. 그러나 아황산가스는 취급이 어려워 아황산염 용액이 더 많이 사용된다. 아황산염 용액에 의한 갈변 억제는 용액의 pH에 크게 영향을 받는데, 감자의 경우 pH 6.0에서 가장 효과적이며, 농도는 0.5% 정도에서 3~4분 정도 담가두는 것이 좋다. 이때 농도가 너무 높으면 케톤이나 알데하이드와 같은 다른 성분과 반응하여 이취가 생길 수 있다.

이산화황은 비타민 C 보존효과를 가지고 있으나, 비타민 B_1, B_2를 파괴시키는 단점을 가지고 있다.

② 기질의 불용성화

과즙에 젤라틴과 같은 단백질을 가하면, 폴리페놀 화합물과 결합, 불용성 침전물을 형성하여 기질을 제거할 수 있다.

③ 기질의 메틸화

과일 및 채소류의 diphenol의 반응기 중 하나의 –OH기를 메톡실 methoxyl기($-OCH_3$)로 치환한 화합물은 폴리페놀옥시데이즈의 기질이 될 수 없으므로 기질을 메틸화시키면 갈변을 억제할 수 있다. 즉 카테콜 catechol, 카페산 caffeic acid과 같은 *o*–diphenol은 메틸화하여 구아이아콜 guaiacol, 페룰산 ferulic acid과 같은 메톡실기로 치환된 화합물을 만든다.

메틸화방법은 과일 및 채소류를 잘게 잘라 효소와 메틸기의 공여체가 함유된 약알칼리성 용액에 침지하여 색깔이 안정될 때까지 20~40℃에서 3분~5시간 정도 혐기적 상태를 유지한 후 건져내어 물로 씻고, 원래의 조직이 갖고 있던 pH로 환원시킨다. 과일류나 채소류의 색깔, 향미, 텍스처에 영향을 주지 않고 갈변을 방지할 수 있으나 처리 방법상 실제적인 이용이 어렵다.

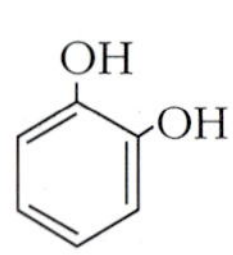

Catechol

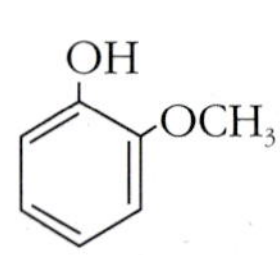

Guaiacol

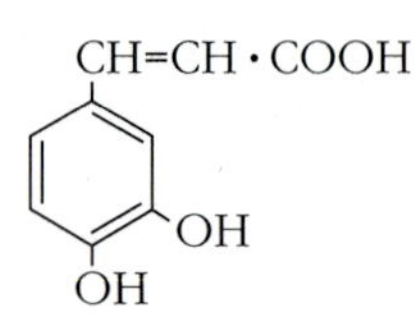

Caffeic acid

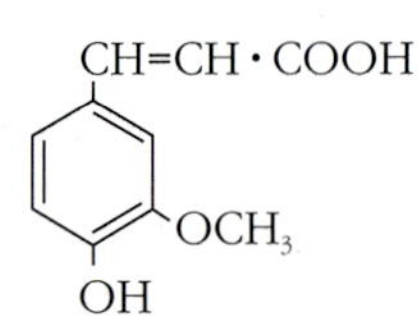

Ferulic acid

④ 붕산염에 의한 기질의 에스터화

붕산 및 붕산염은 과일 및 채소류의 diphenol의 -OH기와 에스터를 형성하여 2개의 -OH기를 효소들이 이용할 수 없게 하므로 갈변을 억제한다. 그러나 이들은 독성 문제로 아직 실용화되고 있지는 않다.

(3) 산소의 제거

갈변은 산소가 존재하지 않으면 원칙적으로 일어나지 않으므로, 데치기를 사용할 수 없는 경우에는 산소를 차단함으로써 갈변을 억제할 수 있다.

- 밀폐된 용기에 넣어 공기를 차단한다.
- 공기차단 포장 용기 안의 공기를 이산화탄소 또는 질소가스 등으로 치환하거나 글루코오스옥시데이즈 glucose oxidase를 사용하여 산소를 고갈시킨다.
- 산소와의 접촉을 억제하기 위해 물, 설탕용액, 비타민 C 용액 등에 담가놓는다. 특히 설탕 농도가 20% 이상이 되면 산소가 제거될 뿐만 아니라 효소의 활성도 저하된다.

(4) 효소의 불활성화 및 제거

① 열처리

효소를 불활성화시키는 가장 간단한 방법은 데치기 blanching와 같은 열처리 방법인데, 과일 및 채소를 70℃ 이상에서 적당한 시간 동안 가열하면 효소가 활성을 잃는다. 데치기 공정은 주로 익혀서 섭취하는 과일이나 채소를 통조림 또는 냉동하기 전에 전처리 과정으로 주로 사용한다. 익히지 않고 섭취하는 냉동 과실에서는 이취 off-flavor, 바람직하지 않은 텍스처의 변화, 또는 연화 softening 등이 문제가 되므로 거의 사용하지 않는다.

② 냉장저장

효소가 작용할 때 적정한 온도는 40±10℃이므로, 냉장 저장하면 효소에 의한 갈변 반응속도가 저하되나 0℃에서도 갈변이 진행되므로 일시적으로 늦추는 역할을 할 뿐이다.

냉동 후 −18℃로 저장하면 갈변은 거의 억제되나 해동하면 다시 갈변이 시작되며, 냉동에 의해 세포구조가 파괴된 경우에는 갈변이 더욱 심하게 일어난다.

③ pH 조절

효소의 최적 pH는 4~7 정도이고 pH 3.0 이하에서는 그 활성이 완전히 상실되므로 식품의 pH를 구연산 citric acid, 사과산 malic acid, 아스코르브산 ascorbic acid, 인산 등으로 낮추어 주면 단백질이 변성되어 효소의 활성이 소실되므로 갈변을 억제할 수 있다. 산류 중에서는 아스코르브산이 가장 많이 사용되고 또 바람직하다.

아스코르브산은 또한 환원제로서 quinone을 본래의 diphenol로 환원시켜 기질의 산화를 방지해 주고 pH를 저하시켜 효소작용을 억제하므로 유용하지만 식품의 맛에 영향을 주므로 과량 사용은 바람직하지 않다.

④ 소금

폴리페놀옥시데이즈 및 타이로시네이즈는 구리를 함유하는 효소이므로 구리이온(Cu^{2+})에 의하여 더욱 활성화되며, 반대로 소금의 염소이온(Cl^-)에 의해 활성이 억제된다. 사과나 배를 무쇠(Fe) 칼 또는 구리로 된 용기로 처리하면 갈변이 쉽게 일어나는 반면, 이들 과일의 절편을 묽은 소금물에 담가두면 갈변이 방지되는 것은 이 때문이다. 그러나 효소를 완전히 불활성화시키는 데는 매우 높은 소금 농도가 필요하므로, 실제로 소금에 의한 억제는 제한된 경우에만 사용할 수 있다. 한편 타이로시네이즈는 수용성이므로 감자 절편을 물에만 담가두어도 효소가 용출되어 갈변을 어느 정도

방지할 수 있다.

사과, 복숭아, 배 등 갈변이 심한 과일의 과즙, 퓨레, 소스 등의 제조에 소금과 아스코르브산을 함께 사용하면 갈변 방지효과가 매우 향상된다.

2. 식품의 비효소적 갈변

비효소적 갈변 non-enzymatic browning은 효소의 직접적인 참여 없이 식품 중의 성분이 화학적인 반응에 의하여 갈색물질을 형성하는 것이다. 그 반응 메커니즘에 따라 마이야르 Maillard 반응, 캐러멜화반응 caramelization, 아스코르브산의 산화반응에 의한 갈변반응으로 구분한다. 그러나 식품의 성분은 매우 복잡하므로, 위의 세 가지가 각각 단독으로 일어나기 보다는 함께 일어나는 경우가 대부분이다.

비효소적 갈변반응에 대한 일반적인 조건은 다음과 같다 표 9-2.

[표 9-2] 비효소적 갈색화반응의 조건

반응의 종류	산소 요구도	초기반응에서 아미노기 요구도	최적 pH
마이야르 반응	−	+	알칼리성
캐러멜화 반응	−	−	알칼리성, 산성
아스코르브산 산화반응	+	−	약산성

1) 마이야르 반응

Louis Camille Maillard (1878–1936)

1912년 프랑스의 화학자 Maillard가 처음으로 보고한 반응으로 아미노산, 아민, 펩타이드 peptide, 단백질 등이 당류, 알데하이드 aldehyde, 케톤 ketone 등과 반응하여 갈색 색소인 멜라노이딘 melanoidin을 생성하는 반응이다. 이 반응은 아미노 amino기와 카보닐 carbonyl기에 의한 갈변반응이기 때문에 아미노-카보닐 amino-carbonyl 반응이라고도 부른다.

대부분의 식품은 환원당 또는 당의 분해와 지방의 산화로 생성되는 카보닐 화합물과 단백질 등의 아미노기를 가진 질소화합물을 함유하고 있으므로 마이야르 반응은 식품에서 흔히 볼 수 있는 갈변반응이다. 또한 식품가공에서 가장 중요한 비효소적 갈변으로 토스트한 빵, 비스킷, 위스키나 맥주, 로스팅하거나 구운 육류, 분유 또는 농축 우유, 로스팅한 커피 등에서 일어나며, 이 반응은 다른 비효소적 갈변과 달리 자연발생적으로 일어난다.

■ **멜라노이딘** melanoidin
- 아미노-카르보닐 반응의 최종 생성물인 갈색 색소
- 정확한 화학구조는 아직 밝혀지지 않았지만 불포화도가 매우 크며 대부분 강한 형광성을 가짐
- 저분자화합물의 흡착작용, 지질의 항산화작용, 항균성, 항돌연변이성 등의 기능성이 있음

(1) 반응 메커니즘

마이야르 반응 메커니즘은 1953년 Hodge에 의해 **그림 9-1** 과 같이 정리되었으며, 대체로 초기, 중간, 최종단계의 3단계로 나눌 수 있다.

• 초기단계

초기단계에서 일어나는 반응들은 잘 밝혀져 있으며, 반응 생성물은 색깔이 없다.

① 당-아민 축합반응 : 아미노기가 환원당의 알데하이드형 카보닐 carbonyl기와 축합하여 쉬프 Schiff 염기 유도체가 생성되며, 이어서 질소배당체인 N-치환 글라이코실아민 glycosylamine으로 고리화 cyclization된다. 이 반응은 가역적이며 매우 빠르게 진행된다. 생성된 글라이코실아민은 반응물질인 환원당보다 활성이 매우 크다.

② Amadori 자리옮김 rearrangement : 글라이코실아민은 바로 자리옮김하여 대응하는 케토사민 ketosamine인 프럭토실아민 fructosylamine으로 이성질화된다. 이 반응에서는 약산이 촉매로 작용하여 Schiff 염기의 양이온을 형성하는 것이 주요 단계이다. 여기서 형성된 활성화된 질소배당체는 다음 중간단계의 여러 반응에 들어가게 된다.

그림 9-1 마이야르 반응 메커니즘

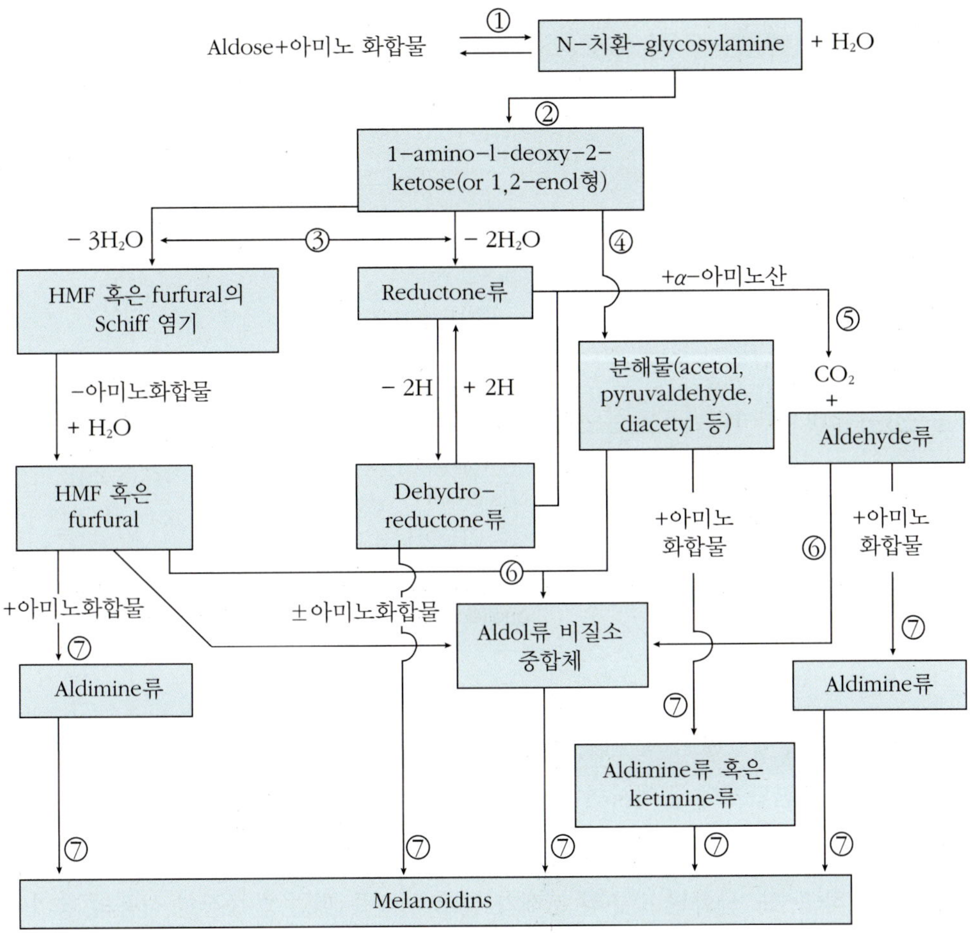

① 당-아민 축합반응
② Amadori 자리옮김
③ 탈수반응
④ acetol, diacetyl, pyruvaldehyde 등의 분해물질
⑤ 아미노산에서부터 이산화탄소가 이탈되고 aldehyde류가 생성되는 Strecker 분해반응
⑥ 아미노기나 다른 질소화합물과 carbonyl기 간의 재결합에 의한 반응
⑦ 중합에 의한 melanoidin 생성 반응

자료: Hodge, J. E. (1953). "Chemistry of browning reactions in model systems." Journal of Agricultural and Food Chemistry 1(15): 928-943.

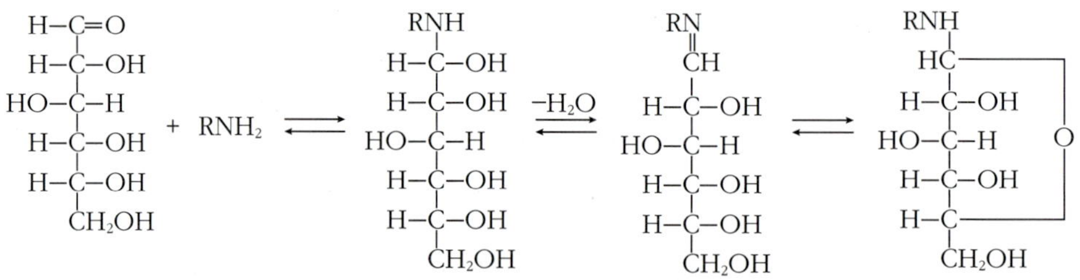

D-Glucose 아미노 화합물 Schiff 염기 N-치환 glycosylamine

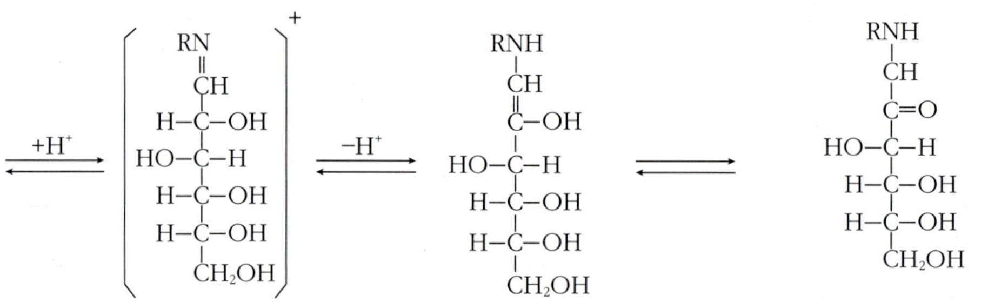

Schiff 염기의 양이온 N-치환 1-amino-1-deoxy-1, 2-enol(enol형) N-치환 1-amino-1-deoxy-2-ketose(keto형)

• **중간단계**

중간단계에 들어서면 Amadori 자리옮김에서 형성된 생성물이 탈수되어 osone류를 비롯한 각종 고리화합물, furfural 및 리덕톤 reductone류를 형성하고, 또 산화된 당류의 분해가 일어나 각종 휘발성 물질이 식품의 향미에 영향을 주며, 중간단계 생성물은 무색 내지 담황색을 띠게 된다.

① 당의 탈수반응 : 당의 탈수반응은 pH에 따라 furfural 형성과 리덕톤류 형성으로 나눌 수 있다.

a. Furfural 형성: pH 5 이하의 약산성에서 Amadori 화합물이 탈수되어 furfural을 생성한다.

ⓐ 3-Deoxyosone의 생성 : Amadori 자리옮김에 의하여 생성된 N-치환 프럭토실아민이 1,2 enol화 반응을 거치며, 아민 amine이 가수분해되어 3-deoxyosone을 형성한다. 이때 당이 6탄당이면 3-

deoxy-D-hexosone이, 5탄당이면 3-deoxy-pentosone이 생성된다.

실제로 3-deoxy-D-glucosone은 간장에는 3mg%, 된장에는 40mg%, 또 신선한 농축 오렌지주스에는 약 2.5mg% 정도 함유되어 있으며, 저장기간이 증가함에 따라 함유량도 증가하는 것으로 알려져 있다.

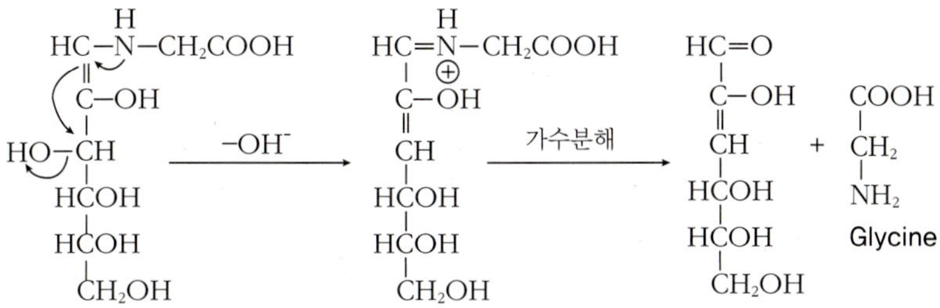

D-Fructosylglycine　　Schiff 염기의 양이온　　3-Deoxy-D-glucosone (enol형)

ⓑ 불포화 osone(unsaturated-3,4-dideoxyosone)의 생성 : 3-deoxy-D-glucosone(enol형)은 탈수반응을 거쳐 불포화 osone을 형성한다.

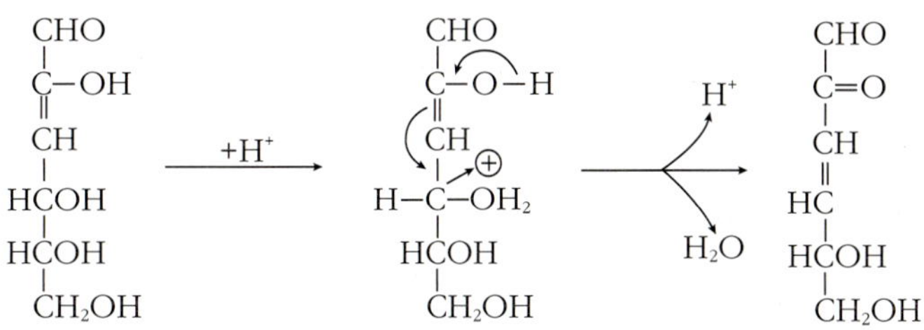

3-Deoxy-D-glucosone(비고리)　　3, 4-Dideoxy-D-glucosone

ⓒ Hydroxy methyl-furfural(HMF)의 생성 : 불포화 osone의 enol형은 반응성이 커서 탈수반응을 거쳐 5-hydroxymethyl-2-

furfural(5-HMF)로 대표되는 furfural의 유도체를 생성한다.

일반적으로 6탄당은 HMF를, 5탄당은 furfural을 생성한다. 대부분의 반응에서 furfural류의 생성량은 3-deoxyosone류에 비하여 매우 적으나, 과즙이나 기타 산성이 강한 식품에서는 HMF가 다량으로 생성되므로 중요한 중간체이다.

■ **하이드록시메틸퍼푸랄** hydroxymethyl furfural, HMF

HMF와 furfural은 휘발성이고, 녹는점이 31℃의 침상결정으로 물, 알코올, 아세톤 등에는 녹지만, 석유에테르에는 녹기 어렵다.

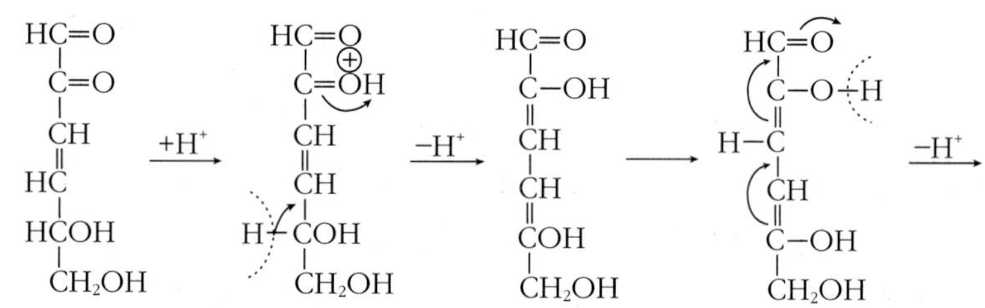

*cis*형 혹은 *trans*형 불포화 osone

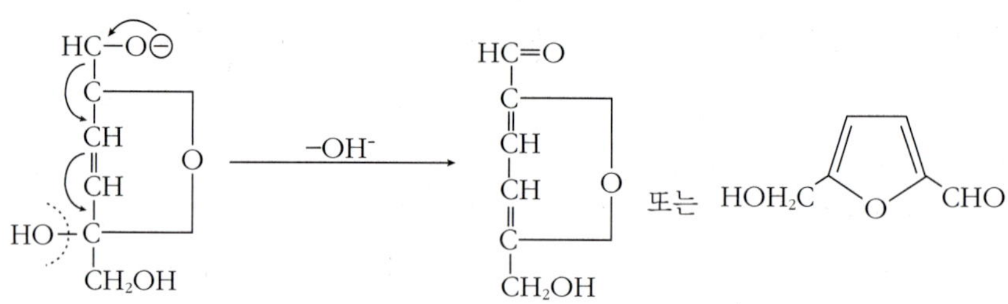

HMF

b. 리덕톤류의 생성 : pH 5 이상에서는 Amadori 화합물은 2,3-enol화 반응을 거쳐 아민 amine이 분해되어 리덕톤을 생성한다. 리덕톤류는 단순히 산화 · 환원반응에 의하여 갈변에 관여하며, 또 이중결합의 이동이나 축합반응에 의하여 직접적으로 착색색소의 형성에 기여하는 것으로, 갈변반응에서 매우 중요한 중간체이다. 갈변이 진행됨에 따라 환원력이 증가되는 것은 리덕톤류의 생성에 기인한다.

리덕톤reductone

- 환원성과 반응성이 매우 큰 물질로 일반적으로 enediol의 구조, 또는 이와 비슷한 enaminol, endiamine, thiol-enol, enamine-thiol 구조를 갖고 있음
- 색소 성분인 2,6-dichlorophenol-indophenol을 환원하는 성질을 가짐
- 식품에 함유되어 있는 대표적인 리덕톤은 L-아스코르브산

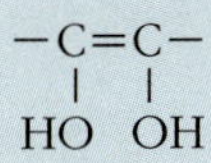

Endiol

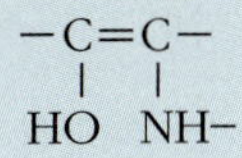

Enaminol

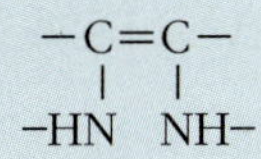

Endiamine

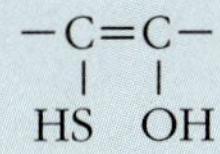

Thiol-enol

② 당의 분열반응 : 반응이 진행함에 따라 계속 산화되고 분열하여 탄소 수가 적고 휘발성이 큰 당의 분해 생성물들을 형성한다. 즉 glycoaldehyde, methylglyoxal, diacetyl, acetoin, acetol, dihydroxyacetone, acetaldehyde, glyoxal 등이 당류의 탄소 사슬이 분해되며 형성되는데, 이 화합물들은 갈색색소의 형성에 관여할 뿐만 아니라 식품에 특유한 냄새를 부여하는 데 중요한 역할을 한다.

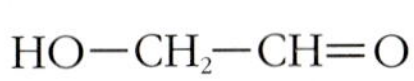

Glycolaldehyde

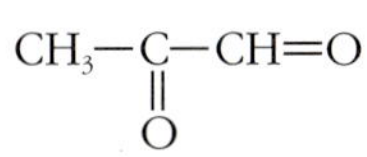

Methylglyoxal

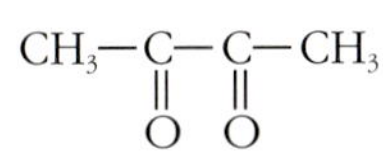

Diacetyl

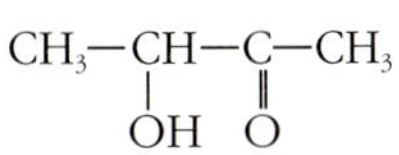

Acetoin

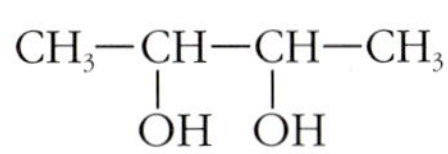

Acetol

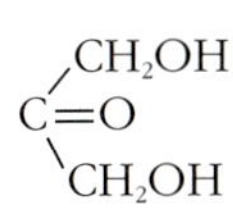

Dihydroxyacetone

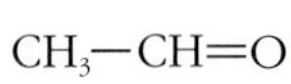

Acetaldehyde

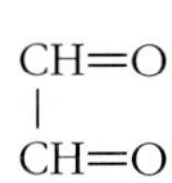

Glyoxal

③ Strecker 분해반응 degradation : 마이야르 반응에서는 상당량의 이산화탄소가 발생하며 아미노산에서 유래한 알데하이드류가 형성되는데, 대부분은 Strecker 분해반응에 기인한다고 알려져 있다. 이 반응은 α-아미노산과 α-dicarbonyl 화합물의 산화적 분해반응으로서, 이때 아미노산은 탈탄산 decarboxylation 및 탈아미노 deamination 반응이 일어나 탄소수가 하나 적은 알데하이드와 이산화탄소가 생성된다. 즉 불포화 3,4-dideoxyosone과 같은 활성이 큰 dicarbonyl 화합물과 아미노산이나 아미노 화합물은 Strecker 분해반응에 의해서 축합된 후 탈탄산되어 활성이 큰 엔아미놀 enaminol과 알데하이드를 생성한다. 이 엔아미놀은 그 자체가 일종의 리덕톤으로서 계속하여 갈변의 여러 반응에 참여한다. 그리고 이 반응에서 생성되는 알데하이드류는 휘발성 성분으로서 식품의 향미에 영향을 미친다.

식품을 고온으로 처리하였을 경우 발생하는 냄새라든가, 간장의 냄새성분의 생성은 주로 이 반응에 의하여 생성된 알데하이드류에 의한 것으로 생각되며, 아미노산의 종류에 따라 생성되는 알데하이드가 달라진다.

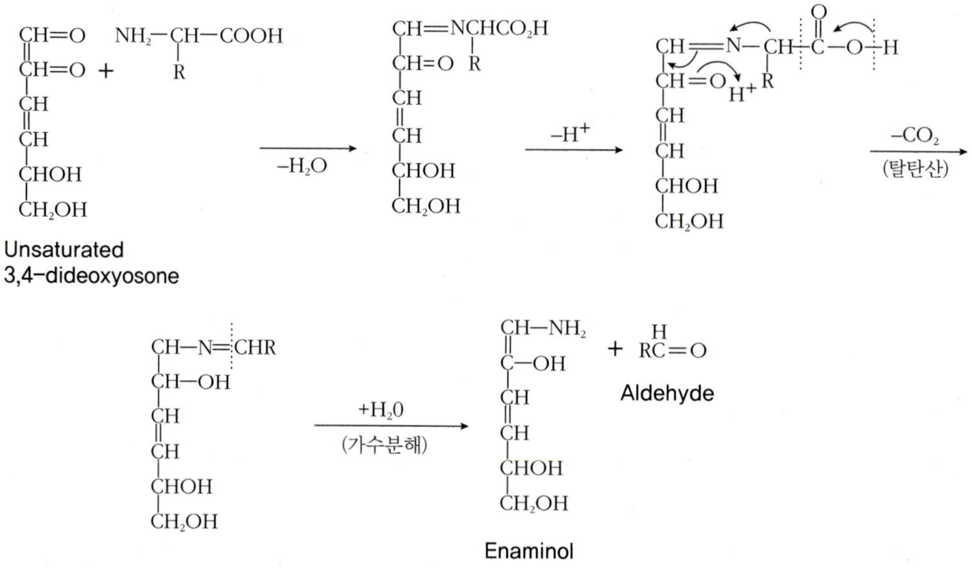

- **최종단계**

중간단계에서 생성된 각종 furfural의 유도체, 리덕톤류, 당의 분해 생성물 등은 서로 중합 또는 축합반응을 일으켜 갈색의 형광성 불포화 중합체를 형성한다.

① Aldol 축합반응 : 리덕톤류의 분열에 생성된 활성이 강한 카보닐화합물 중에 α위치에 수소를 가진 화합물은 알돌aldol 축합반응을 일으켜 분자량이 큰 불포화화합물을 형성한다. 이들 축합화합물들은 질소를 함유하고 있지 않으나 아미노 화합물과 계속 축합반응을 일으켜 질소를 함유한 분자량이 큰 멜라노이딘을 형성한다.

$$\underset{\text{Glycoaldehyde}}{HOCH_2CHO} + \underset{\text{Acetaldeyde}}{CH_3CHO} \longrightarrow HOCH_2\underset{\underset{OH}{|}}{CH}{-}CH_2CHO \xrightarrow{-H_2O} HOCH_2CH{=}CHCHO$$

Aldol 축합 반응 생성물

② 알데하이드-아민 중합반응 및 헤테로고리 질소화합물의 생성 : 알데하이드와 아민은 저온에서도 쉽게 반응하여 갈색 중합체를 형성한다. 지방족 알데하이드는 aldimine과 축합하여 불포화 복합 aldimine[$RCH_2C{:}C(R')CH{:}NR$]이나 dihydropyridine 치환체를 형성한다. 이러한 축합반응은 멜라노이딘이 생성될 때에도 일어나는 데 pyrrole, imidazole 등 여러 가지 헤테로고리 질소화합물이 형성되고 궁극적으로 불포화도가 큰 갈색의 멜라노이딘 색소가 생성된다. 그러나 이 단계의 반응 메커니즘은 아직 명확하지 않다.

(2) 마이야르 반응에 영향을 주는 요인

① 온도

마이야르 반응의 속도에 가장 큰 영향을 주는 요인은 온도로, 반응속도는 온도에 비례한다. 마이야르 반응은 상온에서도 자발적으로 일어나 색깔의 변화나 이취가 발생하기도 하나, 온도가 증가하면 착색 정도와 이산화탄소의 발생량이 증가하며, 온도에 따라 특유한 냄새가 생긴다. 이들 냄새성분은 주로 피리딘 pyridine, 피라진 pyrazine, 이미다졸 imidazole과 피롤 pyrrole 등이다.

글루코오스와 아미노산의 1:1 혼합액을 100℃로 가열하면 글라이신은 캐러멜 향, 글루타민은 초콜릿 향을 낸다. 온도를 100℃에서 180℃로 증가시키면 온도에 따라 냄새프로필도 변하게 되는데, 발린은 호밀빵 향에서 초콜릿 향으로, 프롤린은 탄 단백질의 향에서 빵이나 크래커와 같은 향으로 변하고, 히스티딘은 냄새가 없다가 옥수수 빵, 버터 향 또는 탄 설탕 향을 나타내게 된다. 함황아미노산은 다른 아미노산과는 달리 100℃와 180℃ 모두에서 메티오닌은 감자향, 시스테인은 육류냄새, 시스틴은 탄 칠면조 냄새를 형성한다.

감자절편을 압출성형 가공할 때 온도를 130℃에서 150℃로 올리면 피라진 생성량이 10배 정도 증가한다.

Pyridine Pyrazine Imidazole Pyrrole

② pH

일반적으로 pH 7.8~9.2와 같은 알칼리성 조건에서 갈변이 현저하며

pH 5 이하로 낮추면 멜라노이딘 색소의 형성속도를 줄일 수 있다. 강한 산성 조건에서는 초기단계에서 아미노기가 양성자를 받아 글라이코실아민의 생성이 억제되어 마이야르 반응이 잘 일어나지 않으며, pH 5 이하에서는 중간단계에서 갈색화 정도가 낮은 furfural 형성 경로를 따르게 되므로 착색 정도가 감소한다.

③ 수분활성도

마이야르 반응은 수분활성도가 0.25 이하에서는 일어나지 않고, 0.6~0.7에서 반응속도가 최대에 이른다. 그 이유는 수분활성도가 너무 낮으면 반응물질의 운동성이 제한되고, 반대로 수분활성도가 너무 높으면 희석되어 반응물질 간의 충돌의 기회가 줄어들기 때문이다.

마이야르 반응의 반응속도는 온도나 공존하는 다른 성분과 같은 반응조건에 따라 달라진다. 따라서 식품을 농축, 건조할 때 바람직하지 못한 마이야르 반응을 억제하기 위해서는 중간수분활성도 범위를 되도록 빨리 벗어나게 하고, 식품이 필요 이상으로 높은 온도에 놓이지 않도록 하며, 보습제로 당류보다는 글리세롤 glycerol이나 프로필렌 propylene과 같은 액상 보습제를 사용하는 것이 좋다.

④ 반응물질의 종류 및 농도

마이야르 반응에 의하여 형성되는 갈색 물질의 양은 온도가 일정할 때는 환원당의 농도에 비례하고, 아미노기를 가진 질소화합물의 농도와 경과시간의 제곱에 각각 비례한다.

- 환원당의 종류: 5탄당, 6탄당, 이당류의 순이며, 같은 6탄당이라 하더라도 ketose인 fructose보다 aldose인 glucose의 반응속도가 더 빠르다. 따라서 D-xylose 〉 L-arabinose 〉 D-glucose, D-galactose, D-mannose 〉 D-fructose 〉 maltose, lactose, sucrose의 순서로 갈변이 잘 일어난다.

- 아미노산의 종류: 아미노산의 아미노기가 카복실기와 멀리 떨어져 있어야 당류의 카보닐기와 입체적으로 반응하기 쉬우므로 염기성 아미노산의 반응속도가 빠르다. 따라서 ε-아미노기를 함유한 라이신 lysine의 반응속도가 가장 빠르며, 우유와 같이 라이신을 많이 함유한 식품은 건조시 마이야르 반응이 일어나기 쉽다.
- 금속이온: 구리와 철과 같은 전이금속이온은 마이야르 반응속도를 증가시킨다. 3가철(Fe^{3+})이 2가철(Fe^{2+})보다 효과가 크며, 색소형성에 관여하는 산화-환원반응과 같은 마이야르 반응의 최종단계에서 작용할 것으로 생각된다.

⑤ 저해물질

마이야르 반응에 의한 갈변은 아황산염 및 황산염, 칼슘염, thiol 등과 같은 화학적 저해물질과 당 산화효소 oxidase 등에 의해 억제된다.

- 아황산염: 초기단계에서 카보닐화합물이 아미노화합물과 결합하는 것을 방해한다. 즉 당의 알데하이드는 상온에서 이산화황과 반응하여 하이드로술폰산 hydrosulfonic acid을 형성하여 Schiff 염기의 형성을 저해하여 마이야르 반응을 억제한다. 또한 carbonyl, dicarbonyl과 같은 마이야르반응의 중간생성물과 비가역적으로 결합하여 반응을 억제하며, 멜라노이딘 색소를 부분적으로 탈색시킨다. 그러나 갈변이 시작되기 전 초기단계에 첨가하여야 효과적이며, 이미 갈변이 시작된 후에는 멜라노이딘 색소의 형성을 지연시킬 뿐이다.

  과당은 아미노산 또는 아황산염과 축합이 일어나지 않는다. 이는 변광회전 mutarotation하는 동안에 과당이 정상적인 형태를 유지하고 있지 않기 때문인 것으로 생각된다.
- 칼슘염: 칼슘이 아미노산과 chelation되어 마이야르 반응의 진행을 억제한다. 감자의 갈변 방지에 있어서 아황산염과 염화칼슘($CaCl_2$)의 혼합물은 상당한 효과가 있는 것으로 알려지고 있다.

- Thiol 화합물: 달걀에 시스테인 cysteine을 첨가하면 갈변이 억제되고, glucose-glycine 시스템에서 2-mercaptoethanol 혹은 mercaptoacetic acid도 갈변을 저해한다. 그러나 thiol 화합물은 식품에 여러 가지 좋지 않은 냄새를 부여하므로 식품에의 사용을 제한하고 있다.
- 당 산화효소: 건조달걀 제조시 D-glucose oxidase를 첨가하여 달걀 흰자의 glucose를 분해하면 마이야르반응의 반응물질을 제거하여 갈변을 억제할 수 있다. 생선의 갈변은 D-ribose oxidase 활성을 갖고 있는 *Lactobacillus pentoaceticum*을 첨가하여 최소화하기도 한다.

2) 캐러멜화 반응

당류를 녹는점보다 높은 온도로 가열할 때 탈수, 분해, 중합 등의 반응을 거쳐 끈적끈적한 갈색의 캐러멜이 생기는데 표 9-3, 이를 캐러멜화반응 caramelization이라 한다. 당류 중에서 과당은 포도당보다 캐러멜화되기 쉽고, 설탕, 전화당, 꿀로부터 제조한 캐러멜이 많이 이용된다.

캐러멜화 반응은 당의 아미노화, aldose-ketose의 이성질화, 분자 내 또는 분자 간 탈수반응, 분자 간 glucoside 전달에 의한 새로운 glucoside 결합의 생성, 그 외에 당의 탄소 개열 등에 의해 이루어지지만, 반응 메커니즘은 아직 확실치 않다. 촉매로는 산, 알칼리, 염류 또는 암모니아 등을 가하여 가열하는 것이 많고, 반응조건에 따라 성질이 다른 캐러멜이 형성된다.

[표 9-3] 당류의 종류에 따른 캐러멜화반응 온도

당	온도(℃)	당	온도(℃)
Fructose	110	Sucrose	160
Galactose	160	Maltose	180
Glucose	160		

설탕은 캐러멜 색소와 향의 생성에 주로 이용되며, 160℃에서 산성 또는 산성 암모늄염과 함께 가열하면 상업적으로 3가지 종류의 색소를 생산한다. 암모늄 중아황산염 ammonium bisulfite을 사용하여 콜라와 같은 음료에 사용하는 색소를 만들고, 이를 암모늄이온과 함께 가열하여 맥주나 진저엘 등에 사용하는 색소를 만든다. 또한 설탕을 직접 가열 분해하여 제과용 색소를 만든다.

당을 이용한 식품의 조리, 가공에서 흔히 일어나며, 식품, 캔디 및 음료의 색과 향미에 영향을 주어 착색, 착향의 목적으로 이용된다. 간장의 색깔은 마이야르 반응에 의하여 주로 형성되나, 캐러멜화 반응에 의한 갈변도 어느 정도 기여하고 있다.

온도와 pH가 증가할수록 반응속도는 증가하며, pH 8.0에서 pH 5.9에서 보다 반응속도가 10배 빠르다. 또한 설탕을 200℃에서 계속 가열하면 고분자량의 humin($C_{125}H_{188}O_{80}$)이 생성되나, 쓴맛이 나므로 캐러멜 향 생성을 목적으로 할 때는 바람직하지 못하다.

캐러멜 향의 특징적인 성분으로 구운 빵 냄새성분인 maltol(3-hydroxy-2-methyl pyran-4-one)과 isomaltol, 그리고 조리한 육류의 탄 냄새성분인 2-H-4-hydroxy- 5-methyl furan-3-one 등이 있다.

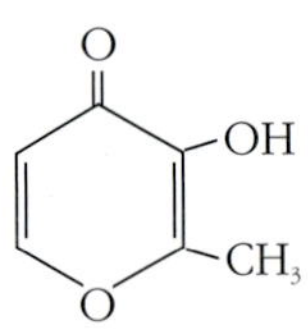

Maltol

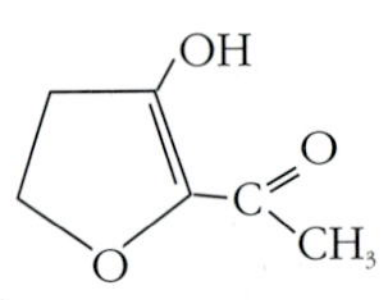

Isomaltol

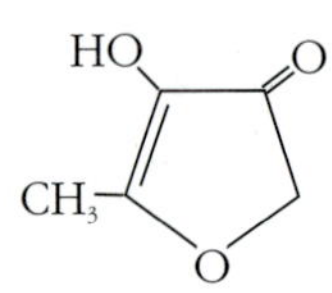

4-Hydroxy-5-methyl furan-3-one

3) 아스코르브산의 산화반응

아스코르브산 ascorbic acid의 산화반응은 레몬이나 자몽 grapefruit의 과즙이나 농축과즙 또는 분말과즙과 같은 제품의 갈변의 원인으로 품질에 영향을 미친다.

아스코르브산의 산화반응은 환원당에 의한 갈변보다 빨리 일어나고 pH 2 전후의 산성조건하에서도 빠르게 일어난다.

① 리덕톤류의 생성 : 아스코르브산은 산소하에서 dehydroascorbic acid를 거쳐 2,3-diketogulonic acid가 생성되고 이것은 탈탄산되어 xylosone을 거쳐 여러 가지 리덕톤류를 생성한다.

② Osone류의 생성 : 아스코르브산은 모두가 dehydroascorbic acid를 거쳐서 분해되는 것이 아니라, 일부는 바로 3-deoxypentosone을 거쳐 2-furancarboxylic acid와 furfural을 생성한다. 이 중간생성물은 아미노화합물과 결합하여 마이야르 반응을 일으키거나, 중합이나 축합반응을 일으켜 갈색색소를 형성한다.

③ 유기산의 생성 : 아스코르브산의 분해산물은 리덕톤류와 osone류 외에 여러 가지 유기산이 생성된다. 주요 유기산으로는 L-threonic acid, 2,5-dihydro-2-furoic acid, furan-2-carboxylic acid 및 수산 oxalic acid 등이 있다.

④ Dehydroascorbic acid와 아미노산에 의한 홍변현상 : 식품에 산화방지제로 아스코르브산을 첨가하여 건조 또는 동결 건조하면 때때로 홍색으로 착색되는 수가 있다. 이것은 dehydroascorbic acid와 유리아미노산이 반응하여 홍변이 일어나는 것이며, 아스코르브산과 diketogulonic acid는 홍변하지 않는다. α-아미노산 이외에 암모늄 ammonium염, 아마이드 amide도 홍변하나, β-alanine, proline, amine류는 반응하지 않는다.

그림 9-2 아스코르브산의 산화반응

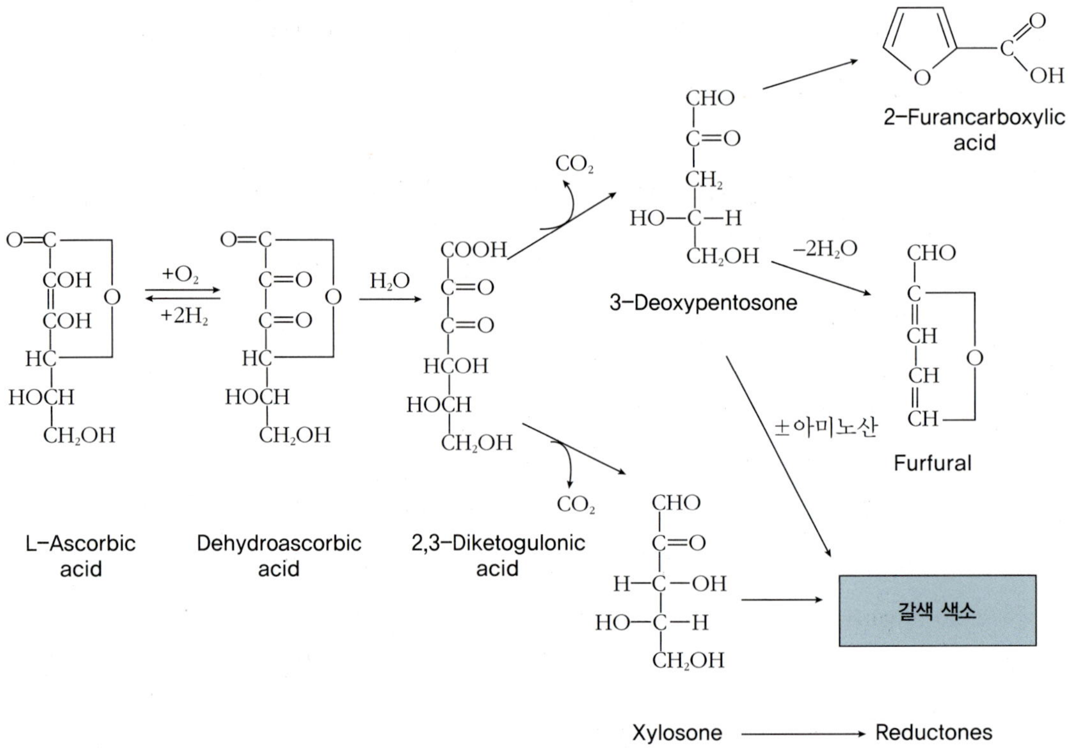

마이야르반응 생성물의 영양적 특성, 생리활성 및 독성

1) 영양적 특성

- 반응성이 큰 ε-아미노기를 갖는 라이신, α-아미노기를 갖는 유리아미노산, 펩타이드 peptide, 티아민 thiamin, 피리독신 pyridoxine, 엽산 folic acid 등과 같은 필수 영양소는 아미노-카보닐 반응에 참여하여 화학적으로 변형됨으로써 생체에서 이용되지 못하게 되어 식품의 영양가를 감소시킴
- 초기단계 이후의 반응단계에서는 라이신과 비타민 B 복합체의 손실이 가속화됨
- 메티오닌, 트립토판 등과 같은 아미노산도 화학적으로 변형되거나 전체적인 단백질의 소화율이 저하되어 생체이용률 감소

2) 생리활성

- 실험동물에서 혈청 중성지질 triacylglycerol 및 콜레스테롤 cholesterol의 감소
- 충치유발균인 *S. mutans*의 glycosyl transferase 활성 저하에 의한 플라크 형성 저해
- 분자량이 적은 반응생성물은 일부 간에 흡수되어 간의 benzo[α]pyrene hydoxylase 활성을 증가시켜 해독작용
- 마이야르 반응에서 생성되는 카르보닐 화합물의 환원력과 멜라노이딘의 Cu, Fe 등의 산화촉진제와 chelation 및 활성산소 소거에 의한 산화방지효과
- 멜라노이딘의 니트로사민 nitrosamine 형성 억제, 암의 개시 및 촉진단계에 관련된 활성산소의 소거, 발암물질의 화학구조 변경 등을 통한 항암효과

3) 독성

- 장기 투여했을 때 실험동물에서 성장속도의 감소, 또는 간, 비장, 맹장의 비대
- 소장점막세포의 이당류 가수분해효소(lactase, sucrase, maltase) 활성 저하
- 당의 카르보닐기와 우유의 β-락토글로블린 lactoglobulin이 결합하여 알러지 유발 증가
- 헤테로고리 아민에 의한 Ames 시험에서 돌연변이 유발 및 실험동물에서의 발암성 증가
- 가열처리한 탄수화물이 많이 함유된 감자칩, 프렌치프라이, 빵류, 크래커, 커피, 코코아, 아몬드 등에서 갈변이 일어날 때 생성된 아크릴아마이드 acrylamide는 발암물질로 알려져 있으나, 식품에 함유된 양으로는 인간에게 발암 가능성은 희박한 것으로 알려짐

Chapter **10**

식품의 맛

학습 목표

1. 맛의 종류를 설명할 수 있다
2. 맛의 역가와 맛의 상호작용을 설명할 수 있다
3. 맛 성분의 화학적 구조 및 특성을 설명할 수 있다

모든 식품은 고유의 맛과 냄새를 가지고 있다. 식품의 맛과 냄새를 합쳐 보통 향미 또는 풍미 flavor로 표현하고 있으며 식품의 비휘발성 물질은 맛으로 인식되고 휘발성 물질은 냄새로 인식된다. 식품의 성분 중 수용성 물질이 침에 녹으면서 혀의 미각세포를 물리화학적으로 자극하여 맛을 느끼게 되는데, 이 식품의 맛은 단일성분의 맛이라기보다는 여러 가지 맛 성분이 복합적으로 혼합된 것이다. 식품의 맛은 냄새, 색 등과 더불어 식품의 기호적 가치를 결정하는 데 중요한 역할을 한다.

1. 미각기관

미각기관인 혀의 표면에는 돌기상으로 되어 있는 여러 개의 유두 papilla가 있다. 유두는 그 모양에 따라 울타리꼴(성곽형, circumvallate), 버섯꼴(균상, fungiform), 잎꼴(엽상, foliate), 실꼴(섬유상, filiform) 등의 네 종류가 있고 혀의 위치에 따라 그 분포가 다르다. 유두의 밑에는 여러 개의 미뢰 taste bud가 있고 미뢰는 약 40개의 미각세포와 지지세포로 구성되어 있다. 미뢰의 표면에는 미공 taste pore이라는 작은 구멍이 있으며, 맛을 내는 물질이 미공 taste pore으로 들어가서 실모양으로 돌출되어 있는 미세융모 microvilli와 접하게 되고 그 내부에 분포되어 있는 미각신경을 통하여 대뇌의 미각중추에 전달됨으로써 맛을 느끼게 된다. 이와 같은 미각기관의 구조는 그림 10-1 과 같다.

그림 10-1 유두의 위치와 미뢰

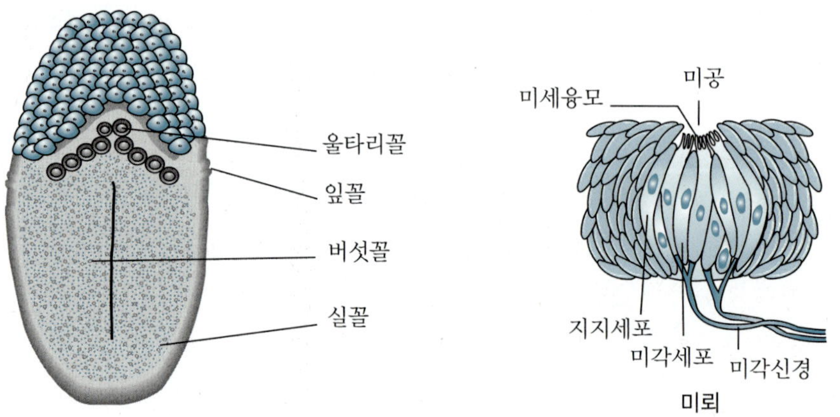

2. 기본맛

단맛, 짠맛, 신맛, 쓴맛을 4가지 기본맛(사원미 four basic taste)이라 하고 그 외의 모든 맛은 이 4가지 기본적인 맛이 조합되어 결정되는 맛이다. 그러므로 우리에게 즐거움을 주는 식품의 맛은 다양하고 복잡한 것 같지만 기본적인 맛의 조합에 의해서 표현되는 것이다. 기본맛으로 인정을 받으려면 그 맛의 질이 다른 기본맛과 확실히 달라야 하며, 여러 기본맛 성분을 혼합하더라도 그 맛을 나타낼 수 없어야 한다. 최근 들어 4가지 기본맛 외에 감칠맛 umami taste이 기본맛으로서의 조건을 충족시키고 있어 이를 추가한 5가지 기본맛(오원미)을 인정하고 있는 추세이다.

3. 맛의 역가

미각의 정도를 비교하는 방법으로 역가(한계값, threshold)를 사용하는데 역가에는 절대역가와 인식역가가 있다. 맛을 인식할 수 있는 최저 농도를 절대역가 absolute threshold라 하고, 특정한 맛을 뚜렷하게 인식할 수 있는 최저 농도를 인식역가 recognition threshold라 한다. 일반적으로 쓴맛에 대한 역가가 가장 낮고 단맛의 역가가 가장 높다. 맛의 역가는 객관적인 방법에 의하여 결정되는 것이 아니라 사람의 주관에 의하여 결정되며 온도, 연령, 성별, 건강 및 심리상태 등에 따라서도 달라지기 때문에 연구자들에 따라 그 값에 상당한 차이를 보인다. 기본맛 성분에 대한 역가의 예를 표 10-1에 나타내었다.

혀의 미각은 10~40℃일 때 잘 느낄 수 있고 특히 30℃ 전후에서 가장 예민하며, 4가지 기본맛은 온도에 의한 감각이 각각 다르다. 일반적으로

[표 10-1] 기본맛 성분의 절대역가의 예

맛	기본물질	농도(%)
단맛	설탕 sucrose	0.34
짠맛	염화나트륨 sodium chloride	0.04
신맛	구연산 citric acid	0.004
쓴맛	황산키니네 quinine sulfate	0.0002
감칠맛	글루탐산 glutamic acid	0.03

단맛은 20~50℃, 짠맛은 30~40℃, 신맛은 5~25℃, 쓴맛은 40~50℃, 매운맛은 50~60℃에서 잘 느껴진다고 한다. 단맛에 대한 반응은 온도가 상승함에 따라 증가하고 짠맛과 쓴맛에 대한 반응은 온도가 낮아질수록 증가하며 신맛은 거의 모든 온도에서 느낌이 일정하다고 하는데, 식초 같은 경우는 온도가 상승할수록 아세트산이 증발하여 강한 자극이 나타나서 신맛을 강하게 느끼게 된다.

4. 미각의 생리현상

1) 맛의 상호작용

미각은 연령이나 성별 등에 따라 다르기도 하고 다른 맛 성분의 존재여부에 따라 영향을 받기도 한다. 표 10-2 에 맛 성분의 상호작용이 설명되어 있다.

2) 맛의 상실

열대지방의 식물인 김네마 실베스터 Gymnema sylvestre의 잎을 씹은 뒤에

[표 10-2] 맛의 상호작용

종류	의미	예
맛의 대비효과 contrast effect	서로 다른 맛 성분을 혼합하였을 경우 주된 맛 성분의 맛이 더 강하게 느껴지는 현상	- 단맛 성분에 소량의 짠맛 성분을 가하면 단맛 증가 - 짠맛 성분에 소량의 신맛 성분을 가하면 짠맛 증가 - 감칠맛 성분에 소량의 짠맛 성분을 가하면 감칠맛 증가
맛의 억제효과 inhibitory effect	서로 다른 맛 성분을 몇 가지 혼합하였을 경우 주된 맛 성분의 맛이 약해지는 현상	- 커피에 설탕을 넣으면 쓴맛 감소 - 신맛이 강한 과일에 설탕을 가하면 신맛 감소
맛의 상승효과 synergistic effect	같은 종류의 맛을 가지는 두 가지 성분을 혼합하면 각각 갖고 있는 맛보다 훨씬 더 강하게 느껴지는 현상	- 설탕용액에 사카린을 넣으면 단맛이 훨씬 증가 - MSG에 IMP를 혼합하면 감칠맛이 훨씬 증가
맛의 상쇄효과 compensating effect	두 가지 맛 성분을 혼합했을 때 각각의 고유한 맛이 약해지거나 없어지는 현상	- 김치의 짠맛이 신맛에 의해 감소
맛의 변조 작용 modulation	한 가지 맛을 본 직후에 다른 맛을 보면 그 맛이 정상적으로 느껴지지 않는 현상	- 오징어를 먹은 직후에 밀감을 먹으면 쓴맛을 느낌 - 쓴 약을 먹은 직후에 물을 마시면 달게 느낌

는 일시적으로 단맛과 쓴맛을 느낄 수 없게 되는데 이런 경우를 맛의 상실이라고 한다. 억제 물질은 그 잎에 존재하는 김넴산 gymnemmic acid에 의한 것이 밝혀졌고, 이러한 영향은 일시적인 것이어서 1~2시간 후에 없어지며 짠맛이나 신맛에 대해서는 영향을 주지 않는다.

3) 맛의 피로

같은 맛 성분을 계속해서 먹을 경우 시간이 지남에 따라 그 맛이 변하거나 미각이 둔해지는 경우가 있는데, 이러한 현상을 맛의 피로 fatigue 또는 순응 adaptation이라 한다. 예를 들면, 고추의 매운맛이 처음에는 강하게 느껴지나 계속 먹으면 점차 약하게 느껴지는 경우이다. 짠맛, 단맛, 쓴맛, 신맛 순으로 순응에 걸리는 시간이 길어진다.

4) 미맹

어떤 물질의 맛에 대하여 맛을 느끼지 못하는 사람이 있다. 예를 들면 페닐싸이오카바마이드 phenylthiocarbamide(PTC)나 페네톡실싸이오카바마이드 phenethoxyl thiocarbamide는 대부분의 사람이 쓴맛을 느끼지만 일부 사람들은 그 맛을 무미로 느낀다. 이를 미맹 taste blindness이라 하며 이러한 물질을 미맹물질이라 한다. 미맹은 −HN−C=S 원자단에 대하여 쓴맛을 느끼지 못할 뿐이고 다른 성분에 대해서는 정상이므로 일상생활에는 지장이 없다. 미맹은 유전적인 요인에 의한 것으로 백인은 인구의 약 30%, 황색인은 약 15%, 흑인은 약 2~3% 정도인 것으로 보고되고 있다.

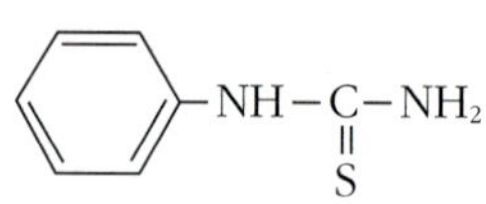

Phenyl thiocarbamide
(Phenyl thiourea)

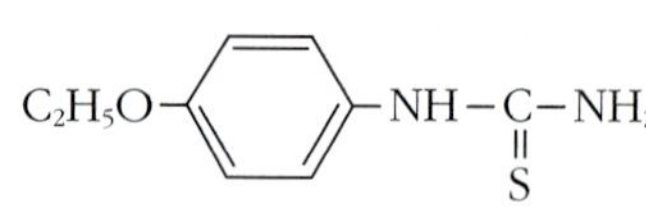

Phenethoxyl thiocarbamide
(Phenethoxyl thiourea)

5. 맛의 종류

1) 단맛

식품 중 단맛을 내는 물질로는 당류, 당알코올, 펩타이드, 단백질, 방향족 화합물, 합성 감미료 등이 있다.

(1) 단맛 이론

많은 학자들이 단맛과 단맛을 내는 물질 간의 상관관계를 알아내려고 노력한 결과 몇 가지 학설이 제시되고 있다. 그중 가장 대표적인 것이 Shallenberger-Acree에 의하여 제안된 AH/B이론이다. 이 이론에 의하면 그림 10-3 에서와 같이 단맛을 내는 물질의 분자구조 내에는 수소결합을 주는 그룹(AH)과 수소결합을 받는 그룹(B)이 일정한 거리를 두고 존재하며, 이를 감지하는 수용체에도 이에 상응하는 AH-B그룹이 존재하여 이들이 서로 수소결합을 하게 될 때 단맛을 느끼게 된다는 것이다. AH는 분자 내에서 주로 -OH, -NH 등에 해당하고 B는 -COO, -CO, -CH 등에 해당한다. 한편 Kier는 AH/B이론을 더욱 발전시켜서 AH/B/X 이론을 제안하였다. 이 이론에 의하면, 단맛이 아주 강한 물질의 분자 내에는 AH-B 그

그림 10-2 AH/B/X 이론에 의한 단맛 구조

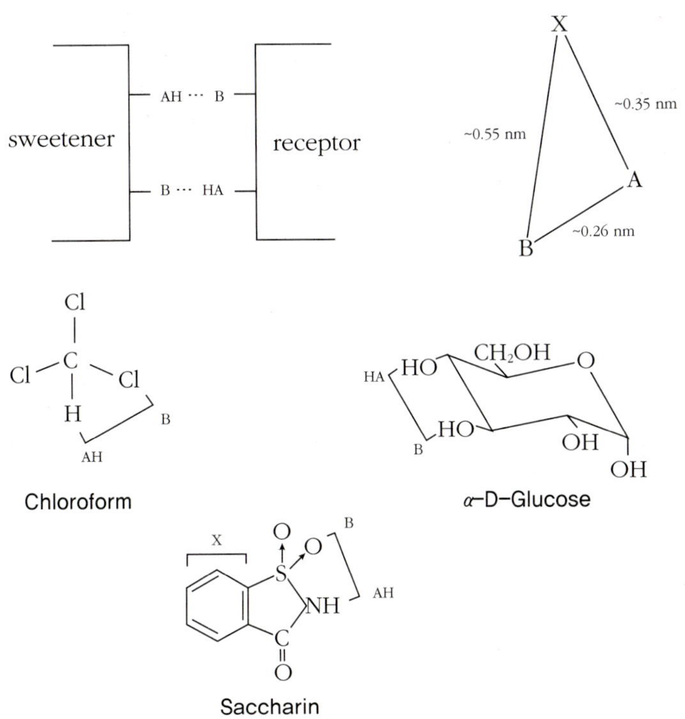

류 이외에도 소수성 영역이 존재하여 이를 X site로 부여하였으며 주로 메틸렌 methylene기, 메틸 methyl기, 페닐 phenyl기 등이 이에 해당한다.

(2) 단맛 물질의 종류

식품 중의 단맛 성분에는 당류, 당알코올, 아미노산 및 펩티드, 일부 방향족 화합물 등이 있다. 단맛 물질의 설탕에 대한 상대적인 감미도는 표 10-3 과 같다. 이때 설탕을 표준물질로 사용하는 이유는 가장 많이 사용되는 감미료이며, 순수한 상태로 얻기 쉽고 비환원당이어서 α, β형의 이성질체가 존재하지 않아 단맛이 변하지 않기 때문이다.

[표 10-3] 여러 가지 단맛물질의 상대적인 감미도

구분	단맛물질	상대적 감미도
당류	Sucrose	1
	Galactose	0.3
	Glucose	0.5~0.7
	Lactose	0.2~0.3
	Maltose	0.5~0.6
	Mannose	0.3~0.6
	Fructose	1.2~1.7
	Invert sugar	1.2
당알코올	Glycerol	0.8
	Lactitol	0.4
	Mannitol	0.7
	Sorbitol	0.5~0.7
	Xylitol	0.9~1

구분	단맛물질	상대적 감미도
아미노산 펩타이드 단백질	Alanine	0.6
	Allitame	2,000
	Aspartame	150~200
	Glycine	0.7
	Monellin	1,500~2,000
	Thaumatin	2,000~3,000
고감미도 화합물	Stevioside	200~300
	Sucralose	450~600
	Saccharin	200~700
	Glycyrrhizin	50~100
	Acesulfame-k	180~200
	Neohesperidin dihydrochalcone	1,000~2,000
황화합물	Propyl mercaptan (양파)	50~70

① 당류 및 당알코올

일반적으로 단당류 및 이당류는 단맛을 가지고 있으며 단맛의 정도는 당의 종류, 온도, 이성질체 등에 따라서 차이가 있다. 당류의 분자량이 증가할수록 단맛이 감소하는데, 이것은 용해도가 감소하기 때문이다. 같은 당이라도 온도에 따라 감미도가 변화하는 것은 당의 α, β형의 입체구조 차이에 의한 것이다.

- 포도당은 설탕의 0.5~0.7배의 단맛을 지니고 있고 α형이 β형보다 1.5배 더 강한 단맛을 나타낸다. 포도당 용액은 저온일 때 단맛이 더 강하게 느껴지고, 가열하면 β형이 증가하여 단맛이 감소하게 된다. 그러므로 포도당은 더운물보다 찬물에 녹여 사용하는 것이 단맛을 조금 더 강하게 이용하는 방법이다.
- 과당은 꿀, 전화당의 주성분으로 설탕의 약 1.2~1.7배의 단맛을 지니고 있고 천연의 당류 중 단맛이 가장 강하다. β형이 α형보다 3배나 더 강한 단맛을 지니고 있고 온도가 내려가면 β형이 증가하고 반대로 온도가 올라가면 α형이 증가한다. 대부분의 과일은 과당을 함유하고 있으므로 과일을 차갑게 보관했다가 먹으면 더 강한 단맛을 느낄 수 있다. 액상과당 high fructose corn syrup은 포도당을 효소에 의해 일부 이성화하여 포도당(45%)과 과당(55%)이 혼합된 액당이다. 설탕과 거의 동일한 감미도를 가지며 포도당의 부드러운 맛과 과당의 상쾌한 맛이 조화되어 식품에 널리 이용되고 있고 특히 음료나 가공유제품의 주된 감미료로 사용되고 있다.
- 유당(젖당)은 포유동물의 젖에 존재하며 설탕의 약 0.2~0.3배의 단맛을 지니며 β형이 α형보다 더 달다. 분유가 습기를 흡수하면 β형이 α형으로 변하여 단맛이 감소하고 덩어리가 진다.
- 당알코올 중에서는 솔비톨 sorbitol, 자일리톨 xylitol, 만니톨 mannitol, 에리쓰리톨 erythritol 등이 감미를 가지고 있다. 자일리톨은 자일로오스 xylose를 환원하여 만든 당알코올로 감미도는 설탕과 거의 같으나 칼로

리는 약 2.4kcal/g으로 설탕보다 낮으며 섭취 후 인슐린의 급격한 변화가 없으므로 당뇨 환자에게 이용될 수 있다. 또한 충치를 유발하는 균인 스트렙토코커스 뮤탄스 *Streptococcus mutans*가 자일리톨을 이용하지 못하기 때문에 충치예방에 매우 효과적이어서 추잉 검, 캔디 등에 설탕 대용으로 사용된다. 솔비톨은 D-글루코오스를 환원하여 만드는데, 단맛은 설탕의 0.5~0.7배로서 물에 잘 녹는다. 흡습성이 있어서 감미료인 동시에 습윤제 humectant로 이용된다.

- 감초(*Glycyrrhiza glabra*, 일명 licorice)는 한방에서 많이 사용하는 식물로 독특한 단맛이 있어 식용과 약용으로 사용하고 있으며, 감미료로도 사용하고 있다. 단맛은 글라이시리진 glycyrrhizin이란 성분에 의한 것으로 설탕의 약 50~100배의 단맛을 가진다.

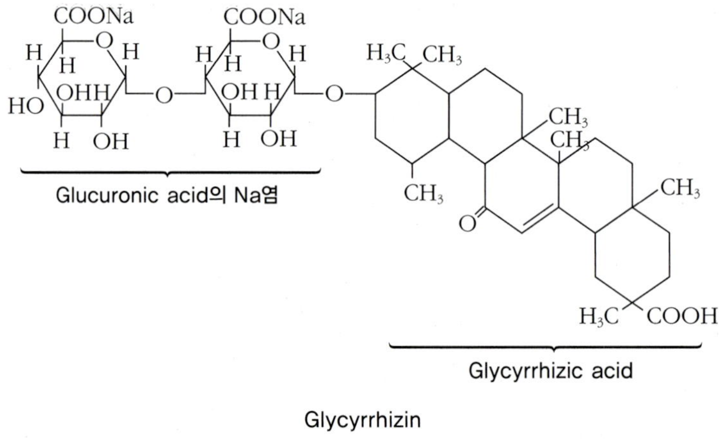

Glycyrrhizin

② 아미노산, 펩타이드 및 단백질

아미노산 중에서 글라이신, 알라닌, 프롤린, 루신 등은 단맛을 가지고 있다. 아스파탐 aspartame은 L-아스파르트산 L-aspartic acid과 L-페닐알라닌 L-phenylalanine을 결합시킨 다이펩타이드 dipeptide의 메틸 에스터 methyl ester이며, 설탕의 150~200배의 단맛을 가진다. 두 개의 아미노산 사이의 펩타

페닐케톤뇨증 phenylketoneuria

페닐케톤뇨증은 페닐알라닌 대사의 선천적 장애로 나타나는 질병으로, 주로 간에 존재하는 페닐알라닌 수산화효소 phenylalanine hydroxylase의 유전적 결함에 의하여 페닐알라닌이 타이로신으로 전환되지 못하고 혈액이나 조직에 축적되며, 과잉의 페닐알라닌은 페닐피루브산으로 전환되어 소변으로 배설된다. 영유아기에 치료시기를 놓치면 뇌손상을 초래하여 정신적 지진아가 되기 쉽다. 페닐케톤뇨증이 있는 사람은 페닐알라닌이 적게 들어 있는 식품을 사용해야 한다.

이드 결합이 가수분해되거나 페닐알라닌 phenylalanine에 붙어 있는 메틸에스터 methyl ester그룹이 가수분해되면 단맛이 없어진다. 아스파탐은 현재 식품첨가물로 승인되어 광범위하게 식품에 사용되고 있다. 아스파탐의 단점은 물에 잘 녹지 않으며 온도가 높아짐에 따라 안정성이 감소하므로 제빵, 고온살균과 같은 고온으로 처리하는 제품에 사용하는 것은 적합하지 않다. 페닐케톤뇨증 phenylketoneuria인 환자에게는 주의를 요하는 감미료이다.

저분자 물질 외에도 고분자 단백질이 단맛을 내는 경우가 있다. 쏘마틴 Thaumatin은 *Thaumatococcus denielli*의 식물에서, 모넬린 monellin은 *Dioscoreophyllum cumminsii*의 식물에서 각각 분리된 감미성의 단백질이다.

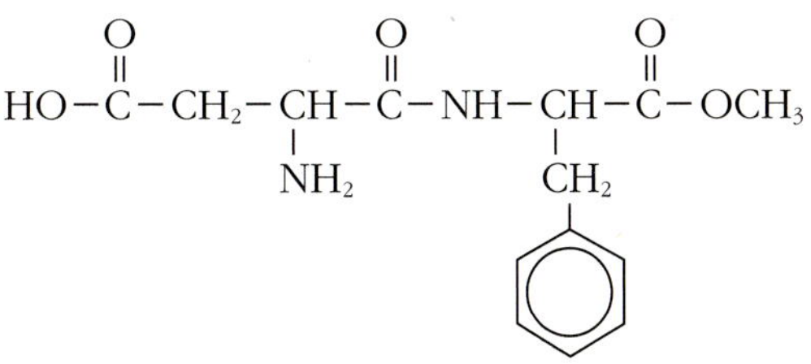

Aspartame

③ 황화합물

양파, 마늘, 무 등을 가열조리하면 자극성의 맛이 사라지고 감미가 나타나는데, 이것은 자극성의 황화합물이 무의 경우에는 메틸머캡탄 methyl mercaptan으로, 양파나 마늘의 경우에는 프로필머캡탄 propyl mercaptan으로 각각 변화하기 때문이다. 프로필머캡탄은 설탕의 50~70배의 단맛을 지닌다.

$$CH_3CH_2CH_2{-}S{-}S{-}CH_2CH_2CH_3 \rightarrow 2\ CH_3CH_2CH_2SH$$

Dipropyl disulfide → Propyl mercaptan

④ 스테비오사이드

남아메리카에 자생하는 국화과 식물인 스테비아 리바우디아나 *Stevia rebaudiana* Bartioni의 잎에서 추출한 스테비아 stevia에는 강한 단맛이 있다. 주성분은 스테비오사이드 stevioside로서 설탕의 200~300배의 단맛을 가지며 남미, 중국, 일본, 한국 등 여러 나라에서 저열량 감미료로 사용하고 있다.

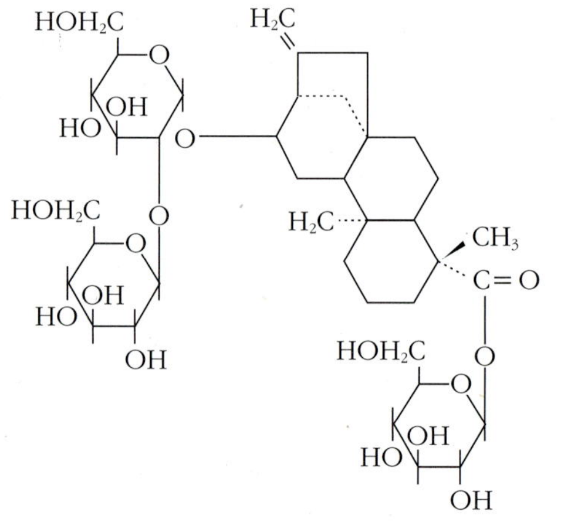

Stevioside

⑤ 사카린

사카린 saccharin은 인공감미료로 설탕의 300~500배의 강한 단맛을 가지고 있으나 약간 쓴맛이 있어 뒷맛이 좋지 않은 결점이 있다. 1980년대 발암성 논란이 야기되기도 하였으나 계속적인 연구결과 정상적인 사용농도와 방법으로는 인체에 부작용을 나타내지 않으며 암을 유발시키지 않는다는 결론이 내려졌다. 우리나라를 비롯한 여러 나라에서 사용을 허가하고 있고 혈당량에 영향을 주지 않기 때문에 당뇨병 환자의 음식에 사용하기도 한다.

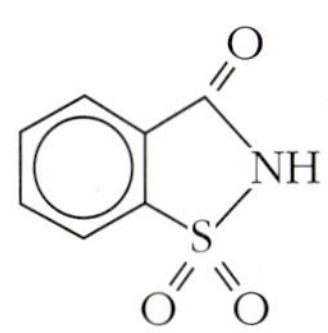

Saccharin

2) 쓴맛

쓴맛은 식품에서 일반적으로 바람직하지 않게 생각되고 독성물질들이 쓴맛을 갖고 있는 것이 많으나 반면에 약리작용과 생리작용을 하는 것도 많이 있다. 소량의 쓴맛은 다른 맛과 잘 조화되는 성질이 있어서 음료에 첨가하여 상쾌한 맛을 주기도 하고 커피, 코코아, 차 등의 음료에서는 중요한 향미로 작용하고 있다. 단맛, 짠맛, 신맛에 비하여 매우 예민하게 감지되는 감각으로 역가가 매우 낮다. 쓴맛을 내는 물질로는 유기 및 무기화합물을 포함하여 매우 다양하며 알칼로이드, 배당체, 아미노산 및 펩타이드, 케톤류, 무기염류 등이 대표적인 예이다.

(1) 알칼로이드

알칼로이드 alkaloid란 식물체 속에 들어 있는 질소를 가진 염기성 물질의 총칭으로 인체 내에서는 특수한 약리작용을 하는 것이 많다. 차나 커피 중의 카페인 caffeine, 코코아나 초콜릿 중에 함유된 테오브로민 theobromine, 양귀비에 들어있는 모르핀 morphine, 키나에 들어 있는 퀴닌 quinine 등이 이에 속한다.

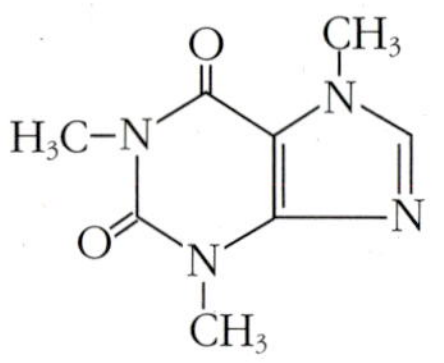

Caffeine

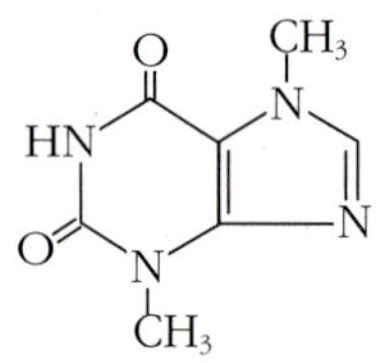

Theobromine

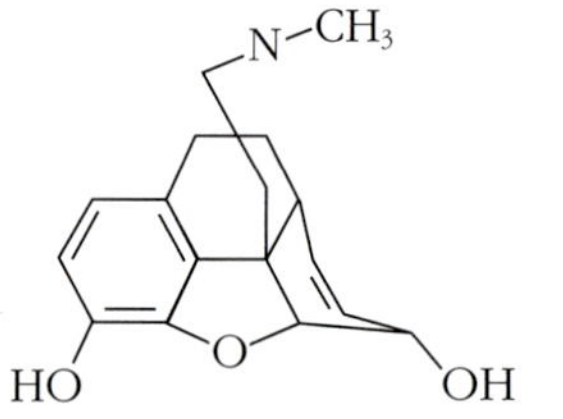

Morphine

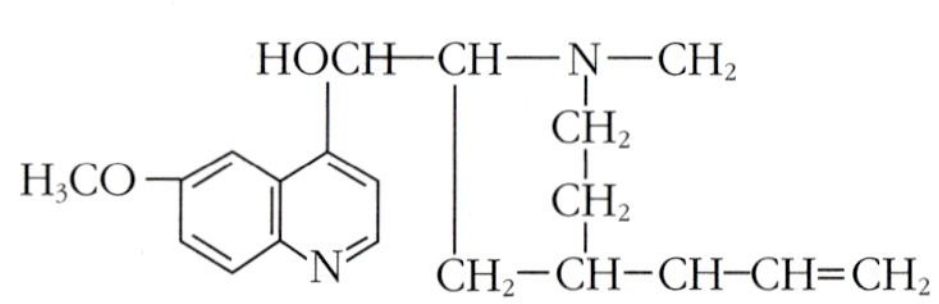

Quinine

(2) 배당체

배당체는 식물계에 널리 분포하며 과일과 채소의 쓴맛 성분을 이루고 있다. 그 종류로는 감귤류의 과피, 자몽주스에 존재하는 나린진 naringin, 감귤

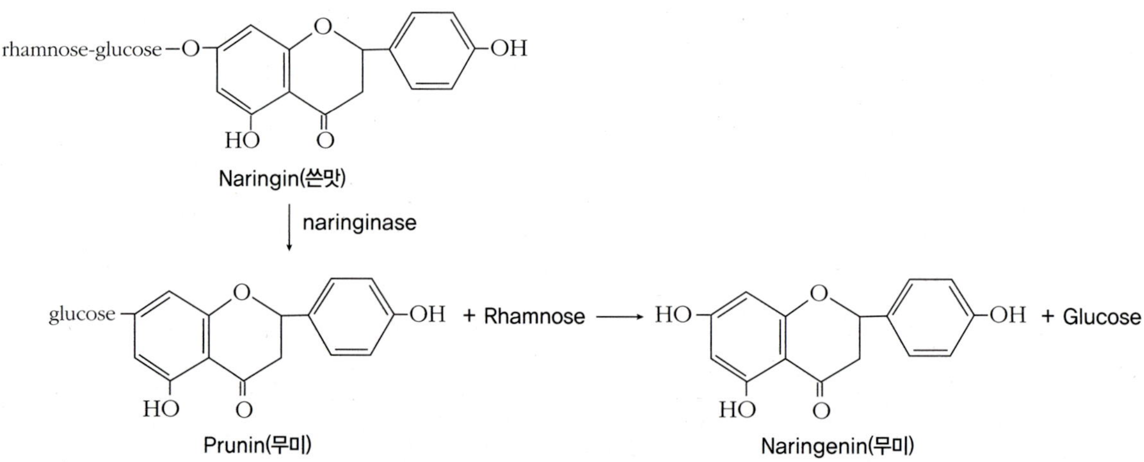

류의 리모닌 limonin, 헤스페리딘 hesperidin, 오이꼭지부분의 큐커비타신 cucurbitacin, 양파껍질에 들어 있는 퀘르세틴 quercetin 등이 있다.

나린진은 자몽의 주요 쓴맛 성분으로 효소인 나린지네이즈 naringinase에 의하여 가수분해되어 당류가 제거되면 쓴맛이 없는 나린제닌 naringenin으로 변화된다. 또한 리모닌은 오렌지, 레몬 등에 존재하는 지연성 쓴맛 성분 delayed bitterness으로 신선할 때는 쓴맛이 없으나 주스 제조 등을 위하여 조직을 압착하면 쓴맛을 나타낸다.

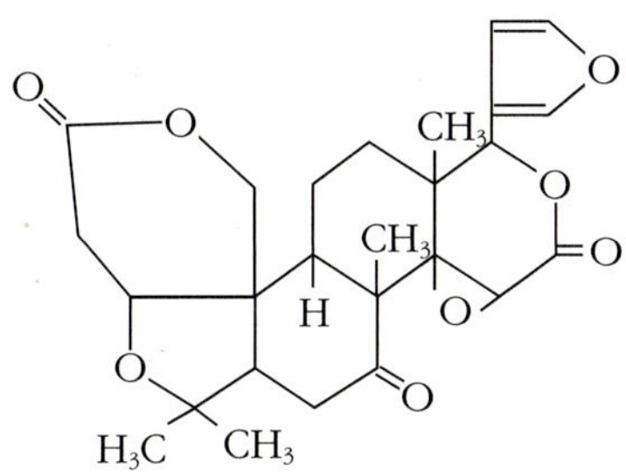

Limonin

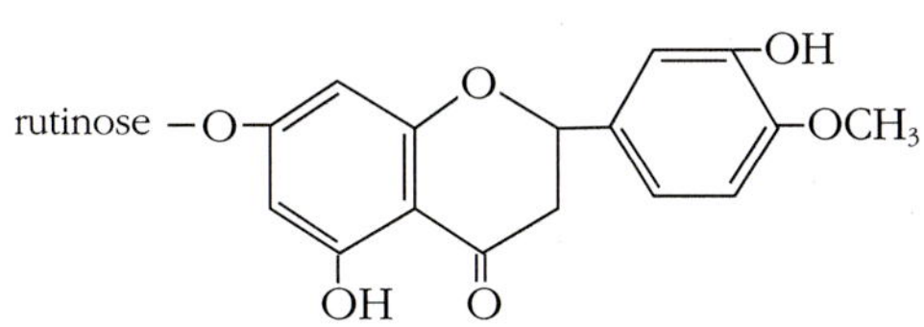

Hesperidin

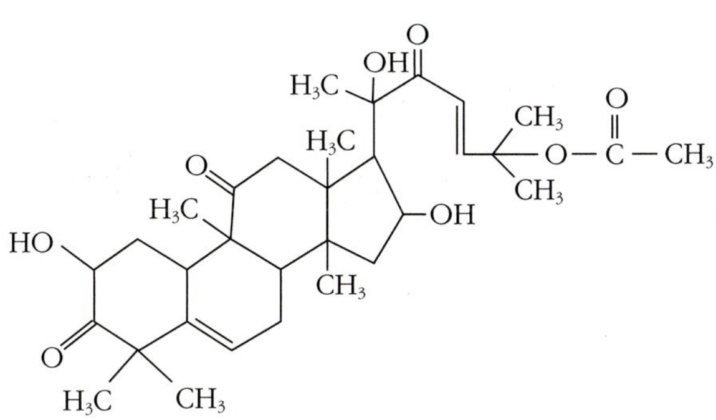

Cucurbitacin B의 aglycone

(3) 케톤류

맥주에 쓴맛을 주기 위하여 사용하는 호프에는 휴물론 humulone과 루풀론 lupulone이라는 성분이 함유되어 있다. 이들은 맥주에 쓴맛을 부여할 뿐만 아니라 강한 항균성을 갖고 있어 방부작용도 한다. 고구마에 흑반병이 생기면 이포메아마론 ipomeamarone이라는 물질이 생성되어 강한 쓴맛을 내고 독성과 항생작용을 나타내는 것으로 알려져 있다.

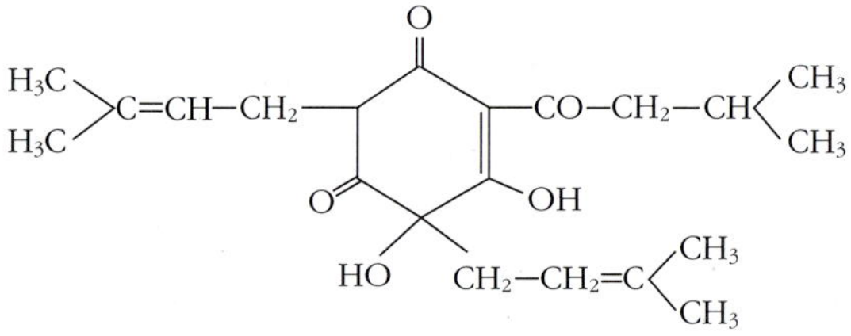

Humulone

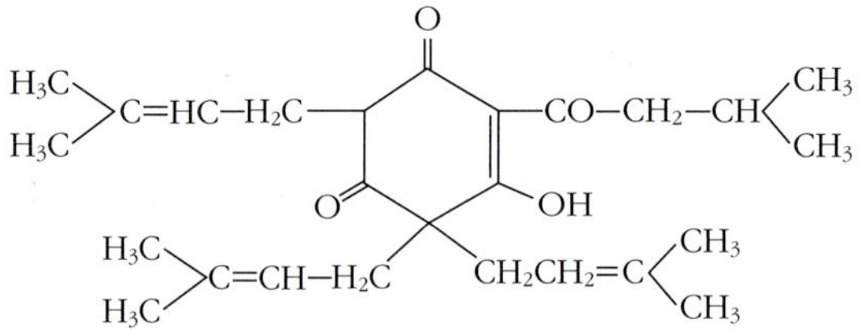

Lupulone

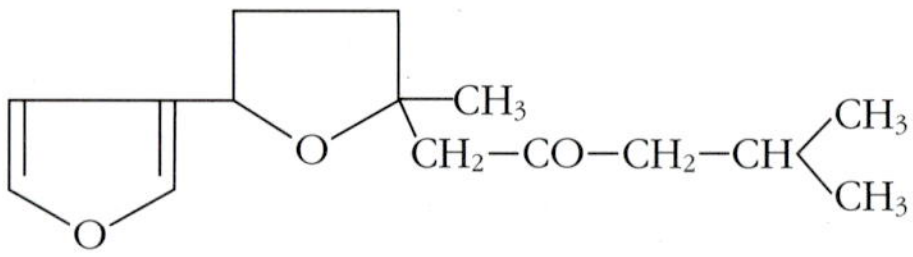

Ipomeamarone

(4) 아미노산과 펩타이드

아미노산 중 아지닌 arginine, 발린 valine, 루신 leucine, 아이소루신 isoleucine, 트립토판 tryptophan, 페닐알라닌 phenylalanine 등은 쓴맛을 내며

Leu-Leu, Arg-Pro, Val-Val-Val 등으로 이루어진 펩타이드도 쓴맛을 나타낸다. 이들 쓴맛 펩타이드는 된장, 치즈, 젓갈, 막걸리 등의 발효식품에서 단백질이 가수분해되는 과정 중에 생성될 수 있는데 너무 많은 양이 생성되면 쓴맛으로 인하여 품질저하를 초래하게 된다.

(5) 기타 쓴맛성분

두부 제조시 단백질 응고제로 사용되는 간수성분의 $CaCl_2$, $MgCl_2$는 무기염류로서 쓴맛을 낸다. 콩, 도토리 등에 함유되어 있는 쓴맛 성분은 사포닌 saponin이고, 메밀의 쓴맛 성분은 루틴 rutin으로 밝혀졌다.

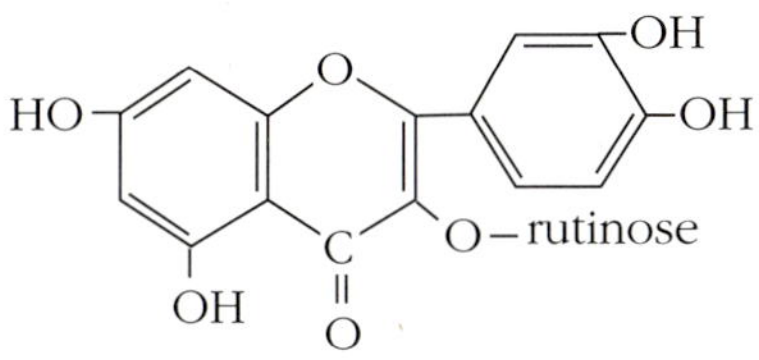

Rutin

3) 신맛

신맛성분에는 무기산과 유기산이 있으며 신맛은 용액 중에 해리되어 있는 수소이온(H^+)과 해리되지 않은 산 분자에 의한다. 따라서 신맛의 정도는 수소이온 농도인 pH와 정확하게 비례하지 않으며 pH가 같은 용액에서는 유기산이 무기산보다 더 강한 신맛을 낸다고 한다. 이는 무기산의 경우, 해리상수가 커서 용액 중에서 대부분 해리하므로 수소이온의 농도는 높으나 혀에 접촉되면 바로 중화되기 때문에 신맛이 빨리 없어지기 때문이다. 반면 유기산은 해리상수가 작아서 수소이온의 농도가 낮으나 혀에 접촉된 수소이온이 중화되고 난 후에도 해리되지 않았던 수소이온이 계속 해리되기 때문에 전체적으로 신맛을 강하게 느끼게 되는 것으로 해석하고 있다. 같은 농도에서는 강산용액이 약산용액보다 더 신맛을 내고 그 강도는 '염산 >

질산 > 황산 > 개미산 > 구연산 > 사과산 > 젖산 > 초산' 의 순이다.

(1) 무기산

산이 해리되면 수소이온과 함께 음이온이 생성되는데 이 음이온이 신맛에 영향을 주기도 한다. 무기산의 음이온은 대부분 쓴맛 또는 떫은맛을 부여하여 불쾌한 신맛을 주지만 예외적으로 탄산은 자극성을 띠는 약한 신맛을 나타내어 상쾌감을 주기 때문에 음료에 널리 사용된다. 탄산은 이산화탄소가 물에 녹았을 때 생성되는 약산으로 수용액에서 다음과 같이 해리되어 수소이온을 생성한다.

$$CO_2 + H_2O \longrightarrow H_2CO_3$$

$$H_2CO_3 \rightarrow H^+ + HCO_3^- \longrightarrow 2H^+ + CO_3^{2-}$$

(2) 유기산

유기산은 일반적으로 상쾌한 맛과 특유의 감칠맛을 준다. 과일음료가 독특한 신맛과 향미를 가지는 것은 젖산, 구연산, 주석산 등의 존재에 의한 것으로 볼 수 있다. 유기산 중에서 호박산 succinic acid이나 이노신산 inosinic acid은 신맛보다는 오히려 감칠맛을 가진다. 식품에 존재하는 신맛 성분을 보면 표 10-4 와 같다. 신맛이 너무 강할 때는 단맛 성분이나 짠맛 성분을 소량 첨가하면 감소된다.

4) 짠맛

짠맛은 간장, 된장, 김치, 젓갈 등을 많이 먹는 우리의 식습관과 밀접한 관계가 있는 기본적인 맛으로 대부분이 중성염의 맛이며 염화나트륨 외에 염화칼륨, 브롬화나트륨, 요오드화나트륨 등이 있다.

(1) 무기염류

짠맛의 대표적인 것은 소금 NaCl으로 가장 순수한 짠맛을 내므로 조미료에 많이 쓰인다. 실제로 짠맛을 내는 것은 염이 아닌 이온 ion이지만, 양이온과 음이온 중 어느 이온이 짠맛에 기여하는가에 대하여는 이론이 엇갈리고 있다. 일부학자들에 의하면 짠맛은 염류 중 음이온에 의해 나타나며 양이온은 쓴맛 또는 부가적인 맛을 준다고 한다. NaCl이 가장 순수한 짠맛을 나타내는 것은 염소이온(Cl^-)이 짠맛을 가지는 데 대하여 나트륨이온(Na^+)의 쓴맛이 약하기 때문으로 보고 있다. 이와 상반되는 이론에 의하면, 짠맛은 양이온에 의해 유발되고 음이온은 짠맛을 억제한다고 한다. 알칼리 금속 중 나트륨이온이 짠맛을 가장 잘 나타내고 염소이온이 짠맛을 가장 적게 억제한다. 리튬이온 lithium ion(Li^+)과 칼륨이온 potassium ion(K^+)은 Na^+과 비슷한 이온크기를 가지기 때문에 짠맛의 강도가 비슷하고 Na^+에서 멀어질수록 이온크기가 증가하면서 짠맛의 강도가 감소하여 루비듐이온 rubidium ion(Rb^+)과 세슘이온 cesium ion(Cs^+)은 Na^+보다 덜 짜고 약간 다른 맛

[표 10-4] 유기산의 종류 및 함유식품

이름	구조	함유식품
Acetic acid	CH_3COOH	식초, 김치
Ascrobic acid	(O 고리: C1–O–C4) O=C–C=C–CH–CH–CH_2–OH (OH, OH, OH 치환)	과일류
Citric acid	CH_2–COOH HO–C–COOH CH_2–COOH	레몬, 귤
Gluconic acid	$HOOC(CHOH)_4CH_2OH$	곶감, 양조식품
Lactic acid	$CH_3CHOHCOOH$	발효유, 김치
Malic acid	$HOOCCH_2CHOHCOOH$	사과, 감, 귤
Succinic acid	$HOOCCH_2CH_2COOH$	조개, 청주
Tartaric acid	$HOOC(CHOH)_2CH_2OH$	포도

을 낸다고 한다. NH_4^+, Ca^{2+} 등과 같은 양이온은 짠맛 외에 쓴맛을 나타낸다.

염류 중에는 짠맛 이외의 다른 맛이 혼합되어 나타나는 경우가 있는데 다음과 같이 정리할 수 있다.

- 짠맛을 강하게 나타내는 것 : NaCl KNO_3 KCl NaI NH_4Cl NaBr
- 짠맛과 쓴맛을 같은 정도로 나타내는 것 : KBr NH_4I
- 쓴맛을 강하게 나타내는 것 : $MgCl_2$ $MgSO_4$ KI
- 불쾌한 맛을 나타내는 것 : $CaCl_2$

(2) 유기염류

유기산의 알칼리염에도 소금과 같이 짠맛을 내는 것이 있는데 다이소디움 말레이트 disodium malate, 다이암모늄 말로네이트 diammonium malonate, 소디움 글루코네이트 sodium gluconate 등이다. 이들은 소금대용으로 무염간장, 무염식, 저염식의 짠맛을 내는 데 사용되나 나트륨이온의 섭취가 금지된 환자에게는 다이암모늄 말로네이트 diammonium malonate, 다이암모늄 세바시네이트 diammonium sebacinate 등을 사용하고 있다.

Disodium malate	Diammonium malonate	Diammonium sebacinate	Sodium gluconate
COONa	$COONH_4$	$COONH_4$	COONa
|	|	|	|
CH_2	CH_2	$(CH_2)_8$	$(CHOH)_4$
|	|	|	|
CHOH	$COONH_4$	$COONH_4$	CH_2OH
|			
COONa			

5) 감칠맛

감칠맛 umami taste은 맛난 맛, 구수한 맛 등으로 표현하고 있으며, 최근 감칠맛이 기본맛으로서의 조건을 충족시키고 있다는 것이 알려짐에 따라

기본맛으로 인정하고 있는 추세이다. 고기국물, 간장, 된장, 버섯류, 해조류 등에서 느낄 수 있는 맛으로 아미노산, 펩타이드, 뉴클레오타이드, 유기산 등이 관여하고 있다.

(1) 모노소디움 글루타메이트 monosodium glutamate 및 아미노산류

감칠맛의 대표적인 것으로 알려진 모노소디움 글루타메이트 monosodium L-glutamate, MSG는 다시마를 열수 추출하여 얻는 성분으로 조미료로 널리 사용되고 있다. MSG는 밀, 옥수수 등의 단백질을 산으로 가수분해하여 생성된 글루탐산 glutamic acid에 탄산나트륨을 가하여 중화시키면 만들어진다. 최근에는 글루탐산 발효균을 이용하여 공업적으로 생산하고 있다. 즉 브레비박테리움 락토퍼멘투스 *Brevibacterium lactofermentus*는 당질과 무기질소 등을 이용하여 글루탐산을 생성하며 이를 중화하면 MSG가 만들어지는데 D형은 맛이 없고 L형만이 감칠맛이 있으며 다이소디움 disodium은 맛이 없다.

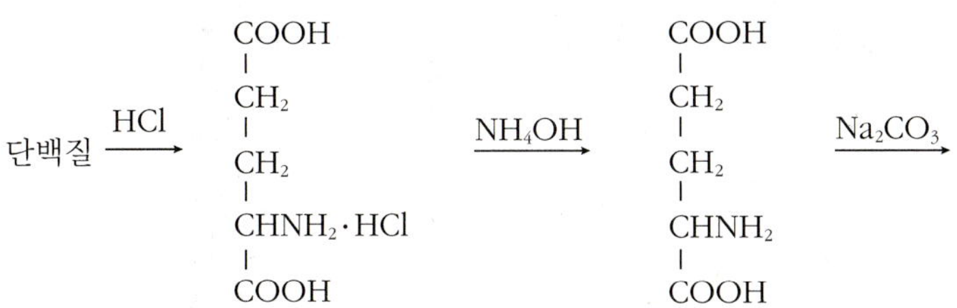

L-Glutamic acid • HCl (물에 녹지 않음) | L-Glutamic acid (물에 약간 녹음) | Monosodium L-glutamate (물에 잘 녹음)

새우, 게, 조개류에서도 독특한 감칠맛을 느낄 수 있는데, 겨울철에는 글라이신이 많이 함유되어 있어 주된 감칠맛 성분으로 작용하고, 여름철에는 글라이신이 메틸화된 베타인 betaine에 의하여 감칠맛을 나타낸다. 오징어나 문어는 영양성분이 비슷한데 그중 타우린 taurine 성분에 의해 감칠맛을 낸다.

어류와 육류의 감칠맛 성분으로는 글라이신의 유도체라 할 수 있는 크레아틴 creatine과 크레아티닌 creatinine이 있다. 이외에도 아스파라진 asparagine과 글루타민 glutamine이 어류, 육류, 채소의 감칠맛 성분으로 알려져 있는데 전자는 아스파트산 aspartic acid의 아마이드 amide이고 후자는 글루탐산의 아마이드이다. 테아닌 theanine은 글루탐산의 에틸아마이드 ethyl amide로서 녹차에 소량 함유되어 있으면서 단맛과 함께 감칠맛을 내는 성분으로 작용하고 있다. 간장이나 된장의 구수한 맛은 콩 단백질이 발효 중에 가수분해되어 생성된 아미노산들에 의한 맛이다. 버섯류에 함유되어 있는 이보텐산 ibotenic acid과 트리콜롬산 tricholomic acid은 아미노산의 일종으로 L-글루탐산과 비슷한 감칠맛을 가지는데 그 맛 강도는 훨씬 센 것으로 밝혀졌다.

H_2N-CH_2-COOH

Glycine

$^{-}OOC-CH_2-{}^{+}N\equiv(CH_3)_3$

Betaine
(trimethyl glycine)

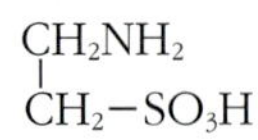

Taurine

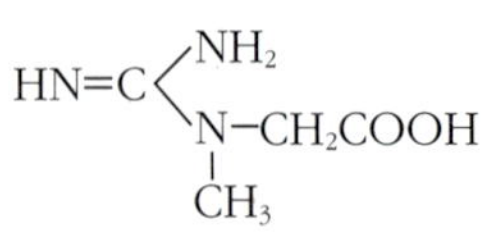

Creatine

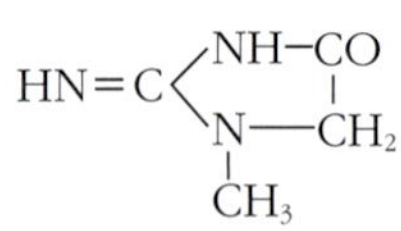

Creatinine

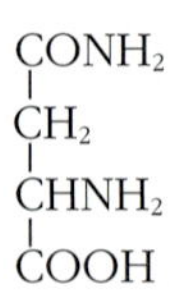

Asparagine

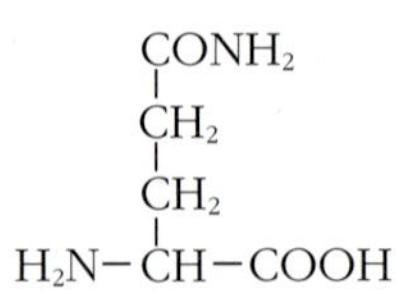

Glutamine

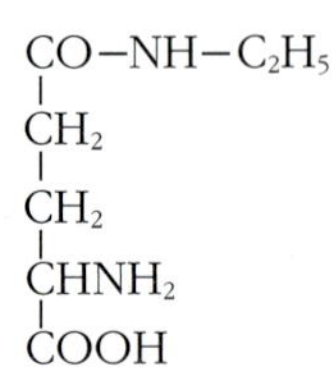

Theanine

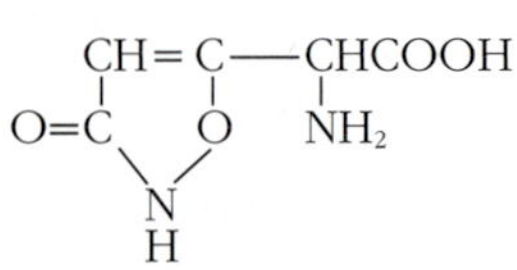

Ibotenic acid

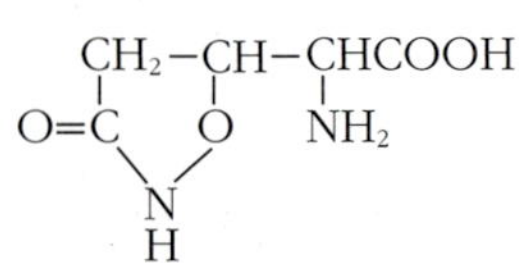

Tricholomic acid

(2) 뉴클레오타이드류

뉴클레오타이드 nucleotide는 염기, 당, 인산의 세 가지 성분으로 이루어져 있으며 핵산(RNA, DNA)의 기본단위이다. 염기에는 퓨린 purine계와 피리미딘 pyrimidine계가 있고 당으로는 라이보스 ribose와 데옥시라이보오스 deoxyribose가 있다. 감칠맛을 내는 성분으로는 구아노신 5′-모노포스페이트 guanosine 5′-monophosphate(5′-GMP), 이노신 5′-모노포스페이트 inosine 5′-monophosphate(5′-IMP), 잔틴 5′-모노포스페이트 xanthine 5′-monophosphate(5′-XMP) 등이 있으며 이들의 감칠맛 강도는 5′-GMP〉 5′-IMP〉 5′-XMP 순으로 알려져 있다. 5′-GMP는 표고버섯, 송이버섯의 감칠맛 성분이고 5′-IMP는 소고기, 돼지고기, 생선의 중요한 감칠맛 성분이며 5′-XMP는 고사리에 함유되어 있는 감칠맛 성분이다. 이들 뉴클레오타이드는 미량으로 감칠맛을 내고 특히 MSG와 혼합했을 때 그 맛이 더 강하게 느껴지는데, 이러한 효과를 상승효과라 한다. 따라서 뉴클레오타이드의 소디움염은 MSG와 혼합하여 복합조미료로서 제품화되고 있다.

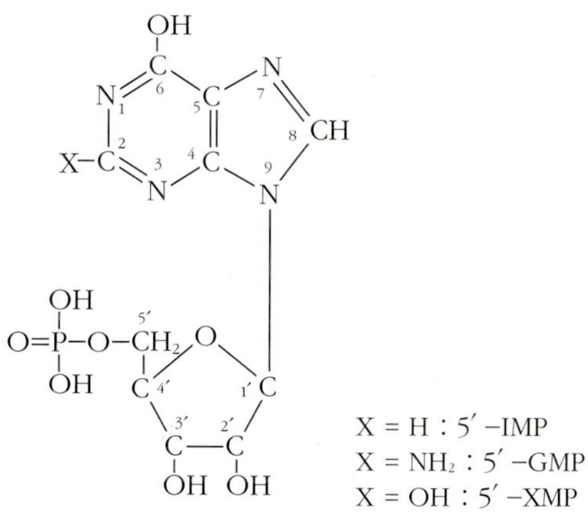

5′-Nucleotide의 일반적 구조

6) 매운맛

매운맛은 맛이라기보다는 혀, 구강, 비강 등 점막의 통감인 것으로 구분한다. 적당히 매운맛은 식욕을 증진시키고 항산화, 살균, 살충작용을 돕는다. 식품 중의 매운맛 성분은 화학구조에 따라 산아미드류, 황화합물류, 방향족 알데하이드 및 케톤류, 아민류 등으로 나눌 수 있다.

(1) 산 아미드류

고추의 매운맛 성분은 캡사이신 capsaicin과 그 유도체인 다이하이드로캡사이신 dihydrocapsaicin으로 이 두 물질이 비슷한 정도의 매운맛 강도를 지니고 있다. 후추의 매운맛은 피페린 piperine과 이성질체인 차비신 chavicine이 대표적인 성분으로 알려져 있다. 후추에는 검은 후추와 흰 후추가 있는데 이것은 품종이 다른 것이 아니라 가공과정에 따른 차이로서, 흰 후추는 검은 후추에 비하여 매운맛이 약하고 부드러운 특징이 있다. 산초는 초피나무의 열매로 매운맛 성분은 산초의 과피에 존재하는 산슐 sanshool이다. 이 성분은 쉽게 변하는 성질이 있어서 가루상태로 오래 저장하면 점차 매운맛을 잃게 되므로 열매로 저장했다가 사용 직전에 가루를 내어 사용하는 것이 효과적이다.

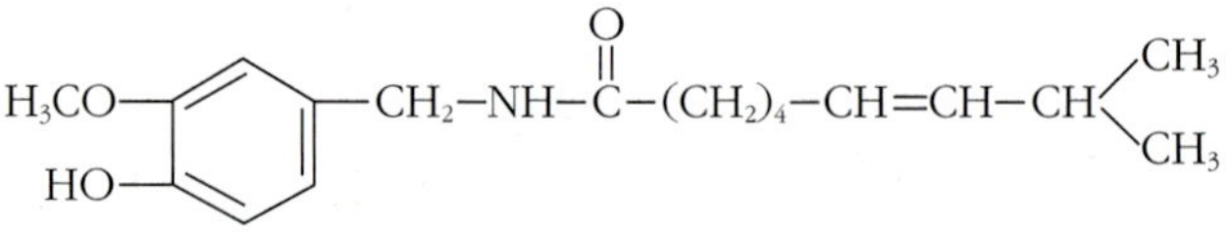

Capsaicin

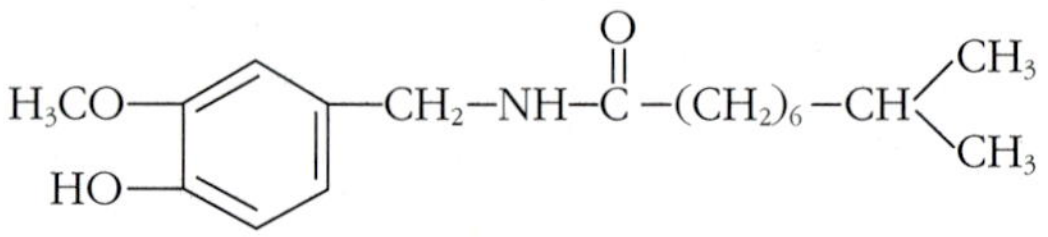

Dihydrocapsaicin

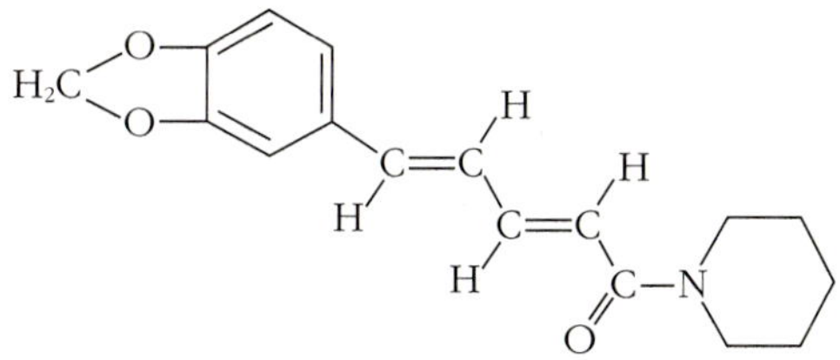

Piperine

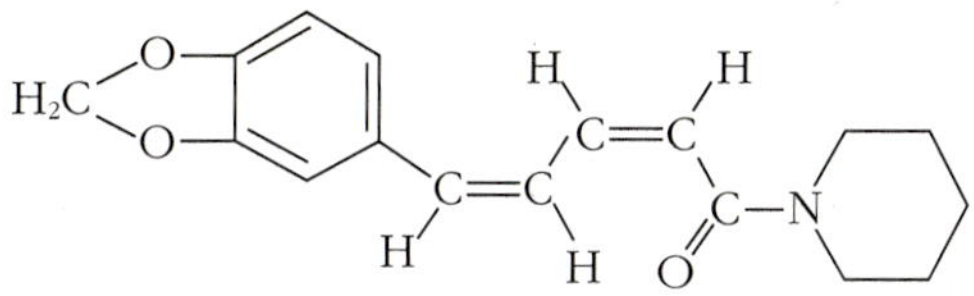

Chavicine

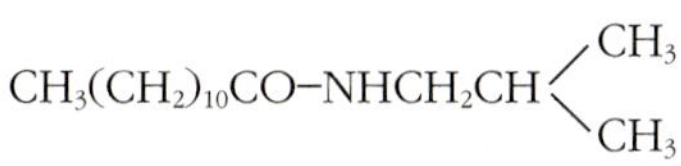

Sanshool

(2) 황화합물

황화합물들은 독특한 매운맛을 나타내는 경우가 많다. 그 예로 겨자, 양배추, 무, 순무, 브로콜리, 양파, 파, 마늘, 부추 등에서는 특유의 매운맛과 냄새가 나는데 이들은 조직 내에 유황성분을 함유하고 있다. 이들의 매운 냄새 성분에 대해서는 제11장에서 자세히 설명하기로 한다.

(3) 방향족 알데하이드 및 케톤류

생강은 상쾌한 향과 매운맛을 내는데 매운맛 성분은 진저론 zingerone, 쇼가올 shogaol, 진저롤 gingerol 등의 케톤류로서 구아이아콜 guaiacol핵을 갖고 있다. 그 외에 울금 중의 커큐민 curcumin, 계피 중의 시나믹 알데하이드 cinnamic aldehyde도 매운맛을 가지고 있다.

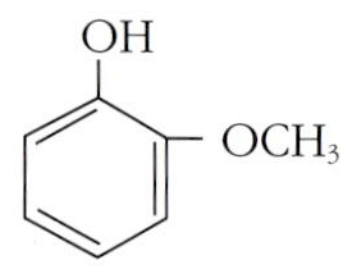

Guaiacol

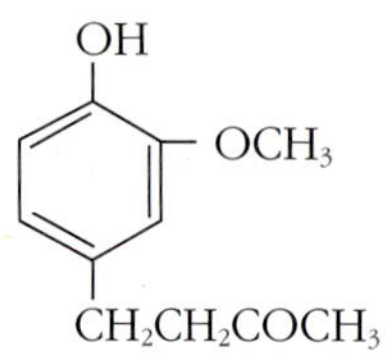

Zingerone

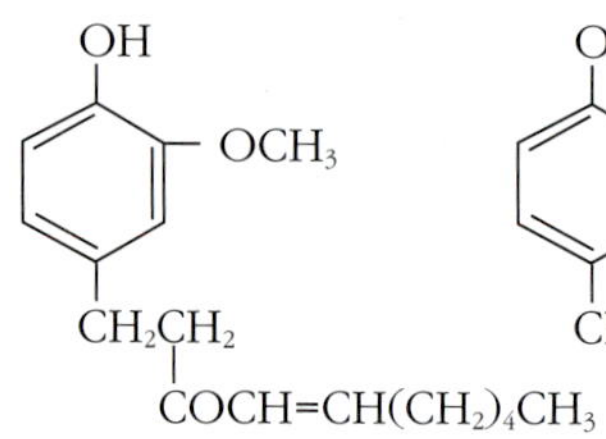

Shogaol

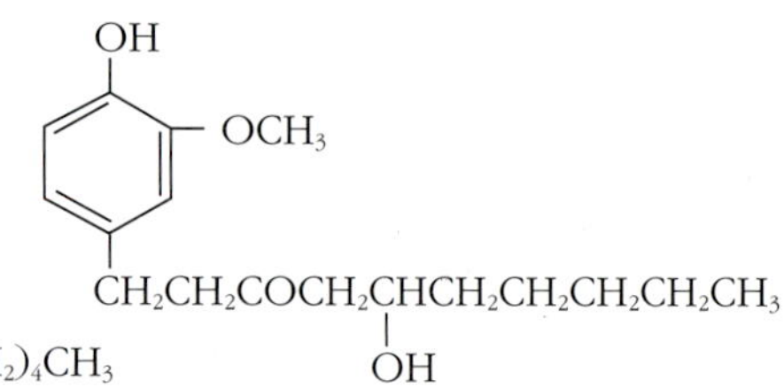

Gingerol

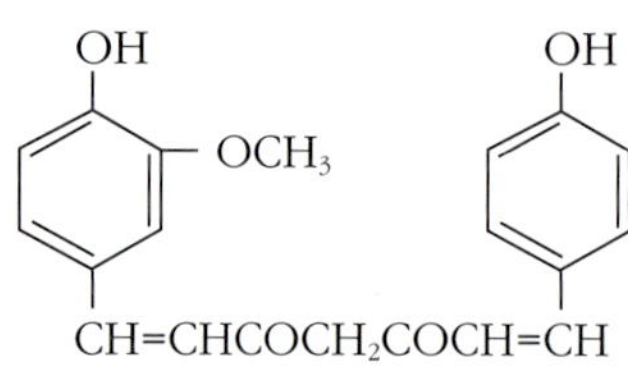

Curcumin

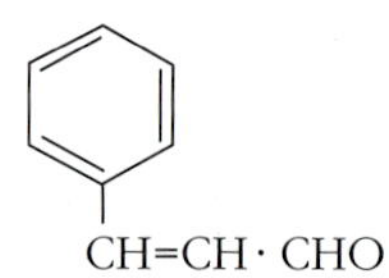

Cinnamic aldehyde

(4) 아민류

아미노산이 세균에 의해 탈탄산되어 생긴 아민류에는 불쾌한 매운맛을 내는 것이 있다. 부패한 생선에서 나는 매운맛 성분은 히스타민 histamine으로 히스티딘 histidine으로부터 생성된 것이며 변질된 간장의 매운맛 성분인

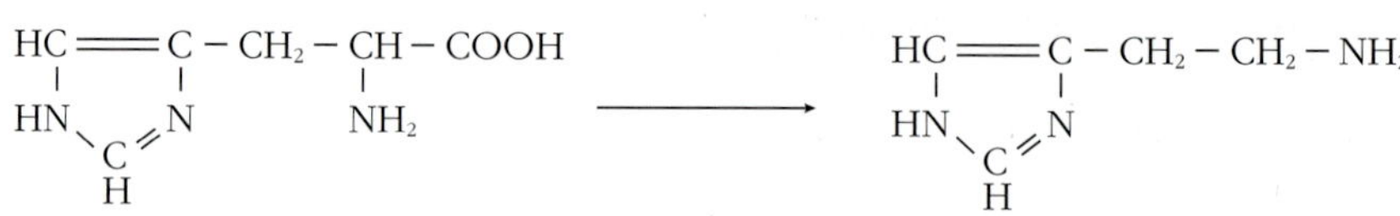

Histidine Histamine

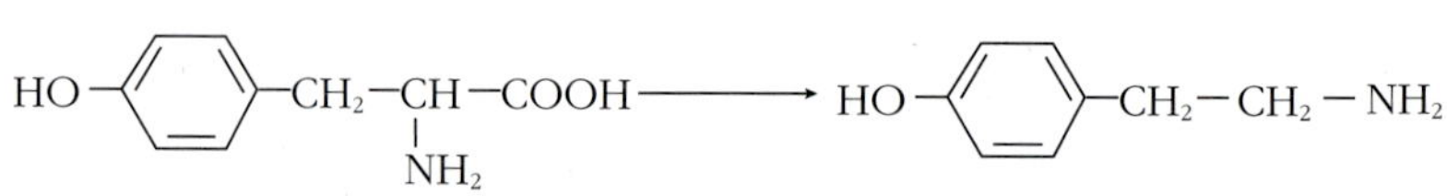

Tyrosine Tyramine

타이라민 tyramine은 타이로신 tyrosine에서 생성된 것이다.

7) 떫은맛

떫은맛은 혀의 점막단백질이 일시적으로 수축되어 나타나는 불쾌한 맛이다. 식품 중에서는 차, 감, 커피, 도토리, 포도주 등에서 나타나는데 약한 떫은맛은 다른 맛과 조화되어 독특한 향미를 갖는다. 떫은맛 성분으로는 주로 폴리페놀성 물질인 탄닌류가 대표적이나 이외에도 지방산, 알데하이드, 철 및 알루미늄 등의 금속도 떫은맛의 원인이 된다.

(1) 지방산 및 알데하이드류

지방이 많은 식품이 오래되면 떫은맛이 생기는데 이것은 지방의 분해로 생긴 유리 불포화지방산이나 이들의 산화분해물인 알데하이드류가 혀의 점막에 점착하여 떫은맛을 나타내기 때문이며 건어물이나 훈제품에서 그 예를 들 수 있다. 떫은맛을 내는 불포화지방산으로는 아라키돈산arachidonic acid (20:4 ω-6), 클루파노돈산clupanodonic acid (22:5 ω-3) 등을 들 수 있다.

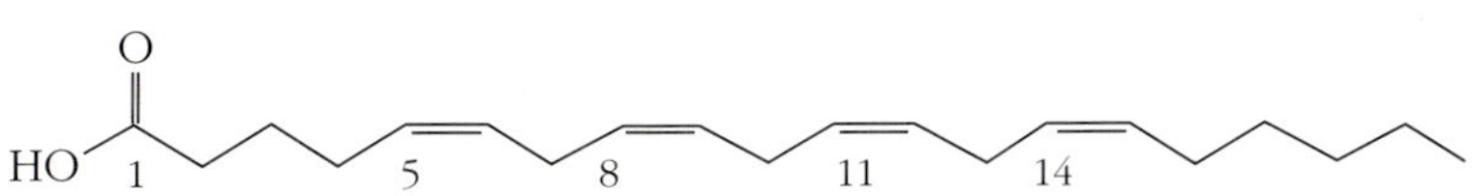

Arachidonic acid

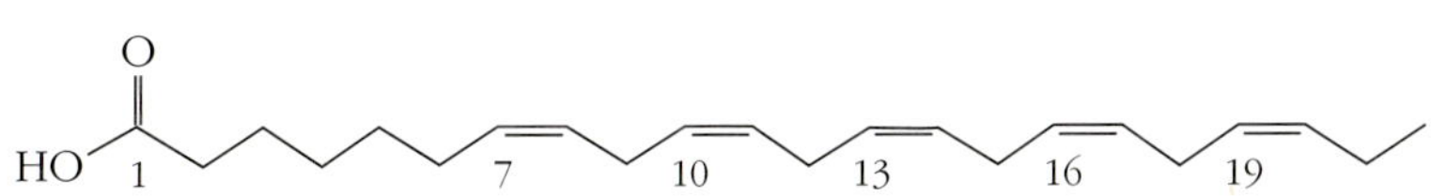

Clupanodonic acid

(2) 탄닌

탄닌은 폴리페놀성 화합물로 식물계에 널리 존재하며 물에 잘 녹는 성질이 있고, 수용액은 혀의 점막단백질을 응고시켜 강한 떫은맛을 나타내게 한다. 감의 탄닌은 원래 무색이지만 산화되면 갈색 또는 짙은 홍색을 나타

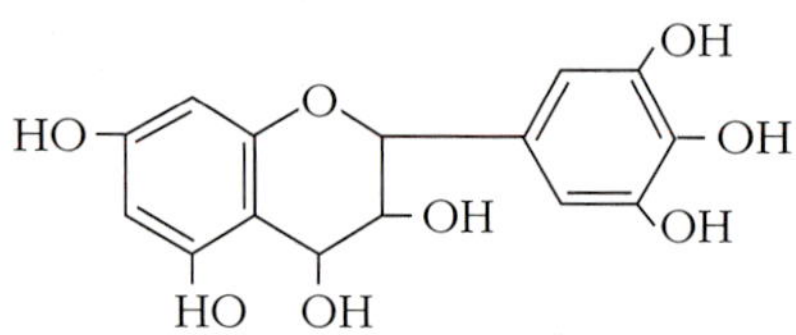

Shibuol

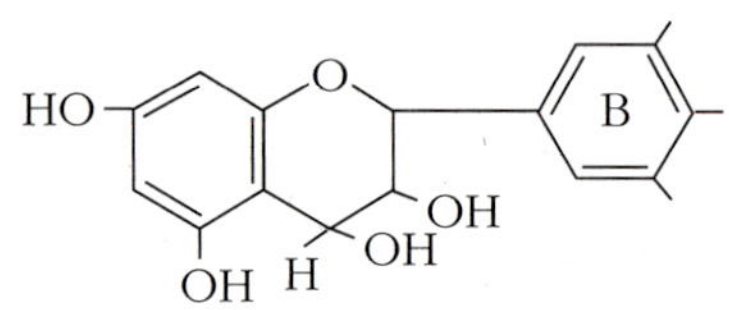

Leucoanthocyanin

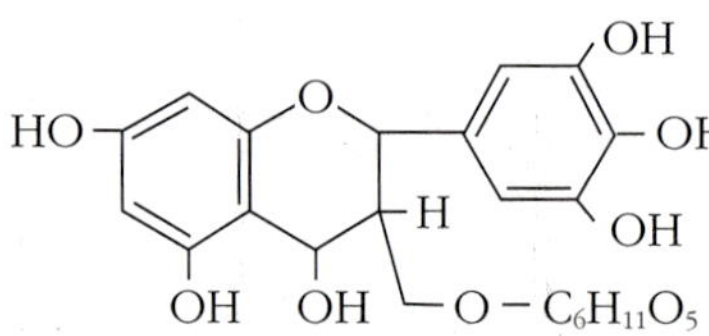

Diospyrin

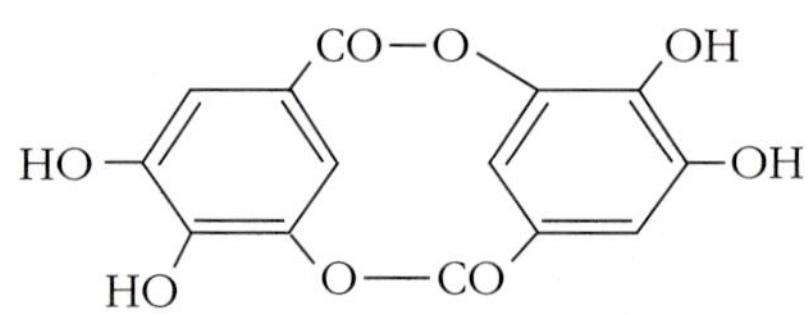

Ellagic acid

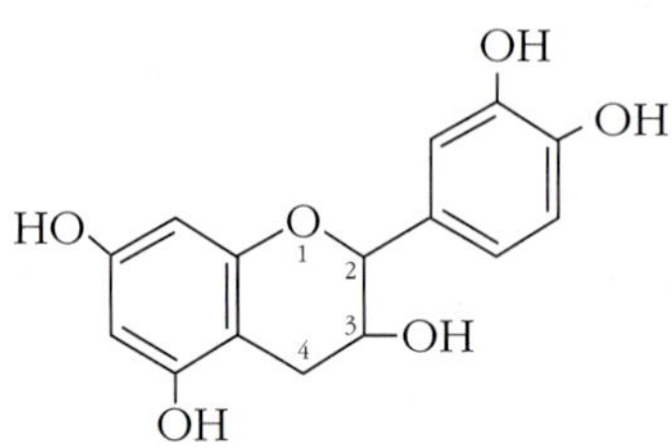

Catechin

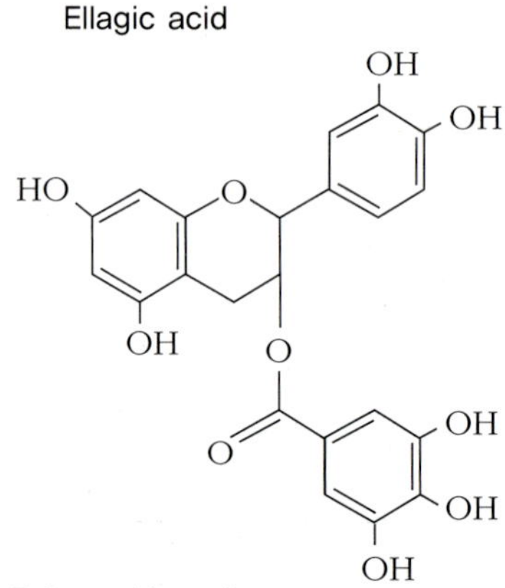

Epicatechin gallate

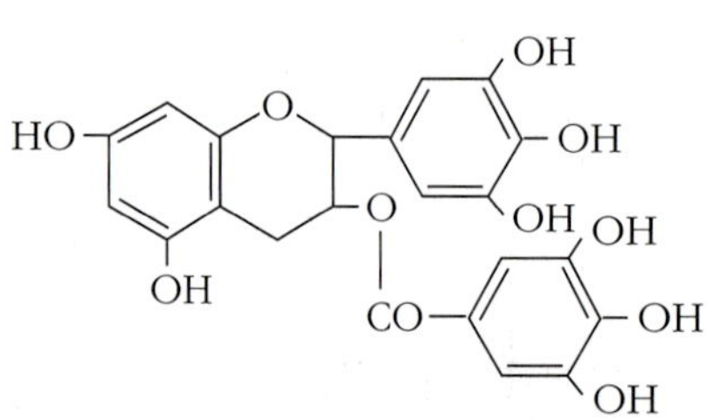

Epigallocatechin gallate

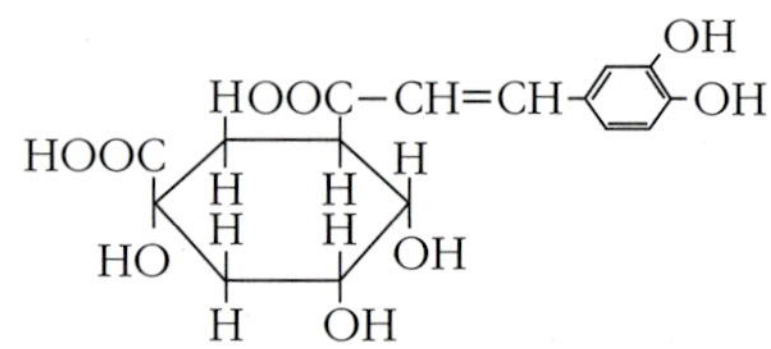

Chlorogenic acid

내므로 식품의 색에도 영향을 미친다. 떫은맛 성분은 시부올 shibuol, 루코안토시아닌 leucoanthocyanin, 다이오스피린 diospyrin 등이며, 밤 속껍질의 떫은맛은 엘라그산 ellagic acid으로서 이것은 몰식자산 gallic acid 2분자가 축합한 것이다. 찻잎의 떫은맛은 카테킨 catechin, 에피카테킨 갈레이트 epicatechin gallate, 에피갈로카테킨 갈레이트 epigallocatechin gallate 등에 기인한다. 커피의 떫은맛은 클로로젠산 chlorogenic acid으로 카페산 caffeic acid과 퀸산 quinic acid이 축합한 형태이다. 덜 익은 과실이 익어감에 따라 떫은맛이 감소하는 것을 느낄 수가 있는데 이는 탄닌이 산화 또는 중합되어 불용성 물질로 변하여 떫은맛이 없어지기 때문이다.

8) 그 밖의 맛

(1) 아린맛

아린맛 acrid taste은 쓴맛과 떫은맛이 복합적으로 섞여서 느껴지는 맛으로 죽순, 고비, 고사리, 토란, 우엉, 가지 등에서 나타나며 이 맛을 제거하기 위해서는 조리하기 전에 물에 담가 침출시킨다. 아린맛은 주로 Ca, K, Mg 등의 무기염류, 탄닌, 알칼로이드, 유기산 등에 의하며 가지, 죽순의 아린맛 성분은 호모젠티스산 homogentisic acid으로 알려져 있다.

(2) 금속맛

금속맛 metallic taste은 Cu^{2+}, $FeSO_4$, 철, 은, 주석염 등에 의한 맛으로 이들 금속으로 만든 숟가락, 젓가락, 포크 등을 입안에 넣었을 때, 또는 입안에 피가 났을 때 느낄 수 있다.

(3) 교질맛

교질맛 colloidal taste 또는 점활미는 식품의 물리적인 접촉에 의하여 일어나는 감각으로 맛을 느끼는 데 있어서는 중요하다. 이 감각은 주로 식품 중의 고분자화합물인 다당류와 단백질에서 유래되는 경우가 많다. 찹쌀밥의 아밀로펙틴, 곤약의 글루코만난 glucomannan, 과일 잼의 펙틴, 한천의 갈락탄 galactan, 해조의 알긴산 alginic acid, 밀가루의 글루텐 등이 각각의 식품에 교질맛을 부여하는 성분들이다.

(4) 알칼리맛

알칼리맛 alkaline taste은 수산화이온(OH^-)에 의한 맛으로 수소이온(H^+)이 신맛을 나타내는 것과는 대조적으로 쓴맛을 나타내며 그 예로 중조($NaHCO_3$)에서 느낄 수 있는 맛이다. 대부분의 식품은 산성~중성의 pH 영역에 있으므로 식품에서 알칼리 이온에 의한 맛을 느끼기는 흔치 않다.

Chapter 11

식품의 냄새

학습 목표

1. Henning이 분류한 냄새의 종류를 설명할 수 있다.
2. 식물성 식품의 냄새성분의 종류를 설명할 수 있다.
3. 동물성 식품의 냄새성분의 종류를 설명할 수 있다.
4. 식품의 조리 가공에 따른 냄새성분을 설명할 수 있다.

모든 식품은 고유의 냄새를 가지고 있고 보통 즐거움을 주는 냄새를 향기(香氣, aroma)라 하고 불쾌감을 주는 냄새를 취기(臭氣, stink)라 하여 구분하고 있다. 같은 냄새를 지속적으로 맡고 있으면 후각신경이 둔해져서 그 냄새를 느끼지 못하게 되는데 이를 후각의 피로 또는 순응이라고 한다. 이러한 현상은 원인이 되는 냄새물질이 제거되면 원상태로 회복되는데, 피로와 회복 현상은 10분 이내에 일어난다. 냄새를 인식하는 과정은 아직 정확하게 밝혀져 있지 않다. 기체상태의 냄새를 내는 물질이 공기와 함께 콧속으로 들어가서 후각 기관에 도달하면 그곳에 존재하는 수많은 신경섬유들을 자극하고 흥분시킴으로써 후각중추에 전달되어 냄새를 느끼게 된다고 한다. 후각은 사람의 오감(시각, 미각, 후각, 청각, 촉각) 중에서 가장 예민한 감각으로 맛의 역가에 비하여 10,000배 이상 예민하다. 식품의 냄새는 여러 성분이 복합되어 나타나고 그 함량이 매우 적을 뿐만 아니라 조리, 가공, 저장 중에도 생성되거나 변화되기 때문에 그 성질을 규명하는 것은 쉬운 일이 아니다. 최근 들어 분석기기 및 기술이 발달함에 따라 가스-액체 크로마토그라피 gas-liquid chromatography, GLC, 질량분석기 mass spectrophotometer, MS 등의 기기를 이용한 냄새 성분의 분석이 활발히 이루어지고 있다. 지금까지 확인된 냄새성분들은 대개가 분자량 300 정도의 지용성이며 휘발성 화합물로 알려져 있다.

1. 냄새의 분류

냄새는 정확히 분류하기가 곤란하고 냄새를 인식하게 되는 메커니즘 또한 아직 확실하게 규명되지 않아 여러 학자에 의해서 다양한 냄새 분류방법이 제안되었다.

Hening(1924)은 기본적인 냄새를 꽃향기 flowery, 과일향기 ethereal, 매운 냄새 spicy, 수지 냄새 resinous, 탄 냄새 burnt, 썩은 냄새 putrid의 6원향(原香)으로 분류하고 이 6가지 냄새가 서로 결합하여 모든 냄새를 표현할 수 있다고 하였다.

꽃향기 flowery odor – 백합, 장미, 매화 향기
과일향기 fruity odor – 사과, 배, 레몬 향기
매운냄새 spicy odor – 후추, 생강, 마늘 냄새
수지냄새 resinous odor – 나무 진 냄새
탄냄새 burnt odor – 커피, 눌은밥, 캐러멜 냄새
썩은냄새 putrid odor – 부패된 고기냄새, 부패된 달걀 냄새

Amoore 등(1964)은 냄새와 화학구조와의 관계를 규명하고자 입체화학설을 제시하였는데 이 이론에 의하면 그림 11-1 에서와 같이 사람의 후각기관 끝에는 7개의 특정한 형태와 크기, 전하를 가진 후각 수용체들이 존재한다는 것이다. 그리하여 냄새를 내는 물질이 이 중의 어떤 수용체에 효소작용의 자물쇠와 열쇠 lock and key 이론에서처럼 들어맞을 때 냄새를 인지한다는 이론이다.

Croker 등(1927)은 냄새의 기본 요소를 꽃향기 fragrant, 산 냄새 acid, 탄 냄새 burnt, 썩은 냄새 putrid로 분류하고 각 냄새의 강도를 1~8의 수치로 표시하도록 제안하였다.

그림 11-1 Amoore의 입체화학설에 의한 냄새물질의 수용체 모양

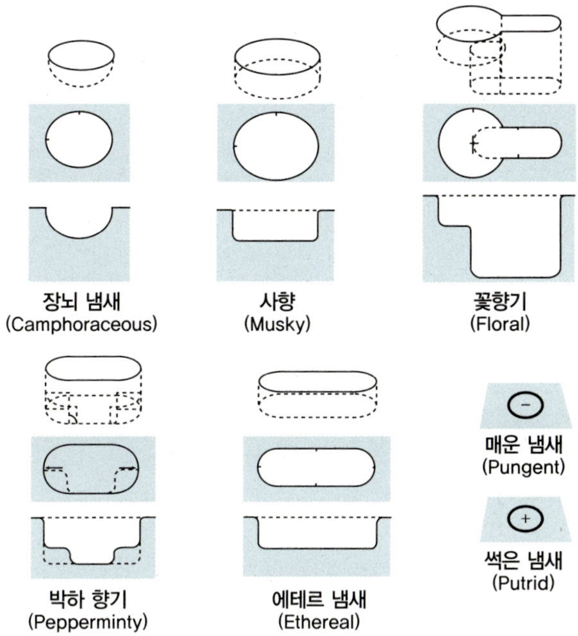

2. 냄새성분의 종류

1) 식물성 식품의 냄새성분

식물성 식품의 냄새 성분은 식품의 종류에 따라 다르나 일반적으로 분자량이 적은 에스터, 알코올, 알데하이드, 케톤, 정유 essential oils, 황화합물이 주로 관여하는 것으로 알려지고 있다.

① 에스터류

에스터 ester류는 대부분의 과일의 주된 향기성분이며 표 11-1 과 같이 저급지방산의 에스터가 주를 이루고 있다.

[표 11-1] 식물성 식품 중의 에스터 냄새성분

이름	구조	함유식품
Amyl formate	$HCOOCH_2(CH_2)_3CH_3$	사과, 복숭아
Ethyl acetate	$CH_3COOCH_2CH_3$	파인애플
Isoamyl acetate	$CH_3COOCH_2CH_2CH(CH_3)_2$	배, 사과
Isoamyl formate	$HCOOCH_2CH_2(CH_3)_2$	배
Methyl butyrate	$CH_3CH_2CH_2COOCH_3$	사과
Methyl cinnamate	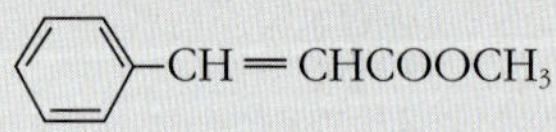	송이버섯
Methyl valerate	$CH_3(CH_2)_3COOCH_3$	청주
Sedanolide	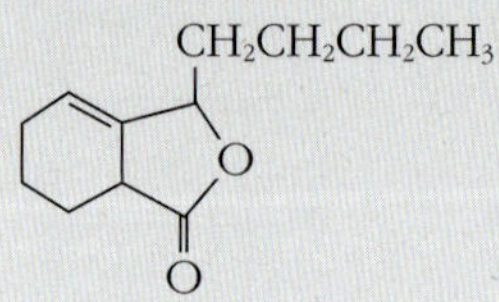	셀러리

② 알코올과 알데하이드류

알코올은 과일 등 식물성 식품의 냄새성분으로 미량 들어 있으며 특히 C_5 이하의 알코올은 주류의 향기성분을 이루고 있다. C_5 정도의 알데하이드는 이와 비슷한 탄소수를 가지는 알코올에 비하여 불쾌한 냄새가 나는 것이 많다. 식품 중 함유되어 있는 알코올과 알데하이드의 냄새 성분은 표 11-2 와 같다.

[표 11-2] 식물성 식품 중의 알코올과 알데하이드 냄새성분

이름	구조	함유식품
Ethanol	CH_3CH_2OH	주류
Eugenol	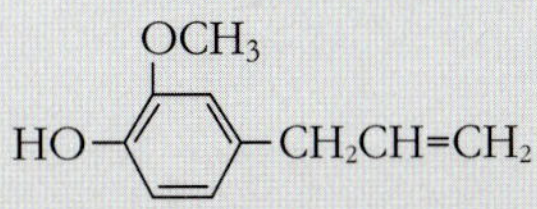	계피
3-Hexenol	$CH_3CH_2CH=CH(CH_2)_2OH$	찻잎
2, 6-Nonadienol	$CH_3CH_2CH=CH(CH_2)_2CH=CHCH_2OH$	오이
1-Octen-3-ol	$CH_3(CH_2)_4CHOHCH=CH_2$	송이버섯
Pentanol	$CH_3CH_2CH_2CH_2CH_2OH$	감자
Propanol	$CH_3CH_2CH_2OH$	양파
Benzaldehyde	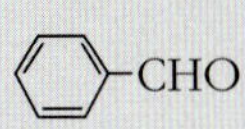	아몬드
Cinnamic aldehyde	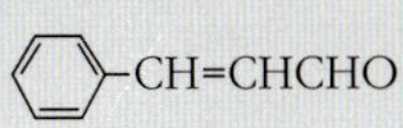	계피
2-Hexenal	$CH_3CH_2CH_2CH=CHO$	찻잎
Vanillin	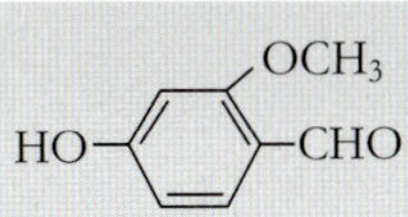	바닐라

③ 정유류

정유(精油, essential oil)란 식물체의 꽃이나 잎, 줄기, 뿌리 등을 수증기 증류하여 추출해낸 유상(油狀) 물질로 본래의 식물보다 약 70배 농축된 냄새를 지니고 있다. 주성분은 아이소프렌($CH_2=C(CH_2)-CH=CH_2$)의 중합체인 테르펜류와 그 유도체인 알코올, 에스터, 알데하이드 및 케톤 등으로 이루어져 있다. 정유류는 냄새를 갖는 동시에 자극적인 맛이 있어서 식품 중에서는 매운맛 성분으로 작용한다. 식물성 식품의 냄새와 관계있는 정유류는 표 11-3 과 같다.

[표 11-3] 식물성 식품 중의 정유류 냄새성분

이름	구조	함유식품
Citral	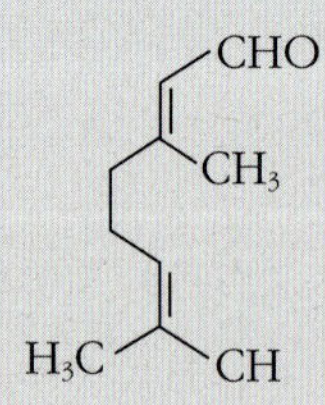	레몬, 오렌지
Geraniol	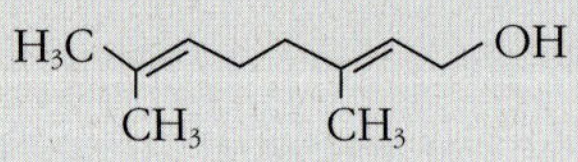	오렌지, 녹차
Limonen	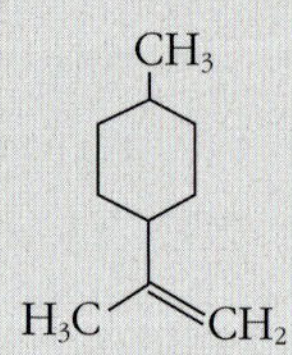	레몬, 오렌지
Menthol	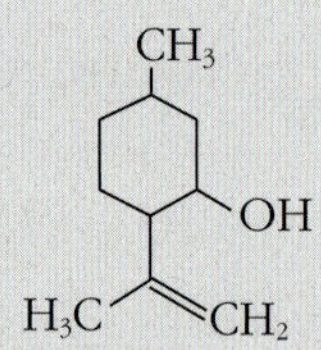	박하
α-Pinene	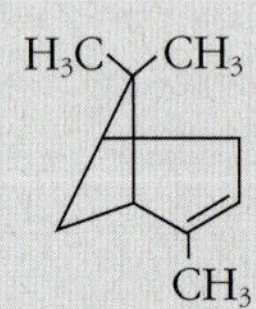	레몬, 당근
Thuzone	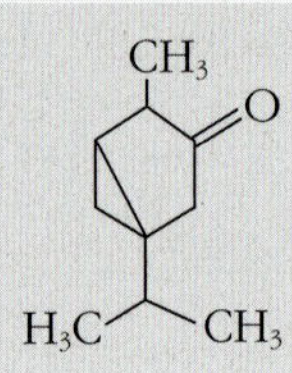	쑥

④ 황화합물

휘발성 황화합물은 특유한 냄새를 내지만 미량 들어 있으면 식품의 냄새를 좋게 하는 수가 있다. 특히 채소류 중 엽채류와 근채류에는 황화합물이 많이 함유되어 있어 독특한 냄새성분으로 작용하고 있다. 식물성 식품의 냄새성분으로 알려진 황화합물은 표 11-4 와 같다.

[표 11-4] 식물성 식품 중의 황화합물 냄새성분

이름	구조	함유식품
Alkyl isothiocyanate	RN = C = S	무, 겨자, 고추냉이
Alkyl sulfide	R–S–R'	마늘, 파, 양파, 부추
Dimethyl mercaptan	$CH_3CH(SCH_3)_2$	단무지
Furfuryl mereaptan		커피
S-Allylcysteine sulfoxide	$CH_2{=}CHCH_2{-}S(\rightarrow O){-}CH_2{-}CH(NH_2){-}COOH$	마늘
Methyl mercaptan	CH_3SH	무
Propyl mercaptan	$CH_3CH_2CH_2SH$	양파

(1) 과일류의 향기성분

과일의 식품학적 가치는 맛과 향기에 의해 크게 좌우된다. 과일에는 에스터, 알데하이드, 케톤, 알코올, 유기산, 테르펜류 등이 함유되어 있어 특유의 좋은 냄새를 낸다. 몇 종류의 과일에 함유되어 있는 향기성분을 요약하면 표 11-5와 같다.

[표 11-5] 과일류의 향기성분

	과일류			
	사과	감귤류	바나나	파인애플
에스터	amyl formate *n*−butyl acetate *n*−hexyl acetate isoamyl acetate isoamyl formate methyl butyrate	ethyl acetate ethyl butyrate ethyl caproate ethyl caprylate	ethyl acetate isoamyl acetate isoamyl butyrate isoamyl isovalerate isobutyl acetate n−hexyl acetate	ethyl acetate ethyl butyrate methyl acetate methyl *n*−butyrate methyl *n*−valerate
알데하이드 및 케톤	acetaldehyde formaldehyde 2−hexanal 1-nonanal propanal	benzaldehyde benzene accetaldehyde citral 1-decanal octanal	trans−2−hexanal	acetaldehyde acetone diacetyl formaldehyde methyl propyl ketone
알코올	ethanol isobutanol *n*−hexanol isopentanol isopropanol	decanol ethanol 2-hexene-1-ol linalool	isobutanol 2−pentanol *n*−butanol iso−amyl alcohol	iso−butanol methanol *n*−propanol *n*−pentanol ethanol
산	benzoic acid caproic acid citric acid fumaric acid malic acid quinic acid succinic acid	ascorbic acid citric acid fumaric acid malic acid	acetic acid citric acid lactic acid malic acid oxalic acid	acetic acid ascorbic acid

(2) 채소류의 냄새성분

채소류는 과일처럼 냄새성분이 많지 않으나 신선한 채소에는 독특한 향이 있어 식욕을 자극한다. 채소의 냄새는 에스터, 알데하이드, 케톤 등의 휘발성 성분으로 되어 있으며 유황화합물을 포함하고 있는 것이 많다.

① 파과의 냄새성분

양파, 마늘, 파, 부추 등은 파과 Allium family에 속하는 대표적인 채소들로 백합과 채소라고도 한다. 이들 채소는 조직이 파괴되지 않은 상태에서는 냄새를 내지 않으나, 갈거나 다질 경우에는 강한 자극성의 매운맛과 냄새를 내며 가열, 조리 후에는 자극성 냄새가 거의 사라진다. 냄새성분으로 휘발성 유기 황화합물을 함유하고 있고 이 화합물은 효소반응에 의하여 형성된다.

- 양파, 파, 부추 등에는 냄새를 내는 전구물질로 S-1-프로페닐-L-시스테인 설폭사이드 S-(1-propenyl)-L-cysteine sulfoxide(alliin)가 존재한다. 양파의 조직이 파괴되면 이 전구물질에 세포 내 효소인 알리네이즈 alliinase가 작용하여 그림 11-2 와 같은 과정을 통해 S-1-프로페닐 설펜산 S-(1-propenyl)-sulfenic acid이 생성되면서 매운 냄새가 나게 된다. 이 물질은 불안정하여 싸이오프로판알 S-옥사이드 thiopropanal S-oxide로 변하는데 이것이 양파의 대표적인 최루성분 lachrymator으로 알려져 있으며 물에 녹는 성질이 있다. 최루성분의 생성을 완전히 차단할 수는 없으나 양파를 썰어서 바로 물속에 담그거나 양파를 썰기 전에 냉장 저장을 하면 최루 성분의 생성을 감소시킬 수 있다. 이 물질은 쉽게 분해되거나 재배열되어 다이설파이드 disulfide, 트라이설파이드 trisulfide, 머캡탄 mercaptan, 싸이오펜 thiophene 등으로 전환된다. 다이설파이드류는 가열에 의하여 머캡탄(R–SH)으로 환원되면서 단맛을 나타내는데, 그 예로 프로필머캡탄 propyl mercaptan은 설탕의 50~70배의 단맛을 내는 것으로 보고되고 있다.

그림 11-2 양파의 냄새성분 생성과정

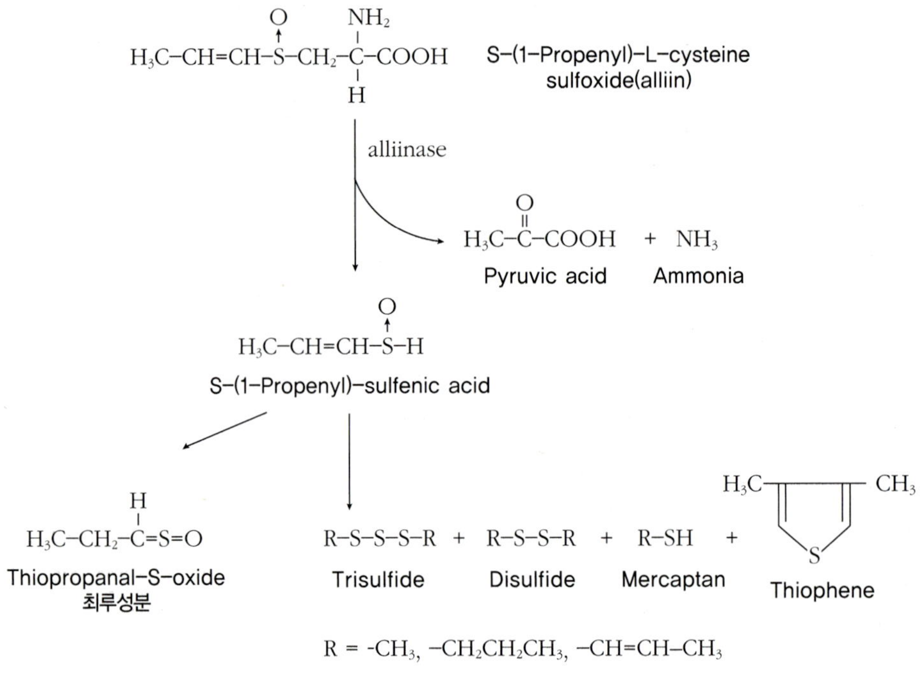

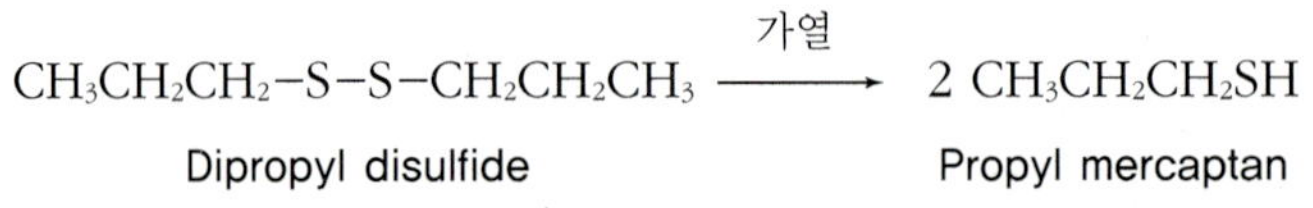

- 마늘의 냄새도 양파와 비슷한 메커니즘에 의해 생성되나 전구물질이 다르다. 마늘의 전구물질로는 무색무취의 S-allyl cysteine sulfoxide (alliin)가 존재한다. 마늘을 다지거나 으깨서 조직이 파괴되면 세포 내의 효소인 알리네이즈가 전구물질에 작용하여 그림 11-3 과 같은 경로를 거쳐 다이알릴싸이오설피네이트 diallyl thiosulfinate (알리신 allicin)가 생성되며 마늘 특유의 매운 맛과 냄새를 낸다. 양파와 달리 최루성분인 S-oxide가 생성되지 않는다. 알리신은 불안정하기 때문에 곧 분해되

그림 11-3 마늘의 냄새성분 생성과정

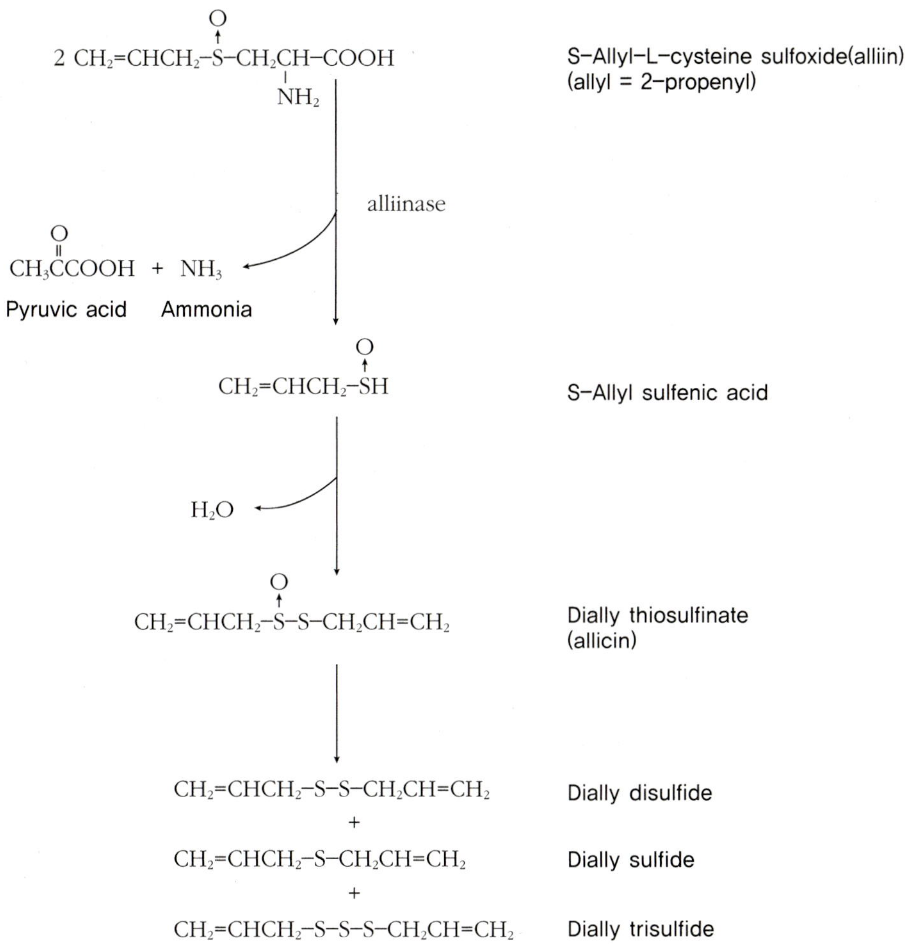

어 다이알릴 다이설파이드 diallyl disulfide, 다이알릴 설파이드 diallyl sulfide, 다이알릴 트라이설파이드 diallyl trisulfide 등을 생성하는데 이 과정은 가열에 의하여 더욱 촉진된다. 알리신은 신선한 마늘의 주된 냄새성분이면서 강한 살균작용 및 항균작용을 나타내는 반면, 다이알릴 설파이드류는 알리신보다 그 효력이 약하다.

흑마늘

흑마늘은 생마늘을 일정한 온도와 습도에서 발효숙성시킨 순수 자연 발효식품으로서 생마늘과는 달리 단맛과 신맛이 어우러진 것이 특징이다. 생마늘은 냄새가 강하고 위장을 자극하는 성질이 있으나, 마늘을 숙성시키면 특유의 냄새가 없어지고 자극성이 줄어들게 된다. 또한 폴리페놀류의 함량이 증가하고 생마늘에 소량 존재하는 S-알릴시스테인, S-메틸시스테인 등의 수용성 함황아미노산이 증가한다. 그 결과, 항산화력이 생마늘에 비해 10배로 높아지고 암예방, 콜레스테롤 저하, 동맥경화개선, 심장질환의 예방 효과가 생마늘보다 우수하다는 보고가 있다.

② 겨자과의 냄새성분

겨자, 양배추, 배추, 무, 순무, 브로콜리 등은 겨자과에 속하는 채소들로 꽃잎 4개가 십자 모양을 하고 있어서 십자화과 Cruciferae family라고도 한다. 이들의 독특한 맛과 냄새성분은 아이소싸이오사이아네이트 isothiocyanate (R-N=C=S)에 의한 것으로 파과 채소와 마찬가지로 조직이 파괴될 때 전구물질에 효소가 작용하여 생성된다. 겨자는 겨자의 씨를 말려서 가루로 내어 향신료로 사용하고 있는데 코를 찌르는 자극성의 냄새가 특징이다. 흑겨자에는 전구물질로 시니그린 sinigrin(allyl glucosinolate)이 존재하여 흑겨자를 따뜻한 물로 반죽하게 되면 **그림 11-4** 에서와 같이 시니그린이 마이로시네이즈 myrosinase (thioglucosidase)의 작용을 받아 알릴 아이소싸이오사이아네이트 allyl isothiocyanate로 되어 눈이나 코를 강하게 자극하는 냄새를 내게 된다. 백겨자(황겨자)에는 전구물질로 시날빈 sinalbin이 존재하며 마이로시네이즈의 작용을 받아 파라-하이드록시벤질 아이소싸이오사이아네이트 p-hydroxybenzyl isothiocyanate를 형성한다.

양배추를 가열할 때 나는 독특한 냄새성분은 다이메틸설파이드 dimethyl sulfide이며 오래 가열하면 황화수소가 생성되어 좋지 않은 냄새가 난다.

그림 11-4 겨자의 냄새성분 생성과정

흑겨자

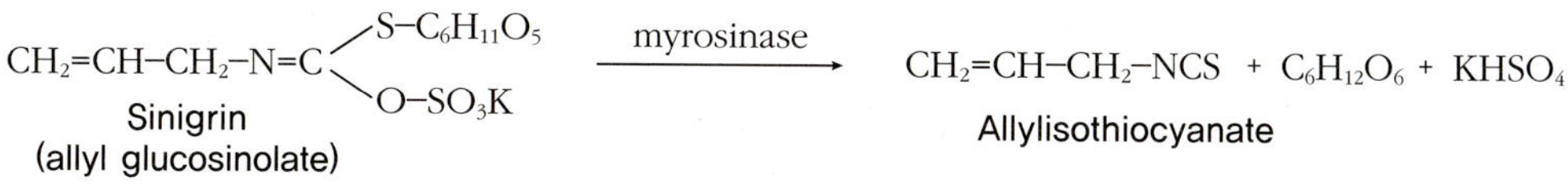

백겨자

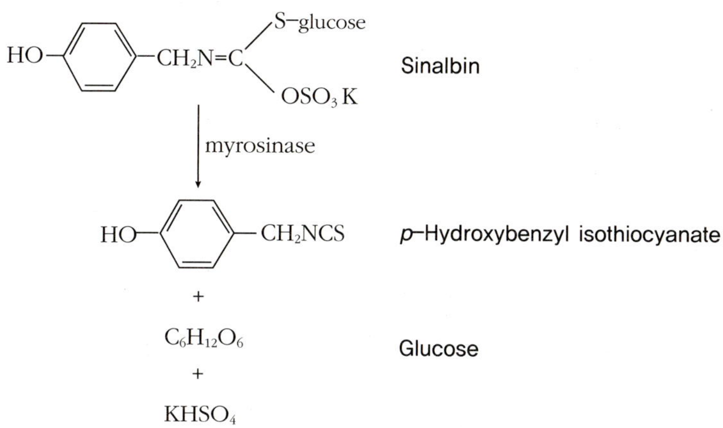

③ 셀러리의 냄새성분

셀러리는 특유한 냄새를 가진 채소로 각종 알데하이드, 알코올, 에스터, 프탈라이드 phthalide류 등을 향기성분으로 가지고 있다. 특히 세다놀라이드 sedanolide는 프탈라이드에 속하는 셀러리의 대표적인 냄새성분으로 알려져 있다.

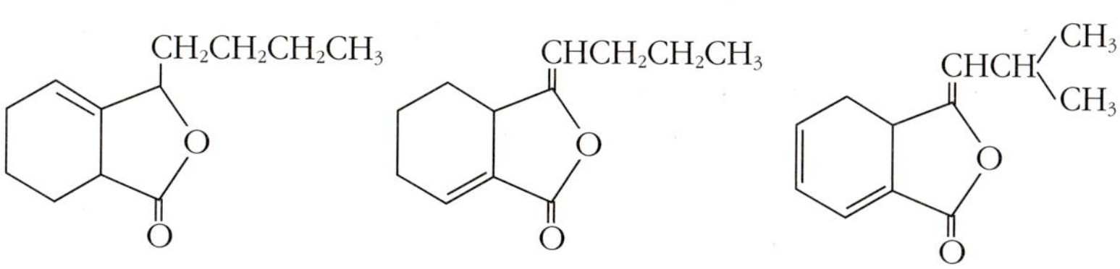

Sedanolide　　Sedanoic anhydride　　3-iso-Butylidene-3α-4-dihydrophthalide

④ 버섯의 냄새성분

표고버섯과 송이버섯은 냄새가 좋은 버섯으로 많이 이용되고 있다. 표고버섯의 냄새성분은 렌싸이오닌 lenthionine이고 송이버섯의 냄새성분은 1-옥텐-3-올 1-octene-3-ol로 알려져 있다.

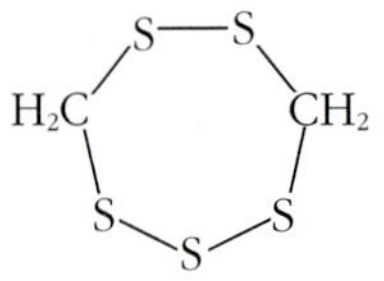

Lenthionine

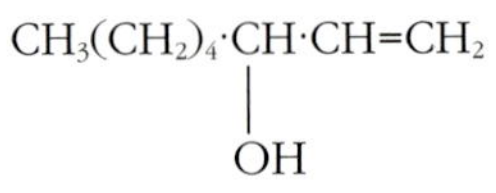

1-Octene-3-ol

⑤ 오이의 냄새성분

오이의 독특한 냄새성분은 2,6-노나다이에날 nonadienal이며 이 외에 2-노네날 nonenal, 에타날 ethanal, 프로파날 propanal, 헥사날 hexanal, 2-헥세날 hexenal 등이 있다.

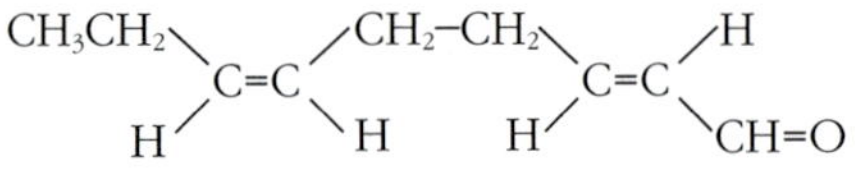

2, 6-Nonadienal(nona-trans-2-cis-6-dienal)

2) 동물성 식품의 냄새성분

동물성 식품 중에서 육류와 어류에는 단백질, 아미노산, 기타 질소화합물 등의 분해에 의한 휘발성 아민류가 많고 우유 및 유제품에는 지방산 및 카보닐 화합물이 주된 냄새 성분으로 관여하고 있다.

(1) 어류의 냄새성분

① 바다물고기

바다물고기는 신선한 경우 그다지 비린내가 나지 않으나 신선도가 떨어지게 되면 비린내가 점차 증가하게 되는데 비린내의 원인물질로 트라이메틸아민 trimethylamine (TMA)과 다이메틸아민 dimethylamine (DMA)이 있다. TMA는 원래 무취였던 트라이메틸아민옥사이드 trimethylamine oxide (TMAO)가 어류의 사후 신선도 저하에 따라 세균 작용에 의하여 변화되어 생성된다. TMAO의 함량은 표 11-6 에서와 같이 민물고기보다 바다물고기에 더 많고 경골어보다 연골어에 더 많다. TMA는 어류의 신선도 저하와 함께 증가하므로 이 양을 측정하면 어류의 신선도를 판정할 수가 있다. 보통 TMA가 1mg% 정도 생기면 맛이 저하되고 4~6mg%가 검출되면 부패 초기로 간주하고 있다.

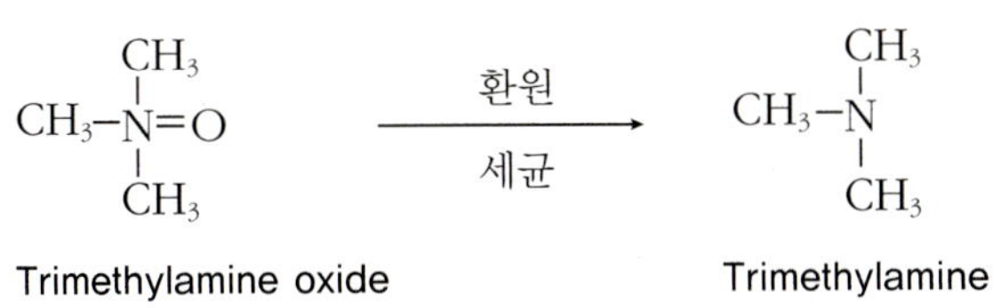

[표 11-6] 어류 중의 trimethylamine oxide의 함량

종류	함량(mg/100g)
민물고기	4 ~ 6
경골 바다물고기	40 ~ 100
연골 바다물고기	700 ~ 900

② 민물고기

민물고기에는 TMAO의 함량이 매우 적어서 민물고기에서 나는 비린내의 원인물질은 TMA가 아니고 피페리딘 piperidine이다. 피페리딘은 그림 11-5 에서와 같이 아미노산인 라이신 lysine에서 카데버린 cadaverine을

그림 11-5 민물고기의 냄새성분 생성과정

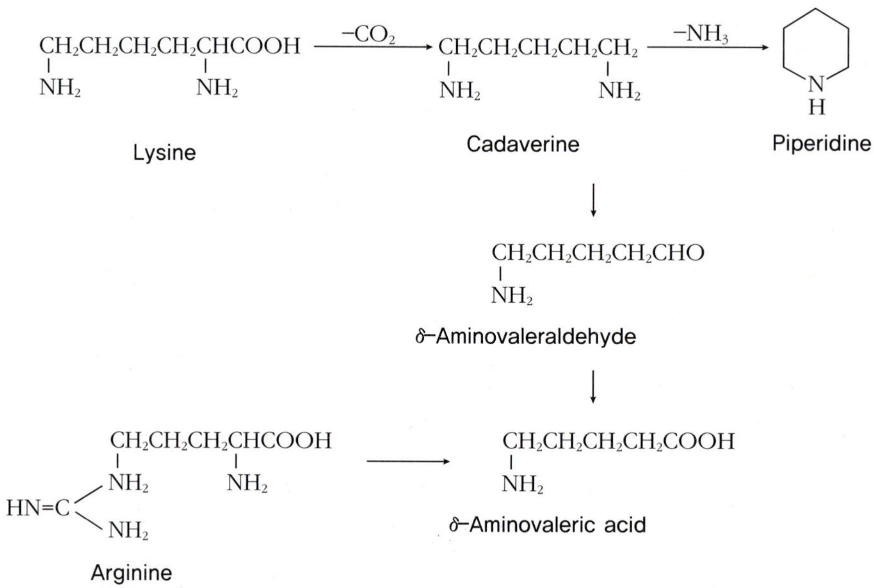

거쳐 생성되며 민물고기의 신선도가 더욱 저하되면 δ-아미노발레르알데하이드 δ-aminovaleraldehyde나 δ-아미노발레르산 δ-aminovaleric acid이 생성된다. δ-아미노발레르산은 아지닌 arginine에서도 생성된다. 이들 비린내 성분은 대부분 염기성이어서 산으로 처리하면 냄새를 어느 정도 없앨 수 있기 때문에 생선요리에 식초를 사용하면 생선냄새를 감소시킬 수 있다.

③ 연골 바다물고기

상어, 가오리, 홍어와 같은 연골어의 신선도가 저하되면 자극성 냄새가 나는데 이는 체액에 함유된 요소가 분해되어 암모니아를 발생하기 때문이다. 요소는 민물고기보다 바다물고기에 많이 들어 있으며 특히 상어와 가오리살에는 약 2%가 들어 있어 일반 경골어의 0.01~0.03%에 비해 상당히 많은 양이 함유되어 있다. 요소 자체는 무미 무취이므로 선도가 좋으면 냄새가 없다. 일반 경골어에서 암모니아가 발생하는 것은 신선도가 상당히 저하되었을 때 어육 단백질이 부패세균에 의해 분해되어 생성되지만 연골어에서 나는 암모니아 자극취는 주로 요소에서 발생하기 때문에 경골어에서처럼 단백질이 분해되어 조직이 물러지는 부패 상태가 되지는 않는다.

$$CO(NH_2)_2 \xrightarrow{+\ H_2O} 2NH_3 + CO_2$$

Urea → Ammonia

(2) 육류의 냄새성분

신선한 육류에서는 거의 냄새가 나지 않으며 미약하게 나는 냄새는 아세트알데하이드 acetaldehyde가 주를 이루고 있다. 육류의 신선도가 저하되면 불쾌한 냄새가 발생하는데 이것은 육류 중의 단백질, 아미노산, 기타 질소화합물들이 세균의 작용을 받아 휘발성 아민, 머캡탄, 황화수소(H_2S) 등으로 변화되기 때문이다.

육류를 가열 조리하면 표 11-7 에서와 같이 알데하이드, 케톤, 알코올, 유기산, 황화합물, 암모니아 등의 다양한 휘발성 냄새성분이 생성되면서

[표 11-7] 가열한 육류의 냄새성분

분류	이름
알데하이드 및 케톤	methanal ethanal propanal 2-methyl propanal butanal 2-methyl butanal hexanal butanone butane-2,3-dione propanone
알코올	methanol ethanol
산	formic acid acetic acid propionic acid butyric acid
황화합물	methyl mercaptan ethyl mercaptan dimethyl sulfide hydrogen sulfide
헤테로고리 화합물	4-hydroxy-5-methyl-3(2H)-furanone 4-hydroxy-2,5-dimethyl-3(2H)-furanone

특유한 냄새를 가진다. 이러한 냄새 성분은 지질의 산화반응, 캐러멜화 반응, 그리고 아미노산 및 질소 화합물들이 환원당과 반응하는 마이야르 반응에 의해 생성된다. 황화수소는 함유황 아미노산을 가열할 때 발생하는데 단독으로는 악취를 내지만 다른 휘발성 물질과 섞여 있으면 식욕을 돋우는 냄새가 되기도 한다.

소고기, 돼지고기, 양고기 등의 냄새가 조금씩 차이가 나는 것은 지방조성의 차이에 의한 것이며 닭고기의 냄새는 황화합물과 지방산이 원인물질로 알려지고 있다.

(3) 우유 및 유제품의 냄새성분

신선한 우유의 주된 냄새성분으로는 카보닐 화합물, 저급지방산, 메틸설파이드 methyl sulfide 등이 있다. 카보닐 화합물로는 포름알데하이드, 아세트알데하이드, 펜타날 pentanal, 헥사날 hexanal, 헵타날 heptanal, 아세톤 등이 있고 저급지방산으로는 프로피온산 propionic acid, 뷰티르산 butyric acid, 카프로산 caproic acid 등이 있다. 신선한 우유를 장시간 방치하거나 가열 살균하게 되면 우유의 지방성분이 산화되어 신선한 우유에 비하여 휘발성 카보닐 화합물의 생성량이 증가하는 것으로 보고되고 있다.

버터의 향기성분으로는 아세토인 acetoin과 다이아세틸 diacetyl이 주를 이루고 있다. 다이아세틸은 우유에 접종된 스타터 starter 중 스트렙토코커스 시트로보러스 *Streptococcus citrovorus*, 스트렙토코커스 다이아세틸락티스 *Streptococcus diacetylactis*에 의하여 우유의 젖당으로부터 생성된다. 버터 속에서 아세토인과 다이아세틸은 평형상태를 유지하고 있으나, 다이아세틸의 양이 증가하면 불쾌한 냄새를 내게 된다.

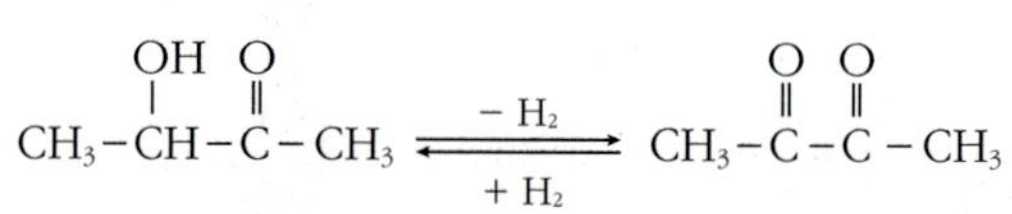

Acetoin　　　　Diacetyl

3) 조리 가공한 식품의 냄새성분

많은 냄새 성분이 식품의 조리 가공 중에 생성된다. 특히 빵, 스테이크, 볶은 땅콩, 초콜릿, 커피, 볶은 차 등의 가열 조리된 식품에서는 향긋하고 달콤한 탄 냄새가 나는 경우가 많은데 이는 주로 마이야르 반응이나 캐러멜화 반응 등에서 생성된 카보닐 화합물, 유기산, 알코올, 황화합물, 피라진 유도체, 말톨 maltol, 이소말톨 isomaltol 및 퓨라논 furanone류에 의한 것으로 알려져 있다 그림 11-6. 이 외에도 황화합물이나 지방이 가열과정을 거치게 되면 분해되어 다양한 냄새성분을 생성한다. 표 11-8 에는 조리 가공 중에 생성되는 주요 물질 등을 정리하여 나타내었다.

그림 11-6 **가열조리된 식품에서 발견되는 몇 가지 냄새성분의 구조**

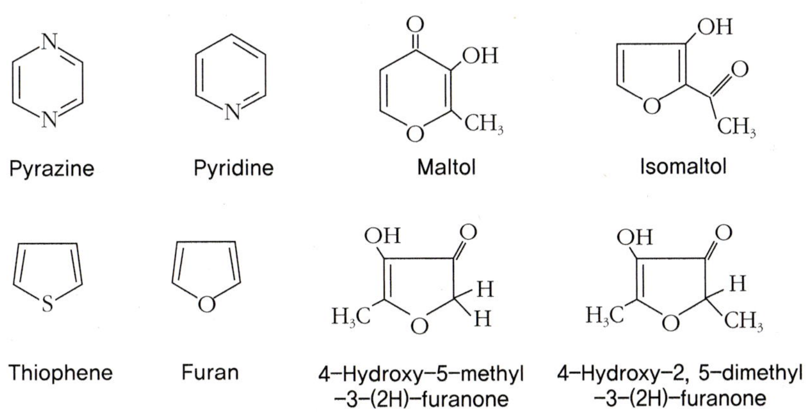

[표 11-8] 조리 가공한 식품의 냄새성분

식품	내용	생성 물질
빵의 냄새	• 반죽의 발효과정에서 알코올과 에스터 생성 • 굽는 과정에서 마이야르 반응으로 생성된 카보닐 화합물이 빵의 냄새에 기여 • 빵의 고소한 냄새는 갈변반응에서 생성	에탄올, 프로판올 아이소아밀 알코올 아세토인 $\xrightarrow{\text{가열}}$ 다이아세틸 furfural, hydroxymethyl furfural, pyrazine, maltol
캐러멜의 냄새	• 설탕 등 당류가 가열 · 분해 · 산화과정을 거쳐 냄새 성분 생성	설탕 $\xrightarrow{\text{가열}}$ furfural, hydroxymethyl furfural 생성
초콜릿 및 코코아의 냄새	• 코코아 콩을 볶는 과정에서 아미노산과 환원당의 상호작용에 의하여 카보닐 화합물, pyrazine, 헤테로 고리화합물 생성 • 스트레커 반응에 의한 알데하이드 간의 상호반응 결과로 초콜릿 냄새 생성	아세트 알데하이드, 벤즈 알데하이드, 메틸 다이설파이드, 피라진, 아세트산 phenylacetaldehyde + 3-methyl butanol ↓ 5-methyl-2-phenyl-2-hexenal (초콜릿의 냄새 성분)
삶은 채소의 냄새	• 채소를 삶을 때 소량의 냄새 성분 생성 • 무, 양파 등에 존재하는 일부 황화합물이 특유의 냄새 생성	• 포름알데하이드, 아세트알데하이드, 다이메틸 설파이드, 메틸머캡탄, 프로필머캡탄, 황화수소 등 생성
커피의 냄새	• 커피콩을 볶는 과정에서 마이야르 반응에 의한 카보닐 화합물 생성 • 탄수화물과 단백질이 열 분해되면서 냄새 성분 생성 • 강하게 볶을수록 냄새성분이 다량 생성	• 탄수화물의 열분해 : pyrazine, furan, pyrrole 등 헤테로 고리화합물 생성 • 단백질의 열 분해 : 암모니아, 아민, 메틸머캡탄, 다이메틸 다이설파이드 등 생성
밥의 냄새	• 밥을 짓는 과정에서 식욕을 촉진하는 냄새성분이 소량 생성 • 묵은쌀로 지은 밥이나 쉰밥에서는 특유의 냄새 발생	• 아세트알데하이드, 아세톤, 암모니아, 황하수소 • 묵은 쌀의 냄새 성분 : *n*-카프로알데하이드 • 쉰밥의 냄새 성분 : 부티르산

Chapter **12**

식품의 유독성분

학습 목표

1. 식물성 자연독과 동물성 자연독의 종류와 원인식품을 설명할 수 있다.
2. 곰팡이독의 종류와 특성을 이해할 수 있다.
3. 중금속, 잔류농약, 내분비계 장애물질의 종류를 설명할 수 있다.
4. 조리, 가공 중에 생성되는 유해물질의 종류를 설명할 수 있다.

식품에는 섭취하였을 때 인체에 피해를 줄 수 있는 유독물질이 함유되어 있는 경우가 있다. 또한 비의도적으로 유독물질이 식품에 오염되어 인체에 해를 주기도 한다. 식품의 유독물질은 혼입경로에 따라 식품에 본래 존재하는 내인성 유독물질과 외부에서 혼입되는 외인성 유독물질로 분류될 수 있다. 유독물질은 일정량 이상 섭취했을 때 인체에 위해를 줄 수 있으며 독성의 발현여부는 섭취량에 따라 결정된다. 이 장에서는 식물성 자연독, 동물성 자연독, 곰팡이독, 중금속, 잔류농약, 내분비계 장애물질, 조리, 가공 중에 생성되는 유해물질의 종류와 특성에 대하여 살펴본다.

식품의 유독물질에는 식물성 자연독, 동물성 자연독, 곰팡이독, 중금속, 잔류농약, 내분비계 장애물질, 조리, 가공 중에 생성되는 유해물질 등이 있는데 이들을 혼입경로에 따라 분류하면 표 12-1과 같다.

[표 12-1] **혼입경로에 따른 식품의 유독물질**

분류	정의	예
내인성 유독물질	자연식품에 본래 존재하는 독성물질	· 동물성 자연독 · 식물성 자연독
외인성 유독물질	의도적 또는 비의도적으로 식품에 오염되어 존재하는 독성물질	· 유해성 금속물질 · 잔류농약물질 · 용기, 포장으로부터 용출되는 유독물질

1. 식물성 자연독

1) 버섯독

버섯 중에는 독성 성분을 가진 것들이 있어 이를 식용 버섯으로 알고 섭취하였을 때 중독 증상이 발생하는 경우가 있다. 광대버섯, 알광대버섯, 파리버섯, 무당버섯, 독우산, 솔땀버섯, 종환각버섯, 목장말똥버섯, 화경버섯 등은 독버섯이다. 독버섯의 유독성분으로는 아마니타톡신, 무스카린, 이보텐산, 오렐라닌, 히포글리신, 실로사이빈 등이 알려져 있다.

(1) 아마니타톡신

광대버섯, 알광대버섯, 흰알광대버섯, 독우산 등에는 아마니타톡신 amanitatoxin이 들어 있어 이들을 섭취하면 독증상이 유발된다. 아마니타톡신은 용해성 독소로 체내의 RNA 폴리머레이즈 RNA polymerase와 결합하여 효소활성을 저해하며, 간장독, 신장독으로 간세포와 소화기관의 점막세포, 신장의 뇨세뇨관 세포에도 영향을 미치는 것으로 알려져 있다. 아마톡신 amatoxin군과 팰로톡신 phallotoxin군이 있으며 아마톡신군이 독성이 더 강하나 독성의 발현은 팰로톡신군이 더 빠르게 나타난다. 맹독성으로 치사율이 70%에 이른다.

(2) 무스카린

무스카린 muscarine은 무당버섯, 파리버섯, 솔땀버섯, 독깔대기버섯, 땀버섯에 들어있는 유독한 알칼로이드이다. 부교감신경을 흥분시키며, 발한, 타액 분비, 구토, 설사, 환각, 시력장애 등의 증상을 유발한다. 증상이 심한 경우 안구 경련과 동공 수축이 일어나며, 심장 박동수가 저하되고 경련, 혼수로 사망한다.

(3) 오렐라닌

오렐라닌 orellanine은 끈적버섯과에 속하는 버섯에 함유된 독성물질이다. 오렐라닌은 두통, 복통, 오한, 갈증, 구토, 신장장애, 세뇨관 괴사 등의 중독 증상을 나타낸다. 오렐라닌은 산에 불안정하고 열에 의해 오렐린으로 변하는데 오렐린은 독성을 나타내지 않는다.

(4) 이보텐산

이보텐산 ibotenic acid은 마귀광대버섯, 뿌리광대버섯의 독성물질이다. 이들 독성물질의 중독으로 구토 증상과 이상 흥분 등이 일어나며 정신이 몽롱해거나 환각상태가 나타나기도 한다. 이보텐산은 무스시몰 muscimol로 분해되는데 무스시몰은 사람의 중추신경에 영향을 미친다.

(5) 실로사이빈

종환각버섯, 목장말똥버섯 등의 독성물질은 실로사이빈 psilocybin으로 이를 섭취하면 환시, 환각, 환청 등 지각에 이상 현상이 나타난다. 실로사이빈에 인산기가 없는 화합물인 실로신은 흡수가 더욱 빠르다.

2) 솔라닌

솔라닌 solanin은 감자의 싹과 녹색부위에 함유된 독성물질이다. 솔라닌은 솔라니딘 solanidine이란 알칼로이드 배당체로 α-솔라닌에는 람노오스가, β-솔라닌에는 갈락토오스와 글루코오스가, γ-솔라닌에는 갈락토오스의 당이 결합되어 있다. α-솔라닌이 주된 물질로 물에는 잘 녹지 않으며 가열에 의해서도 잘 파괴되지 않는다. 감자 1kg 중에 솔라닌이 0.2~0.4g 이상 함유되어 있으면 식중독을 유발한다. 중독 증상으로는 구토, 두통, 현기증, 복통, 설사, 정신착란, 근육마비, 호흡곤란 등이 일어난다. 사람에 대한 솔라닌 중독량은 25mg, 치사량은 400mg으로 추정하고 있다.

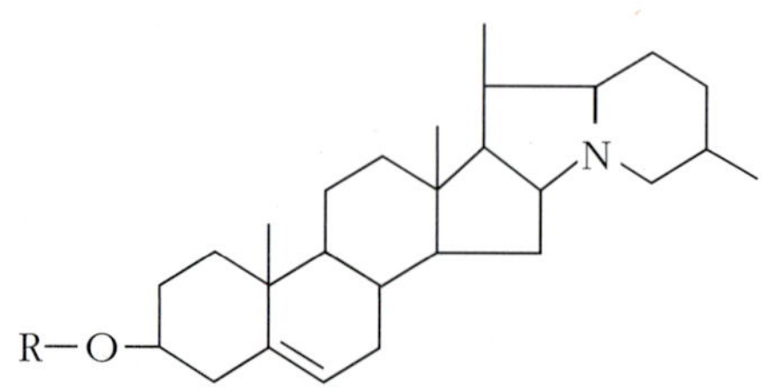

R=Gal · (Rha) · Glc

3) 시안 배당체

시안 배당체 cyanogenic glycoside는 복숭아, 살구, 청매의 종자에 함유된 물질이다. 시안 배당체 자체는 독성이 없으나 산이나 효소에 의해 가수분해되면 유독한 시안화수소(HCN, 청산)가 발생되어 유독작용을 나타낸다. 시안화수소는 사이토크롬 옥시데이즈 cytochrome oxidase의 활성을 저해하여 호흡곤란을 일으킨다. 사람에 대한 치사량은 500mg 정도이다. 살구, 매실, 아몬드 등에 포함된 시안 배당체인 아미그달린 amygdalin은 다량 복용시 분해되어 시안화수소를 발생하여 그림 12-1 구토, 발한, 복통, 설사 등의 위장장애를 나타낸다. 중독 증상이 더 심해지면 중추신경장애 및 호흡마비를 나타낸다. 리마콩 lima bean의 리나마린 linamarin, 국화과의 로타우스탈린 lotaustalin, 수수의 두린 dhurrin, 죽순의 타시필린 taxiphyllin 등도 시안 배당체를 함유하고 있다.

그림 12-1 아미그달린의 분해

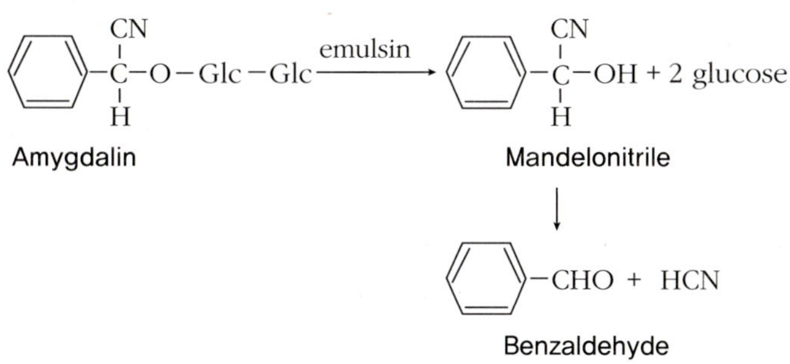

4) 시쿠톡신

독미나리 cicuta virosa는 미나리과의 다년초 식물로 뿌리 부분에 시쿠톡신 cicutoxin이라는 유독성 알칼로이드를 함유하고 있다. 시쿠톡신은 다량 섭취시 구토, 위통, 경련 등의 증상을 나타내고 10~20시간 내에 호흡 마비로 사망하게 된다.

5) 고시폴

목화의 종자, 뿌리, 줄기에는 폴리페놀 화합물인 고시폴 gossypol이 함유되어 있는데 면실유를 착유할 때 기름에 혼입된다. 기름의 정제과정에서 대부분 제거되지만 정제가 불충분한 경우에는 면실유에 고시폴이 남아 중독을 일으킬 수 있다. 고시폴 중독 증상으로는 출혈, 부종, 간 손상 등이 나타난다.

6) 아코니틴

미나리아재비과에 속하는 바곳 *aconitum japonicum*은 맹독성의 아코니틴 aconitine을 가지고 있다. 바곳 말린 것을 부자라고 하며 부자는 강심재로 한약재에 사용되는데 적정량 이상으로 복용하면 지각신경과 운동신경에 장애를 일으키며 호흡중추 마비 등의 중독 증상을 나타낸다. 치사량은 바곳 뿌리로 2~4g이고 아코니틴 양으로는 5mg 정도이다. 미나리아재비 *ranunculus japonicus*도 아코니틴계의 알칼로이드 독성물질을 가지고 있다.

7) 리신 및 리시닌

피마자(아주까리)의 종자에는 리신 ricin과 리시닌 ricinin이라는 유독 성분이 있어 복통, 설사 등의 중독증을 유발한다. 리신은 적혈구를 응집시키는 헤마글루티닌으로 식물성 단백질이며, 리시닌은 리신보다 독성이 약한 알칼로이드 유독 물질이다.

8) 트립신 저해물질

대두, 완두콩, 땅콩, 강낭콩에는 프로테이즈 protease의 활성을 억제하는 물질인 트립신 저해물질 trypsin inhibitor이 있으나 가열하면 저해물질의 활성이 상실된다.

9) 사포닌

대두, 팥, 도토리, 도라지에는 용혈작용을 일으키는 물질인 사포닌 saponin이 들어 있다. 사포닌은 배당체로서 사포닌의 아글리콘을 사포제닌 sapogenin이라고 하며 포도당, 갈락토오스, 아라비노오스 등의 당이 결합되어 배당체를 이룬다. 인삼에 들어 있는 사포닌은 약리작용을 하며 용혈작용을 거의 일으키지 않는 것으로 알려져 있다. 또한 사포닌이 항암, 항산화, 콜레스테롤 저하 등의 효과가 있는 것으로 최근 밝혀지면서 생리활성물질로서의 연구가 계속되고 있다.

■ **용혈작용** hemolysis
혈액 속의 적혈구가 파괴되는 현상

10) 테믈린

독보리 *lolium temulentum*는 화본과의 1년초로 독보리의 열매에는 테믈린 temuline이란 유독성 알칼로이드 물질이 들어 있다. 중독 증상으로는 두통, 구토, 어지러움, 경련 등이 나타나며 심하면 사망할 수도 있다.

2. 동물성 자연독

1) 복어독

복어의 내장에는 독이 함유되어 있는데 그중 간장과 난소의 독이 특히 독성이 강하다. 여러 종류의 복어 중에서 졸복, 복섬, 매리복, 밀복, 자주

복 등의 독성이 강한 것으로 알려져 있다.

복어의 간에는 맹독 물질이 있어 복어간을 먹고 중독에 걸린 사례가 자주 발생하고 있다. 복어의 정자가 있는 곤과 알이 있는 난소도 대부분 강한 독을 가지고 있다. 잔무늬 복어의 곤은 강독을 가지고 있으며, 풀복이나 피안복은 약독을 가지고 있고 이외의 다른 복어의 곤은 거의 무독이다. 대부분 복어의 육질에는 독이 없지만 상재복, 줄무늬복, 풀복, 배복 등 일부 복어에는 약한 독성이 있으므로 이들 복어를 섭취할 때는 유의해야 한다.

복어독의 원인물질은 테트로도톡신 tetrodotoxin; TTX으로 내열성이 강해 4시간 동안 가열하여도 분해되지 않는다. 테트로도톡신은 무색, 무미, 무취의 결정으로 물과 유기용매에 잘 녹지 않는다.

테트로도톡신의 유도체로는 테트로돈산 tetrodonic acid; TDA, 4-에피테트로도톡신 4-epi TTX, 안하이드로테트로도톡신 anhydro TTX 등이 있다.

복어독은 신경전달을 차단하여 입술, 혀끝, 손끝 등에 마비증상을 일으킨다. 두통, 구토, 복통도 일어나며 운동장애, 언어장애, 지각마비, 혈압강하, 호흡곤란 등으로 사망하게 된다. 중독증상은 식후 30분에서 6시간 내에 발생한다.

2) 패독

조개류가 가지고 있는 독성물질을 패독이라고 하며 패독에는 마비성 패독 paralytic shellfish poison, PSP, 설사성 패독 diarrhetic shellfish poison, DSP 및 베네루핀 venerupin, 시구아테라 ciguatera 등 여러 종류가 있다 **표 12-2**.

[표 12-2] 패독의 종류와 특성

종류	독소	증상	원인 식품
마비성 패독	*Alexandrium*속이나 *Pyrodinium*속의 플랑크톤이 생산하는 독	-입술과 혀, 얼굴, 팔, 다리의 마비 증상 -구토, 두통 및 언어장애 -호흡 장애	마비성 패독에 의해 독화된 가리비, 자색홍합, 우렁쉥이 등
설사성 패독	디노피시스토톡신 dinophysistoxin; DTX과 유도체, 펙테노톡신 pectenotoxin; PTX	-묽은 설사, 구토, 복통, 메스꺼움 등 소화기계 장애	설사성 패독에 의해 독화된 가리비, 자색홍합, 고다마 조개 등
모시조개독	베네루핀 venerupin	-오한, 오심, 복통, 구토 증상 -흉부, 견갑부, 대퇴부에 작은 피하출혈반 출현 -섭취 2~3일 후 황달현상 -의식장애, 호흡곤란	모시조개
전복독	피로페오포리비드 a pyropheophoribide a, 페오포비드 a pheophorbide a	-섭취 후 1~2일이 지나면 얼굴과 손끝에 동통	전복내장, 떡조개, 소라
시구아테라 독	시구아톡신 ciguatoxin, 메이토톡신 maitotoxin, 스카리톡신 scaritoxin, 팔리톡신 palytoxin	-구토, 설사, 복통 -혈압과 맥박 저하 -권태감, 무력증, 관절통 -물을 마시거나 차가운 것에 몸이 닿으면 온몸이 드라이아이스에 닿는 것처럼 느껴지는 드라이아이스 센세이션 dryice sensation	갈돔, 곰치, 귀상어, 농어

3. 곰팡이독

곰팡이에 의해 생성되는 독소를 곰팡이독 mycotoxin이라고 하며 이것은 곰팡이의 2차 대사산물로 주로 곡류, 두류 등의 농산물에 곰팡이가 번식하면서 생성된다. 곰팡이독에 오염된 식품이나 사료를 사람이나 가축이 섭취하여 독작용으로 병적증상이 나타나는 것을 진균성 중독 mycotoxicosis이라고 한다. 곰팡이독을 생성하는 대표적인 곰팡이로는 *Aspergillus*, *Fusarium*, *Penicillium* 등이 있으며, 현재 300여 종류 이상의 곰팡이독이 검출되었다.

곰팡이독에 의한 식중독은 세계 여러 나라에서 발생하였는데 그중 1940년 러시아에서 *Fusarium*에 의해 오염된 곡류를 섭취하여 수많은 사람이 ATA증 alimentary toxic aleukia (식중독성 무백혈구증)으로 사망한 사건이 발생하였다. 1946년 일본 동경 나카노구에서도 *Fusarium*에 오염된 밀가루를 섭취하여 1,000명이 넘는 식중독 환자가 발생하였다.

곰팡이독은 대부분 열에 매우 안정된 성질을 가지고 있어 조리나 가공과정에도 잘 파괴되지 않으며, 일부 곰팡이독은 발암물질로 알려져 있다.

1) 아플라톡신

아플라톡신 aflatoxin은 *Aspergillus flavus*, *Aspergillus parasiticus*에 의해 생성되는 형광성 대사산물로 독성이 매우 강한 독소이다. 강력한 발암성을 가지고 있으며 사람과 동물에게 급성 간장장애를 일으킨다. *Aspergillus flavus*는 땅콩, 옥수수, 쌀, 보리, 밀 등의 농산물에서 번식하여 아플라톡신을 생성한다. 아플라톡신의 최적생성 조건은 수분 16% 이상, 상대습도 80~85% 이상, 온도 25~35℃로, 고온다습한 지역에서 잘 생성된다.

아플라톡신은 청색의 형광을 나타내는 B_1, B_2 및 녹색의 형광을 나타내는 G_1, G_2가 대표적이며, 그 외 자색의 형광을 나타내는 M_1, M_2 등 현재까지 16종이 알려져 있다. 아플라톡신은 내열성이 매우 강하며 강산이나 강알칼리에서만 분해되므로, 일반적인 조리나 가공과정에서는 파괴되지 않는다.

아플라톡신의 강한 발암성 때문에 아플라톡신에 대한 규제가 설정되어 있는데 우리나라의 경우 아플라톡신 B_1 허용 기준치를 곡류, 두류, 땅콩, 견과류와 그 가공품에 대해 10ppb로, 사료 원료에 대해서는 50ppb로 하고 있다.

2) 오크라톡신

오크라톡신 ochratoxin은 *Aspergillus ochraceus*의 대사산물로 주로 옥수수, 밀, 두류 등의 곡류와 과일, 향신류 등에서도 발견된다. 오크라톡신에는 A_1, B_1, C_1, 멜레인 mellein, 4-하이드록시멜레인 4-hydroxymellein, 4-하이드록시오크라톡신 A 4-hydroxyochratoxin A 등의 6종류가 알려져 있다. 이 중에서 오크라톡신 A는 오크라톡신 B와 C에 비해 독성이 1,000배 정도 더 강하다. 오크라톡신은 동물에 기형을 유발하며 간과 신장을 손상시키고 강한 발암성을 나타내며, 쥐에 대한 LD_{50}=22mg/kg(경구)이다. 오크라톡신은 사람에게도 신장장애와 피부질환을 유발한다. 우리나라에서는 아직 허용기준치가 설정되어 있지 않으며, 일부 유럽에서는 곡류에 대한 허용기준치를 5~50ppb로 설정하고 있다.

■ LD_{50}(반수치사량)
시험 물질을 시험동물에 투여했을 때 시험동물의 50%가 죽는 투여량

3) 황변미독

수분이 많은 쌀을 저장하는 동안 곰팡이가 번식하여 쌀이 황색으로 변질되는 경우가 있는데 이를 황변미 yellow rice라고 한다. 황변미를 섭취하면 황변미독 yellow rice toxin이라는 미생물독소에 의해 중독이 일어난다. 황변미

독소를 생성하는 곰팡이는 *Penicillium islandicum*, *P. citrinum*, *P. citreoviride* 등으로 *P. islandicum*은 에리트로스키린 erythroskyrin, 스키린 skyrin, 루굴로신 rugulosin, 루테오스키린 luteoskyrin, 시클로크로로틴 cyclochlorotine, 이스란디톡신 islanditoxin 등의 독소를 생산한다. 루테오스키린은 간장독으로 간경화, 간암 등을 일으킨다. *P. citrinum*은 대사물질로 시트리닌 citrinin을 생성하며 이것은 신장독으로 세뇨관에서 물의 재흡수를 저하시켜 소변의 양을 증가시키며 급성, 만성의 신장증 nephrosis을 일으킨다. *P. citreoviride*는 시트레오비리딘 citreoviridin이라는 대사물질을 생성하며 이는 신경독으로 호흡장애, 경련 등을 일으킨다.

4) 맥각독

호밀, 라이보리, 보리 등의 개화기에 *Claviceps pupurea* 및 *Claviceps paspali* 등이 번식하여 맥각 ergot이라는 균핵을 형성할 수 있다. 이 균에 오염된 보리나 호밀은 흑청색을 띠고 조직이 쉽게 부서진다. 맥각은 짙은 자줏빛을 띠며 독성이 강해 맥각이 들어있는 곡류를 섭취하면 맥각중독증이 유발된다. 중독증으로는 설사, 복통 등의 위장장애와 두통, 경련, 지각이상 등이 나타난다. 임산부에게는 조산, 유산이 일어날 수 있다. 맥각의 주요 성분으로는 에르고타민 ergotamine, 에르고톡신 ergotoxine, 에르고메트린 ergometrine 등이 있으며, 이들과 유도체를 합하여 맥각 알칼로이드라고 한다. 맥각은 내열성을 가지고 있어 일반 조리와 가공과정에서 파괴되지 않는다.

5) 파툴린

파툴린 patulin은 *Penicillium patulum*의 대사산물로 쌀, 밀, 콩, 간장, 미역 등의 여러 식품에 번식하여 독소를 생성한다. 파툴린은 *P. patulum* 외에 *P. expansum*, *P. lapidosum*, *Aspergillus clavatus*, *A. terreus*, *A. giganteus* 등의 곰팡이에서도 분리되었다. 이 독소는 신경독으로 간장, 비장, 신장의 손상, 출혈성 폐부종 등을 일으킨다.

6) 루브라톡신

루브라톡신 rubratoxin은 *P. rubrum*에 의해 생성되는 독소로 이 독소는 동물의 간장 손상과 장출혈을 유발한다. 루브라톡신 A와 B가 분리되었는데 이 물질들은 수용성이며 열저항성을 가지고 있다.

4. 중금속

금속은 체내의 생리적 작용에 필요하지만 이들이 체내에 과량으로 축적되면 위해를 일으킨다. 특히 중금속은 독성이 강해 미량으로도 독성을 유발하고 급성, 만성의 중독증상을 나타낸다. 중금속은 일단 체내에 들어오면 배출이 쉽게 되지 않아 체내에 축적되어 중독을 나타내기 때문에 중금속 오염 식품에 대한 주의가 필요하다.

1) 수은

수은은 독성이 강한 중금속으로 유기수은이 자주 중독을 일으키는 물질로 알려져 있다. 1953년 일본의 미나마타항 근처에 있던 화학공장에서 촉매로 사용했던 염화제2수은($HgCl_2$)이 폐수로 방출되었는데 이것이 메틸수은으로 전환되어 미나마타항 주변의 갯벌과 어패류, 그리고 인체에 축적되면서 대규모의 중독사고가 발생하였다. 이러한 중독증상을 이 지역명을 따서 미나마타병이라고 하였다.

유기수은인 메틸수은은 섭취시 뇌, 소뇌, 척수 등의 중추신경계에 축적되어 신경세포의 장애를 일으킨다. 또한 팔, 다리의 끝이 마비되는 운동장애, 입술 마비에 의한 언어장애, 난청, 시각장애 등이 나타나고 경련과 뇌병변이 일어난다. 또한 선천성 미나마타병 환자는 지능장애와 뇌성마비 증상을 일으킨다.

FDA에서는 어패류에서 수은의 최대허용량을 1ppm으로 규정하고 있으며, WHO에서는 생선류를 제외한 식품 중 수은 허용량을 0.05ppm으로 권장하고 있다. 우리나라에서는 심해성 어패류와 참치류를 제외한 해산어패류 및 담수어에 대해 총 수은 0.5ppm 이하(생물 기준)로 규제하고 있다.

2) 카드뮴

카드뮴은 광산에서 금속을 채광, 정련하는 과정에서 폐수로 배출되어 물, 토양, 농작물을 오염시킨다. 카드뮴은 식물체에 쉽게 흡수되어 식물세포 내에 축적되기 때문에 씻어도 없어지지 않는다. 동물체내에서는 간과 신장에 많이 축적된다.

1945년경 일본의 도야마현 지역의 광산 지역 주민들에게서 전신이 쑤시고 아프며 뼈가 쉽게 부스러지거나 변형되는 등 특이한 증상이 나타났는데 이 증상의 원인이 카드뮴의 만성중독이라고 밝혀져 이 병명을 이따이이따이병이라고 하였다.

이따이이따이병의 초기에는 허리, 어깨, 팔다리 등에 통증이 생기며 더 진행되면 다리를 펴거나 굽히기가 어렵게 된다. 식욕 부진, 전신 쇠약 등의 증상이 나타나고, 작은 충격에도 쉽게 골절되며 골격이 변형되어 키가 작아진다. 혈액의 적혈구 감소, 과립구 증가, 임파구 감소도 나타난다. 또한 뇨세관 기능장애, 당뇨, 단백뇨의 증상을 보인다. 신장장애 및 뇨세관의 위축이 일어나며, 신장의 재흡수 기능도 저하되어 칼슘이나 인 등이 소변으로 배출됨으로써 체내 칼슘의 불균형이 초래되고 골연화증이 유발된다.

우리나라에서는 1ppm 이상의 카드뮴을 함유한 쌀은 불합격되어 정부매입이 되지 않는다. 또한 패류에서는 카드뮴 2.0mg/kg 이하(생물 기준)로 규제하고 있으며 과실 · 채소류 음료, 탄산음료류, 기타 음료는 0.1mg/kg 이하, 소금은 0.5mg/kg 이하로 규제하고 있다.

3) 납

납은 환경오염으로부터 식품에 유입되는 경우가 많은데 가솔린이나 기름이 연소될 때 납이 방출되며 석탄 연료나 폐기물을 태울 때도 납이 방출된다. 그 외 농약 중의 납이 식품으로 이행되거나 유약처리한 도자기가 낮은 온도에서 구워진 경우 납이 식품으로 이행되어 섭취될 수 있다.

체내에 들어온 납은 적혈구와 결합하여 혈액, 간, 신장 등에 일부 남고 대부분은 뼈에 저장되어 골수의 적아구계세포에 침입하여 포피린 porphyrin 이나 헴 heme 대사에 이상을 가져온다. 또한 구토, 두통, 복통, 복부 팽만감, 식욕부진 등이 나타난다. 중독 증상이 심해지면 팔, 다리, 관절의 동통, 근육마비, 잇몸에 납빛색의 줄 등이 나타나며 중추신경계 장애를 일으켜 심한 흥분, 정신착란, 발작 등을 유발한다.

5. 잔류농약

농약에는 살충제, 살균제, 제초제 등이 있으며 성분에 따라 유기인계, 카바메이트계, 유기염소계, 유기수은계 등으로 분류할 수 있다. 잔류농약이란 농작물에 처리된 농약이 환경과 식물체내에서 분해되고 남아있는 모체의 화합물과 그것이 분해되어 생성된 생물활성을 가진 물질을 말한다. 식품 중에 있는 잔류농약은 인체에 영향을 줄 수 있으므로 잔류허용기준을 설정하여 관리하고 있다.

1) 유기인계

대표적인 유기인계 농약으로는 파라티온 parathione, 다이아지논 diazinon, 말라티온 malathione, 폴리돌 folidol, 페스톡스 pestox, 메타시스톡스 metasystox, TEPP tetra ethyl pyro phosphate, EPN ethyl para-nitrophenyl 등이 있으며, 이들은 신경자극전달에 관여하는 효소인 아세틸콜린 에스터레이즈 acetylcholinesterase의 작용을 저해하여 신경조직에 아세틸콜린 acetylcholin이 축적함으로써 신경감수장치가 과도하게 자극되어 자율신경계 및 중추신경계에 이상을 일으킨다. 중독증으로는 현기증, 구토, 설사, 두통, 언어장애, 호흡곤란, 청색증, 혼수 등이 일어나고 척수신경을 자극하여 근육경련이 유발된다.

2) 카바메이트계

카바메이트계는 카바민산 carbamic acid과 아민 amine의 반응으로 만들어지는 화합물로 N-메틸카바메이트 N-methyl carbamate의 에스터이다. 카바메이트계 농약은 유기인계 농약보다 체내에서도 분해가 되므로 독성이 낮고 만성중독의 위험성도 비교적 낮다. 카바메이트계는 콜린 에스터레이즈 cholin esterase 효소의 활성을 저해함으로써 아세틸콜린의 가수분해를 저해한다. 중독 증상으로는 눈물분비, 연수, 경련 등이 나타난다.

3) 유기염소계

유기염소계는 효력이 크고 적용 범위가 넓으며 비용도 저렴하여 살충제로 널리 사용되었다. 대표적인 유기염소계 농약으로는 다이클로로다이페닐트리클로로에탄 dichlorodiphenyltrichloroethane; DDT, 벤젠 헥사클로라이드 benzene hexachloride; BHC, 다이클로로다이페닐다이클로로에탄 dichlorodiphenyldichloroethane; DDD, 앨드린 aldrin, 다이엘드린 dieldrin 등이 있다. 그러나 이들은 잘 분해되지 않아 잔류성이 높고 토양, 작물, 생체에 축적되어 건강상에 심각한 문제를 일으킴에 따라 세계 여러 나라는 유기염소계 살충제 사용에 대한 규제를 하고 있다. 우리나라에서도 DDT, 다이엘드린, 앨드린, 엔드린 endrin, BHC, 헵타클로르 heptachlor, 헵타클로르 에폭사이드 heptachlor epoxide의 생산을 중지하였고, 톡사펜 toxaphene의 사용을 금지하였다.

유기염소계 농약의 중독은 대부분 엔드린에 의한 것으로 드린제는 독성이 크고 신경중추에 쉽게 축적되어 높은 사망률을 나타낸다. 중독 증상은 구토, 현기증, 설사, 복통, 간과 신장 장애 등이다. 유기염소제의 독성은 신경 독성으로 중추신경증상이 나타나 자극흥분이 커지고 경련, 혼수 등이 일어난다.

6. 내분비계 장애물질

1) 다이옥신

다이옥신 dioxin은 polychlorinate-dibenzo-*p*-dioxin PCDD과 polychlorinate-dibenzofuran PCDF을 통칭하는 것으로 다이옥신류라고 부른다. 치환된 염소의 개수 및 위치에 따라 다이옥신류는 210개의 이성체를 가지고 있다.

다이옥신은 다이벤조-p-다이옥신 dibenzo-p-dioxin을 염소화하여 합성되며, 염화비닐이나 염화비닐리덴과 같은 석유화학 제품을 제조하거나 소각할 때 발생한다. 염소가 들어있는 물질을 낮은 온도에서 소각하면 불완전연소에 의해 염화벤젠이 형성되며 다이옥신이 다량 발생한다. 따라서 쓰레기 소각장, 공업지역 등의 다이옥신 농도가 높게 나타나고 있다.

다이옥신은 물에 거의 녹지 않고, 흡착성이 강해 쉽게 분리되지 않으며, 고온에서도 안정하고, 잘 분해되지 않는 화합물로 자연 환경에서 지속적으로 존재한다. 이들이 생물체에 유입되면 수용체와 결합하여 생물체로부터 잘 배출되지 않는다.

다이옥신은 생식기능장애와 발달장애를 일으켜, 불임, 기형, 발육장애, 면역 억제, 갑상선 질환 등을 유발한다.

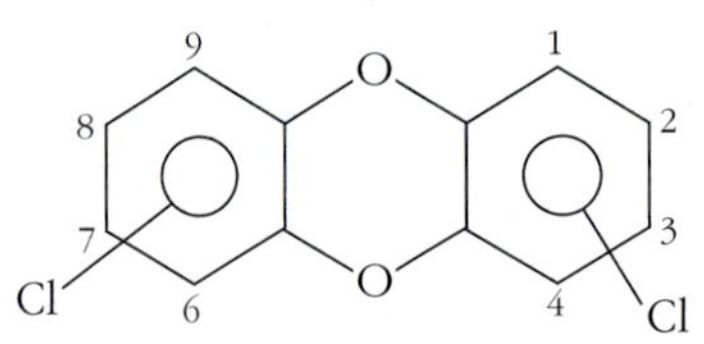

Polychlorinate-dibenzo-p-dioxin(PCDD)

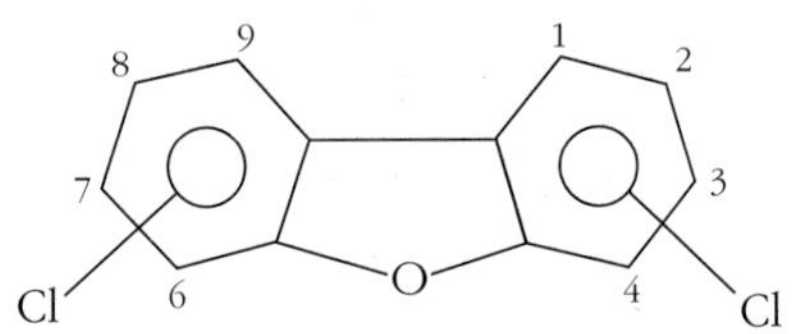

Polychlorinate-dibenzofuran(PCDF)

2) 폴리염화바이페닐

폴리염화바이페닐 polychlorinated biphenyls; PCBs은 산, 알칼리, 고온에서 매우 안정하며 절연성이 커서 변압기, 축전기, 콘덴서, 플라스틱 가소제 등으로 많이 사용되어 왔다. 식품용기, 포장재로부터 PCB가 이행될 수 있으며 특히 재생지의 경우 폐지 중 잉크로부터 유래될 수 있다. PCB의 유해성이 알려지면서 여러 나라에서 사용을 규제하고 있으나 PCB는 매우 안정한 물질로서 분해가 잘되지 않아 환경에 지속적으로 존재함으로써 문제가 되고 있다.

PCB에 의한 중독사고로 1968년 일본의 후쿠오카현에서 미강유의 탈취 공정에 사용된 PCB가 미강유에 유입되어 '가네미유증'이 발생하였다. PCB는 간장과 신장에 손상을 일으키며 신경계와 내분비계에도 영향을 미친다.

7. 조리 · 가공 중에 생성되는 유해물질

1) 나이트로사민

질산염($NaNO_3$ 또는 KNO_3) 및 아질산염(HNO_2)은 발색제 및 *Clostridium botulinum*의 생장억제효과를 가지고 있어 햄, 소시지, 베이컨 등 육제품의 가공에 첨가물로 사용되고 있다. 그러나 아질산염은 산성조건하에서 식품 중의 아민류와 반응하면 N-나이트로소 화합물이 생성되는데 이 중에서 2급 아민에 의해 생성되는 나이트로사민 nitrosamine은 발암성과 변이원성을 가지고 있다고 보고되었다. 1급 아민류와 3급 아민류는 2급 아민류로 일부 전환될 수 있다. 다이메틸나이트로소아민 dimethyl nitrosamine은 동물실험결과 간암과 신장암을 유발하는 것으로 밝혀졌다. 어류와 난류에는 2급 아민인 다이메틸아민 dimethylamine이 수백 ppm 이상 존재하는 것이 많아 이들의 가공시 아질산염의 사용을 금하는 경향이 있다. 사람이 섭취하는 아질산염은 식품첨가물과 채소로부터 유래하나 사람의 타액에도 아질산염이 포함되어 있다. 이것은 섭취한 질산염이 구강 내에서 환원되어 아질산염으로 되었기 때문이라고 생각되고 있다. 식품으로부터 유래하는 나이트로사민의 양을 줄이기 위해 식품첨가물로 사용되는 아질산의 양을 햄이나 소시지 등에는 70ppm, 어육소시지에는 50ppm 이하로 규제하고 있다.

그림 12-2 나이트로사민의 형성

2급 아민 아질산염 나이트로사민

2) 아크릴아마이드

전분 식품(감자, 곡류 등)을 고온에서 튀기거나 구울 때 아스파라진과 당의 마이야르 Maillard 반응에 의해 아크릴아마이드 acrylamide가 생성될 수 있는데 이는 변이원성을 가지며 사람에게 발암유력 물질로 알려져 있다. 국제 암 연구기구 IARC에서는 아크릴아마이드가 유전자변형을 일으키며 동물실험에서 위종양을 일으켰다고 보고하였다. 120℃보다 낮은 온도에서 조리하는 경우 생성되지 않으며 가열시간에 비례하여 아크릴아마이드가 생성된다. 주로 감자튀김, 감자칩, 시리얼, 비스킷 등에서 아크릴아마이드가 검출되고 있어 이들 식품을 고온에서 장시간 조리하지 않도록 유의해야 한다.

$$CH_2 = CH - \overset{\overset{\displaystyle O}{\|}}{C} - NH_2$$

3) 다환 방향족 탄화수소

다환 방향족 탄화수소 polycyclic aromatic hydrocarbon; PAH란 2개 이상의 융합된 벤젠 고리를 가진 물질을 말한다. 이들은 유기물질의 불완전한 열분해 산물로서 탄수화물이나 탄화수소화합물의 열분해 반응에 의해서 생성된다. 주로 훈연제품과 구이제품 등에서 검출되며 기름, 석탄을 태우는 과정에서도 생성된다. 다환 방향족 탄화수소 중 3,4-벤조피렌 3,4,-

benzopyrene, 1,2-벤조피렌 1,2-benzopyrene, 1,2-벤즈안트라센 1,2-benzanthracene, 벤조플루오란텐 benzofluoranthene, 페릴렌 perylene 등은 발암물질로 알려져 있다. 벤조피렌은 피부염, 결막염, 기관지염 등을 유발하며 피부 접촉시 붉은 반점과 색소 침착을 일으킨다. 안트라센은 눈, 호흡기, 위장을 자극하며 오랜 시간 접촉하면 피부의 색소 침착 및 피부암을 유발한다. 페난트렌 phenanthrene은 피부염이나 기관지염을 일으키며 신장 종양을 유발할 수 있다.

그림 12-3 **다환 방향족 탄화수소 화합물의 구조**

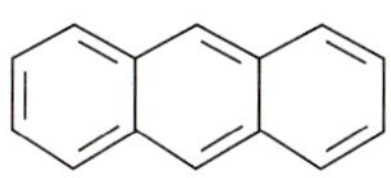

Anthracene

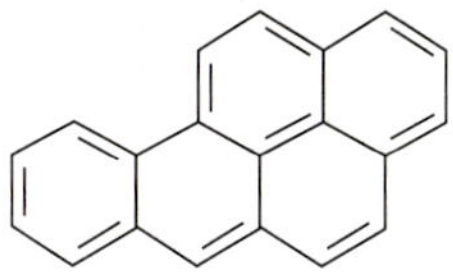

Benzo(a)pyrene

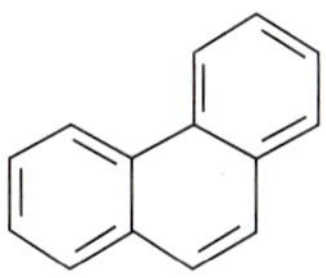

Phenanthrene

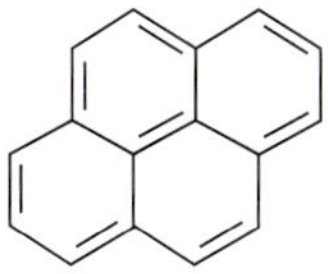

Pyrene

4) 에틸카바메이트

에틸카바메이트 ethyl carbamate; urethane는 카르밤산 carbamic acid의 에틸에스터 ethyl ester로 주류, 발효식품 등에서 발견되는 독성물질이다. 에틸카바메이트는 포도주, 청주 등 주류에서 검출되었으며, 미소 miso, 간장, 김치, 치즈 등에서도 검출되었다.

에틸카바메이트는 동물에 대한 발암성이 확인되었으며, 사람에게도 암을 일으킬 가능성이 제기되고 있다. 에틸카바메이트는 쥐에게 폐종양을 유도하는 물질로 확인되었으며, 체내에 흡수되어 시트크롬 산화계가 있는 간, 폐, 신장에서는 직접 DNA의 돌연변이를 일으키며, 다른 조직에서는 종양발생의 촉진제로 작용할 수 있다. 에틸카바메이트는 효모가 아르지닌이나 시트룰린 citruline을 이용하여 생성된 요소 urea가 알코올과 반응하여 생성되는 것으로 알려져 있다. 과일주스에 살균제로 사용되었던 다이에틸카보네이트 diethyl carbonate가 에틸카바메이트 형성에 관여하는 것으로 밝혀져 다이에틸 카보네이트의 사용이 금지되었고, 미국 주류협회에서는 에틸카바메이트에 대한 자율규제안을 인정하고 있다. 경구투여 시 에틸카바메이트의 설치류에 대한 LD_{50}은 2000mg/kg B.W이다.

$$CH_3 - CH_2 - O - \overset{\displaystyle O}{\overset{\|}{C}} - NH_2$$

5) 아크롤레인

유지를 높은 온도에서 가열하면 발연점에서 엷은 푸른색의 연기가 발생하며, 자극적 휘발물질인 아크롤레인 acrolein이 생성된다 그림 12-4. 아크롤레인은 글리세롤에서 물이 제거되면서 생성되는 물질이다. 유지를 고온에서 오래 가열하면 휘발성 저분자물질로 일부 분해되기도 하지만 분자들이 중합하여 중합체를 형성하여 점도 증가, 갈색화 등의 변화가 일어난다.

그림 12-4 아크롤레인의 생성

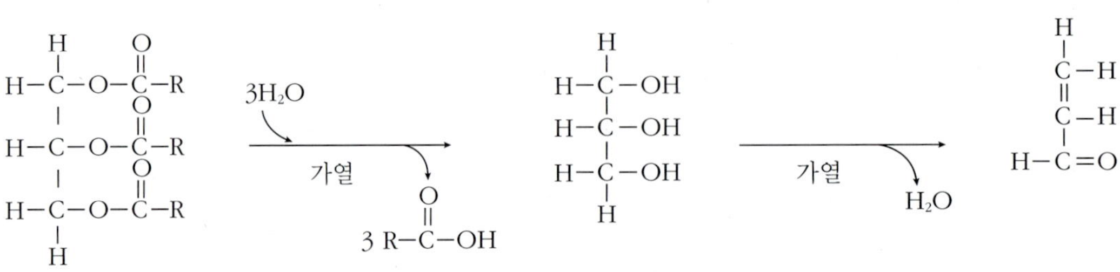

Triacylglycerol Glycerol Acrolein

Chapter 13

식품의 물성

학습 목표

1. 식품의 콜로이드성과 그 특성을 이해할 수 있다.
2. 식품의 유화성과 기포성을 이해할 수 있다.
3. 식품 물성에 대해 이해할 수 있다.
4. 식품의 텍스처에 대해 이해할 수 있다

식품의 물성이란 식품 또는 식품재료의 경도, 점성, 탄성, 가소성 등 식품의 전반적인 물리적 성질을 말한다. 식품의 텍스처, 유화성, 기포성 등과 같은 물리화학적 특성을 분석하는 이화학적 연구분야와 색, 맛, 질감 등과 같은 감각적 성질을 통해 분석하는 관능적인 연구분야가 모두 물성과 관련성을 지닌다. 식품의 관능적 특성을 나타내는 요소 중 입안에서의 질감은 식품의 물리적 특성을 나타내는 탄성, 점탄성, 검성과 같은 텍스처와 밀접한 연관성을 지니고 있다. 식품의 물성은 또한 식품의 가공적성과 기호성에 영향을 주므로 식품개발 시에 중요하다.

1. 식품의 콜로이드성

1) 콜로이드계의 분류

소금, 설탕, 수용성 비타민, 무기질과 같은 분자량이 비교적 작은 물질이 물과 접촉하게 되면 분자 또는 이온상태로 물과 수소결합을 하여 수화되며, 이와 같이 수화된 작은 분자는 용해되어 진용액을 형성한다.

콜로이드 colloid는 지름이 1~100nm 정도의 이온보다 큰 미립자가 기체 또는 액체 중에 응집 또는 침전되지 않고 전체적으로 분산되어 있는 것을 말한다. 전분이나 분유 등을 물에 풀어 여과지로 여과하여 불용성 부분을 제거하였을 때에도 용액이 맑지 않은 것은 콜로이드 입자가 물에 분산되어 있기 때문이다. 이와 같이 물에 분산되어 있는 미립자를 콜로이드 colloid 라고 하고, 이 상태를 콜로이드 상태 colloid state라 하는데, 이는 물질의 종류보다 입자의 크기에 의하여 결정된다.

[표 13-1] 분산질의 크기에 따른 용액의 분류

항목	진용액	콜로이드	현탁액
분산질의 크기	분자 또는 이온	비교적 큰 분자	분자 덩어리
직경	1nm 미만	1nm~0.1μm	0.1μm 이상
관찰	현미경으로 관찰 불가	현미경으로 관찰 가능	눈으로 관찰 가능
운동성	분자 운동	브라운 운동	중력에 의한 운동

용액과 같이 어떤 용매에 다른 물질의 입자가 분산되어 있는 경우를 분산계라 하는데, 콜로이드는 분산질(분산상, 콜로이드입자) dispersed phase과 분산매(연속상) dispersion medium로 이루어져 있다. 콜로이드계의 유형은 분산질과 분산매의 상태(기체, 액체, 고체)에 따라 여러 가지로 분류된다.

[표 13-2] 콜로이드계의 유형

분산매	분산질	분산계	식 품
기체	고체	분말	밀가루, 설탕, 전분, 인스턴트 커피
액체	기체	거품	맥주, 휘핑크림, 탄산음료의 거품, 아이스크림
	액체	유화액	마요네즈, 우유, 버터, 난황, 생크림
	고체	현탁액	넥타, 주스, 스프, 된장국
		졸	소스, 전분 페이스트
		겔	젤리, 양갱
고체	기체	고체거품	동결건조식품, 스펀지케이크, 쿠키, 빵
	액체	고체유탁	젤리, 한천, 아이스크림, 과육, 동결두부

식품에는 분산매가 액체인 콜로이드가 가장 많은데, 액체인 분산매에 기체가 분산되어 부유하는 거품을 기포라 하고, 기포가 표면에 나와 있는 것을 포말이라 하며, 미세한 거품이 분산되어 있는 백탁 상태를 기포콜로이드라 한다. 물과 기름 같이 서로 섞일 수 없는 두 가지 액체가 분산되어 있는 콜로이드상태를 유화액 emulsion이라 하며, 액체인 분산매에 고체가 분산되어 있는 콜로이드 상태를 현탁액 suspension이라 한다.

2) 콜로이드 상태

(1) 졸

분산매가 액체이고 분산질이 고체이거나 다른 액체의 콜로이드입자가 분산되어 흐를 수 있는 유동성을 지닌 것을 졸 sol이라 한다. 식품 중 졸의 예를 들면 전분액, 우유, 스프, 된장국, 한천이나 젤라틴에 물을 가하여 만든 액 등을 들 수 있다.

친수성 hydrophilic 졸은 전분용액 또는 젤라틴 용액과 같이 분산질이 분산매인 물과 친화력이 있어 전해질을 넣어도 콜로이드상태가 안정하게 유지

될 수 있는 졸을 말한다. 반면, 소수성 hydrophobic졸은 금이나 염화은의 졸과 같이 분산질과 물의 친화력이 적어 전해질을 넣으면 침전되는 졸을 말한다. 우유와 같이 전해질을 넣으면 침전되는 불안정한 졸의 안정성을 높이기 위해 호화된 전분용액과 같은 친수성 졸을 넣기도 하는데, 이와 같은 졸을 보호 콜로이드 protective colloid라 한다.

(2) 젤

한천이나 젤라틴 등을 온수에 녹인 후 냉각시키면 굳어져서 일정한 모양을 지니게 되는데, 이와 같이 유동성을 잃은 상태를 젤 gel이라 한다. 젤은 다량의 분산질 입자 사이에 비교적 소량의 분산매가 있어 분산질 입자가 서로 접촉하여 전체적으로 유동성을 잃게 된 것이다. 젤식품으로는 한천젤리, 젤라틴젤리, 묵, 어묵, 삶은 달걀, 두부, 치즈 등을 들 수 있다. 젤에는 비가역성 젤과 가역성 젤이 있는데, 묵, 어묵, 삶은 달걀 등은 비가역성 젤이며, 펙틴, 젤라틴 젤, 한천 젤 등은 가역성 젤이다. 젤은 생성 방식에 따라 침전 젤과 젤리의 두 가지가 있는데, 침전 젤은 산패된 우유와 같이 단백질이 응고 침전한 것으로 졸의 입자가 응집하여 분산매가 분리하고 침전되어 생긴 젤이고, 젤리는 한천 및 젤라틴과 같이 다량의 물을 함유한 채 분산질이 서로 접촉되어 망상구조를 만든 것이다.

젤이 장시간 방치되면 분산질의 흡수성이 약화되어 망상구조가 수축되고 액체의 일부가 분리되는데, 이와 같은 현상을 이액현상 syneresis이라 한다. 그리고 분말한천 및 판상젤라틴과 같이 건조상태를 보이는 것을 제로젤 xerogel이라 한다.

(3) 식품의 팽윤

팽윤 swelling은 물질이 용매를 흡수하여 부푸는 현상으로 예를 들어, 젤라틴이나 전분을 물에 담그면 일어나며, 이와 같은 현상은 여러 건조식품에서 볼 수 있다.

팽윤할 때 발생되는 압력을 팽윤압 swelling pressure이라 하며, 팽윤압은 매우 커서 다시마의 경우 약 40기압이다. 젤라틴의 경우 물 속에서 20℃ 정도일 때 완전한 팽윤상태가 되고, 30℃ 이상이 되면 팽윤이 한없이 계속되다가 결국 용해하는 무한팽윤상태가 된다. 한편 팽윤시에는 열의 발생과 큰 팽윤압이 수반된다. 전분, 단백질, 지질 등은 생체 내에서 다량의 물과 결합하여 콜로이드를 이루어 젤조직을 형성하며 일정한 팽윤체가 된다. 건조식품을 물에 담그면 흡수 연화되는 것도 팽윤현상의 예이다.

3) 콜로이드의 성질

(1) 반투성

무기질, 식염, 설탕 등 이온이나 작은 분자는 셀로판막과 같은 반투막을 통과할 수 있으나, 단백질, 젤라틴, 전분, 한천 등과 같이 분자의 크기가 큰 콜로이드입자는 반투막을 통과하지 못한다. 단백질 등의 콜로이드입자는 반투막을 통과할 수 없는 반면, 단백질에 함유되어 있는 불순물인 무기질이나 염은 셀로판막을 통과할 수 있는 투석 dialysis 현상에 의하여 단백질을 정제할 수 있다.

(2) 브라운 운동

졸의 상태에서 콜로이드입자는 브라운 운동 Brownian motion을 하고 있는데, 브라운 운동은 콜로이드의 안정화에 중요한 요소로 분산질을 분산상태로 유지시켜 준다. 브라운 운동은 입자나 콜로이드와 같이 주변의 유체보다 큰 분산질이 그보다 작은 분산매 속을 부유할 때, 유체 분자의 움직임으로 인한 불규칙적인 움직임을 말한다. 이와 같은 현상은 물분자가 불규칙적으로 운동하며 떠도는 콜로이드입자와 충돌하여 콜로이드 입자가 분산상태를 계속 유지하게 한다. 또한 브라운 운동은 표면전하에도 영향을 받으며 콜로이드의 점성을 증가시키면 브라운 운동은 감소하는 경향이 있다.

(3) 흡착성

기체 또는 액체가 다른 액체나 고체 표면에 달라붙는 현상을 흡착 absorption이라 하는데, 콜로이드 입자는 표면적이 넓기 때문에 다른 물질을 흡착하는 성질이 있다. 응집제와 함께 기공이 매우 작은 음이온 교환수지를 사용하면 콜로이드용액을 응집, 흡착하는 흡착여과에 의해 걸러낼 수 있다.

(4) 응고와 풀림

소수성 졸의 경우는 소량의 전해질 첨가에 의하여 콜로이드입자가 점차적으로 응고 coagulation되어 침전하나, 단백질용액과 같은 친수성 졸의 경우는 다량의 전해질 첨가에 의하여 응고한다.

친수성 졸에서는 소량의 전해질을 넣으면 잘 침전되지 않는데, 이는 정전기적 반발력의 중화 외에 탈수작용을 일으키는 물질을 가하여 입자를 수화하고 있는 물분자를 유리시켜야 하기 때문이다. 이와 반대로 응고된 침전물에 전해질을 넣었을 때 침전물이 분산되면서 졸 상태로 되는 현상을 풀림(해교) peptization이라고 한다.

(5) 틴들현상

콜로이드 용액에 빛을 비추면 빛의 통로 옆 방향에서 그 빛의 진로가 뚜렷하게 보이는 현상을 틴들 Tyndall 현상이라 한다. 이것은 콜로이드 입자가 커서 빛이 투과하지 못하고 콜로이드 입자에 부딪쳐서 산란되어 우리 눈에 보이기 때문에 빛의 진로가 뚜렷하게 보이게 되는 것이다.

생활 주변에서 예를 든다면, 창문을 통해 햇빛이 들어올 때 먼지입자들이 보이는데, 이는 빛이 공기 중의 먼지와 같은 콜로이드 입자에 부딪쳐 산란되기 때문에 빛의 진로가 보이는 것이다. 즉, 먼지 콜로이드의 틴들현상이다. 빛이 산란되는 정도는 콜로이드 입자의 크기가 클수록 커진다.

2. 식품의 유화성

분산질과 분산매가 모두 액체이며 서로 잘 섞이지 않는 두 액체가 침전하지 않고 잘 분산되어 있는 콜로이드상태를 유화 emulsion 라 하고, 그 용액을 유화액이라 한다. 물과 기름의 혼합물은 서로 섞이지 않아 비교적 불안정하나 이 혼합물에 레시틴 lecithin 또는 단백질과 같이 한 분자 내에 소수성기와 친수성기를 공유하고 있는 혼합물을 소량 넣고 흔들면 유화가 잘 되어 안정한 유화액을 형성하게 된다. 유화시키는 방법으로는 교반법, 진탕법, 초음파법 등이 있다. 유화기기로 믹서, 콜로이드 밀, 호모게나이저 homogenizer 등이 사용되고 있다.

유화제는 한 분자 내에 $-OH$, $-CHO$, $-COOH$, $-NH_2$ 등의 구조를 가진 친수성기와 알킬기와 같은 소수성기를 가지고 있는데 소수성기는 기름과 결합하고 친수성기는 물과 결합하여 물과 기름의 계면에 유화제 분자의 피막이 형성되어 계면장력을 저하시켜 유화현상을 일으킨다. 예를 들면 마요네즈는 계란단백질이 유화제 역할을 하여 서로 섞이지 않는 식초와 식용유의 유화를 도와 형성된 유화용액이다.

그림 13-2 유화제와 유화액의 종류

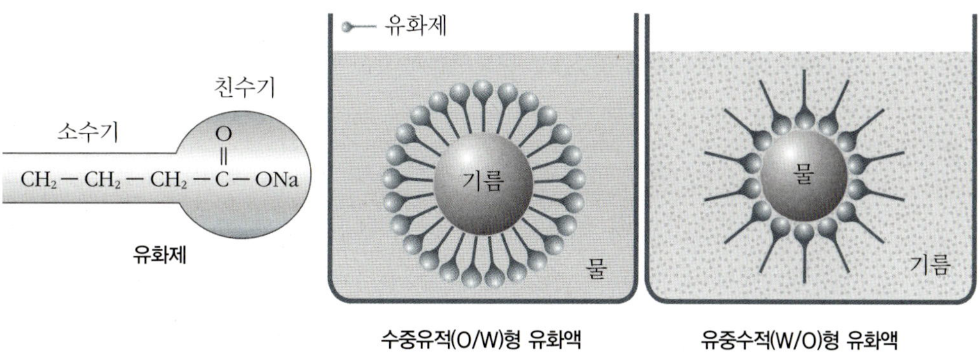

1) 유화액의 형태

유화액에는 우유, 마요네즈, 아이스크림 등과 같이 물 속에 기름이 분산되어 있는 수중유적형 oil in water : O/W과 이와 반대로 버터, 마가린과 같이 기름 중에 물이 분산된 유중수적형 water in oil : W/O의 두 가지의 형이 있다.

가온상태의 유지방은 액상의 미세방울(유적)을 함유하는데, 유적은 융점 이하 고체 또는 고체와 액체의 중간상태이다. 버터는 점조성의 안정하고 농축된 유지방으로 녹은 버터는 유화액이다.

[표 13-3] 유화식품의 상태

식품	형태	분산질	분산매	유화제 역활
우유	O/W	유지방	물	카제인
마요네즈	O/W	식용유	식초, 물	달걀노른자
아이스크림	O/W	얼음, 크림	물	아르긴산 소다
버 터	W/O	물, 젖산	유지방	

3. 식품의 기포성

분산매인 액체에 공기와 같은 기체(분산질)가 분산된 것이 기포(거품) foam이며, 생성된 기포가 꺼지지 않고 유지되는 것을 돕는 물질이 기포제이다. 맥주의 거품은 호프 hop의 수지성분 및 단백질 등이 액체와 공기와의 표면에 흡착됨으로써 거품을 이루는 데 안정제로서 작용하며, 과자 제조 시에는 난백이나 젤라틴이 기포제로서 작용한다. 단백질과 사포닌 saponin도 기포의 표면장력을 감소시키는 기포제 작용을 한다.

거품을 이용하는 식품과는 반대로 우유 또는 두유를 끓일 때나 발효제품, 물엿 등을 제조할 때에는 거품을 없애는 것이 필요하다. 거품을 없애기 위해서는 찬 공기를 보내거나, 유지, 지방산 에스테르 ester, 에테르 ether, 실리콘 silicone 등의 소포제 중 적당한 것을 선택하여 사용하면 된다.

4. 식품의 물성

물성 rheology의 어원은 그리스어로 레오 rheo가 '흐르다 flow'라는 뜻에서 유래하였으며, 변형과 유동의 과학을 의미한다. 즉 액체 또는 고체에 힘을 가하면 유동하거나 변형하며, 그 모양은 물질이 가지고 있는 구조나 성질에 의해 결정된다. 기체의 기체법칙, 액체의 점성법칙, 고체의 탄성법칙 등 물체의 기본적인 성질이 식품의 물성과 관계된다.

식품의 향미는 맛과 향기뿐만 아니라, 식품의 입안에서의 질감 등 감촉이 향미에 큰 영향을 준다. 이는 식품의 경도, 점성, 탄성 등의 물리적 성질이 식품의 맛과 기호에 큰 영향을 미치기 때문이다.

1) 점성

액체는 외부의 힘을 받으면 일정한 힘에 대응하여 일정한 속도로 유동하게 되는데, 이러한 흐름에 대한 저항이 점성 viscosity이다. 즉 액체가 흐르기 쉬운지 어려운지를 나타내는 성질이며, 적용되는 힘과 유동속도와의 관계는 식품의 종류에 따라 다양하게 나타난다.

같은 경사에서 물은 빨리 흐르는데 꿀은 느리게 흐른다. 이는 물이 식품 중에서 점성이 매우 낮은 액체이고, 꿀은 점성이 극히 높은 물질이기 때문이며, 끈끈한 것일수록 유동 시에 내부마찰 저항이 크기 때문에 유동하기 어렵다.

점성의 정도는 점도, 점성률, 점성계수 등으로 나타내는데 표준단위는 poise이다. 20℃에서 물의 점도는 1.002cp(0.001poise)이며, 꿀의 점도는 10,000cp이다.

2) 탄성

탄성 elasticity이란 외부의 힘에 의하여 변형을 받고 있는 물체가 본래의 상태로 되돌아가려는 성질을 말한다. 모든 물체는 약간이나마 탄성이 있고 탄성한계 안에서 변형을 한다. 고무줄이나 용수철을 손으로 당겼다가 놓으면 원상태로 돌아가는 것이 탄성의 대표적인 예이며, 젤리나 곶감 등의 식품도 약한 탄성을 지닌다.

3) 가소성

외부의 힘이 물질의 탄성의 한계를 초과하는 경우에 압력을 받아 물질이 변형한 후 힘을 없애도 원상태로 돌아가지 않는 성질을 가소성 plasticity이라 한다. 버터, 마가린, 생크림은 가소성을 지닌 대표적인 식품이며, 이들 성분은 유동성의 기름이나 크림상의 유화액이 되면 고형상을 띠게 되어, 접시에 올려놓아도 흐르지 않게 된다. 반면, 딱딱한 물엿과 같은 고점성체는 수저로 떠내기는 어려우나, 접시에 올려놓으면 흘러 퍼져 나가는 성질이 있다.

4) 점탄성

식품 고유의 복잡한 성질로 인하여 물체에 힘을 작용시키면 탄성 또는 점성이 독립적으로 나타나는 경우보다는 탄성 변형뿐만 아니라, 점성 유동이 동시에 일어나는 경우가 많다. 이와 같이 탄성과 점성의 변형을 동시에 보이는 성질을 점탄성 viscoelasticity이라 한다. 예를 들면 츄잉 껌이나 부드러운 떡, 밀가루의 반죽 dough 등과 같이 손가락으로 누르면 변형하고 손가락을 떼면 변형이 서서히 없어져 탄성회복을 나타내는 경우를 말한다.

고체의 점탄성에는 일정한 하중에 대하여 속도의 흐름이 일정하게 계속되는 맥스웰 Maxwell형 점탄성과 일정한 하중에 대하여 점차적으로 신장속도가 감소되어 정지하는 켈빈-보아크트 Kelvin-voigt형 점탄성이 있다.

5) 식품물성의 측정법

식품물성의 기기측정은 표 13-4 와 같이 기초적 방법, 경험적 방법, 모의적 방법의 세 가지로 분류할 수 있다. 또한 식품물성의 평가는 특성을 정확히 나타내는 표현 용어를 선택하여 적절한 평가척도를 구성하는 일이 중요하다.

[표 13-4] 식품물성의 기기측정법

방법의 종류	측정법	기기
기초적 방법	• 기초적인 리올로지적 성질을 측정 • 식품의 물성을 점성률, 정적 점탄성 정수, 동적 점탄성 정수 등의 물성치로 구함	• 점성-모세관점도계, 회전점도계 • 점탄성-creep측정장치, 응력완화측정장치, 동적점탄성측정장치 • 파단특성-Instron, creep 파단측정 장치
경험적 방법	• 경험적으로 식품물성과 관계가 있는 특성치를 측정함	• 경도계, 육절단시험기 penetrometer, curdmeter, rheocurdmeter, compressimeter, shortermeter
모의적 방법	• 손으로 비비거나 늘리거나 씹는 행위 등과 같이 실제로 식품이 취급되는 것과 동일한 조건으로 측정함	• amylograph, farinograph extensograph, texturometer, rheometer

5. 식품의 텍스처

식품의 텍스처 texture는 시각에 의한 것, 식품을 먹을 때 혀와 입 안에서의 촉감, 손이나 손가락으로 만질 때의 촉감 등을 통하여 느껴지는 물리적인 감각, 즉 사람의 오감으로 평가되는 식품의 물리적인 특성이다. 식품의 텍스처는 식품의 품질평가에 매우 중요하며, 식습관, 소비자의 성향, 제조공정, 이(齒)의 건강상태 등에 의하여 크게 영향을 받는다. 식품의 물리적 성질은 관능평가와 더불어 기계적 측정기기인 인스트론 Instron, 텍스투로미터 texturometer, 레오미터 rheometer 등을 사용하여 평가할 수 있다.

[표 13-5] 식품의 물리적 특성의 분류

물리적 특성		표현 용어	특징
기계적 특성	경도	부드럽다 ~ 단단하다	변성하기 위해 필요한 힘
	응집성	–	내부적인 결합력
	부서짐성	바삭바삭하다 ~ 푸석푸석하다	파쇄하는 데 필요한 힘
	씹힘성	부스러지기 쉽다 ~ 풀같다	고형의 음식을 씹는 데 필요한 힘
	검성	–	반고형의 음식을 씹는 데 필요한 힘
	점성	묽다 ~ 되다	힘에 의해 유동하는 거리
	탄력성	소성이다 ~ 탄력성이다	외력을 제거하였을 때 원래 모양이 되돌아가는 성질
	부착성	진득거리다 ~ 찐득찐득거리다	입 안에 붙어 있는 것을 떼어내는 데 필요한 힘
기하학적 특성	섬유성	–	입자의 모양과 구조
	세포성	분상 ~ 입상	
	결정성	–	입자의 크기와 모양
기타 특성	수성	마르다~촉촉하다~축축하다	수분함유 정도
	유성	기름지다	유지의 함유, 성분의 비율

1) 식품 텍스처의 측정

식품 텍스처는 객관적인 기계적 측정과 더불어 관능검사 등의 주관적인 방법이 사용되고 있다. 텍스투로미터는 텍스처 프로파일 texture-profile 중 1차 측정요소인 경도, 응집성, 부착성 등을 수치로 표현할 수 있고, 여러 식품에 대한 관능검사 결과인 주관적인 측정치와 매우 가까운 상관관계를 가진 측정기기이다. 식품의 물리적 특성은 기계적 특성, 기하학적 특성 및 기타의 특성으로 분류된다 표 13-5.

(1) 기계적 특성

텍스트로미터를 사용하여 얻어지는 TPA texture profile analysis 곡선은 그림 13-3 과 같다.

경도 hardness는 식품을 변형시키는 데 필요한 힘으로, 첫 번째 피크 peak의 높이(H)에 해당한다. 응집성 cohesiveness은 식품의 형태를 구성하는 내부의 결합에 필요한 힘으로, 두 번째 피크의 면적을 첫 번째 피크의 면적

그림 13-3 텍스트로미터에 의한 텍스처 곡선

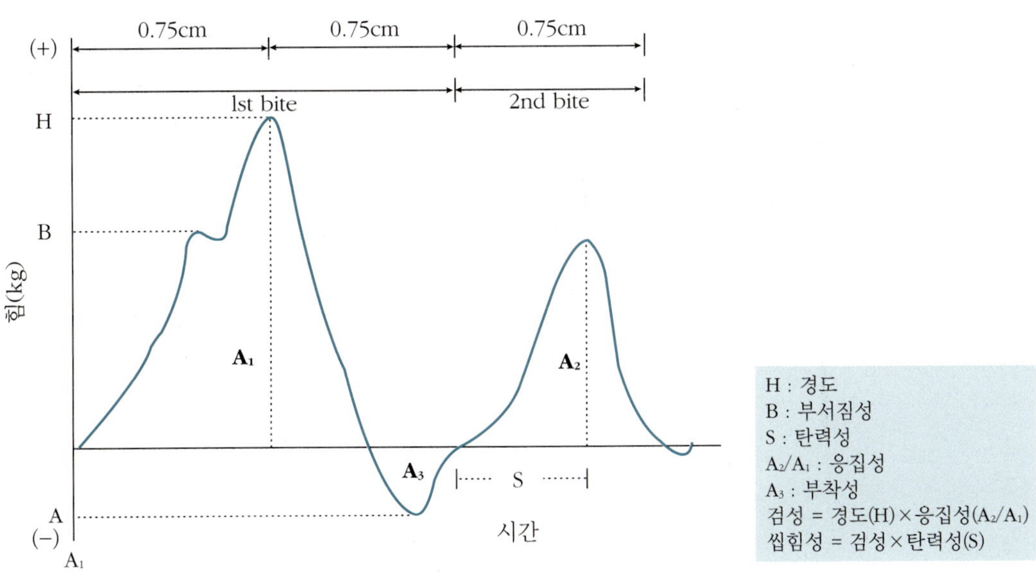

으로 나눈 값(A_2/A_1)이다. 탄력성 elasticity은 외부의 힘에 의해 일어난 변형이 힘이 제거되었을 때 본래의 상태로 되돌아가려는 성질로서, 첫 번째 피크의 시발점에서 두 번째 피크의 시발점까지의 거리와 완전 비탄성 물질에 의한 같은 측정치와의 차이(S)를 나타낸다.

부착성 adhesiveness은 식품의 표면과 다른 물체의 표면이 부착되어 있는 것을 떼어내는 데 필요한 힘으로, 기준선 아래에 생긴 peak의 면적(A_3)을 의미한다. 점성은 액체가 단위의 힘에 의하여 유동되는 정도이다. 부서짐성 brittleness이란 식품을 파쇄하는 데 필요한 힘으로, 견고성과 응집성에 관계되며 첫 번째 피크의 높이(H)에 해당한다. 씹힘성 chewiness이란 고체식품을 삼킬 수 있는 상태까지 씹는 데 필요한 힘으로 경도, 응집성, 탄력성에 관계된다. 검성 gumminess은 반고체 식품을 삼킬 수 있는 상태로 씹는 데 필요한 힘으로서, 경도와 응집성에 관계된다.

(2) 식품 텍스처의 관능평가

감각에 의한 식품 텍스처의 관능평가는 시각에 의한 것, 손이나 손가락에 의한 지각, 구강과 혀에 의한 촉각 등이 있으며, 기계적 측정보다도 예민하고 상세한 텍스처 특성을 평가할 수 있는 경우가 많다. 그러나 관능평가는 주관적인 측정법이므로 관능검사법의 규칙에 따른 적정 조건을 만족하는 것보다 객관적인 정보를 얻을 수 있어야 한다. 텍스처의 평가는 다른 감각에 의한 평가와 비교하면 적당한 환경조건이 지켜지는 경우 비교적 재현성이 좋은 평가를 얻을 수 있다. 특히 시료의 텍스처 특성을 알맞게 평가할 수 있는 용어를 선정하고 평가척도를 작성하여 관능검사를 실시하여야 한다.

찾아보기

ㄱ

ㄴ

ㄷ

ㄹ

ㅁ

ㅂ

ㅇ

ㅈ

ㅍ

ㅎ

기타

참고문헌

강우원, 김미향, 오상룡. 식품재료학. 보문각, 2007
구난숙, 김향숙, 이경애, 김미정. 식품관능검사. 교문사, 2006
권용주, 권중호, 박근형, 박양균, 양희천. 식품화학 개정판. 영지문화사, 1998
권중호, 박근형, 박양균, 이기택, 조성환, 황금택. 식품화학. 신광출판사, 2008
김관우, 유영균, 위성언, 이종률, 강갑석, 이극로. 식품화학. 광문각, 2000
김광옥, 이영춘. 식품의 관능검사. 학연사, 1991
김동연, 권용주, 양희천, 윤형식. 식품화학. 영지문화사, 1990
김동훈. 식품화학. 탐구당, 1996
김상순, 최홍식, 변광의. 식품가공저장학. 수학사, 1996
김우성, 구경형. 식품관능검사법. 도서출판 효일, 2001
김완수, 신말식, 이경애, 김미정. 조리과학 및 원리. 라이프사이언스, 2005
김혜영, 김미리, 고봉경. 식품품질평가. 도서출판 효일, 2004
농촌진흥청 농촌자원개발연구소. 식품성분표 제7개정판, 2006
박유식. 식품과 식품화학. 효일문화사, 1999
(사)한국식품과학회 편. 식품과학용어사전. 광일문화사, 2006
(사)한국식품과학회 편. 식품과학기술대사전. 광일문화사, 2003
송재철, 박현정, 신완철. 최신식품화학. 교문사, 1998
송재철, 박현정. 최신식품가공저장학. 효일문화사, 1998
송재철. 식품재료학. 교문사, 2000
송태희, 최웅, 최희숙, 금종화, 신두호, 박헌국. 식품화학. 도서출판 효일, 2003
신말식 외. 식품과 조리과학. 라이프사이언스, 2001
심창환, 오성천, 국승욱, 조득문. 최신 식품학. 도서출판 효일, 2003
안명수. 식품과 조리과학 실험서. 신광출판사, 2003
안명수. 식품과 조리원리-조리과학. 신광출판사, 2007
안명수. 식품화학. 신광출판사, 2004
안승요, 조영. 식품학. 한국방송대학교출판부, 2002

안승요 외. 식품화학(개정판). 교문사, 2005
윤광로. 이영춘, 정동효. 현대인의 식품. 중앙대학교 출판부, 1995
윤석권. 오훈일, 이형주, 문태화, 노봉수. 식품화학. 수학사, 2002
윤선, 곽호경, 김유경, 김혜경, 박명수, 염경진, 오혜숙, 이민준, 이재환, 지근억. 기능성식품학. 라이프사이언스, 2006
이서래, 신효선. 최신 식품화학. 신광출판사, 2004
이성기. 계란과 닭고기의 과학. 유한문화사, 1992
이장순, 박우포, 김효선. 식품학. 도서출판 효일, 2003
이주희, 김미리, 민혜선, 이영은, 송은승, 권순자, 김미정, 송효남. 과학으로 풀어 쓴 식품과 조리원리. 교문사, 2008.
이철호, 채수규, 이진근, 고경희, 손혜숙. 식품평가 및 품질관리론. 유림문화사, 1999
이혜수 외. 조리과학. 교문사, 2001
장학길, 이경혜, 곽희진, 김동원, 김형열. 식품재료학. 신광출판사, 2000
장현기 외. 식품화학. 진로연구사, 1997
장현기, 남궁석. 식품학개론. 유림문화사, 2004
정동효, 이재철, 장재권, 정하열, 장기, 장형수. 식품의 맛과 과학. 동화기술, 2003
정영진, 김성애, 손천배, 김미리, 이선영, 육홍선. 식생활과 다이어트. 파워북, 2008.
조신호, 조경련, 강명수, 송미란, 주난영. 식품학. 교문사, 2006
채수규. 식품화학. 효일문화사, 2000
최혜미 외. 21세기 영양학(개정판). 교문사, 2006
최홍식, 여경목. 식품 품질관리학. 신광출판사, 2000
한명규. 식품화학. 형설출판사, 2003
한명규. 식품재료학. 신정, 2004
황재희. 박정은. 식품재료학. 도서출판 효일, 2005
홍태희, 김기연, 최옥수, 김대현, 정외숙, 김순희. 현대식품재료학. 지구문화사, 2000
한국식품과학회. 식품과학용어집(증보판). 대광서림, 2003
한국식품조리과학회. 식품조리과학용어사전 개정판. 교문사, 2007
한국영양학회. 한국인영양권장량, 제 7차 개정. 중앙진수문화사, 2000
한국조리과학회. 조리과학용어사전. 교문사, 2003

Brown, A., Understanding Food-Principles and Preparation, Wadworth, 2000

Belitz H.D., Grosch W,. Food Chemistry, 2nd ed., Springer-Verlag Berlin Heidelberg. B, 1999

Bennion, M., Scheule, B., Introductory Foods, 12th ed, Pearson/Prentice Hall, 2004

Bowers, J., Food Theory and Applications, 2nd. ed., Macmillan, 1992

Charley, H., Food Science, John Wiley & Sons, 1990

Charley H., Weaver C., Food -A Scientific Approach. 3rd ed., Prentice-Hall Inc. 1998

DeMan, J. M., Principles of Food Chemistry. Van Nostrand Reinhold, 1999

Eskin, N.A.M., Biochemistry of Foods. 2nd ed., Academic press Inc., 1990

Eskin, N.A.M., Henderson, H.M., Townsend, R.J., Biochemistry of Foods, Academic Press, 1971

Fennema, OR. Food Chemistry. 2nd ed., Marcel Dekker, 1985

Fennema, O. R., Food Chemistry, 3rd ed., Marcel Dekker, 1996

Glicksman, M., Food Hydrocolloids. CRC Press Inc., 1982

Jurge, M.D, Aberle, E.D., Forrest, J.C., Hedrick, H.B., Merkel, R.A., Principle of Meat Science, 2nd ed., Kendall Hunt Publishing Co., 1975

Machlin, L.J., Handbook of Vitamins-Nutritional, Biochemical, and Clinical Aspects. Marcel Dekker Inc., 1984

Marks, J.A., Guide to the Vitamins- Their Role in Health and Disease. MTP Co.,LTD. 1984

McWilliams, M., Foods: Experimental Perspectives, 4th ed., Prentice Hall, 2001

McWilliams, M., Experimental Foods Laboratory Manual 6th ed., Pearson Prentice Hall, 2005.

Mehas, K.Y., Rodgers, S.L. Food Science-The Biochemistry of Food and Nutrition, 5th ed., McGraw Hill, 2006

Murano P.S., Understanding Food Science and Technology. Wadsworth/Thomson Learning Inc., 2003

Murphy, P.A. et al. Soybean Protein Composition and Tofu Quality, Food Technol. 51(3):86, 1997

Parker, R., Introduction to Food Science. Delmar, 2003

Potter, N. N., Hotchkis, J. H., Food Science. Chapman & Hall, 1995
Smith, K.T., Trace Minerals in Foods. Marcel Dekker Inc. 1988

川金二郎, 豊澤功, 大森正司, 堀口惠子. フードサイエンス. 化學同人, 1996
中谷延二, 飯渕貞明, 稲荷田萬里子, 沖谷明紘, 久保田紀久枝, 騰田修三. 食品化學. 朝倉書店, 1987
五十嵐脩. 食品化學. 弘學出版株式會社, 1989

http://en.wikipedia.org/wiki
http://www.britannica.com

저자 소개

이숙영
서울대학교 식품영양학과 졸업
미국 텍사스 A&M 대학교 대학원 식품과학전공 Ph.D
현재 중앙대학교 식품공학부 교수

정해정
서울대학교 식품영양학과 졸업
미국 퍼듀대학교 대학원 식품과학전공 Ph.D
현재 대진대학교 식품영양학과 교수

이영은
서울대학교 식품영양학과 졸업
미국 아이오와주립대학교 대학원 식품과학전공 Ph.D
현재 원광대학교 식품영양학과 교수

김미리
서울대학교 식품영양학 졸업
서울대학교 대학원 식품영양학과 이학박사
현재 충남대학교 식품영양학과 교수

김미라
서울대학교 식품영양학과 졸업
미국 아이오와주립대학교 대학원 식품과학전공Ph.D
현재 경북대학교 식품영양학과 교수

송효남
서울대학교 식품영양학과 졸업
서울대학교 대학원 식품영양학 이학박사
현재 세명대학교 바이오식품산업학부 교수

식품화학

2009년 3월 20일 초판 발행
2020년 3월 5일 7쇄 발행

지은이 | 이숙영 · 정해정 · 이영은 · 김미리 · 김미라 · 송효남
발행인 | 유제구
발행처 | 파워북
주 소 | 경기도 고양시 일산동구 호수로 358-25
동문타워2차 529호
전 화 | (02) 730-1412
FAX | (031) 908-1410
등 록 | 1997년 1월 31일 제2014-000067호

정 가 22,000원
ISBN 978-89-8160-123-2(93590)